"十四五"普通高等学校本科规划教材

电工电子技术基础

主　编　白雪峰

编　写　郜继红　崔啸鸣

　　　　王莉莉　李丽芬

主　审　刘利强

中国电力出版社
CHINA ELECTRIC POWER PRESS

内 容 简 介

本书旨在为读者学习电工电子课程提供一套模块清晰、清楚易学、配套齐全的基础教材，强调理论与工程实际相结合，为培养学生解决复杂工程问题打好基础。全书分为电工技术、电子技术 2 篇。上篇电工技术包含电路基础、常用电机设备、电气控制技术 3 部分，共 6 章；下篇电子技术包含模拟电子技术、数字电子技术 2 部分，共7 章。本书配有数字资源，为扩展内容，读者可通过扫描书中二维码获得。

本书可作为高等院校工科非电类专业电工电子课程教材，也可作为工科电气类专业师生和电工电子工程技术人员的参考书。

图书在版编目（CIP）数据

电工电子技术基础/白雪峰主编 . —北京：中国电力出版社，2020.8（2024.8重印）

"十四五"普通高等教育本科规划教材

ISBN 978-7-5198-3329-9

Ⅰ.①电… Ⅱ.①白… Ⅲ.①电工技术—高等学校—教材②电子技术—高等学校—教材 Ⅳ.①TM ②TN

中国版本图书馆 CIP 数据核字（2019）第 247351 号

出版发行：中国电力出版社
地　　址：北京市东城区北京站西街 19 号（邮政编码 100005）
网　　址：http：//www. cepp. sgcc. com. cn
责任编辑：陈　硕
责任校对：黄　蓓　常燕昆
装帧设计：郝晓燕
责任印制：吴　迪

印　　刷：廊坊市文峰档案印务有限公司
版　　次：2020 年 8 月第一版
印　　次：2024 年 8 月北京第六次印刷
开　　本：787 毫米×1092 毫米　16 开本
印　　张：21.5
字　　数：528 千字
定　　价：62.00 元

前　言

　　"电工电子技术"课程是普通高等院校面向非电专业的一门重要的技术基础课程,以使学生获得电路、电气设备及控制技术、电子技术等领域的工程技术知识、技术能力和培养学生电气工程师素养,为从事工程技术工作打好基础。电工电子技术的发展日新月异,要求课程不断改进与更新。为适应当前教育教学改革的形势,并作为数字化课程建设的依托,编写了本教材。本教材为课堂教学内容,配套的拓展内容置于数字资源平台,以保证教学内容的系统性和完整性。

　　编者参照教育部高等学校电子电气基础课程教学指导委员会拟定的"电工学"课程教学基本要求,以及中国高等学校电工学研究会 2016 年提出的非电类电工及电子技术课程的教学要求,结合教学改革的需求,对课程内容进行了模块化安排和介绍,能够更好地区分内容属性,使知识体系更清晰,更便于学生对内容的学习和理解。

　　全书分为电工技术、电子技术 2 篇。上篇电工技术包含电路基础、常用电机设备、电气控制技术 3 部分,共 6 章;下篇电子技术包含模拟电子技术、数字电子技术 2 部分,共 7 章。本书以电路基本知识为基础,以技术模块加以区别,体系清晰,层层深入。各模块之间既相互独立,又相互联系,可根据不同专业的要求和课程学时选择不同的教学模块。各模块的内容又分为基本内容和扩展内容(置于数字资源平台),以适应有能力、有需求的学生学习。书中标有"*"号的内容为选学内容,以适应不同的教学需求。

　　本书作为数字化课程的基础教材,具有以下特点:

　　(1) 内容系统、全面。从课程的系统性和完整性来看,课程涵盖内容较多,本书力求生动简明、条理清晰、模块分明地进行全面介绍。目前该课程存在"内容多,学时少"的矛盾,为此将同知识点关联比较紧密的内容,作为课程学习的基本内容;其他知识内容作为扩展内容,置于数字资源平台,可根据需要进行线上学习。

　　(2) 厚基础、重应用。对于非电专业的学生,在掌握电工电子技术基础知识的基础上,应重视其基本应用能力的培养。因此,教材突出基本概念、基本原理和基本分析方法,着重于定性分析,淡化理论推导,重视技术应用的介绍。

　　(3) 符合社会实际,体现先进性。随着电工电子技术的快速发展,新知识、新技术和新产品不断得到应用,教材内容必须符合社会需求,并不断更新。因而,教材中技术应用部分选取了成熟的新技术,以激发学生的学习兴趣,提升学生的科学思维和创新能力。

　　技术类课程是实践性很强的课程,本书配套有《电工电子技术实验教程》可供参考。

　　本书由内蒙古工业大学电力学院电工基础教学中心课程组编写,白雪峰担任主编并进行统稿。本书编写分工如下:第 1 章、第 7 章及对应扩展内容由王莉莉编写;第 2、11 章及对应扩展内容由李丽芬编写;第 3~6 章及对应扩展内容由白雪峰编写;第 8~10 章及对应的扩展内容由崔啸鸣编写;第 12、13 章及对应扩展内容由郜继红编写。

本书由内蒙古工业大学刘利强教授担任主审，并提出了许多宝贵的意见和修改建议。同时，也得到了许多同行以及中国电力出版社的支持和帮助，在此一并表示衷心的感谢！另外，在编写过程中，学习和借鉴了许多参考资料，在此向所有作者表示诚挚的谢意。

　　限于编者水平，书中难免存在疏漏和不妥之处，恳请广大读者批评指正，以便今后修订提高。

编　者

2020 年 6 月

目　录

下篇　电子技术

数字资源
扩展内容 A 电路基础部分
扩展内容 B 常用电机设备部分
扩展内容 C 模拟电子技术部分
扩展内容 D 数字电子技术部分

上篇

电 工 技 术

第一部分 电路基础

电路的基础理论知识包括电路的基本概念、基本定律，以及各类电路的具体特性与分析方法，是电工技术和电子技术学习的基础。

电路基本上可分为直流电路和交流电路（周期电流电路）两大类，其中最常见的交流电路是正弦交流电路。不同类型的电路具有不同的物理特性，只有把握住各类电路的具体物理特性，才能对其进行正确的分析。

不论直流电路还是交流电路，如果电路中含有储能元件（如电感、电容），当电路工作状态发生改变时，电路会出现一个暂态过程。对暂态过程特性的认识和理解，可更好地把握电路的工作过程。

电路理论主要研究电路中发生的电磁现象，用电流、电压和功率等物理量来描述其中的过程。电流、电压在不同性质的电路中，不同参数的电路元件上具有不同的约束关系，这是电路特性的体现，也是电路分析的依据。

1 电路基本概念与分析方法

电路的基本概念和基本定律是分析计算电路的基础。本章从电路的基本概念（如电路及电路模型、电路的基本物理量、无源电路元件及电源的电路模型等）出发，在电路分析的基本定律（欧姆定律和基尔霍夫定律）的基础上，介绍几种常用的电路分析方法，如等效变换法、支路电流法、结点电压法、叠加定理、戴维南定理以及非线性电阻电路的分析方法等。最后提出电路暂态的概念，并介绍电路暂态过程的分析方法。

1.1 电路的基本概念

1.1.1 电路及电路模型

1. 电路的分类与组成

电路是电流流通的路径。实际电路是为了实现某种预期功能，由各种电气设备以及电路元器件按一定方式相互组合连接而成的电流通路。

实际电路常借助电压、电流来完成相应的任务，而电路结构、形式、用途多种多样。按照电路完成的基本功能电路可分为两类：一类是实现电能的传输和转换，如输配电、电力拖动、电力照明等系统，通常将这类系统的电路称为电力电路（强电电路）；一类是完成信号的传递和处理，如电信号的放大、整形、调谐、检波、变换及运算等各类电路，通常将这类信号电路称为电子电路（弱电电路）。

电源、负载及中间环节组成了电路。电路中，电能或信号的发生装置称为电源，它将其他形式的能量或信号转化为电能或电信号，如各种类型的发动机、蓄电池和信号源等。取用电能或接收和转换电信号的元器件或设备称为负载。它将电能或电信号再转化为其他形式的能量或信号加以利用，如电动机、照明灯、电热炉和扬声器等。为便于电路分析，将连接电源与负载，并起着传输、分配、控制和处理电能或电信号作用的中间部分统称为中间环节，最简单的中间环节如开关和导线，复杂一点的如各种电路元器件组成的电信号控制系统。

2. 电路模型

研究电路就是要研究电路中发生的电磁现象与过程。实际电路是按照需求的不同，由电动机、变压器、继电器、接触器、电源、电阻器、电感器、电容器、二极管、晶体管、集成电路等实际电气设备或电路元器件构成的，而它们所表现出的电磁现象和能量转换特征较为复杂。例如，一个简单的白炽灯照明电路接通电源后，白炽灯不仅会消耗电能（具有电阻性质），还会产生磁场（具有电感性质）；另外，电路导线间可能存在分布电容，还会使导线具有电容性质等。但在此电路中表现出的电感及电容非常小，为便于研究电路的基本电磁特性，以及便于对电路进行分析和数学描述，常将这些次要因素忽略，而将实际元器件理想化（模型化），看作理想电路元器件。

元器件建模就是用理想元件或它们的组合模拟表示实际元器件，理想元件主要有电阻元件、电感元件、电容元件和电源元件等。建模时要按照不同准确度要求把给定工作条件下的主要电磁性质表现出来。例如，一个线圈的建模：在直流情况下仅表现为线圈导线的耗能特性，此时它的模型就是一个电阻，如若能量消耗较小，可直接看作一理想导线（电阻为零）；在交流情况下，线圈就会表现出储存磁场能量的电感特性，故此时电路模型除包含电阻元件外，还应该包含一个与之串联的电感元件；高频情况下，还应计入线圈导体表面的电荷作用，即电容效应，此时的电路模型还需要包含电容元件。可见，工作条件不同，同一实际元器件可能采用不同的模型。

由建模后的理想电路元件构成的电路，称为实际电路的电路模型，它是对实际电路电磁性质的科学抽象和概括。例如图 1.1.1（a）所示的一个由实际干电池、小灯泡、开关及导线组成的简单照明电路，其电路模型如图 1.1.1（b）所示，其中干电池建模为电动势 E 和内阻 R_0 串联的电源器件，小灯泡建模为电阻 R，开关及导线忽略其电阻，建模为电阻为零的理想开关及导线。

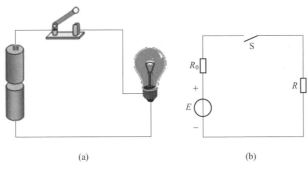

(a)　　　　　　　　　　　　(b)

图 1.1.1　实际电路的电路模型

（a）实际电路；（b）电路模型

本书后面所分析的电路都是指电路模型，简称为电路。在电路图中，各种电路元器件采用国家标准规定的图形符号表示。

1.1.2 电流、电压及其参考方向

电流、电压及电动势是电路分析的基本物理量，虽然物理课程中已经学过，但为了加强电路学习的系统性，进行回顾总结，并在此基础上介绍参考方向的概念。

1. 电流

电路中带电粒子在电源作用下有规则地定向移动便形成了电流。金属导体中的带电粒子是自由电子，半导体中的带电粒子是自由电子和空穴，电解液中的带电粒子是正、负离子，因此电流既可以是负电荷，也可以是正电荷或者两者兼有的定向移动的结果。习惯上规定正电荷移动的方向为电流的实际方向。

电流的大小用电流强度来衡量，电流强度（可简称为电流）在数值上等于单位时间内通过导线或电路元件横截面的电荷量，即

$$i = \frac{\mathrm{d}q}{\mathrm{d}t} \tag{1.1.1}$$

国际单位制（SI）中，电荷的单位为 C（库［仑］）；时间的单位为 s（秒）；电流的单位为 A（安［培］），辅助单位有 kA（千安）、mA（毫安）及 μA（微安），它们的关系是：$1\mathrm{kA} = 10^3\mathrm{A}$，$1\mathrm{mA} = 10^{-3}\mathrm{A}$，$1\mu\mathrm{A} = 10^{-6}\mathrm{A}$。

如果电流的大小和方向都不随时间而变化，则称为直流电流（Direct Current，DC），用大写字母 I 表示。如果电流的大小和方向随时间呈周期性变化，称为交流电流（Alternating Current，AC），用小写字母 i 表示。

2. 电压与电动势

电压是衡量电场力做功能力的物理量。在电场力的作用下，将单位正电荷由电场中的一点（设为 a 点）移至另一点（设为 b 点）所做的功，称为这两点间的电压，即

$$u_{\mathrm{ab}} = \frac{\mathrm{d}W}{\mathrm{d}q} \tag{1.1.2}$$

国际单位制（SI）中，功的单位是 J（焦［耳］）；电压的单位为 V（伏［特］），辅助单位有 kV（千伏）、mV（毫伏）及 μV（微伏），它们的关系是：$1\mathrm{kV} = 10^3\mathrm{V}$，$1\mathrm{mV} = 10^{-3}\mathrm{A}$，$1\mu\mathrm{V} = 10^{-6}\mathrm{V}$。

可见，电压是标量，但因为电压是由两点间电位的高低差别而形成的，因而规定它具有方向，而方向为从高电位指向低电位，即电位降低的方向。

电路中电场力由电源提供。为了维持电压的恒定，以保证电路的正常工作，就要求有一电源力（电源内部具有这种力，属于非电场力，即局外力）将移至电源负极性端的正电荷不断拉至正极性端，移至电源正极性端的负电荷不断拉至负极性端，以维持电源电场的恒定。为衡量电源力做功的能力，引入了电动势这一物理量，它的大小是指在电源力的作用下，将电位正电荷由电源负极性端移至正极性端所做的功，即

$$e = \frac{\mathrm{d}W}{\mathrm{d}q} \tag{1.1.3}$$

可见，电动势与电压的性质及单位相同。电动势的方向规定为在电源内部由负极性端指向正极性端。

电动势的物理意义是表示电源将其他形式的能转化为电能的能力大小。电动势越大，电源工作时将其他形式的能转化为电能的能力就越强。

需说明的是，本书用直流量用大写英文字母表示；交流量用小写英文字母表示，在表示交流量的大小时采用大写英文字母。

3. 电流与电压的参考方向

在分析电路时，只有在电路图中标出电压、电流的方向，才能正确地列写电路方程并进行求解。但对于较为复杂的电路，事先很难确定电压、电流的实际方向（交流量的实际方向是指其在正半周期时的方向），为此可以预先假定它们的方向，称为参考方向。电压的参考方向在电路图中一般用"＋"（高电位）、"－"（低电位）极性表示，从"＋"端指向"－"端；电流的参考方向在电路图中一般用箭标表示其流向。在文字表述中参考方向的表示方法是给电压或电流标注双下标，如 U_{ab}、I_{ab} 表示电压或电流从 a 指向或流向 b。

选定参考方向后，如果电压或电流的求解结果为正，则表示电压或电流的实际方向和参考方向相同；如果电压或电流的求解结果为负，则表示电压或电流的实际方向和参考方向相反。因此，在参考方向选定之后，电压、电流之值才有正、负之分。所以，分析电路前要先选定参考方向。

同一元件或一段电路上的电压与电流的参考方向可以分别假设。如果二者的参考方向选取一致，即电流的参考方向是从标以电压正极性的一端流向负极性的一端，则称为关联参考方向，如图 1.1.2（a）所示的电压 U 和电流 I，图中标注 A 的方框表示电路元件。如果二者的参考方向选取的不一致，则称为非关联参考方向，如图 1.1.2（b）所示的电压 U 和电流 I。

为便于电路的分析，一般采用关联参考方向。

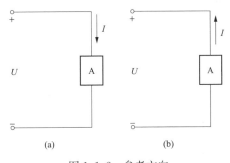

图 1.1.2　参考方向
(a) 关联参考方向；(b) 非关联参考方向

1.1.3　电能与电功率

在电路的分析及应用中，元器件上的电能和电功率是十分重要的物理量。这是因为电路在工作状况下总伴随有电能与其他形式能量的相互转换，而电功率是电路元器件吸收或释放电能能力的体现。

元器件吸收或释放的电能可以用电场力移动电荷所做的功来表示。根据电压定义，元件吸收的电能和电压的关系为

$$dW = u\,dq$$

由于 $i = dq/dt$，所以在关联参考方向下，$dW = ui\,dt$，因而

$$W = \int_{t_0}^{t} ui\,dt$$

电功率是电能单位时间的大小，即电能的导数，故元器件上的电功率为

$$p = \frac{dW}{dt} = ui \tag{1.1.4}$$

直流情况下

$$P = UI \tag{1.1.5}$$

国际单位制中，功率单位为 W（瓦［特］）。

这样，电能利用电功率来计算的一般表达式为

$$W = \int_{t_0}^{t} p \, \mathrm{d}t \tag{1.1.6}$$

当功率用 kW（千瓦）、时间用 h（小时）为单位时，则电能的单位为 kWh（千瓦时），常用"度"来表示，1 度＝1kW·h。

电能及电功率与电压和电流密切相关。当正电荷从元器件电压的"＋"极性端经元器件运动到电压的"－"极性端时，与此电压相应的电场力要对电荷做正功，元器件吸收能量；反之，正电荷从元器件电压的"－"极性端经元器件运动到电压的"＋"极性端时，与此电压相应的电场力做负功，元件向外释放电能。在电路中，吸收功率的元器件一般为负载，发出功率的元器件一般为电源。

在关联参考方向下，应用式（1.1.4）或式（1.1.5）求出的功率为正值时，即电压 u 与电流 i 的实际方向相同，表示该元器件吸收功率，为负载；若为负值，即电压 u 与电流 i 的实际方向相反，则表示发出功率，为电源。在非关联参考方向下，$p = -ui$ 或 $P = -UI$，同样当其为正值时，该元器件吸收功率，为负载；当其为负值时，该元器件发出功率，为电源。

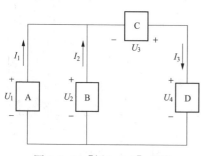

图 1.1.3　［例 1.1.1］电路

【例 1.1.1】　图 1.1.3 中，方框代表电源或负载，据图示电压、电流的参考方向，测得：$U_1 = U_2 = 10\text{V}$，$U_3 = -4\text{V}$，$U_4 = 6\text{V}$，$I_1 = 10\text{A}$，$I_2 = -4\text{A}$，$I_3 = 6\text{A}$。试判断各方框属于电源还是负载。

【解】　方法 1：根据功率进行判断。方框 A 上 $P_1 = -U_1 I_1$ 为负值，故发出功率，属于电源；方框 B 上 $P_2 = -U_2 I_2$ 为正值，故吸收功率，属于负载；方框 C 上 $P_3 = -U_3 I_3$ 为正值，故吸收功率，属于负载；方框 D 上 $P_2 = U_4 I_3$ 为正值，故吸收功率，属于负载。

方法 2：根据电压、电流的实际方向进行判断。方框 A 上电压、电流的实际方向相反，故发出功率，属于电源；方框 B、方框 C、方框 D 上电压、电流的实际方向相同，故吸收功率，都属于负载。

各种用电设备及电路元器件的电压、电流与功率都有一个额定值的限定。例如一盏电灯上标有的 220V/40W，这就是它的额定电压和额定功率。额定值是制造厂家为了使产品能在给定的工作条件下正常运行而规定的允许值，以保护用电设备及电路元器件，通常用下标 N 表示，如额定电压 U_N、额定电流 I_N、额定功率 P_N 等。

用电设备和电路元器件的额定值常标在铭牌上或写在其说明中。按照额定值使用用电设备和元器件才能保证它们安全可靠、经济合理，并保障其使用寿命。如果实际电压电流值高于额定值，将会造成用电设备及电路元器件的损坏或降低其使用寿命；如果用电设备及电路元器件的实际电压电流值低于额定值，将会使其效能不能充分发挥或不能正常工作。

实际工作中，由于外界因素的影响以及用电负载的不同，电流和功率的实际值不一定等

于它们的额定值。对于负载而言，在额定电压下，电流和功率取决于负载的大小，例如电动机超载运行时电流和功率将超过额定值，轻载或空载运行时电流和功率将低于额定值；对于电源而言，电源电压的波动势必会造成负载电流和功率的变动。

【例 1.1.2】 有一额定值为 220V、150W 的电阻性负载，每次使用 2h。其使用时电流不得超过多少？确定在额定状态下每次使用消耗的电能。

【解】

$$I_N = \frac{P_N}{U_N} = \frac{150}{220} = 0.68(\text{A})$$

故使用时电流不得超过 0.68A。

在额定状态下每次使用消耗的电能为

$$W = P_N t = 0.15 \times 2 = 0.3(\text{kW} \cdot \text{h})$$

1.1.4　基本的无源电路元件

理想电路元件简称电路元件，是电路（模型）最基本的组成单元，通过其端子与外电路相连。电路元件的特性可由其端子间的电压、电流的约束关系来描述，如果电压、电流的约束关系是一种线性关系，则该元件称为线性电路元件；如果电压、电流的约束关系是一种非线性关系，则该元件称为非线性电路元件。根据电路元件是否具有电源或信号源特性，可分为无源电路元件（主要为电阻元件、电容元件和电感元件）和有源电路元件（主要为理想电压源、理想电流源及各种受控源）。

电阻、电容和电感是无源电路元器件的基本参数，故本节主要介绍基本的线性无源电路元件：电阻元件、电容元件以及电感元件。其中电阻元件为耗能元件，电容元件和电感元件为储能元件。

1. 电阻元件

电阻器、白炽灯、电热炉等元件或负载在一定条件下可以用电阻元件作为其电路模型。电阻元件的图形符号如图 1.1.4（a）所示。电阻元件两端的电压和电流服从欧姆定律，在关联参考方向下

$$R = \frac{u}{i} \qquad (1.1.7)$$

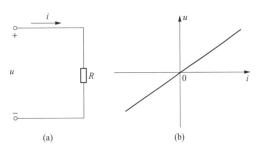

图 1.1.4　电阻元件及其伏安特性
(a) 电阻元件；(b) 电阻元件伏安特性

式中：R 为电阻元件的参数，称为元件的电阻，是一个正实常数。国际单位制中电阻的单位为 Ω（欧［姆］）。

式（1.1.7）表明了电阻元件上电压与电流的约束关系，即任一瞬间，电阻元件两端的电压与电流成正比。可见，当所加电压一定时，电阻 R 越大，则电流越小，因而电阻元件具有对电流起阻碍作用的物理性质。

电阻元件上电压与电流的关系特性（又称为伏安特性）曲线如图 1.1.4（b）所示，它是通过原点的一条直线。

电阻元件吸收的功率为

$$p = ui = Ri^2 = \frac{u^2}{R} \qquad (1.1.8)$$

可见，功率 p 恒为非负值。所以电阻元件是耗能元件，其消耗的电能为

$$W = \int_0^t ui\,\mathrm{d}t$$

电阻元件一般把消耗的电能转化为热能而散发，是不可逆的能量转换过程。

2. 电容元件

在工程技术中，电容器的应用极为广泛。电容器虽然品种很多，但都是由间隔不同介质（如云母、绝缘纸、空气等）的两块金属板组成。当在两极板上加上电压后，两极板上分别聚集起等量的正、负电荷，并在介质中建立电场而储存电场能量。将电源移去后，电荷可继续聚集在极板上，电场继续存在。所以，电容器是一种能存储电荷或存储电场能量的元件。电容元件是反映这种物理特性的电路模型。

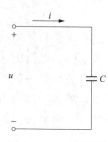

图 1.1.5　电容元件

电容元件的图形符号如图 1.1.5 所示，其端电压与电流选为关联参考方向。电容元件两端电压 u 与极板聚集的电荷量 q 满足线性关系

$$C = \frac{q}{u} \tag{1.1.9}$$

式中：C 为电容元件的参数，称为电容，它是一个正实常数。在国际单位制中，电容的单位为 F（法［拉］），工程上多采用辅助单位 μF（微法）或 pF（皮法），它们的关系是：$1\,\mu\mathrm{F} = 10^{-6}\,\mathrm{F}$，$1\,\mathrm{pF} = 10^{-12}\,\mathrm{F}$。

当电容元件上的电荷量随电压变化时，则在电路中引起电流

$$i = \frac{\mathrm{d}q}{\mathrm{d}t} = \frac{\mathrm{d}(Cu)}{\mathrm{d}t} = C\frac{\mathrm{d}u}{\mathrm{d}t} \tag{1.1.10}$$

式（1.1.10）表明了电容元件上电流和电压的约束关系，即电容元件上的电流与电压的变化率成正比。电容元件上电压变化率越大，电流越大，当电压不随时间变化时，电流为零。故电容元件在直流电路中（稳态下），相当于开路，或者说电容有"隔直流、通交流"的物理性质。

电容元件上的功率为

$$p = ui = uC\frac{\mathrm{d}u}{\mathrm{d}t} \tag{1.1.11}$$

可见，功率 p 随电压的增大或减小可正可负。电压增大时，电容充电，并将吸收的电能转换为电场能量储存起来；电压减小时，电容放电，并将储存的电场能量转换为电能。所以电容元件是储能元件，其储存的电场能量为

$$W = \int_0^t ui\,\mathrm{d}t = \int_0^u Cu\,\mathrm{d}u = \frac{1}{2}Cu^2$$

电容元件储存的电场能量可以与外电路交换，这是可逆的能量交换过程。

3. 电感元件

在工程中广泛应用导线绕制的线圈。例如，在电子线路中常用空芯或带有铁芯的高频线圈，电磁铁或变压器中含有在铁芯上绕制的线圈等。当通以电流后线圈中便会产生磁场并储存磁场能量。所以，线圈是一种能存储磁场能量的元件。电感元件是反映这种物理特性的电路模型。

电感元件的图形符号如图 1.1.6 所示，其端电压与电流选为关联参考方向。当电流流过各匝线圈时，每匝线圈中将产生磁通 Φ，设线圈有 N 匝，且紧密绕制，则线圈中总的磁通

量（称为磁链）为 $N\Phi$。电感元件总的磁通量与电流满足线性关系

$$L=\frac{N\Phi}{i} \qquad (1.1.12)$$

式中：L 为电感元件的参数，称为电感，它是一个正实常数。在国际单位制中电感的单位为 H（亨［利］），辅助单位有 mH（毫亨），$1\text{mH}=10^{-3}\text{H}$。

　　当电感元件中的磁通量随电流变化时，则在电感元件中产生感应电动势。规定电感元件中的磁通与产生它的电流、感应电动势与产生它的磁通的参考方向均满足右手螺旋定则，因此电感元件中的感应电动势与电流的参考方向要选为一致，如图 1.1.6 中所示。根据电磁感应定律感应电动势为

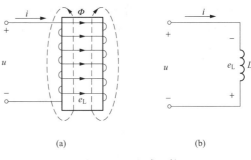

图 1.1.6　电感元件
（a）电感线圈；（b）电感元件图形符号

$$e_{\text{L}}=-\frac{\text{d}(N\Phi)}{\text{d}t}=-L\,\frac{\text{d}i}{\text{d}t}$$

在规定的参考方向下

$$u=-e_{\text{L}}=L\,\frac{\text{d}i}{\text{d}t} \qquad (1.1.13)$$

　　式（1.1.13）表明了电感元件上电压和电流的约束关系，即电感元件上的电压与电流的变化率成正比。电感元件上电流变化率越大，电压越大，当电流不随时间变化时，电压为零。故电感元件在直流电路中（稳态下），相当于短路，或者说电感有通直流阻交流的物理性质。

　　电感元件上的功率为

$$p=ui=iL\,\frac{\text{d}i}{\text{d}t} \qquad (1.1.14)$$

可见，功率 p 随电流的增大或减小可正可负。电流增大时，电感将吸收的电能转换为磁场能储存起来；电流减小时，电感将储存的磁场能转换为电能送还电源。所以电感元件也是储能元件，其储存的电能为

$$W=\int_{0}^{t}ui\ \text{d}t=\int_{0}^{i}Li\ \text{d}i=\frac{1}{2}Li^{2} \qquad (1.1.15)$$

电感元件储存的磁场能可以与外电路交换，这是可逆的能量交换过程。

1.1.5　电源的电路模型

　　电源（包括信号源）的作用是为电路提供电能及电信号。电路中电源的电压或电流称为激励；在电源的作用下产生的电压或电流，称为响应。电路的工作是由激励推动的。

　　电源可分为独立电源和受控电源两大类。独立电源是指能够独立地向外电路提供激励，不受电路其他支路或元器件上电压或电流影响的一类电源；受控电源是指受电路其他支路或元器件上电压或电流的控制来为外电路提供激励的一类电源。

　　一个实际的独立电源（如发电机、电池、稳压电源、稳流电源等）可用两种不同的电路模型来表示。以电压的形式来表示的称为电压源，它以提供恒定电压为目的；以电流的形式来表示的称为电流源，它以提供恒定电流为目的。电压源和电流源都是从实际电源抽象得到的电路模型。

为便于说明，以下从直流电源的角度对两种电源模型加以介绍。

1. 电压源

理想电压源是一种能够提供恒定输出电压（直流电压或交流电压）的恒压源。

理想电压源的电路符号如图 1.1.7（a）所示，它只具有电源电动势 E。有时对于电池类直流电源的电动势采用图 1.1.7（b）所示的电路符号。

理想电压源输出电压恒等于电源电动势 E，流过其电流 I 的大小取决于外接电路。如图 1.1.7 中外接电阻 R_L 改变时，流过理想电压源的电流 I 将发生改变，但其输出电压 U 恒定不变。据此电路可得出理想电压源的外特性（对外提供的电压与电流的关系特性）如图 1.1.8 所示，且可得

$$U \equiv E \quad 及 \quad I = \frac{E}{R_L}$$

由于理想电压源的端电压与外电路无关，所以与理想电压源并联的电路部分或元器件两端的电压就等于理想电压源的电动势。

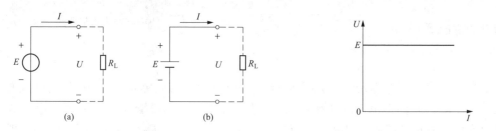

图 1.1.7　理想电压源
（a）基本符号；（b）电池电动势符号

图 1.1.8　理想电压源的伏安特性

任何一个实际电源，如发电机、电池或各种信号源，在电流流过时会有功率损耗，即存在一定的内阻。一般在内阻较小的情况下，其电路模型可用理想电压源与内阻 R_0 串联的电压源形式来表示，如图 1.1.9（a）所示。

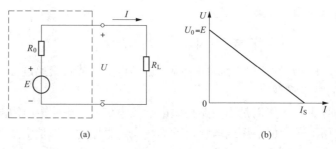

图 1.1.9　实际电压源及其伏安特性
（a）电压源；（b）伏安特性

由图 1.1.9（a）所示电路可得实际电压源的外特性为

$$U = E - IR_0 \tag{1.1.16}$$

由式（1.1.16）可作出实际电压源的外特性曲线，如图 1.1.9（b）所示。当电压源开路时，$I = 0$，$U = U_0 = E$，U_0 称为开路电压；当短路时，外电路的电阻可视为零，电流有

捷径可通，不再流过负载，此时 $U=0$，$I=I_\mathrm{S}=\dfrac{E}{R_0}$，$I_\mathrm{S}$ 称为短路电流。可见，内阻 R_0 越小，外特性曲线越平。

由于电压源内阻越小，输出电压越稳定，实际中，希望电压源越接近理想电压源越好。例如直流稳压电源的内阻可以小到零点几欧姆。

式（1.1.16）等号两端同时乘以电流 I，则得功率平衡式

$$UI = EI - I^2 R_0$$

或

$$EI = UI + I^2 R_0$$

即

$$P_\mathrm{E} = P + \Delta P \tag{1.1.17}$$

式中：P_E 为电压源产生的功率，$P_\mathrm{E}=EI$；P 为负载取用的功率，$P=UI$；ΔP 为电源内阻上损耗的功率，$\Delta P=I^2 R_0$。

可见，电压源产生的功率与负载取用的功率及内阻上损耗的功率之和是平衡的。

当电压源短路时，由于在回路中仅有较小的电压源内阻 R_0，所以这时的短路电流会很大，可使电压源过热而损坏。所以电压源短路通常是一种很严重的事故，为了防止短路事故所引起的后果，通常在电压源输出端或电路中串入熔断器或自动断路器，以便发生短路时，能迅速将故障电路切断。

2. 电流源

理想电流源是一种能够提供恒定输出电流（直流电流或交流电流）的恒流源。

理想电流源的电路符号如图 1.1.10 （a）所示，它只具有电激流 I_S。注意电流源的电激流与电压源的短路电流采用了相同符号。

理想电流源输出电流 I 恒等于电源电激流 I_S，其两端的电压 U 大小取决于外接电路。当图 1.1.10 （a）中外接电阻 R_L 改变时，理想电流源的端电压 U 将发生改变，但其输出电流 I 恒定不变。据此得出理想电流源的外特性如图 1.1.10 （b）所示，且可得

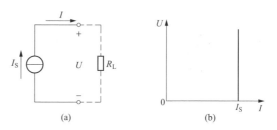

图 1.1.10 理想电流源及其伏安特性

（a）电路符号；（b）伏安特性

$$I \equiv I_\mathrm{S} \quad 及 \quad U = I_\mathrm{S} R_\mathrm{L}$$

由于理想电流源的输出电流与外电路无关，所以与理想电流源串联的电路部分或元器件流过的电流就等于理想电流源的电激流。

由于实际电源存在一定的内阻，一般在内阻较大的情况下，其电路模型可用理想电流源与内阻 R_0 并联的电流源形式来表示，如图 1.1.11 （a）所示。

由此可得

$$I = I_\mathrm{S} - \frac{U}{R_0} \tag{1.1.18}$$

式中：$\dfrac{U}{R_0}$ 为流过内阻 R_0 的电流。

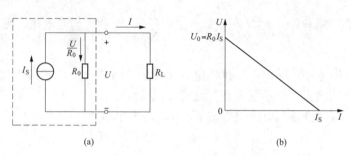

图 1.1.11　电流源及其伏安特性

(a) 电流源；(b) 伏安特性

由式（1.1.18）可作出电流源的外特性曲线如图 1.1.11（b）所示。当电流源开路时，$I=0$，$U=I_S R_0$；当短路时，$U=0$，$I=I_S$。内阻 R_0 越大，外特性曲线越陡。

由于电流源内阻越大，输出电流越稳定，实际中希望电流源越接近理想电流源越好。例如直流稳流电源的内阻可以大到兆欧级。

式（1.1.18）等号两端同时乘以电压 U，则得功率平衡式

$$UI = UI_S - \frac{U^2}{R_0}$$

或

$$UI_S = UI + \frac{U^2}{R_0}$$

即

$$P_S = P + \Delta P \tag{1.1.19}$$

式中：P_S 为电流源产生的功率，$P_S = UI_S$；P 为负载取用的功率，$P = UI$；ΔP 为电源内阻上损耗的功率，$\Delta P = \frac{U^2}{R_0}$。

可见，与电压源一样，电流源产生的功率与负载取用的功率及电源内阻上损耗的功率之和是平衡的。因而，任何电路，电源产生的总功率与电路消耗的总功率是平衡的。

当电流源短路时，短路电流基本不流经电源内阻 R_0，这时电流源基本不消耗电能，不会对电流源造成损害。而在开路状态下，电流源电激流全部流经内阻，由于内阻很大，所以这时的开路电压会很大，且电流源所产生的电能全部被内阻所消耗，可使电源过热而损坏。所以电流源通常要求在有载状态下使用。

1.1.6　电位的概念

在电路尤其是电子电路的分析计算中，经常采用电位的概念。例如，电路中的二极管，只有当它的阳极电位高于阴极电位时才能导通；晶体三极管的各极电位的高低决定了其不同的工作状态。应用电位的概念，还可以简化电路图的画法。

电路中各点的电位是相对于零电位参考点而言的。电路中某点的电位就是该点至参考点之间的电压，记为"V_x"。在电力系统中通常规定大地做为零电位参考点，并以"⊥"来表示，称为接"地"符号；电子线路中通常选机壳或电路的公共线做为零电位参考点，并以符号"⊥"来表示，也称为接"地"符号。

只有参考点选定之后，才能确定各点的电位。如果某点电位为正，说明该点电位比参考

点高；某点电位为负，说明该点电位比参考点低。

在图 1.1.12 所示电路中，设 $U_{ab}=20V$，则将 b 点选为参考点时

$$V_b=0, V_a=U_{ab}=20V$$

而将 a 点选为参考点时

$$V_a=0, V_b=-U_{ab}=-20V$$

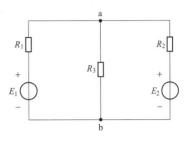

图 1.1.12 电位分析的电路

可见：

（1）电位值是相对的，参考点选取的不同，电路中各点的电位也将随之改变；

（2）电路中两点间的电压值是固定的，不会因参考点的不同而改变，即与零电位参考点的选取无关。

（3）电路中两点间的电压就等于这两点间的电位差，即 $U_{ab}=V_a-V_b$。

在电子电路中，电压源及信号源的一端通常连接在一起作为接地端。为了简便作图和阅图方便，画电路图时习惯上不画电源，而在电源的非接地端标注其电位值，即以电位图的形式给出。例如将图 1.1.12 所示电路的 b 点选为参考，如图 1.1.13（a）所示，其对应的电位图如图 1.1.13（b）所示。

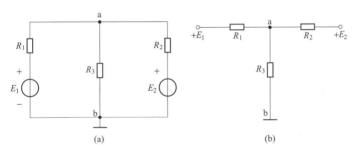

图 1.1.13 电路对应的电位图

(a) $V_b=0$；(b) 电位图

1.2 电路分析的基本定律

电路分析的基本依据是电路的基本定律，即欧姆定律和基尔霍夫定律。

1.2.1 欧姆定律

欧姆定律是指电阻两端的电压与流过电阻的电流成正比，其伏安特性是通过原点的一条直线，如图 1.1.4 所示。

电压、电流在关联参考方向下，欧姆定律表达式为

$$R=\frac{u}{i} \text{ 或 } u=iR$$

电压、电流在非关联参考方向下，欧姆定律表达式为

$$R=-\frac{u}{i} \text{ 或 } u=-iR$$

可见，参考方向选取的不同，表达式的正、负符号也不同。

欧姆定律反映了电阻元件上电压与电流的约束关系（VCR）。此外，其他电路元件如电容元件、电感元件上电压与电流的约束关系在电路分析中也常被采用，这些约束关系都是根据具体电路元件的性质给出的。

1.2.2　基尔霍夫定律

基尔霍夫定律包括基尔霍夫电流定律（KCL）和基尔霍夫电压（KVL）定律，分别给出了电路的回路中各部分电压间、结点上各支路电流间的约束关系，是电路分析的基本定律。为了说明基尔霍夫定律，结合图 1.2.1 所示电路，先介绍与定律相关的几个概念。

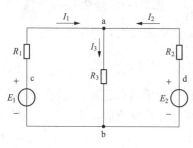

图 1.2.1　举例电路

支路：电路中流过同一电流的任一分支称为支路。在图 1.2.1 所示电路中共有三条支路，各支路电流分别为 I_1、I_2、I_3。

结点：电路中三条或三条以上的支路相连接的点称为结点。在图 1.2.1 所示电路中共有 a 和 b 两个结点。

回路：电路中任意一个闭合的路径称为回路。在图 1.2.1 所示电路中共有 abca、abda、adbca 三个回路。

网孔：内部不含其他支路的单孔回路称为网孔。在图 1.2.1 所示电路中共有 abca 和 abda 两个回路。

1. 基尔霍夫电流定律（KCL）

基尔霍夫电流定律是用来确定连接在同一结点上各支路电流之间约束关系的定律。根据电流的连续性原理，电荷是连续移动的，电路中任何一点（包括结点）均不能堆积电荷。因此，KCL 可表述为：任一瞬间，流入某一结点的支路电流之和等于流出该结点的支路电流之和。

例如图 1.2.1 所示电路中，对结点 a 应用 KCL，可写出

$$I_1 + I_2 = I_3$$

或改写为

$$I_1 + I_2 - I_3 = 0$$

即

$$\sum I = 0 \tag{1.2.1}$$

因此，KCL 还可表述为：任一瞬间，任一结点上各支路电流的代数和恒等于零。规定参考方向指向结点的电流取正号，背离结点的电流取负号。

根据计算结果，有些支路电流可能是负值，这是由于所选定的电流的参考方向和实际方向相反所致。

KCL 不仅适用于结点，也可以把它推广应用于电路中任一广义结点（假设的闭合面）。如图 1.2.2 中虚线框所示的广义结点，其内部有三个结点，应用 KCL 可列出

$$I_1 = I_{12} - I_{31}$$

$$I_2 = I_{23} - I_{12}$$

$$I_3 = I_{23} - I_{31}$$

根据上列三式可得

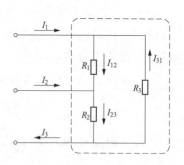

图 1.2.2　广义结点电路

$$I_1 + I_2 - I_3 = 0$$

或

$$\sum I = 0$$

可见，在任一时刻，任一广义结点上支路电流的代数和也恒等于零。

2. 基尔霍夫电压定律（KVL）

基尔霍夫电压定律是用来确定同一回路中各部分电压之间约束关系的定律。由于在电场力的作用下，移动电荷从电路中某一点出发沿一闭环回路循行（顺时针或逆时针）回到这一点电场力做的功为零，根据电压的定义，则从一点出发循行回到这一点的电压必为零。以图1.2.3 所示电路（图 1.2.1 所示电路的外围回路）为例，图中电源电动势、电流及电阻端电压的参考方向均已标出。按照虚线所示方向，规定电位降取正号，电位升取负号，可以列出

$$U_1 - U_2 + E_2 - E_1 = 0$$

理想电压源的电动势即为其端电压的大小，故

$$\sum U = 0 \qquad (1.2.2)$$

因此，KVL 可表述为：任一瞬间，电路中任一回路沿循行方向的各段电压的代数和等于零。

式（1.2.2）可改写为

$$E_1 - E_2 = U_1 - U_2$$

即

$$\sum E = \sum U \qquad (1.2.3)$$

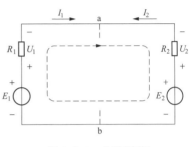

图 1.2.3　电路回路

因此，KVL 还可表述为：任一瞬间，电路中任一回路沿循行方向的电压源电动势的代数和等于其他电路元件（包括电源内阻）上电压的代数和。规定电动势的参考方向（从"－"到"＋"）与绕行方向一致的取正号，相反取负号；电压的参考方向（从"＋"到"－"）与绕行方向一致的取正号，相反取负号。

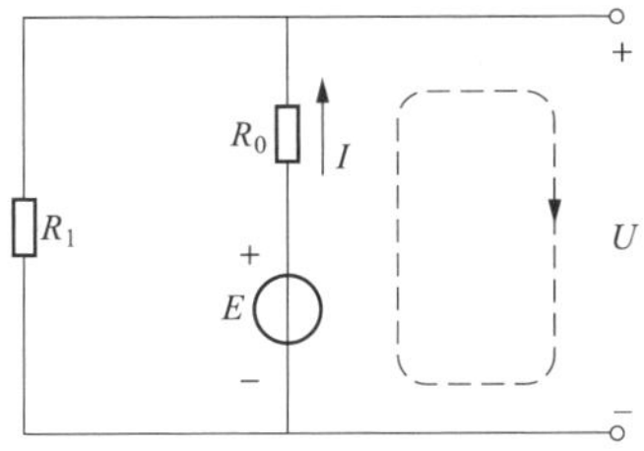

基尔霍夫电压定律不仅适用于闭合回路，也可以把它推广应用于回路的部分电路（假设的回路）。例如图 1.2.4 所示的部分电路，应用基尔霍夫电压定律可列出

$$E = IR_0 + U$$

即

$$U = E - IR_0 \qquad (1.2.4)$$

图 1.2.4　部分电路

式中：IR_0 为电阻 R_0 上的压降，与绕行方向相同。R_0 若为电源内阻，式（1.2.4）即为电压源的输出电压表达式。

KCL 在支路电流之间施加线性约束关系；KVL 则对回路电压之间施加线性约束关系。这两个定律仅与元器件的相互连接有关，而与元器件的性质无关。无论元器件是线性的还是非线性的，电源是直流还是交流的，KCL 和 KVL 总是成立的。

列方程时，不论是应用基尔霍夫定律还是欧姆定律，首先都要在电路图上标出电流、电压或电动势的参考方向；因为所列方程中各项的正、负是由它们的参考方向决定的，如果参考方向选得相反，则会相差一个负号。

【例 1.2.1】 据图 1.2.5 所示电路中的已知量，试求 I_{R1}、U_{R2}、R_1、I_{R2}、R_2 及电动势 E。

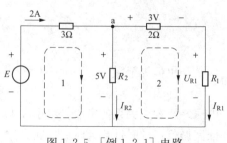

图 1.2.5　[例 1.2.1] 电路

【解】 可以看出，由于电路中的未知量较多，只利用欧姆定律无法求解，这时可借助基尔霍夫两个定律。

I_{R1} 与 2Ω 电阻流过同一电流。所以

$$I_{R1} = \frac{3}{2} = 1.5(A)$$

对回路 1 应用 KVL 可得

$$U_{R1} = 5 - 3 = 2(V)$$

则由欧姆定律可求得

$$R_1 = \frac{U_{R1}}{I_{R1}} = \frac{2}{1.5} = 1.33(\Omega)$$

对结点 a 应用 KCL 可得

$$2 - I_{R1} - I_{R2} = 0$$

有

$$I_{R2} = 2 - I_{R1} = 0.5(A)$$

可求得

$$R_2 = \frac{5}{I_{R2}} = \frac{5}{0.5} = 10(\Omega)$$

对回路 1 应用 KVL 可得

$$E = 2 \times 3 + 5 = 11(V)$$

1.3　电路分析方法

　　虽然电路分析的理论依据是欧姆定律和基尔霍夫定律，但对于不同结构的电路特别是复杂电路，仅依靠欧姆定律或基尔霍夫定律来分析是比较困难的，只有在分析过程中根据具体电路的结构特点，寻求和采取合适的分析方法，才能简便有效地对其进行求解。

　　本节以直流电阻电路为例介绍几种电路常用的分析方法，这些方法对于交流电路同样成立，只是在分析过程中要具体把握交流电路中物理量的特性。

1.3.1　等效变换法

1. 电阻串联、并联的等效变换

电阻的串、并联是其最基本的连接方式。在电路分析中，从串、并联的电阻可等效为一个电阻元件，这样可大大简化电路，是一种简便有效的分析方法。

（1）电阻串联的等效变换。电阻串联的特点是：电路中两个或多个电阻顺序相连，各电阻中通过同一电流。图 1.3.1（a）所示为两个电阻串联的电路，对该电路应用 KVL 列方程可得

$$U = U_1 + U_2$$

由于两个电阻上流过同一电流 I 有 $U_1 = IR_1$，$U_2 = IR_2$，代入可得

$$U = IR_1 + IR_2 = I(R_1 + R_2) = IR$$

R 为两个串联电阻的等效电阻，等于两个串联电阻之和，即

$$R = R_1 + R_2 \tag{1.3.1}$$

等效电路如图 1.3.1（b）所示。显然，串联电路的等效电阻大于任一个串联的电阻。

两个串联电阻的分压公式为

$$U_1 = R_1 I = \frac{R_1}{R_1 + R_2} U, \ U_2 = R_2 I = \frac{R_2}{R_1 + R_2} U$$

可见，串联电阻上电压的分配与电阻阻值成正比。当其中某个电阻较其他电阻小很多时，在它两端的电压也较其他电阻上的电压低很多，因此，这个电阻的分压作用常可忽略不计。

同样可以得到，多个电阻串联的等效电阻等于各电阻之和，即

$$R = \sum R_i \tag{1.3.2}$$

实际中，电阻的串联主要用于降压、限流、调节电压等。

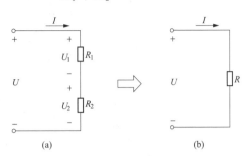

图 1.3.1　电阻串联的等效

(a) 电阻的串联；(b) 等效电路

（2）电阻并联的等效变换。电阻并联的特点是：电路中有两个或多个电阻分别连接在两个公共的结点之间；各电阻承受同一电压。图 1.3.2（a）所示电路为两个电阻并联的电路。对该结点应用 KCL 列方程可得

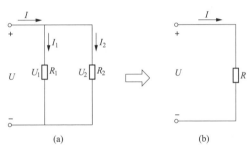

图 1.3.2　电阻并联的等效

(a) 电阻的并联；(b) 等效电路

$$I = I_1 + I_2$$

由于两个电阻上承受同一电压 U，有 $I_1 = \dfrac{U}{R_1}$，

$I_2 = \dfrac{U}{R_2}$，代入式中可得

$$I = \frac{U}{R_1} + \frac{U}{R_2} = \left(\frac{1}{R_1} + \frac{1}{R_2} \right) U = \frac{U}{R}$$

R 即为两个并联电阻的等效电阻，其倒数等于两个串联电阻倒数之和，即

$$\frac{1}{R} = \frac{1}{R_1} + \frac{1}{R_2}$$

实际分析中常采用以下形式

$$R = \frac{R_1 R_2}{R_1 + R_2} \tag{1.3.3}$$

等效电路如图 1.3.2（b）所示。显然，并联电路的等效电阻小于任一个并联的电阻。

两个并联电阻的分流公式为

$$I_1 = \frac{U}{R_1} = \frac{RI}{R_1} = \frac{R_2}{R_1 + R_2} I$$

$$I_2 = \frac{U}{R_2} = \frac{RI}{R_2} = \frac{R_1}{R_1 + R_2} I$$

可见，并联电阻上电流的分配与电阻阻值成反比。当其中某个电阻较其他电阻大很多时，通过它的电流就较其他电阻上的电流小很多，因此，这个电阻的分流作用常可忽略不计。

同样可以得到：多个电阻并联的等效电阻的倒数等于各电阻倒数之和，即

$$\frac{1}{R} = \sum \frac{1}{R_i} \tag{1.3.4}$$

实际中，电阻的并联主要用于分流、调节电流等。

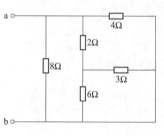

图 1.3.3　[例 1.3.1] 电路

【例 1.3.1】　试求图 1.3.3 所示电路 a、b 点之间的等效电阻。

【解】　电路中如果两个结点之间是一条导线，那么这两个结点应看作一个结点。

由电路可看出，6Ω 电阻与 3Ω 并联，再与 2Ω 电阻串联，然后与 4Ω 电阻并联，等效后与 8Ω 并联，由此该电路 a、b 点之间总的等效电阻为

$$R = 8 \; / \! / \; [4 \; / \! / \; (2 + 3 \; / \! / \; 6)] = 1.6 (\Omega)$$

式中："//"表示并联。

2. 电源两种电路模型间的等效变换

一个实际电源即可以表示为理想电压源与内阻串联的电压源模型，又可以表示为理想电流源与内阻并联的电流源模型。由于只是同一电源的两种表示形式，因而它们对外电路的作用是相同的。在分析外电路时，为便于分析和简化电路，常对它们进行等效变换。

实际电压源外特性表达式 $U = E - IR_0$ 两端同除以 R_0，可得

$$\frac{U}{R_0} = \frac{E}{R_0} - I = I_S - I$$

即

$$I_S = \frac{U}{R_0} + I$$

此式即为实际电流源外特性表达式，其中 $I_S = \dfrac{E}{R_0}$ 或 $E = I_S R_0$。因而，电流源电激流是电压源的短路电流，电压源电动势是电流源的开路电压，电压源的内阻与电流源的内阻相同。

可以看出，电压源与电流源的外特性相同 [外特性曲线参见图 1.1.9 (b) 及图 1.1.11 (b)]，对外电路的作用是等效的，可做等效变换。但对电源内部而言，则是不等效的，这是由于变换前后，两种电源模型内部的功率损耗是不同的。例如，短路时，电压源发出的功率全部被内阻所消耗，而电流源内阻上无功率损耗；开路时，电流源发出的功率全部被内阻所消耗，而电压源内阻上无功率损耗。

由于理想电压源输出电压恒定，理想电流源输出电流恒定，因而二者不存在等效变换的关系。但只要一个电动势为 E 的理想电压源和某个电阻 R 串联，都可以等效为一个电激流为 I_S 的理想电流源和这个电阻并联的电路，反之亦然。

在进行电压源与电流源间的等效时，要注意转换前后电动势 E 与电激流 I_S 的方向，保证二者对外电路激励信号方向相同。两种电源模型之间的等效变换如图 1.3.4 所示，其中 $I_S = \dfrac{E}{R_0}$ 或 $E = I_S R_0$。如果电压源电动势的方向为下正上负，则电流源电激流的方向应变为向下。

在电路分析过程中，多个电压源串联可等效为一个电压源。图 1.3.5 所示为两个串联电

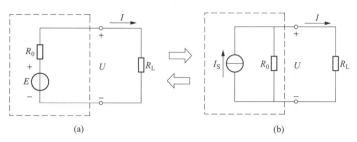

图 1.3.4　电源两种模型之间的等效变换

（a）电压源；（b）电流源

压源的等效。

串联电压源的等效电压源电动势为

$$E = \sum E_i,\ i = 1,\ 2,\ \cdots,\ n$$

注意：凡串联电压源的电动势与等效后电压源的电动势极性相同的，等效前后电动势的极性取正号；否则，取负号。

串联电压源的等效内阻为

$$R = \sum R_i,\ i = 1,\ 2,\ \cdots,\ n$$

在电路分析过程中，对于多个电流源的并联可将其等效为一个电流源。图 1.3.6 所示为两个并联电流源的等效。

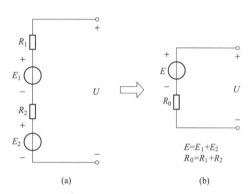

图 1.3.5　串联电压源的等效

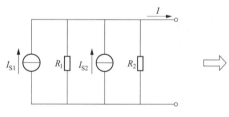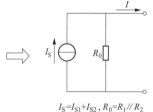

图 1.3.6　并联电流源的等效

并联电流源的等效电流源电激流为

$$I_S = \sum I_{Si},\ i = 1,\ 2,\ \cdots,\ n$$

注意凡并联电流源的电激流与等效后电流源的电激流方向相同的，等效前后电激流的方向取正号；否则，取负号。

并联电流源的等效内阻为

$$\frac{1}{R} = \sum \frac{1}{R_i},\ i = 1,\ 2,\ \cdots,\ n$$

【例 1.3.2】　试用电压源与电流源等效变换的方法，计算图 1.3.7 所示电路中流过 3Ω 电阻的电流 I。

【解】　电激流为 4A 的电流源与电动势为 4V 的电压源串联，可将此电流源转换为电压

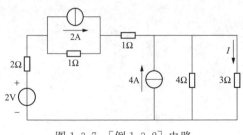

图 1.3.7 [例 1.3.2] 电路

源，如图 1.3.8（a）所示；然后将串联的电压源等效为一个电压源，如图 1.3.8（b）所示。

图 1.3.8（b）中电压源与电流源并联，可将此电压源转换为电流源，如图 1.3.8（c）所示；再将这两个电流源等效为一个电流源，得图 1.3.8（d）所示电路。

由此据分流公式可得

$$I = \frac{2}{2+3} \times 5 = 2(A)$$

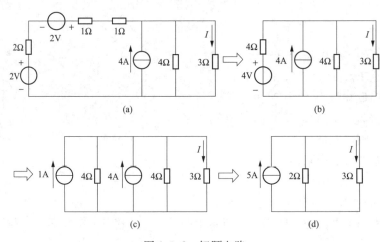

图 1.3.8 解题电路

【例 1.3.3】 试求图 1.3.9（a）所示电路 a、b 两点间的等效电源。

【解】 与理想电压源并联的电路部分（3Ω 电阻）不影响其端电压，可除去（断开）；与理想电流源串联的电路部分（2Ω 电阻）不影响其输出电流，可除去（短接）。这样简化后可得图 1.3.9（b）所示的电路。

然后将图 1.3.9（b）所示电路中理想电流源与 1Ω 电阻的并联等效为电压源，可得到图 1.3.9（c）所示的电路，进而可得 a、b 两点间的等效电源如图 1.3.9（d）所示。

1.3.2 支路电流法

支路电流法是以各支路电流为求解对象，直接应用基尔霍夫电流定律（KCL）和电压定律（KVL），分别对结点和网孔列出关于支路电流的线性方程组，然后解出各支路电流的一种电路求解的方法。对于不能利用等效变换法求解的复杂电路，支路电流法是其最基本的分析方法。

假定电路有 b 条支路、n 个结点，电路参数已知，将 b 条支路电流作为未知量的前提下，支路电流法的求解步骤为：

（1）在电路图上标出各支路电流的参考方向；对所选回路（通常可取网孔）标出回路绕行方向。

（2）应用 KCL 对结点列出 $(n-1)$ 个独立的结点电流方程。

（3）应用 KVL 对回路（网孔）列出 $[b-(n-1)]$ 个独立的回路电压方程。

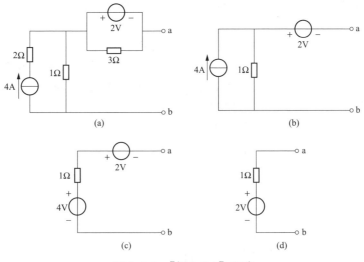

图 1.3.9 ［例 1.3.3］电路

（4）联立求解 b 个独立方程，求出各支路电流。应用支路电流法时，有多少个未知支路电流就应列写出多少个相互独立的电路方程。

支路电流法的解题关键是确保列写的 b 个电路方程彼此独立。图 1.3.10 所示电路中，支路数 $b=5$，结点数 $n=3$（两点间为一导线时应看作一个点），支路电流的参考方向及回路绕行方向如图中所示。求解支路电流 $I_1 \sim I_5$ 时需列写 5 个彼此独立的方程。

据 KCL，对结点 a、b、c 可列出

$$I_1 - I_3 - I_5 = 0 \qquad (1.3.5)$$

$$I_2 + I_5 - I_4 = 0 \qquad (1.3.6)$$

$$I_3 + I_4 - I_1 - I_2 = 0 \qquad (1.3.7)$$

可见，式（1.3.7）为非独立方程，可由

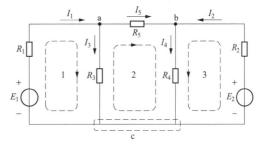

图 1.3.10 支路电流法举例电路

另外两个方程推得。通常，对具有 n 个结点的电路应用 KCL 只能得到（$n-1$）个独立方程，其中（$n-1$）个结点可任意选取。

据 KVL 式（1.3.7）列写回路电压方程时，由于每个网孔与其他网孔比较，都包含有一条新的支路，即包含新的支路电流，因而据网孔列写的回路电压方程彼此独立。而且对于平面电路，其网孔数为 ［$b-(n-1)$］，恰好是电路求解所需要的电压方程的个数。因而，一般选取网孔来列写回路电压方程。据图 1.3.10 所示电路中的网孔 1、2、3，可列出

$$E_1 = I_1 R_1 + I_3 R_3 \qquad (1.3.8)$$

$$I_4 R_4 + I_5 R_5 - I_3 R_3 = 0 \qquad (1.3.9)$$

$$E_2 = I_2 R_2 + I_4 R_4 \qquad (1.3.10)$$

这三个彼此独立的网孔电压方程联立式解出各支路电流。

当电路中某条支路电流已知时，可少列写一个电路方程；当电路中含有理想电流源支路时，因其往往电激流已知，但端电压未知，选回路（或网孔）时，可避开其所在支路，来得

到新的独立的回路电压方程。也可将其端电压作为一个新的未知量引入，多建立一个电路方程。

【例 1.3.4】　试求图 1.3.11 所示电路中各支路电流。

【解】　方法一：电路的支路数 $b=4$，结点数 $n=2$。由于理想电流源支路的电流已知，则未知电流只有 3 个，所以可只列写 3 个方程。支路电流的参考方向及所选回路绕行方向如图 1.3.11 所示，回路 2 避开了理想电流源所在支路。

据结点 a、回路 1 及回路 2 列写的独立电路方程为

$$\left. \begin{array}{l} I_1+6-I_2-I_3=0 \\ 2I_1+4I_2=12 \\ 2I_3-4I_2=0 \end{array} \right\}$$

联立求解，可得

$$I_1=1.2\text{A}, \ I_2=2.4\text{A}, \ I_3=4.8\text{A}$$

方法二：回路选为网孔。为便于说明，将电路重画如图 1.3.12 所示。因网孔 2 及网孔 3 含有理想电流源支路，而理想电流源两端的电压未知，将其端电压设为 U_X，参考方向如图中所示。所以未知量变为 4 个，需要列出 3 个网孔的 KVL 方程。

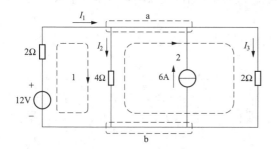 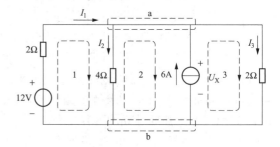

图 1.3.11　［例 1.3.4］电路图（一）　　　图 1.3.12　［例 1.3.4］电路图（二）

据结点 a 及 3 个网孔列写的独立电路方程为

$$\left. \begin{array}{l} I_1+6-I_2-I_3=0 \\ 2I_1+4I_2=12 \\ U_X-4I_2=0 \\ 2I_3-U_X=0 \end{array} \right\}$$

同样，可求得

$$I_1=1.2\text{A}, \ I_2=2.4\text{A}, \ I_3=4.8\text{A}$$

当电路中的支路数较多时，应用支路电流法求解，待求电流较多，列写出的独立电路方程数就较多，求解过程较为繁琐，这时可寻求其他的分析方法。

1.3.3　结点电压法

在电路中任选某一结点作为零电位参考点，并以符号"⊥"标记，其他结点与此参考点之间的电压称为结点电压。

结点电压法是以结点电压为求解对象，应用基尔霍夫电流定律（KCL）列出用结点电压表示的关联支路的电流方程，然后确定出结点电压。结点电压法是复杂电路的又一基本分析方法。

在求出结点电压的前提下，可进一步对电路进行分析和计算。

图 1.3.13 所示电路中，选取结点 b 为零电位参考点，则结点电压为 U_{ab}。对结点 a 列写 KCL 方程，有

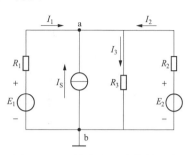

$$I_1 + I_S + I_2 - I_3 = 0 \qquad (1.3.11)$$

根据欧姆定律以及基尔霍夫电压定律，可将除电激流 I_S 外各支路电流用结点电压表示为

$$I_1 = \frac{E_1 - U_{ab}}{R_1}, \ I_3 = \frac{U_{ab}}{R_3}, \ I_2 = \frac{E_2 - U_{ab}}{R_2}$$

图 1.3.13　结点电压法举例电路

将支路电流代入式（1.3.11）中，可得

$$\left(\frac{1}{R_1} + \frac{1}{R_2} + \frac{1}{R_3} \right) U_{ab} = \frac{E_1}{R_1} + \frac{E_2}{R_2} + I_S$$

即

$$U_{ab} = \frac{\dfrac{E_1}{R_1} + \dfrac{E_2}{R_2} + I_S}{\dfrac{1}{R_1} + \dfrac{1}{R_2} + \dfrac{1}{R_3}} \qquad (1.3.12)$$

式中：分母各项为与结点 a 相连各支路电阻的倒数之和（但不包含与理想电流源串联的电阻）；分子各项为含源支路等效电流源汇入结点 a 的电激流之和。

针对两个结点的结点电压公式可总结为

$$U_{ab} = \frac{\sum \dfrac{E_i}{R_i} + \sum I_{Si}}{\sum \dfrac{1}{R_i}}, \ i = 1, \ 2, \ \cdots, \ n \qquad (1.3.13)$$

式（1.3.12）所列的关系称为弥尔曼定理。其中，分母各项总为正，分子各项可正可负。当电动势的方向与结点电压的方向相反时，分子各项取为正，相同时取为负；电激流流入非参考结点时取为正，流出时取为负。

【例 1.3.5】　试用结点电压法计算 ［例 1.3.4］。

【解】　将图 1.3.11 所示电路中的 b 点选为零电位参考点，则结点电压为

$$U_{ab} = \frac{\dfrac{12}{2} + 6}{\dfrac{1}{2} + \dfrac{1}{4} + \dfrac{1}{2}} = 9.6(\text{V})$$

由此可求出各支路电流为

$$I_1 = \frac{12 - 9.6}{2} = 1.2(\text{A})$$

$$I_2 = \frac{9.6}{4} = 2.4(\text{A})$$

$$I_3 = \frac{9.6}{2} = 4.8(\text{A})$$

1.3.4　叠加定理

叠加定理一般描述为：在多个独立电源共同作用的线性电路中，任一条支路的电流或某

两点间的电压等于电路中各个独立电源单独作用时，在该支路所产生的电流或两点间产生的电压的代数和。

叠加定理是分析线性电路的基础。

叠加定理是线性电路的一个重要性质——可加性的反映。利用叠加定理可将多电源电路分解为若干个单电源电路来分析。

图 1.3.14 所示电路中含有两个独立电源，按照前面介绍的电路分析方法可求得电路中电阻 R_2 支路上的响应电流 I 及端电压 U 分别为

$$I = \frac{E}{R_1 + R_2} + \frac{R_1 I_{\mathrm{S}}}{R_1 + R_2}$$

$$U = \frac{E R_2}{R_1 + R_2} + \frac{R_1 I_{\mathrm{S}} R_2}{R_1 + R_2}$$

以上两式中，I、U 都分别是 E 和 I_{S} 的线性组合，可改写为

$$I = I' + I''$$

$$U = U' + U''$$

其中，$I' = \dfrac{E}{R_1 + R_2}$ 及 $U' = \dfrac{E R_2}{R_1 + R_2}$ 是由电动势为 E 的理想电压源单独作用时在分电路中 R_2 支路上所产生的电流、电压响应分量，如图 1.3.15（a）所示。图中理想电流源进行了置零（使 $I_{\mathrm{S}} = 0$），即将其断开。$I'' = \dfrac{R_1 I_{\mathrm{S}}}{R_1 + R_2}$，$U'' = \dfrac{R_1 I_{\mathrm{S}} R_2}{R_1 + R_2}$ 是由电激流为 I_{S} 的理想电流源单独作用时在分电路中 R_2 支路上所产生的电流、电压响应分量，如图 1.3.15（b）所示。图中理想电压源进行了置零（使 $E = 0$），即用短接线将其取代。

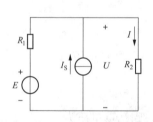

图 1.3.14　叠加定理原电路

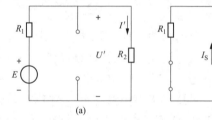

图 1.3.15　叠加定理分电路

（a）理想电压源单独作用；（b）理想电流源单独作用

可见，原电路的响应为相应分电路中分响应的叠加，这就是叠加定理的体现。

【例 1.3.6】　图 1.3.16（a）所示电路中，已知 $E_1 = 12\mathrm{V}$，$E_2 = 7.2\mathrm{V}$，$R_1 = 2\Omega$，$R_2 = 6\Omega$，$R_3 = 3\Omega$，试用叠加定理计算图中的电流 I_2 及电压 U_2。

【解】　应用叠加定理。图 1.3.16（a）所示电路可以分解为图 1.3.16（b）、（c）所示两个单电源电路。

在图 1.3.16（b）中

$$I_2' = -\frac{E_1}{R_1 + R_2 \,/\!/\, R_3} \frac{R_3}{R_2 + R_3} = -\frac{12}{2 + 6 \,/\!/\, 3} \frac{3}{6 + 3} = -1(\mathrm{A})$$

$$U_2' = I_2' R_2 = -6(\mathrm{V})$$

在图 1.3.16（c）中

$$I_2'' = \frac{E_2}{R_2 + R_1 \ /\!/ \ R_3} = \frac{7.2}{6 + 2 \ /\!/ \ 3} = 1(\text{A})$$

$$U_2'' = I_2'' R_2 = 6(\text{V})$$

所以在图 1.3.16（a）所示电路中

$$I_2 = I_2' + I_2'' = 0(\text{A})$$

$$U_2 = U_2' + U_2'' = 0(\text{V})$$

其中，I_2、U_2 均为零是两个电源共同作用的结果。

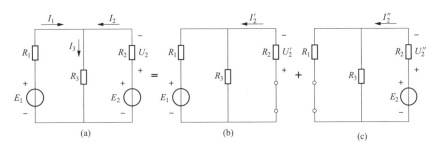

图 1.3.16 ［例 1.3.6］电路

应用叠加定理时的注意事项：

（1）叠加定理适用于线性电路，不适用于非线性电路。

（2）在叠加的各分电路中，将不作用的理想电压源置零，即将其以短接线代替；将不作用的理想电流源置零，即将其以断开状态代替。电路的其他参数和结构保持不变。

（3）将各分量叠加时，若各分电流、分电压的参考方向与原电路中对应的电流、电压的参考方向一致的取为正，相反取为负。

（4）原电路的功率不等于各分电路计算所得功率的叠加，这是因为功率是电压和电流的乘积，与激励不成线性关系。

在线性电路中，当所有激励（理想电压源电动势和理想电流源电激流）都同时增大或缩小 K 倍（K 为实常数）时，电路中的响应也将同样增大或缩小 K 倍。这就是线性电路的齐次定理。

1.3.5 等效电源定理

在电路分析中，往往只需要求解某一个支路的电流或电压，应用前面介绍的分析方法进行求解，会引入其他的电压或电流，使分析过程较为复杂。等效电源定理包括戴维南定理和诺顿定理，为求解某一条支路的电流或电压提供了一种简便的方法。

一般而言，任何具有两个接线端的部分电路，都称为二端网络。根据二端网络内部是否含有电源，又分为无源二端网络和有源二端网络，如图 1.3.17（a）、（b）所示。可以想到，最简单的无源二端网络是一电阻元件，最简单的有源二端网络是一电源模型。

通常，二端网络端口以内用一个方框并标以文字来表示其一般形式。在求解电路中某条支路的电流或电压时，可先将这条支路去除，而把其余部分看作一个有源二端网络，如图 1.3.18（a）所示。不论有源二端网络的简繁程度如何，它会为所要分析的这条支路提供激励，因此，有源二端网络就其对外电路的作用可用一个等效电源来替代，如图 1.3.18（b）、（c）所示。

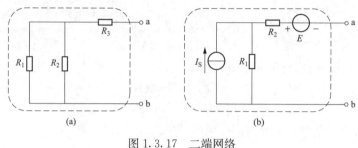

图 1.3.17　二端网络

(a) 无源；(b) 有源

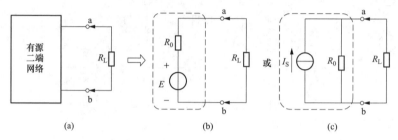

图 1.3.18　有源二端网络的等效

(a) 有源二端网络；(b) 等效电压源；(c) 等效电流源

无源二端电阻网络可用一个等效电阻元件来替代。

1. 戴维南定理

戴维南定理（又称戴维宁定理）指出：对外电路而言，任何一个线性有源二端网络都可用一个电压源来等效替代。等效电压源的电动势 E 为有源二端网络将负载断开后的开路电压；等效电压源的内阻 R_0 为有源二端网络中所有电源均置零后，所得到的无源二端网络端口间的等效电阻。

【例 1.3.7】　电路如图 1.3.19（a）所示，已知 $E_1 = 15\text{V}$，$E_2 = 5\text{V}$，$R_1 = R_2 = 5\Omega$，$R_3 = 7.5\Omega$，试用戴维南定理求电流 I_3。

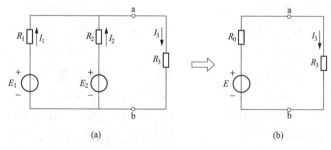

图 1.3.19　［例 1.3.7］电路

【解】　图 1.3.19（a）中的电路可化为图 1.3.19（b）所示的等效电路。

求等效电压源的电动势 E 时，将待求支路从原电路中去除，如图 1.3.20（a）所示。等效电压源的电动势 E 为端口处的开路电压 U_0，可由图求得

$$I = \frac{E_1 - E_2}{R_1 + R_2} = \frac{15 - 5}{5 + 5} = 1(\text{A})$$

则有

$$E = U_0 = IR_2 + E_2 = 1 \times 5 + 5 = 10(\text{V})$$

或

$$E = U_0 = E_1 - IR_1 = 15 - 1 \times 5 = 10(\text{V})$$

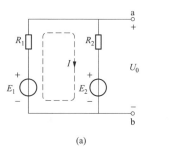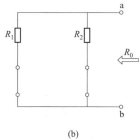

图 1.3.20　电路的二端网络

E 也可用叠加定理等方法来求得。

求等效电压源的内阻 R_0 时，将有源二端网络中所有电源均置零，如图 1.3.20（b）所示。可得

$$R_0 = \frac{R_1 R_2}{R_1 + R_2} = \frac{5 \times 5}{5 + 5} = 2.5(\Omega)$$

这样，由图 1.3.19（b）便可求出

$$I_3 = \frac{E}{R_0 + R_3} = \frac{10}{2.5 + 7.5} = 1(\text{A})$$

用戴维南定理求解电路的步骤可归纳如下：

（1）选定待求支路电流或电压的参考方向；

（2）将待求支路去除，根据得到的有源二端网络求出其开路电压 U_0。（注意参考方向应与待求支路电压或电流的参考方向一致）；

（3）将有源二端网络中的所有电源置零，求出得到的无源二端网络端口间的等效电阻；

（4）根据戴维南等效电路，求出支路电流或电压。

【例 1.3.8】　试求出图 1.3.21 所示电路中理想电流源的端电压 U_S。

【解】　U_S 的参考方向如图 1.3.21 中所示。去除图中理想电流源后，可改画得到如图 1.3.22（a）所示的有源二端网络。则可求得等效电压源电动势为

$$E = U_0 = \frac{24 \times 12}{6 + 12} - \frac{24 \times 4}{4 + 4} = 4(\text{V})$$

据图 1.3.22（b）可求得等效电压源的内阻为

$$R_0 = 6 /\!/ 12 + 4 /\!/ 4 = 6(\Omega)$$

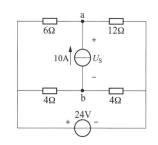

图 1.3.21　[例 1.3.8] 电路

可得戴维南等效电路如图 1.3.22（c）所示，故理想电流源的端电压为

$$U_s = 10 \times R_0 + E = 10 \times 6 + 4 = 64(V)$$

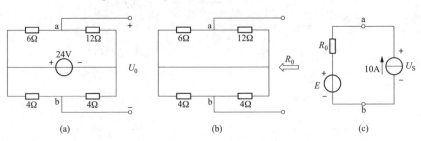

图 1.3.22　[例 1.3.8] 电路的等效过程

2. 诺顿定理

诺顿定理指出：对外电路而言，任何一个线性有源二端网络都可用一个电流源来等效替代。等效电流源的电激流 I_S 为有源二端网络的短路电流；等效电流源的内阻 R_0 为有源二端网络中所有电源均置零后，所得到的无源二端网络端口间的等效电阻。

【例 1.3.9】　试用诺顿定理计算 [例 1.3.7] 所求的电流 I_3。

【解】　将图 1.3.20 (a) 所示有源二端网络的端口短路，如图 1.3.23 (a) 所示。等效电流源的电激流 I_S 即为端口处的短路电流，可求得

$$I_S = \frac{E_1}{R_1} + \frac{E_2}{R_2} = \frac{15}{5} + \frac{5}{5} = 4(A)$$

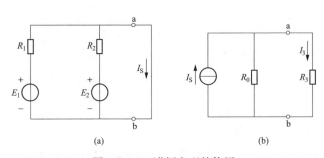

图 1.3.23　诺顿定理的使用

等效电流源的内阻 R_0 计算同戴维南定理，即 $R_0 = 2.5(\Omega)$。由此得到的诺顿等效电路如图 1.3.23 (b) 所示，故所求电流 I_3 为

$$I_3 = \frac{R_0 I_S}{R_0 + R_3} = \frac{2.5 \times 4}{2.5 + 7.5} = 1(A)$$

1.4　一阶线性电路的暂态分析

在电路的结构、元件参数及激励不变的情况下，当电路长时间保持某一状态，其电压、电流为某一稳定值时，电路的工作状态称为稳定状态，简称稳态。例如，在直流电阻电路中，电压、电流均不随时间变化而变化，即电路处于稳态。

电路的接通或断开，或是电路中某一参数、结构的改变，统称为换路。换路时，直流电阻电路会从一种稳定状态跃变为另一种稳定状态。例如，当电路中含有储能元件时，由于储

能元件能量的积累或释放都需要一定的时间，因而电路从一种稳态需要经过一定的时间才能转变为另一种稳态，此转变过程称为过渡过程。由于电路中过渡过程的时间相对短暂，故又称为暂态过程，简称暂态。

暂态分析就是分析在激励源或储能元件内部储能的作用下，电路中电压和电流随时间变化的规律，故暂态分析属于时域分析。

暂态分析的目的是：①充分把握和利用电路暂态过程的物理特性，比如在电子技术中利用暂态规律来实现振荡信号的产生、信号波形的改善和变换、电子继电器的延时动作等；②防止电路在暂态过程中产生的危害，如防止出现过电流（高于额定电流）或过电压（高于额定电压）的现象损坏电气设备或元件。因此，研究电路的暂态过程具有十分重要的意义。

直流电路、交流电路都存在暂态过程，以下介绍直流电路的暂态过程。

1.4.1 换路定则

换路后储能元件中的能量要发生变化，但能量变化时是不能跃变的，只能随时间连续变化，否则将使功率 $p = \dfrac{\mathrm{d}W}{\mathrm{d}t}$ 达到无穷大，这在实际中是不可能的。在电路中，电容元件和电感元件存储的能量分别为 $\dfrac{1}{2}Cu_C^2$ 和 $\dfrac{1}{2}Li_L^2$，由于能量不能跃变，故电容元件上的电压 u_C 及电感元件中的电流 i_L 这两个物理量不能跃变。应用在换路瞬间，电容电压 u_C 及电感电流 i_L 同样不能发生跃变，这就是换路定则。可见，电路的暂态过程是由于储能元件的能量不能跃变而产生的。

设 $t=0$ 为换路瞬间，$t=0_-$ 表示换路前的终了时刻，$t=0_+$ 表示换路后的初始时刻。0_- 和 0_+ 在数值上都等于 0，但它们的含义不同。换路定则可表示为

$$\left. \begin{aligned} u_C(0_-) &= u_C(0_+) \\ i_L(0_-) &= i_L(0_+) \end{aligned} \right\} \tag{1.4.1}$$

换路定则仅适用于换路瞬间电容元件上的电压 u_C 以及电感元件中的电流 i_L，电路中的其他电压及电流，如电容元件中的电流、电感元件上的电压及电阻上的电压及电流均可跃变。

1.4.2 初始值及稳态值的确定

1. 初始值 $f(0_+)$ 的确定

电路发生换路后，$t=0_+$ 时刻电路中电压及电流之值称为暂态过程的初始值，以 $f(0_+)$ 来表示，可根据换路定则来确定。

初始值决定了换路后电路的起始工作状态，是分析暂态过程的首要条件。

确定电路初始值 $f(0_+)$ 的步骤如下：

(1) 由 $t=0_-$ 时的电路求出 $u_C(0_-)$ 和 $i_L(0_-)$，根据换路定则得到 $u_C(0_+)$ 和 $i_L(0_+)$；

(2) 在 $t=0_+$ 的电路中，将电容元件视为端电压为 $u_C(0_+)$ 的恒压源；将电感元件视为电激流为 $i_L(0_+)$ 的恒流源，来确定其他电压和电流的初始值。

2. 稳态值 $f(\infty)$ 的确定

暂态过程结束，电路在新的稳定状态下工作时，电路中各处的电流和电压值均为新的稳定值，称为稳态值，以 $f(\infty)(t \rightarrow \infty)$ 来表示，可由电路的稳态特性来确定。

若换路前电路已工作于某种稳定状态下，则 $t=0_-$ 时的 $u_C(0_-)$ 和 $i_L(0_-)$ 之值，属于换

路前的稳态值。发生换路且暂态过程结束后，电路新的稳态值 $f(\infty)$ 与 $t=0_-$ 时的稳态值是不同的。以后稳态值都是指换路后（$t\rightarrow\infty$）时稳态值。

稳态值是分析暂态过程的必要条件。它决定了电路换路后最终所要达到的新的工作状态。

确定电路稳态值 $f(\infty)$ 的步骤如下：

（1）由于电路达到稳态后储能元件的储能状态将保持不变，$i_C(\infty)=0$，可将电容元件视为开路；$u_L(\infty)=0$，可将电感元件视为短路。画出 $t\rightarrow\infty$ 的等效电路；

（2）根据 $t\rightarrow\infty$ 的等效电路，求出稳态时电路中其他电压、电流的稳态值 $f(\infty)$。

【例 1.4.1】 试确定图 1.4.1 所示电路中在 $t=0$ 时刻断开开关 S 后，各电压和电流的初始值及稳态值。设换路前电路已处于稳态。

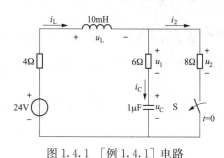

图 1.4.1 ［例 1.4.1］电路

【解】 换路前开关 S 是闭合的。由于 $t=0_-$ 时电路已处于稳态，故电容元件可视为开路；电感元件可视为短路。$t=0_-$ 时刻的等效电路如图 1.4.2（a）所示。可得

$$u_C(0_-)=u_2(0_-)=\frac{24\times 8}{4+8}=16(\text{V})$$

$$i_L(0_-)=\frac{24}{4+8}=2(\text{A})$$

根据换路定则，得

$$u_C(0_+)=u_C(0_-)=16(\text{V})$$

$$i_L(0_+)=i_L(0_-)=2(\text{A})$$

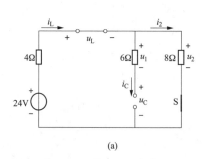

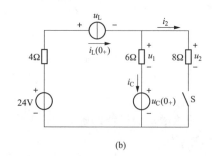

图 1.4.2 ［例 1.4.1］求解电路

（a）$t=0_-$；（b）$t=0_+$

$t=0_+$ 时刻的等效电路如图 1.4.2（b）所示。图中电容元件用一端电压为 $u_C(0_+)$ 恒压源取代，电感元件用一电激流为 $i_L(0_+)$ 的恒流源取代。可得其他各量的初始值

$$i_C(0_+)=i_L(0_+)=2(\text{A})$$

$$u_1(0_+)=i_C(0_+)\times 6=12(\text{V})$$

$$u_2(0_+)=0(\text{V})$$

$$u_L(0_+)=24-i_L(0_+)\times(4+6)-u_C(0_+)=-12(\text{V})$$

$t\rightarrow\infty$ 时（稳态下）的等效电路如图 1.4.3 所示。图中电容元件视为开路；电感元件视为短路。由图可得稳态值

$$u_{\mathrm{C}}(\infty)=24(\mathrm{V})$$
$$i_{\mathrm{L}}(\infty)=i_{\mathrm{C}}(\infty)=i_2(\infty)=0(\mathrm{A})$$
$$u_{\mathrm{L}}(\infty)=0(\mathrm{V})$$
$$u_1(\infty)=u_2(\infty)=0(\mathrm{V})$$

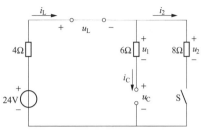

图 1.4.3 ［例 1.4.1］稳态等效电路

通过本例题的分析可以看出，$i_{\mathrm{C}}(0_-)=0\mathrm{A}$，而 $i_{\mathrm{C}}(0_+)=2\mathrm{A}$，即流过电容器中的电流在换路瞬间发生了跃变，会对电路产生电流冲击；$u_{\mathrm{L}}(0_-)=0\mathrm{V}$，而 $u_{\mathrm{L}}(0_+)=-12\mathrm{V}$，即加在电感器件两端的电压在换路瞬间也发生了跃变，会对电路产生电压冲击。换路瞬间，电容元件和电感元件的跃变电流或电压有时会远远高于其额定值，而瞬间出现过电流或过电压，会对电路造成严重冲击，使元器件遭到损害。

【例 1.4.2】 图 1.4.4 所示电路换路前处于稳态，电容元件、电感元件均未储能。试确定换路后各无源电路元件上电压和电流的初始值及稳态值。

【解】 换路前电容元件、电感元件均未储能，可知

$$u_{\mathrm{C}}(0_-)=0(\mathrm{V})$$
$$i_{\mathrm{L}}(0_-)=0(\mathrm{A})$$

根据换路定则，得

$$u_{\mathrm{C}}(0_+)=u_{\mathrm{C}}(0_-)=0(\mathrm{V})$$
$$i_{\mathrm{L}}(0_+)=i_{\mathrm{L}}(0_-)=0(\mathrm{A})$$

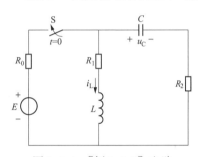

图 1.4.4 ［例 1.4.2］电路

$t=0_+$ 时刻的等效电路及各无源电路元件上电压及电流的参考方向如图 1.4.5（a）所示。由于 $u_{\mathrm{C}}(0_+)=0\mathrm{V}$，$i_{\mathrm{L}}(0_+)=0\mathrm{A}$，即等效恒压源端电压为零，等效恒流源电激流为零，故图 1.4.5（a）中电容元件用一短接线取代，电感元件视为开路。可得其他各量的初始值

$$i_{\mathrm{C}}(0_+)=i_2(0_+)=\frac{E}{R_0+R_2}$$

$$u_{\mathrm{L}}(0_+)=u_2(0_+)=\frac{ER_2}{R_0+R_2}$$

$$u_1(0_+)=0(\mathrm{V})$$

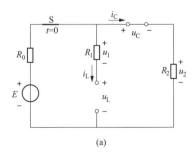 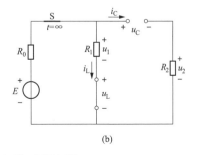

(a)　　　　　　　　　　　　(b)

图 1.4.5 ［例 1.4.2］求解电路

(a) $t=0_+$；(b) $t\rightarrow\infty$

$t→∞$ 时（稳态下）的等效电路如图 1.4.5（b）所示。图中电容元件视为开路；电感元件视为短路。由图可得稳态值

$$u_C(\infty) = u_1(\infty) = \frac{ER_1}{R_0 + R_1}$$

$$i_L(\infty) = \frac{E}{R_0 + R_1}$$

$$i_C(\infty) = 0(\mathrm{A})$$

$$u_L(\infty) = u_2(\infty) = 0(\mathrm{V})$$

1.4.3　一阶线性电路暂态分析的三要素法

只含有一个储能元件或可等效为一个储能元件的线性电路，其响应过程都可用一阶常系数微分方程来描述，称为一阶线性电路。一阶线性电路可分为一阶 RC 电路和一阶 RL 电路。

一阶线性电路可根据电容元件的约束关系 $i_C = C\dfrac{\mathrm{d}u_C}{\mathrm{d}t}$，或电感元件的约束关系 $u_L = L\dfrac{\mathrm{d}i_L}{\mathrm{d}t}$，以及电路的基本定律来列写电路方程，然后进行求解，这种基本分析方法称为经典法。通过对经典法的总结，可以得到一阶线性电路更为简捷的分析方法，称为三要素法。

在激励源和储能元件内部储能共同作用下的一阶线性电路的响应，可全面反映其响应特性。

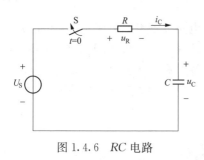

图 1.4.6　RC 电路

图 1.4.6 所示一阶 RC 电路中，恒压源以端电压 U_S 表示。现确定 $t=0$ 时刻开关 S 闭合后，电路中电压和电流随时间的变化规律，即电路的暂态过程。

$t \geqslant 0$ 时，据 KVL 可得回路电压方程

$$Ri_C + u_C = U_S$$

将 $i_C = C\dfrac{\mathrm{d}u_C}{\mathrm{d}t}$ 代入式中，得电路的微分方程

$$RC\frac{\mathrm{d}u_C}{\mathrm{d}t} + u_C = U_S \qquad (1.4.2)$$

可见式（1.4.2）为一阶线性常系数非齐次微分方程，其通解由特解 u_C' 以及对应的齐次微分方程的通解 u_C'' 两部分组成，即

$$u_C(t) = u_C' + u_C''$$

特解选取电路的稳态值，即

$$u_C' = u_C(\infty)$$

该方程对应的齐次微分方程为

$$RC\frac{\mathrm{d}u_C}{\mathrm{d}t} + u_C = 0$$

其通解为

$$u_C'' = A\mathrm{e}^{pt}$$

$$p = -\frac{1}{RC} = -\frac{1}{\tau}$$

式中：p 为齐次方程所对应的特征方程 $RCp+1=0$ 的特征根；

具有时间量纲，称为时间常数 τ。当电阻的单位为 Ω（欧姆），电容的单位为 F（法拉）时，时间常数的单位为 s（秒）。

因此，式（1.4.2）的通解为

$$u_C(t)=u_C'+u_C''=u_C(\infty)+Ae^{-\frac{t}{\tau}} \tag{1.4.3}$$

式中：积分常数 A 可由初始条件确定。取 $t=0_+$，得

$$A=u_C(0_+)-u_C(\infty)$$

将 A 的值代入式（1.4.3），则有

$$u_C(t)=u_C(\infty)+[u_C(0_+)-u_C(\infty)]e^{-\frac{t}{\tau}} \tag{1.4.4}$$

一阶 RC 电路中其他电压及电流应具有与 $u_C(t)$ 相同的变化规律，故暂态过程中一阶 RC 电路的响应的一般表达式为

$$f(t)=f(\infty)+[f(0_+)-f(\infty)]e^{-\frac{t}{\tau}} \tag{1.4.5}$$

式中：$f(t)$ 为电压或电流；$f(0_+)$ 为其初始值；$f(\infty)$ 为其稳态值，或称为稳定分量；$[f(0_+)-f(\infty)]e^{-\frac{t}{\tau}}$ 仅存在于暂态过程中，称其为暂态分量。

图 1.4.7 所示一阶 RL 电路，$t \geqslant 0$ 时电路的微分方程为

$$Ri_L+L\frac{di_L}{dt}=U_S \tag{1.4.6}$$

或

$$i_L+\frac{L}{R}\frac{di_L}{dt}=\frac{U_S}{R} \tag{1.4.7}$$

同样可得其通解为

$$i_L(t)=i_L(\infty)+[i_L(0_+)-i_L(\infty)]e^{-\frac{t}{\tau}} \tag{1.4.8}$$

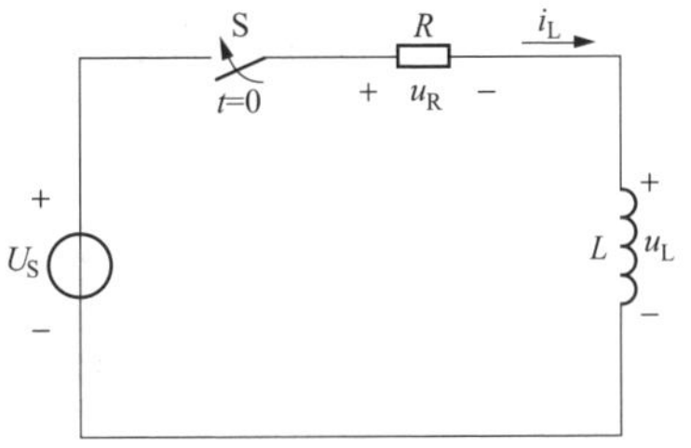

图 1.4.7 RL 电路

式中：τ 为时间常数，$\tau=\dfrac{L}{R}$。当电阻的单位为 Ω（欧姆），电感的单位为 H（亨利）时，时间常数的单位为 s（秒）。

一阶 RL 电路中其他电压及电流应具有与 $i_L(t)$ 相同的变化规律，故暂态过程中一阶 RL 电路的响应也具有式（1.4.5）给出的一般表达式。

可见，对于一阶线性电路，只要能够确定其初始值 $f(0_+)$、稳态值 $f(\infty)$ 及时间常数 τ 这三个要素，就可以根据式（1.4.5）直接写出电路中的响应表达式。这种方法就称为三要素法。

初始值 $f(0_+)$、稳态值 $f(\infty)$ 的确定方法前面已做过介绍，下面说明时间常数 τ 的确定方法。

图 1.4.6 所示一阶 RC 电路的时间常数 $\tau=RC$；图 1.4.7 所示一阶 RL 电路的时间常数 $\tau=\dfrac{L}{R}$。如果一阶电路并非简单的 RC 回路或 RL 回路，可利用等效电源定理的思想将换路后储能元件以外的电路等效看作一电源，这样时间常数 τ 中的 R 就是等效电源的内阻，即换路后的电路除去电源（将理想电压源视为短路，理想电流源视为开路）和储能元件后，在除去储能元件的两端所求得的无源二端网络的等效电阻。

【**例 1.4.3**】　电路如图 1.4.8（a）所示，$t=0$ 时刻将开关 S 闭合。求换路后电路的时间常数。

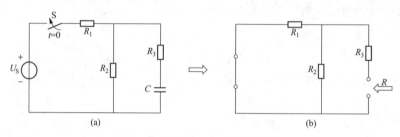

图 1.4.8　［例 1.4.3］求解电路

（a）原电路；（b）电路的无源二端网络

【**解**】　可画出换路后除去电容元件及电源的无源二端网络如图 1.4.8（b）所示，可得其等效电阻为

$$R = R_3 + R_1 \mathbin{/\mkern-5mu/} R_2$$

故，时间常数为

$$\tau = RC = (R_3 + R_1 \mathbin{/\mkern-5mu/} R_2)C$$

1.4.4　一阶线性电路暂态响应的类型

下面对一阶线性电路的暂态响应做进一步的分类讨论。

1. 零状态响应

如果储能元件没有初始储能，仅由电源激励所产生的电路响应，称为零状态响应。

（1）RC 电路的零状态响应。分析 RC 电路的零状态响应，实质上就是分析电容元件的能量吸收过程。

图 1.4.9 所示电路，设开关 S 合在位置 2 时已处于稳态，即电容元件没有初始储能。在 $t=0$ 时刻将开关 S 从位置 2 合到位置 1 上，电路即与恒压源接通，对电容元件开始充电，$u_C(0_+) = u_C(0_-) = 0$。当电容元件充电完成，即电路进入新的稳态，$u_C(\infty) = U_S$。电路的时间常数 $\tau = RC$。根据三要素法，可写出 $t \geqslant 0$ 时 $u_C(t)$ 的零状态响应为

$$u_C(t) = U_S - U_S \mathrm{e}^{-\frac{t}{\tau}} = U_S(1 - \mathrm{e}^{-\frac{t}{\tau}}) \qquad (1.4.9)$$

可见，开关 S 合到位置 1 后，电源开始对电容元件进行充电，即电容元件开始吸收电能，并将电能转换为电场能量进行存储，其端电压按指数规律逐渐上升，最终达到稳态值 U_S。电容元件的零状态响应曲线如图 1.4.10 所示。

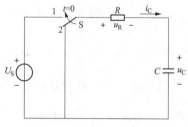

图 1.4.9　RC 零状态响应电路

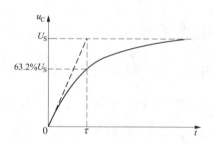

图 1.4.10　u_C 的零状态响应曲线

充电的快慢取决于时间常数 τ。当 $t=\tau$ 时，$u_C(\tau)=63.2\% U_S$，即时间常数 τ 等于电容电压上升到稳态值的 63.2% 时所需的时间。可见，τ 越大，充电越慢。随着时间的增加，电容元件的充电逐渐放缓。理论上讲，只有经过无限长的时间后（$t \to \infty$）电容元件的充电过程才结束。而当 $t=5\tau$ 时，$u_C(5\tau)=99.3\% U_S$，已接近于稳态值，可认为充电过程基本结束。

由时间常数 $\tau=RC$ 可以看出，时间常数仅由电路元件的参数决定。在一定的初始电压作用下，C 越大，能够存储的电荷越多；R 越大，充电电流越小。这样就促使充电速度变慢。

电阻元件端电压的变化规律为

$$u_R(t)=U_S-u_C(t)=U_S e^{-\frac{t}{\tau}} \tag{1.4.10}$$

电容元件充电电流的变化规律为

$$i_C(t)=\frac{u_R(t)}{R}=\frac{U_S}{R} e^{-\frac{t}{\tau}} \tag{1.4.11}$$

$u_R(t)$ 和 $i_C(t)$ 的零状态响应曲线如图 1.4.11 所示。可见，在 RC 电路的零状态响应中，$u_C(t)$、$u_R(t)$ 和 $i_C(t)$ 均按照同一个指数规律变化。

（2）RL 电路的零状态响应。分析 RL 电路的零状态响应，实质上就是分析电感元件的能量吸收过程。

在图 1.4.12 电路中，设换路前电感元件没有初始储能。在 $t=0$ 时刻将开关 S 闭合，电感元件即与恒流源接通。由 $i_L(0_+)=i_L(0_-)=0$，$i_L(\infty)=I_S$，$\tau=\dfrac{L}{R}$，根据三要素法，可写出 $t \geqslant 0$ 时 $i_L(t)$ 的零状态响应为

$$i_L(t)=I_S-I_S e^{-\frac{t}{\tau}}=I_S(1-e^{-\frac{t}{\tau}}) \tag{1.4.12}$$

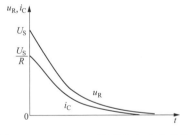

图 1.4.11　u_R、i_C 的零状态响应曲线

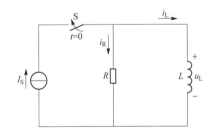

图 1.4.12　RL 零状态响应电路

可见，开关 S 闭合后，电感元件上电流从零开始逐渐增加，即电感元件开始吸收电能，并将电能转换为磁场能量进行存储。电感元件上电流上升的规律与电容元件充电时电压上升的规律是相同的，都是按指数规律变化，变化的快慢取决于时间常数 τ。电感元件上电流的零状态响应曲线如图 1.4.13 所示。

电阻元件上电流的变化规律为

$$i_R(t)=I_S-i_L(t)=I_S e^{-\frac{t}{\tau}} \tag{1.4.13}$$

电感元件端电压的变化规律为

$$u_L(t)=i_R(t)R=I_S R e^{-\frac{t}{\tau}} \tag{1.4.14}$$

$i_R(t)$ 和 $u_L(t)$ 的零状态响应曲线如图 1.4.14 所示，按照指数规律衰减。

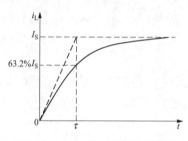

图 1.4.13　i_L 的零状态响应曲线

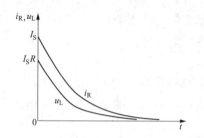

图 1.4.14　i_R、u_L 的零状态响应曲线

2. 零输入响应

没有电源激励，仅由储能元件初始储能所产生的电路响应，称为零输入响应。

（1）RC 电路的零输入响应。分析 RC 电路的零输入响应，实质上就是分析电容元件的能量释放过程。

图 1.4.15 所示电路，设开关 S 合在位置 1 时已处于稳态，即电容元件储能完毕。在 $t=0$ 时刻将开关 S 从位置 1 合到位置 2 上，电路即与恒压源断开并与短接线接通，$u_C(0_+)=u_C(0_-)=U_S$。电容元件端电压逐渐衰减，当电容元件放电完毕，即电路进入新的稳态，$u_C(\infty)=0$。电路的时间常数 $\tau=RC$。根据三要素法，可写出 $t\geqslant 0$ 时 $u_C(t)$ 的零状态响应为

$$u_C(t)=U_S e^{-\frac{t}{\tau}} \tag{1.4.15}$$

可见，开关 S 合到位置 2 后，电容元件开始进行放电，即开始将储存的电场能量转变为电能进行释放，并经过电阻元件转换成热能消耗掉，其端电压按指数规律下降，最终衰减为零，其零输入响应曲线如图 1.4.16 所示。

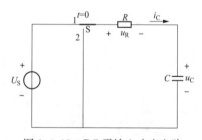

图 1.4.15　RC 零输入响应电路

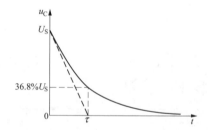

图 1.4.16　u_C 的零输入响应曲线

放电的快慢取决于时间常数 τ。当 $t=\tau$ 时，$u_C(\tau)=36.8\% U_S$，即时间常数 τ 等于电容电压下降到稳态值的 36.8% 时所需要的时间。可见，τ 越大，放电越慢。随着时间的增加，电容元件的放电逐渐放缓。当 $t=5\tau$ 时，$u_C(5\tau)=0.7\% U_S$，已接近于零值，可认为放电过程基本结束。实际中，可认为当 $t=5\tau$ 后电路中的暂态过程就结束了，电路达到了新的稳态。

电阻元件端电压的变化规律为

$$u_R(t)=-u_C(t)=-U_S e^{-\frac{t}{\tau}} \tag{1.4.16}$$

电容元件放电电流的变化规律为

$$i_C(t) = \frac{u_R(t)}{R} = -\frac{U_S}{R}e^{-\frac{t}{\tau}} \qquad (1.4.17)$$

式（1.4.16）及式（1.4.17）中的负号表示电阻元件的端电压及放电电流与图 1.4.14 中所选定的参考方向相反。$u_R(t)$ 和 $i_C(t)$ 的零输入响应曲线如图 1.4.17 所示。

（2）RL 电路的零输入响应。分析 RL 电路的零输入响应，实质上就是分析电感元件的能量释放过程。

在图 1.4.18 电路，设换路前已处于稳态，即电感元件储能完毕。在 $t=0$ 时刻将开关 S 断开，电感元件即与恒流源断开。由 $i_L(0_+) = i_L(0_-) = I_S$，$i_L(\infty) = 0$，$\tau = \frac{L}{R}$，根据三要素法，可写出 $t \geqslant 0$ 时 $i_L(t)$ 的零输入响应为

$$i_L(t) = I_S e^{-\frac{t}{\tau}} \qquad (1.4.18)$$

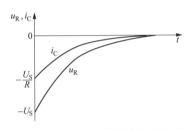

图 1.4.17　u_R、i_C 的零输入响应曲线

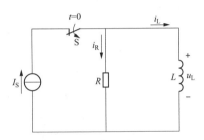

图 1.4.18　RL 零输入响应电路

可见，开关 S 断开后，电感元件上电流从初始值开始逐渐下降，即开始将储存的磁场能量转变为电能进行释放。电感元件上电流下降的规律与电容元件放电时电压下降的规律是相同的，都是按指数规律变化，变化的快慢取决于时间常数 τ。电感元件上电流的零输入响应曲线如图 1.4.19 所示。

电阻元件上电流的变化规律为

$$i_R(t) = -i_L(t) = -I_S e^{-\frac{t}{\tau}} \qquad (1.4.19)$$

电感元件端电压的变化规律为

$$u_L(t) = i_R(t)R = -I_S R e^{-\frac{t}{\tau}} \qquad (1.4.20)$$

$i_R(t)$ 和 $u_L(t)$ 的零输入响应曲线如图 1.4.20 所示，按照指数规律衰减。

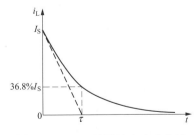

图 1.4.19　i_L 的零输入响应曲线

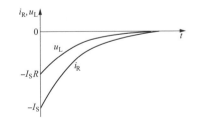

图 1.4.20　i_R、u_L 的零输入响应曲线

3. 全响应

既有储能元件的初始储能，又有电源的激励所产生的电路响应，称为全响应。全响应可

看作是零状态响应和零输入响应的叠加。

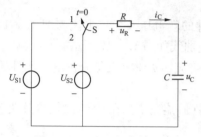

图 1.4.21　RC 全响应电路

（1）RC 电路的全响应。图 1.4.21 所示电路，设开关 S 合在位置 2 时已处于稳态，即 $u_C(0_-)=U_{S2}$。在 $t=0$ 时刻将开关 S 从位置 2 合到位置 1 上，电路发生换路，则 $u_C(0_+)=U_{S2}$。当电路进入新的稳态，$u_C(\infty)=U_{S1}$。电路的时间常数 $\tau=RC$。根据三要素法，可写出 $t\geqslant0$ 时 $u_C(t)$ 的全响应表达式为

$$u_C(t)=U_{S1}+(U_{S2}-U_{S1})e^{-\frac{t}{\tau}} \qquad (1.4.21)$$

可见，当 $U_{S2}<U_{S1}$ 时，电容元件要进行充电；当 $U_{S2}>U_{S1}$ 时，电容元件要进行放电。

式（1.4.21）可改写为

$$u_C(t)=U_{S1}(1-e^{-\frac{t}{\tau}})+U_{S2}e^{-\frac{t}{\tau}} \qquad (1.4.22)$$

式中：第一项为电路的零状态响应，第二项为电路的零输入响应。即全响应＝零状态响应＋零输入响应，这是叠加定理在暂态电路中的体现。

根据 $u_C(t)$ 表达式或三要素法同样可求出电路中 $u_R(t)$ 和 $i_C(t)$ 的全响应表达式。

（2）RL 电路的全响应。在图 1.4.22 所示电路中，设换路前电感元件已处于稳态。在 $t=0$ 时刻将开关 S 从位置 2 合到位置 1 上，电路发生换路。由 $i_L(0_+)=i_L(0_-)=I_{S2}$，$i_L(\infty)=I_{S1}$，$\tau=\dfrac{L}{R}$，根据三要素法，可写出 $t\geqslant0$ 时 $i_L(t)$ 的全响应表达式为

$$i_L(t)=I_{S1}+(I_{S2}-I_{S1})e^{-\frac{t}{\tau}} \qquad (1.4.23)$$

可见，当 $I_{S2}<I_{S1}$ 时，电感元件要吸收能量；当 $I_{S2}>I_{S1}$ 时，电感元件要释放能量。

式（1.4.23）可改写为

$$i_L(t)=I_{S1}(1-e^{-\frac{t}{\tau}})+I_{S2}e^{-\frac{t}{\tau}} \qquad (1.4.24)$$

电感元件上的电流是零状态响应和零输入响应的叠加。

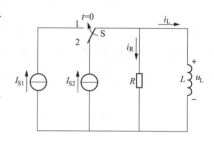

图 1.4.22　RL 全响应电路

根据 $i_L(t)$ 表达式或三要素法同样可求出电路中 $i_R(t)$ 和 $u_L(t)$ 的全响应表达式。

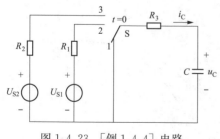

图 1.4.23　[例 1.4.4] 电路

【例 1.4.4】 图 1.4.23 所示电路中，已知：$R_1=0.5k\Omega$，$R_2=1.5k\Omega$，$R_3=0.5k\Omega$，$C=1\mu F$，$U_{S1}=10V$，$U_{S2}=2V$。开关 S 长期合在位置 1 上。在 $t=0$ 时刻将开关 S 合到位置 2 上后：（1）试写出电容电压 $u_C(t)$ 的响应表达式；（2）经过一个时间常数后，再将开关 S 立即合到位置 3 上，写出此后电容电压 $u_C(t)$ 的响应表达式；（3）画出电容电压 $u_C(t)$ 的响应曲线。

【解】 （1）开关 S 合在位置 1 时已处于稳态，故

$$u_{C1}(0_+)=u_{C1}(0_-)=0(V)$$

开关 S 合在位置 2 后的稳态值为

$$u_{C1}(\infty) = 10(\text{V})$$

时间常数为

$$\tau_1 = (R_1 + R_3)C = [(0.5 + 0.5) \times 10^3 \times 1 \times 10^{-6}] = 0.001(\text{s})$$

根据三要素法，可得

$$u_{C1}(t) = u_{C1}(\infty) + [u_{C1}(0_+) - u_{C1}(\infty)]\text{e}^{\frac{t}{\tau_1}} = 10(1 - \text{e}^{-1000t})(\text{V})$$

（2） $t = \tau_1$ 时开关 S 合到位置 3 上，此时

$$u_{C2}(\tau_{1+}) = u_{C1}(\tau_{1-}) = 6.32(\text{V})$$

开关 S 合在位置 3 后的稳态值为

$$u_{C2}(\infty) = 2(\text{V})$$

时间常数为

$$\tau_2 = (R_2 + R_3)C = [(1.5 + 0.5) \times 10^3 \times 1 \times 10^{-6}] = 0.002(\text{s})$$

根据三要素法，可得

$$u_{C2}(t) = u_{C2}(\infty) + [u_{C2}(\tau_{1+}) - u_{C2}(\infty)]\text{e}^{\frac{t-\tau_1}{\tau_2}}$$
$$= [2 + 4.32\text{e}^{-500(t-0.001)}](\text{V})$$

所以，$t \geqslant 0$ 后电容电压的表达式为

$$u_C(t) = \begin{cases} 10(1 - \text{e}^{-1000t})\text{V} & (t \leqslant \tau_1) \\ [2 + 4.32\text{e}^{-500(t-0.001)}]\text{V} & (t > \tau_1) \end{cases}$$

（3）电容电压 $u_C(t)$ 的响应曲线如图 1.4.24 所示。

【例 1.4.5】 图 1.4.25 所示电路中，RL 为一电感线圈，电阻 R_1 与其并联。已知：$E = 15\text{V}$，$R_0 = 30\Omega$，$R = 80\Omega$，$R_1 = 60\Omega$，$L = 0.14\text{H}$，换路前电路处于稳态。试确定换路后电感元件上响应电流的表达式，并分析电阻 R_1 的作用。

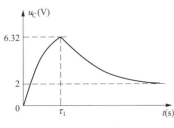

图 1.4.24 ［例 1.4.4］响应曲线

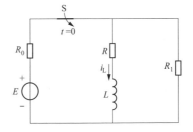

图 1.4.25 ［例 1.4.5 电路］

【解】 换路前电路处于稳态，可知

$$i_L(0_+) = i_L(0_-) = \frac{E}{R_0 + R /\!/ R_1} \frac{R_1}{R + R_1} = 0.1(\text{A})$$

换路后的稳态值为

$$i_L(\infty) = 0(\text{A})$$

时间常数为

$$\tau = \frac{L}{R + R_1} = 1(\text{ms})$$

根据三要素法，可得

$$i_{\mathrm{L}}(t) = 0.1\mathrm{e}^{-1000t}\,(\mathrm{A})$$

电路中如果没有电阻 R_1 与电感线圈并联，当开关 S 断开时，由于电感线圈中的电流变化率 $\dfrac{\mathrm{d}i}{\mathrm{d}t}$ 很大，线圈中将产生很高的感应电动势，可能会将开关间的空气击穿而造成电弧放电以延续电流，这时电感线圈及开关两端的过电压可使其损坏，电弧放电有时也会造成人员的伤害。所以，为防范此现象的发生，在电感线圈两端应并接一个阻值较小的电阻元件或续流二极管，这样，断开开关时，电感线圈的端电压会较小。有时这一现象可以加以利用，比如汽车上的点火开关就是利用了这一现象。

1.4.5　一阶 RC 电路的脉冲响应

在矩形脉冲的激励下，一阶 RC 电路在不同的时间常数下会表现出不同的响应特性，这些特性在电子电路的信号处理中经常采用。

周期性矩形脉冲信号是电子电路中常采用的信号，RC 电路输入的矩形脉冲电压（u_{i}）信号如图 1.4.26 所示，其周期为 T，脉冲宽度为 t_{p}，脉冲的幅值为 U。矩形脉冲电压信号作用下的 RC 串联电路如图 1.4.27 所示，可以看作是按一定规律定时地将图 1.4.15 的开关在位置 1、2 间切换得到的输入信号，则电容可以看作是不断地进行着充放电。从 u_{i} 的上升沿开始为电容元件的充电过程，从 u_{i} 的下降沿开始为电容元件的放电过程。

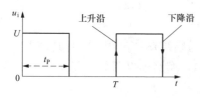

图 1.4.26　矩形脉冲电压信号

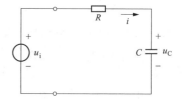

图 1.4.27　脉冲输入 RC 电路

当矩形脉冲为方波，即 $t_{\mathrm{p}} = \dfrac{T}{2}$，电容元件充、放电时间间隔相同。如果脉宽 $t_{\mathrm{p}} > 5\tau$，可以认为在下一个上升沿或下降沿到达前，暂态过程已经结束。这时，电路的周期性矩形脉冲响应可以看作是零输入响应和零状态响应的不断转换，电容无初始储能时的端电压响应波形如图 1.4.28（a）所示。

图 1.4.28（b）给出的是方波脉宽 $t_{\mathrm{p}} < 3\tau$ 时的电容端电压的响应波形，在下一个方波的边沿到达前，前一个边沿所引起的暂态过程尚未结束。这时，电路的充放电均未能达到稳态。

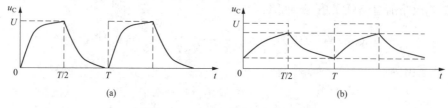

图 1.4.28　一阶电路的方波响应

(a) $t_{\mathrm{p}} > 5\tau$；(b) $t_{\mathrm{p}} < 3\tau$

可见，方波响应特性取决于脉宽 t_p 与时间常数 τ 的大小关系，随着二者大小关系的改变，电路的响应特性跟着改变。

1. 积分电路

图 1.4.27 所示 RC 串联电路在一个矩形脉冲作用下，如果满足 $\tau \gg t_p$ 的条件，电路的零状态响应变化很慢，即电容端电压上升缓慢，因此有 $u_C \ll u_R$，这样

$$u_i = u_R + u_C \approx u_R = Ri$$

或

$$i \approx \frac{u_i}{R}$$

所以，电容两端的输出电压

$$u_C = \frac{1}{C}\int i \ \mathrm{d}t \approx \frac{1}{RC}\int u_i \mathrm{d}t$$

可以看出，电容端电压与输入电压的积分成正比，这种情况下电路就构成了积分电路。当 $t > t_p$ 后，u_i 由 U 下跳至零，电容经电阻缓慢放电。电容端电压 u_C 的响应曲线如图 1.4.29 所示，充电时只是指数曲线起始部分的一小段，近似为一条直线；放电时由于 u_C 衰减缓慢，同样近似随时间线性下降。

积分电路的成立条件是从电容两端取输出，且 $\tau \gg t_p$，时间常数较脉宽越大，输出波形的线性越好。

当输入为周期性方波信号时，其输出为锯齿波信号，如图 1.4.30 所示。电子电路中常应用这种电路把周期性矩形脉冲信号变换为锯齿波信号，工程实际中一般要求 $\tau > 5t_p$。

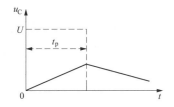

图 1.4.29 积分电路的响应波形

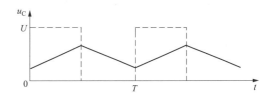

图 1.4.30 积分电路的方波响应

2. 微分电路

如果 RC 串联电路在电阻两端取输出，如图 1.4.31 所示，在一个矩形脉冲作用下，满足 $\tau \ll t_p$ 的条件时，电路的零状态响应变化很快，在 t_p 的较小一段时间范围内，电路就进入了稳态，u_R 几乎是在矩形脉冲的上升沿或下降沿时才存在，因而

$$u_i = u_R + u_C \approx u_C$$

所以，电阻两端的输出电压

$$u_R = Ri = RC\frac{\mathrm{d}u_C}{\mathrm{d}t} \approx RC\frac{\mathrm{d}u_i}{\mathrm{d}t}$$

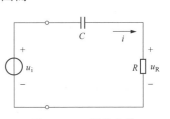

图 1.4.31 微分电路

可以看出，电阻端电压与输入电压的微分成正比，这种情况下电路就构成了微分电路。微分电路的输出波形为正负尖脉冲。当输入为周期性方波信号时，输出的正负交替的尖脉冲波形如图 1.4.32 所示。

微分电路的成立条件是从电阻两端取输出，且 $\tau \ll t_{\mathrm{p}}$。电子电路中常应用这种电路把周期性矩形脉冲信号变换为尖脉冲信号。工程实际中一般要求 $\tau < 0.2 t_{\mathrm{p}}$。

3. 耦合电路

改变上述微分电路的参数，使 $\tau \gg t_{\mathrm{p}}$，此时输出不再是尖脉冲，而是与输入波形非常相似的波形，其波形如图 1.4.33 所示，这种电路就是 RC 耦合电路。

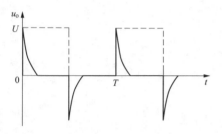

图 1.4.32　微分电路的响应波形

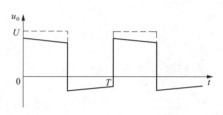

图 1.4.33　耦合电路的响应波形

RC 耦合电路常用于模拟电路中多级交流放大电路的级间耦合，起沟通交流，隔断直流的作用。

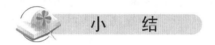

小　结

1. 电路的基本概念

(1) 电路的分类与组成。电路是电流流通的路径。电路按完成的功能分为两类：一类是完成电能的传输和转换，通常称为电力电路（"强电"电路）；一类是完成信号的传递和处理，通常称为电子电路（"弱电"电路）。电路由电源、负载及中间环节三部分组成。

(2) 电路模型。研究电路时常将电路的次要因素忽略，而将实际元器件理想化（模型化），看作理想电路元器件。由理想电路元件构成的电路，称为实际电路的电路模型。

(3) 电流、电压及其参考方向。电路分析中的基本物理量主要包括电流、电压及电动势。

在分析电路之前，一定要先选定电流及电压的参考方向。参考方向是任意假定的方向。选定参考方向后，电压、电流之值才有正、负之分。当电压和电流的参考方向选为一致时，称为关联参考方向。

(4) 电能与电功率。一定时间内元器件吸收或释放的电能的表达式为 $W = \int_{t_0}^{t} ui\,\mathrm{d}t$ ；电功率是电能单位时间的大小，其表达式为 $p = \dfrac{\mathrm{d}W}{\mathrm{d}t} = ui$ ；电能利用电功率来计算的一般表达式为 $W = \int_{t_0}^{t} p\,\mathrm{d}t$ 。

电源与负载的判断：在关联参考方向下，$p = ui > 0$ 或 $P = UI > 0$ 时，即电压 u 与电流 i 的实际方向相同，该元器件为负载；$p = ui < 0$ 或 $P = UI < 0$ 时，即电压 u 与电流 i 的实际方向相反，该元器件为电源。

各种用电设备及电路元器件的电压、电流与功率等都有一个额定值的限定。额定值是制造厂为了使产品能在给定的工作条件下正常运行而规定的允许值，以保护用电设备及电路元器件。

（5）无源电路元件。电阻元件为耗能元件，电容元件和电感元件为储能元件。在关联参考方向下电压与电流的约束关系分别为：$R = \dfrac{u}{i}$，$i = C\dfrac{\mathrm{d}u}{\mathrm{d}t}$，$u = L\dfrac{\mathrm{d}i}{\mathrm{d}t}$。

（6）电源的电路模型。理想电压源是一种能够提供恒定输出电压的恒压源；理想电流源是一种能够提供恒定输出电流的恒流源。

电压源和电流源是电源的两种电路模型。电压源用电动势为 E 的理想电压源与内阻 R_0 串联的形式来表示；电流源用电激流为 I_S 的理想电流源与内阻 R_0 并联的形式来表示。电压源与电流源之间可等效变换。

电源产生的功率与电路消耗的总功率是平衡的。

（7）电位的概念。电路中某点的电位就是该点至参考点（零电位点）之间的电压。如果某点电位为正，说明该点电位比参考点高；某点电位为负，说明该点电位比参考点低。借助电位的概念，还可以简化电路图的画法。

电位相对于参考点选取的不同而不同；电路中两点间的电压是固定的，与零电位参考点的选取无关。电路中两点间的电压就等于这两点间的电位差，即 $U_{ab} = V_a - V_b$。

2. 电路分析的基本定律

欧姆定律是指电阻两端的电压与流过电阻的电流成正比，其伏安特性是通过原点的一条直线。在关联参考方向下，欧姆定律表达式为 $R = \dfrac{u}{i}$。欧姆定律反映了电阻元件上电压与电流的约束关系（VCR）。

基尔霍夫电流定律（KCL）是用来确定连接在同一结点上各支路电流之间约束关系的定律。可表述为：任一瞬间，任一结点上各支路电流的代数和恒等于零，即 $\sum I = 0$。

基尔霍夫电压定律（KVL）是用来确定同一回路中各段电压之间约束关系的定律。可表述为：任一瞬间，电路中任一回路沿循行方向的各段电压的代数和等于零，即 $\sum E = \sum U$。

3. 电路分析方法

（1）等效变换法。电阻串联、并联的等效变换：在电路分析中，串、并联的电阻可等效为一个电阻元件。多个电阻串联的等效电阻等于各电阻之和，即 $R = \sum R_i$；多个电阻并联的等效电阻的倒数等于各电阻倒数之和，即 $\dfrac{1}{R} = \sum \dfrac{1}{R_i}$。

电压源与电流源的等效变换：电压源与电流源的外特性相同，对外电路的作用是等效的，可做等效变换。等效变换的关系式为：$I_S = \dfrac{E}{R_0}$ 或 $E = I_S R_0$。

（2）支路电流法。支路电流法是以各支路电流为未知量，在电路参数已知的情况下，对有 b 条支路，n 个结点的电路，应用 KCL 列出 $(n-1)$ 个独立的结点电流方程，应用 KVL 对回路（选网孔）列出 $[b - (n-1)]$ 个独立的回路电压方程，联立求解出 b 个支路电流。

（3）结点电压法。在电路中任选某一结点作为零电位参考点，其他结点与此参考点之间的电压称为结点电压。针对两个结点的结点电压公式可总结为

$$U_{ab} = \frac{\sum \dfrac{E_i}{R_i} + \sum I_{Si}}{\sum \dfrac{1}{R_i}}$$

式中：分母各项总为正；分子各项可正可负。当电动势的方向与结点电压的方向相反时取为正，相同时取为负；电激流流入非参考结点时取为正，流出时取为负。

（4）叠加定理。叠加定理是指在多个独立电源共同作用的线性电路中，任一支路的电流或某两点间的电压等于电路中各个独立电源单独作用时，在该支路所产生的电流或两点间产生的电压的代数和。

（5）等效电源定理。有源二端网络就其对外电路的作用可用一个等效电源来替代。等效电源定理为求解某一条支路的电流或电压提供了一种简便的方法。

戴维南定理（又称戴维宁定理）指出：对外电路而言，任何一个线性有源二端网络都可用一个电压源来等效替代。等效电压源的电动势 E 为有源二端网络将负载断开后的开路电压；等效电压源的内阻 R_0 为有源二端网络中所有电源均置零后，所得到的无源二端网络端口间的等效电阻。

诺顿定理指出：对外电路而言，任何一个线性有源二端网络都可用一个电流源来等效替代。等效电流源的电激流 I_S 为有源二端网络的短路电流；等效电压源的内阻 R_0 为有源二端网络中所有电源均置零后，所得到的无源二端网络端口间的等效电阻。

4. 一阶线性电路的暂态分析

由于储能元件能量的积累或释放都需要一定的时间，因而电路从一种稳态过渡到另一种稳态需要经过一定的时间，此过渡过程时间短暂，故称为暂态过程，简称暂态。

（1）换路定则。换路定则是指在换路瞬间，电容元件上的电压 u_C 及电感元件中的电流 i_L 不能发生跃变。换路定则可表示为

$$\left.\begin{matrix} u_C(0_-)=u_C(0_+) \\ i_L(0_-)=i_L(0_+) \end{matrix}\right\}$$

（2）一阶线性电路暂态分析的三要素法。一阶线性电路的三要素：初始值 $f(0_+)$、稳态值 $f(\infty)$ 及时间常数 τ。

一阶线性电路暂态分析的三要素法的一般表达式为

$$f(t)=f(\infty)+[f(0_+)-f(\infty)]e^{-\frac{t}{\tau}}$$

1）初始值 $f(0_+)$ 的确定：由 $t=0_-$ 时的电路求出 $u_C(0_-)$ 和 $i_L(0_-)$，根据换路定则得到 $u_C(0_+)$ 和 $i_L(0_+)$；在 $t=0_+$ 的电路中，将电容元件视为端电压为 $u_C(0_+)$ 的恒压源；将电感元件视为电激流为 $i_L(0_+)$ 的恒流源，来确定其他电压和电流的初始值。

2）稳态值 $f(\infty)$ 的确定：换路后电路处于稳态下，可将电容元件视为开路、电感元件视为短路。根据画出 $t\to\infty$ 的等效电路，求出稳态时电路中其他电压、电流的稳态值 $f(\infty)$。

3）时间常数 τ 的确定：一阶 RC 回路的时间常数 $\tau=RC$；一阶 RL 回路的时间常数 $\tau=\dfrac{L}{R}$。时间常数 τ 中的 R 为换路后的电路除去电源（将理想电压源视为短路，理想电流源视为开路）和储能元件后，在除去储能元件的两端所求得的无源二端网络的等效电阻。

（3）一阶线性电路暂态响应的类型。一阶线性电路的暂态响应可分为：零状态响应、零输入响应和全响应。全响应可看作是零状态响应和零输入响应的叠加。

（4）一阶 RC 电路的脉冲响应。在脉宽为 t_p 的矩形脉冲的激励下，一阶 RC 串联电路在不同的时间常数下会表现出不同的响应特性。

$\tau \gg t_p$，从电容两端取输出时 $u_C \approx \dfrac{1}{RC}\displaystyle\int u_i\mathrm{d}t$，为积分电路；$\tau \ll t_p$，从电阻两端取输出时 $u_R \approx RC\dfrac{\mathrm{d}u_i}{\mathrm{d}t}$，为微分电路；$\tau \gg t_p$，从电阻两端取输出时，输出与输入波形非常相似，为耦合电路。

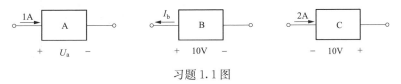

习 题

1.1 题图中方框代表电源或负载。在图示参考方向下：(1) 若 $P_A=10\mathrm{W}$，求 U_a；(2) 若 $P_B=-10\mathrm{W}$，求 I_b；(3) 求 C 的功率 P_C；(4) 判断 A、B、C 属于电源还是负载。

习题 1.1 图

1.2 电路如题图所示，已知 $I_1=2\mathrm{A}$，$I_3=1\mathrm{A}$，$I_4=-1\mathrm{A}$，$U_1=-5\mathrm{V}$，$U_2=15\mathrm{V}$，$U_4=10\mathrm{V}$，试计算各元器件的功率，并验证功率平衡的关系。

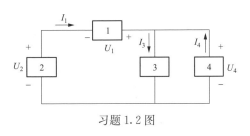

习题 1.2 图

1.3 已知习题 1.3 图 (a) 中 $R=10\,\Omega$，$C=100\,\mu\mathrm{F}$，$e=220\sin 314t$ V，图 (b) 中 $R=10\,\Omega$，$L=0.1\mathrm{H}$，$i_S=10\sin 314t\,\mathrm{A}$，试计算图 (a) 中的电流 i_R 及 i_C 及图 (b) 中的电压 u_R 及 u_L。

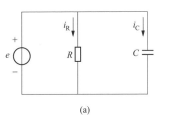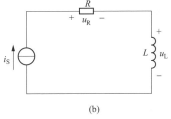

(a)   (b)

习题 1.3 图

1.4 电路如题图所示，试求 a 点、b 点电位 V_a、V_b。

1.5 电路如题图所示，问：(1) R_X 为何值时，$U_{ab}=0$？(2) 当 $R_X=4\,\Omega$ 时，$U_{ab}=2.4\mathrm{V}$，此时 $E=?$

1.6 据基尔霍夫电流定律 (KCL) 分别求题图所示两个电路中的电流 I。

1.7 据基尔霍夫电压定律 (KVL) 分别求题图所示两个电路中的电压 U。

1.8 电路如题图 1.8 所示，已知指示灯 L 的额定电压 $U_{LN}=12\mathrm{V}$、额定电流 $I_{LN}=0.3\mathrm{A}$。试问电压源电动势为多少时，才能使指示灯工作在额定状态？

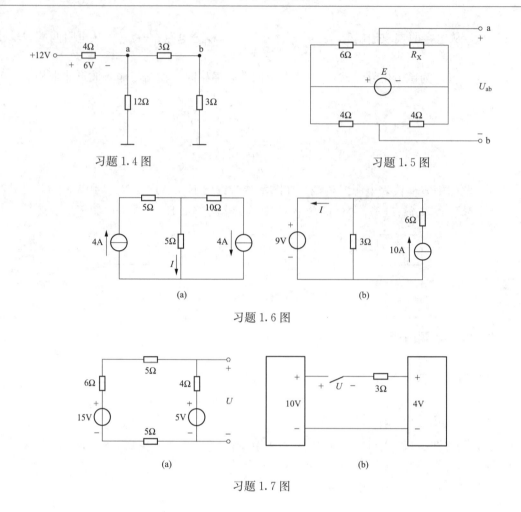

习题 1.4 图

习题 1.5 图

(a)

(b)

习题 1.6 图

(a)

(b)

习题 1.7 图

1.9 试用电源等效变换法求题图所示电路中的电流 I。

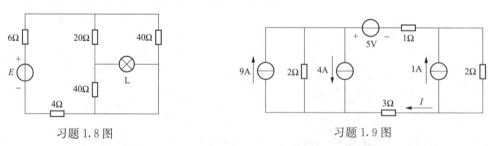

习题 1.8 图

习题 1.9 图

1.10 试用支路电流法求出题图所示电路各支路的电流。

1.11 试用结点电压法确定题图所示电路中 a、b 两点间的电压 U_{ab}，并利用 U_{ab} 计算图中的电流 I。

1.12 试分别用电源等效变换法及叠加定理求出习题 1.11 图所示电路中的电流 I。

1.13 用叠加定理计算题图所示电路中的电压 U。

1.14 试求题图所示电路的戴维南等效电路。

1.15 试用戴维南定理计算习题 1.13 图所示电路中的电压 U。

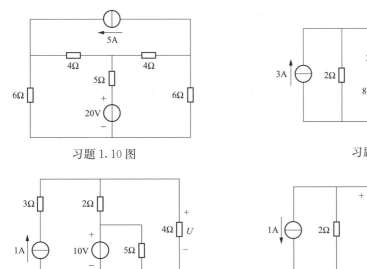

习题 1.10 图

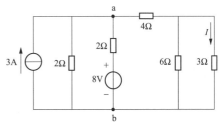

习题 1.11 图

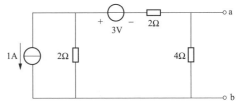

习题 1.13 图

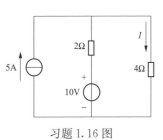

习题 1.14 图

1.16　试用诺顿定理计算题图所示电路中的电流 I。

1.17　试说明直流电路出现暂态过程的条件是什么？

1.18　为什么电容端电压及电感中电流不能跃变？

1.19　在直流稳态下，电容元件相当于开路，电感元件相当于短路，原因是什么？

1.20　在题图所示各电路中，换路前已处于稳态，$t=0$ 时刻换路，求换路后图中各电压和电流的初始值和稳态值。

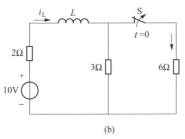

习题 1.16 图

习题 1.20 图

1.21　题图所示电路中，已知 $L=1\text{H}$，$C=10\mu\text{F}$，开关闭合前电路已处于稳态，$t=0$ 时刻闭合开关。试求 $i_L(0_+)$、$i_C(0_+)$、$u_L(0_+)$、$u_C(0_+)$。

1.22　电路如题图所示，在开关断开前电路已处于稳态，$C=10\mu\text{F}$，求在 $t\geqslant0$ 后的响应 $u_C(t)$ 和 $i(t)$，并作出随时间变化的响应曲线。

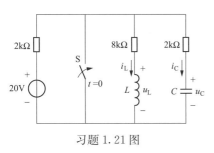

习题 1.21 图

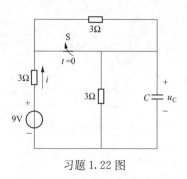

习题 1.22 图

1.23　题图所示电路中，电容元件具有初始储能，端电压 $u_C = 20\text{V}$，$C = 100\,\mu\text{F}$。试求开关 S 闭合后经过多长时间，电容的放电电流下降到 10、5、1mA？

1.24　题图所示电路中，已知电感元件在 $t < 0$ 时没有储能，$L = 1.2\text{H}$。$t = 0$ 时刻闭合开关 S1，经 1.5s 后再闭合开关 S2。要求：（1）写出开关 S1 闭合后电感电流 i_L 的暂态响应表达式；（2）写出开关 S2 闭合后电感电流 i_L 的暂态响应表达式；（3）画出 $t \geqslant 0$ 后的 i_L 响应曲线。

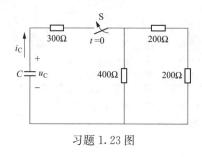

习题 1.23 图

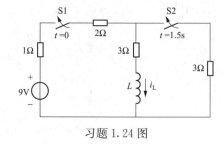

习题 1.24 图

1.25　一阶 RC 电路如习题 1.25 图（a）所示，已知 $u_C(0_-) = 0$，$RC = 0.1\text{s}$。输入电压 u_i 的波形如图（b）所示。试画出电容电压 u_C 的波形。

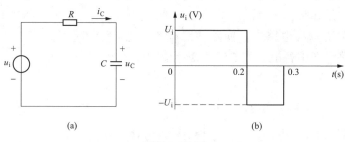

(a)　　　　　　　　　　　(b)

习题 1.25 图

2　正弦交流电路

　　电力系统中，输配电线路提供的电压和电流都是随时间按照正弦规律变化的，属于正弦交流电。由于正弦交流电容易产生、变化平滑、传输经济、便于分配，而且可以转换为直流电或其他形式的周期性电信号，因此在工农业生产及日常生活中得到了最为广泛的应用。

　　在正弦交流电源激励下，其响应也按正弦规律变化的电路，称为正弦交流电路。虽然前面介绍的电路的基本定律以及基本分析方法对交流电路同样适用，但正弦交流电是随时间变化的，有其特殊的变化规律，具有一些直流电路中没有的物理现象，只有把握住其物理特性才能对交流电路进行正确的分析，因此在学习和研究交流电路时要建立起交流的概念。

　　本章首先介绍正弦量的相量表示法，在此基础上研究交流电路中的响应及功率问题，然后对三相电路的分析进行介绍，最后介绍安全用电常识。正弦交流电路是电工技术的重要组成部分，掌握其基本概念、基本理论、电路特性及分析方法，也可为后续交流电机、电器和电子技术的学习打下理论基础。

2.1　正弦量及其相量表示法

　　直流电路中，电压和电流的大小和方向是不随时间变化的。而在正弦交流电路中，（电阻元件上）按正弦规律变化的电压和电流的波形如图 2.1.1 所示，其大小和方向是随时间周期性变化的。与分析直流电路时一样，在对正弦交流电路进行分析和计算时，需事先选定正弦电压、电流的参考方向，以便对其描述。由于正弦电压、电流的方向是随时间周期性变化的，规定在电路图中所标的方向代表其在正半周期时的方向。图 2.1.1 中"＋、－"及"→"分别表示电压及电流的参考方向，"⊕、⊖"及"- →"分别表示电压及电流的实际方向。当电压或电流的实际方向与参考方向相同，即处于正半周期时，其值为正；当电压或电流的实际方向与参考方向相反，即处于负半周期时，其值为负。

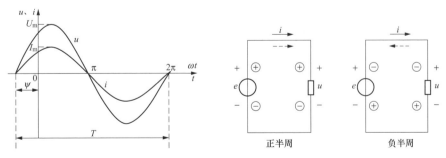

图 2.1.1　正弦电压和电流的波形及参考方向

　　随时间按照正弦规律周期性变化的电压、电流及电动势，统称为正弦量。正弦量的数学表达式可以用时间 t 的正弦函数来表示，比如正弦电压、电流的数学表达式可写为

$$u = U_\mathrm{m}\sin(\omega t + \psi_\mathrm{u}) \tag{2.1.1}$$

$$i = I_\mathrm{m}\sin(\omega t + \psi_\mathrm{i}) \tag{2.1.2}$$

式中：u 和 i 为正弦量在任意时刻的量值，称为瞬时值；U_m、I_m 为正弦量的幅值，可反映正弦量的大小；ω 为正弦量的角频率，可反映正弦量变化的快慢；ψ_u、ψ_i 为正弦量的初相位，可确定正弦量的初始值。

2.1.1　正弦量的三要素

正弦量的（角）频率、幅值和初相位反映了正弦量变化的快慢、大小及初始值三个方面的特征，故称为正弦量的三要素。利用三要素可以完整地表征一个正弦量，即任何一个正弦量都可以用这三个要素唯一地确定。

1. 周期与频率

正弦量变化一次所经历的时间称为周期，用 T 表示，单位为 s（秒），如图 2.1.1 所示。正弦量每秒变化的次数称为频率，用 f 表示，单位为 Hz（赫兹）。

由上述定义，频率是周期的倒数，即

$$f = \frac{1}{T} \tag{2.1.3}$$

正弦量变化的快慢常采用角频率 ω 表示，即正弦量每秒变化的弧度数，单位为 rad/s（弧度每秒）。一个周期为 2π 弧度，则有

$$\omega = \frac{2\pi}{T} = 2\pi f \tag{2.1.4}$$

我国和大多数国家的电力标准频率为 50Hz，而有些国家（如美国和日本）采用的电力标准频率为 60Hz。这种电力标准频率在工业上被广泛应用，习惯上称之为工频。

2. 幅值和有效值

正弦量在任意时刻的瞬时值，用小写字母表示，如 i、u、e 分别表示电流、电压及电动势的瞬时值。正弦量在变化过程中出现的最大瞬时值称为幅值或最大值，用大写字母加下角标 m 来表示，如 I_m、U_m、E_m 分别表示正弦电流、电压及电动势的幅值。虽然瞬时值和幅值都是表征正弦量大小的，但他们表征的都是某一瞬间的大小，不能反映正弦交流电在电路中做功的实际效果，因此工程上通常采用有效值来表示正弦量的大小。

有效值是从电流的热效应角度来规定的：如果一个正弦电流 i 和一个直流电流 I，在相等的时间内通过同一个电阻产生的热量相等，那么这个直流电流 I 就称为交流电流 i 的有效值。根据以上定义，取正弦电流的一个周期，有

$$\int_0^T i^2 R\,\mathrm{d}t = I^2 RT$$

则有

$$I = \sqrt{\frac{1}{T}\int_0^T i^2\,\mathrm{d}t} \tag{2.1.5}$$

设正弦电流 $i = I_\mathrm{m}\sin\omega t$，则其有效值为

$$I = \sqrt{\frac{1}{T}\int_0^T I_\mathrm{m}^2\,\sin^2\omega t\,\mathrm{d}t} = \frac{I_\mathrm{m}}{\sqrt{2}} \tag{2.1.6}$$

同理，正弦电压和电动势的有效值分别为

$$U = \frac{U_m}{\sqrt{2}} \qquad (2.1.7)$$

$$E = \frac{E_m}{\sqrt{2}} \qquad (2.1.8)$$

各物理量的有效值都用大写字母表示，与它们各自直流的字母相同。

通常所说的交流电压、电流的数值大小（如 220V 的交流电压）以及交流电压表、电流表的读数都是有效值。交流电气设备铭牌上所标的额定电压、额定电流也都是有效值。

3. 相位及相位差

在不同时刻 t，正弦量数学表达式中的（$\omega t + \psi$）也不同，即（$\omega t + \psi$）反映了正弦量变化的进程，称为正弦量的相位角或相位。如式（2.1.1）和式（2.1.2）中的（$\omega t + \psi_u$）和（$\omega t + \psi_i$）分别为正弦电压和电流的相位角。

$t = 0$ 时的相位角称为初相位角或初相位，决定了正弦量初始值的大小及方向，如图 2.1.1 中的 ψ 角。式（2.1.1）和式（2.1.2）中 ψ_u 和 ψ_i 分别为正弦电压和电流的初相位。初相位的大小与计时起点的选取有关，计时起点选择不同，正弦量的初始值就不同。$\psi > 0°$ 时，位于计时起点的左侧；$\psi < 0°$ 时，位于计时起点的右侧。

同一个正弦交流电路中，响应频率与电源频率是相同的，但各电压和电流的相位不一定相同。两个同频率正弦量相位角之差称为相位差。式（2.1.1）和式（2.1.2）所表示的电压 u 和电流 i 为同频率的正弦量，但初相位分别为 ψ_u 和 ψ_i，其相位差 φ 为

$$\varphi = (\omega t + \psi_u) - (\omega t + \psi_i) = \psi_u - \psi_i \qquad (2.1.9)$$

可见，相位差 φ 就是两个正弦量初相位之差，如图 2.1.2 所示。

在比较电压与电流的相位关系时，一般规定要以电压的初相位减去电流的初相位，即按式（2.1.9）计算。

当两个同频率正弦量的计时起点（$t = 0$）改变时，它们的初相位会随之改变，但两者之间的相位差不变。两个同频率正弦量之间的相位关系总结如下：

（1）当 $\varphi = \psi_u - \psi_i > 0$ 时，如图 2.1.2 所示，称 u 比 i 超前 φ 角，或 i 比 u 滞后 φ 角。

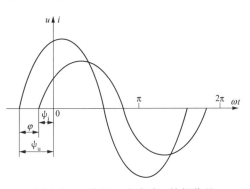

图 2.1.2　电压 u 和电流 i 的相位差

（2）当 $\varphi = \psi_u - \psi_i < 0$ 时，称 u 比 i 滞后 φ 角，或 i 比 u 超前 φ 角。

（3）当 $\varphi = \psi_u - \psi_i = 0$ 时，如图 2.1.3 所示，称 u、i 同相。

（4）当 $\varphi = \psi_u - \psi_i = 180°$ 时，如图 2.1.4 所示，称 u 和 i 反相。

【例 2.1.1】　已知频率 $f = 50Hz$ 的一个正弦交流电路中，某一元件上电压有效值 $U = 220V$、初相位 $\psi_u = 60°$，电流有效值 $I = 5A$、初相位 $\psi_i = -30°$，试求电压、电流的瞬时值表达式及两者的相位差。

【解】　由题意可得

$$u = \sqrt{2}U\sin(\omega t + \psi_u) = 220\sqrt{2}\sin(2\pi \times 50t + 60°) = 311\sin(314t + 60°)(\text{V})$$

$$i = \sqrt{2}I\sin(\omega t + \psi_i) = 5\sqrt{2}\sin(2\pi \times 50t - 30°) = 7.05\sin(314t - 30°)(\text{A})$$

$$\varphi = \psi_u - \psi_i = 60° - (-30°) = 90°$$

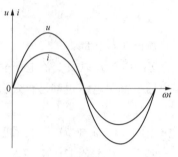

图 2.1.3　电压 u 和电流 i 同相

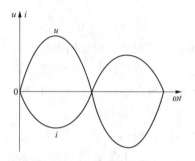

图 2.1.4　电压 u 和电流 i 反相

2.1.2　正弦量的相量表示法

由正弦量的三要素可完整地描述正弦量，其两种基本表示方法为：三角函数式和正弦波形图。但这两种表示法不便于正弦量的分析和计算，为此，引入了正弦量的相量表示法。相量表示法的实质是用复数来表示正弦量。

设复平面中有一复数 A，虚数单位 $j = \sqrt{-1}$（$j^2 = -1$，$\dfrac{1}{j} = -j$），如图 2.1.5 所示。图中：a 为复数的实部；b 为复数的虚部；r 为复数的模；ψ 为复数的辐角。复数可用以下几种形式表示：

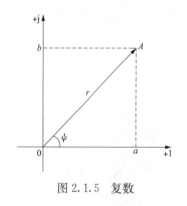

图 2.1.5　复数

（1）代数式。

$$A = a + jb \tag{2.1.10}$$

（2）三角式。

$$A = r\cos\psi + jr\sin\psi \tag{2.1.11}$$

由图 2.1.5 可知

$$\left.\begin{array}{l} a = r\cos\psi \\ b = r\sin\psi \\ r = \sqrt{a^2 + b^2} \\ \psi = \arctan\dfrac{b}{a} \end{array}\right\} \tag{2.1.12}$$

（3）指数式。根据欧拉公式 $\cos\psi = \dfrac{e^{j\psi} + e^{-j\psi}}{2}$ 及 $\sin\psi = \dfrac{e^{j\psi} - e^{-j\psi}}{2j}$，由式（2.1.11）可写出复数的指数式

$$A = re^{j\psi} \tag{2.1.13}$$

$$e^{j\psi} = \cos\psi + j\sin\psi$$

（4）极坐标式。指数式亦可写成更为简单的极坐标式

$$A = \angle\psi \tag{2.1.14}$$

复数可用代数式、三角式、指数式以及极坐标式这四种形式来表示，它们可以互相转换。应用过程中复数的加减运算运用代数式较为简便，复数的乘除运算运用指数式或极坐标

式较为简便。

当 $\psi=\pm90°$ 时，有

$$e^{\pm j90°}=\cos90°\pm j\sin90°=\pm j=1\angle\pm90°$$

所以，当一个复数乘以 j 时，模不变，辐角增大 $90°$；当一个复数乘以 $-j$ 时，模不变，辐角减小 $90°$。

由以上所述，一个复数可以由模和辐角两个特征来确定，而正弦量由幅值、频率和初相位三个特征来确定。线性稳态电路中，正弦激励和响应的频率是相同的，并且一般频率是已知的或特定的，可不必考虑。这样，只需确定幅值（或有效值）和初相位就可确定一个正弦量。

对比正弦量和复数，正弦量可以用复数来表示，即可用复数的模表示正弦量的幅值或有效值，复数的辐角表示正弦量的初相位。

表示正弦量的复数称为相量，用大写字母上加"·"来表示。式（2.1.1）和式（2.1.2）两个正弦量 $u=U_{\mathrm{m}}\sin(\omega t+\psi_{\mathrm{u}})$ 和 $i=I_{\mathrm{m}}\sin(\omega t+\psi_{\mathrm{i}})$ 的有效值相量式分别为

$$\dot{U}=U(\cos\psi_{\mathrm{u}}+j\sin\psi_{\mathrm{u}})=Ue^{j\psi_{\mathrm{u}}}=U\angle\psi_{\mathrm{u}} \tag{2.1.15}$$

$$\dot{I}=I(\cos\psi_{\mathrm{i}}+j\sin\psi_{\mathrm{i}})=Ie^{j\psi_{\mathrm{i}}}=I\angle\psi_{\mathrm{i}} \tag{2.1.16}$$

需注意，相量只是用来表示正弦量，而不是等于正弦量，并且只有周期性变化的正弦量才能用相量表示，非正弦周期量不能用相量表示。

用相量表示正弦量，就可把正弦量的运算转化为复数运算，从而简化电路的分析和计算过程。

分析多个同频率正弦量的关系时，可以将它们按照各自的大小和相位关系在同一复平面中画出对应的相量图形，称为相量图。各个正弦量的大小和相位关系可在相量图中形象直观地反映出来。如图 2.1.6 中，设 $\psi_{\mathrm{u}}>\psi_{\mathrm{i}}$，即电压相量 $\dot{U}$ 比电流相量 $\dot{I}$ 超前 φ 角，它也表示了电压 u 比电流 i 超前 φ 角。

利用相量图进行分析时需注意，只有同频率的正弦量才能画在同一个相量图上，不同频率的正弦量进行比较没有意义。

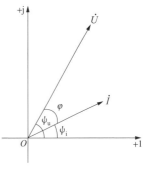

图 2.1.6　相量图

【例 2.1.2】　设两个正弦电流 $i_1=5\sqrt{2}\sin(\omega t+60°)$ A，$i_2=3\sqrt{2}\sin(\omega t-45°)$ A，试求 i_1 和 i_2 之和，并画出电流的相量图。

【解】　i_1、i_2 的相量式分别为

$$\dot{I}_1=5\angle60°(\mathrm{A})$$

$$\dot{I}_2=3\angle-45°(\mathrm{A})$$

两相量之和为

$$\begin{aligned}
\dot{I}&=\dot{I}_1+\dot{I}_2=(5\angle60°+3\angle-45°)\\
&=5(\cos60°+j\sin60°)+3(\cos45°-j\sin45°)\\
&=2.5+j4.33+2.12-j2.12\\
&=4.62+j2.21=5.12\angle25.57°(\mathrm{A})
\end{aligned}$$

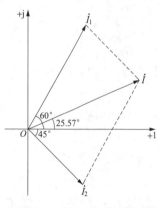

图 2.1.7　［例 2.1.2］相量图

则有

$$i = i_1 + i_2 = 5.12\sqrt{2}\sin(\omega t + 25.57°)(\text{A})$$

电流的相量图如图 2.1.7 所示。$\dot{I}$ 与 $\dot{I}_1$ 及 $\dot{I}_2$ 符合平行四边形法则。

2.2　正弦交流电路的分析

正弦交流电路的分析就是要确定电路中的电压及电流的大小及初相位，以及电压与电流之间的关系和电路中的功率。第 1 章中介绍的电路基本定律和基本分析方法不仅适用于直流电路，同时也适用于交流电路，应用时交流电路常以相量模型来表示。

2.2.1　交流电路的相量模型

正弦交流电路的分析一般采用相量分析法，即将电路中电流、电压及电动势用相量来表示，电路元器件的参数用复阻抗来表示。采用这种表示法的电路模型称为电路的相量模型。

1. 电路元件伏安关系的相量形式

最简单的交流电路就是由单个的电阻、电容或电感元件组成的电路。工程实际中的正弦交流电路可以看成是由多个不同的单一元件组合而成的电路。掌握单一元件正弦交流电路中电压与电流之间的关系（伏安关系），是分析交流电路的基础。

（1）电阻元件伏安关系的相量形式。图 2.2.1（a）所示为一个电阻元件的交流电路。电压和电流的参考方向如图中所示。

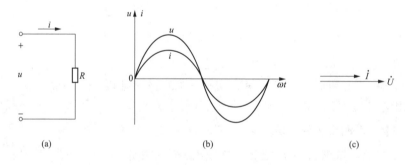

(a)　　　　　　　　　　　(b)　　　　　　　　　(c)

图 2.2.1　电阻元件的交流电路
(a) 电路图；(b) 电压与电流的波形图；(c) 电压与电流的相量图

设初相位为零的电流为参考正弦量，即

$$i = I_\mathrm{m}\sin\omega t$$

根据电阻元件上电压与电流之间的约束关系，有

$$u = Ri = RI_\mathrm{m}\sin\omega t = U_\mathrm{m}\sin\omega t \tag{2.2.1}$$

$$U_\mathrm{m} = RI_\mathrm{m}$$

$$\frac{U_\mathrm{m}}{I_\mathrm{m}} = \frac{U}{I} = R \tag{2.2.2}$$

由上述可以看出，交流电路中电阻元件上的电压与电流的关系为：

1）频率关系：电压和电流是同频率的正弦量，即频率相同。

2）相位关系：在相位上电压和电流初相位相同，即同相（相位差 $\varphi = 0°$）。

3）大小关系：电压与电流的幅值（或有效值）之比值为电阻 R。

电阻元件上电压和电流的正弦波形如图 2.2.1（b）所示。其电压和电流的相量式为

$$\dot{U} = U e^{j0°}, \quad \dot{I} = I e^{j0°}$$

电阻元件上电压与电流关系的相量形式为

$$\frac{\dot{U}}{\dot{I}} = \frac{U}{I} e^{j0°} = R$$

或

$$\dot{U} = R\dot{I} \tag{2.2.3}$$

式（2.2.3）即为电阻元件上电压与电流关系的相量形式。电阻元件上电压和电流的相量图如图 2.2.1（c）所示。

【例 2.2.1】 电阻丝 $R = 100\Omega$，将其接到频率为 50Hz，电压有效值为 220V 的正弦电源上，则电阻丝中流过的电流是多少？如保持电压不变，而将电源频率变为 500Hz，此时电流为多少？

【解】 由式（2.2.2）可知

$$I = \frac{U}{R} = \frac{220}{100} = 2.2(\text{A})$$

如保持电压不变，频率改变不影响电路中电流的大小，即电源频率变为 500Hz 时，电路电流仍然为 2.2A。

（2）电容元件伏安关系的相量形式。电容元件交流电路中，电压和电流的参考方向如图 2.2.2（a）所示。

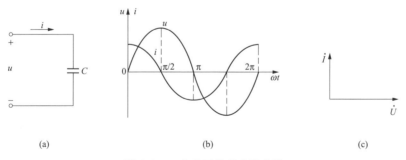

图 2.2.2 电容元件的交流电路

(a) 电路图；(b) 电压与电流的波形图；(c) 电压与电流的相量图

设初相位为零的电压为参考正弦量，即

$$u = U_{\text{m}} \sin\omega t$$

根据电容元件上电压与电流之间的约束关系，有

$$i = C \frac{\mathrm{d}u}{\mathrm{d}t} = C \frac{\mathrm{d}(U_{\text{m}}\sin\omega t)}{\mathrm{d}t} = \omega C U_{\text{m}} \cos\omega t$$

$$=\omega CU_{\mathrm{m}}\sin(\omega t+90^{\circ})=I_{\mathrm{m}}\sin(\omega t+90^{\circ}) \tag{2.2.4}$$

$$I_{\mathrm{m}}=\omega CU_{\mathrm{m}}$$

$$\frac{U_{\mathrm{m}}}{I_{\mathrm{m}}}=\frac{U}{I}=\frac{1}{\omega C} \tag{2.2.5}$$

电压 U 一定时，$\frac{1}{\omega C}$ 越大，则电流 I 越小。所以 $\frac{1}{\omega C}$ 对交流电流起阻碍作用，故称为容抗，用 X_{C} 表示，即

$$X_{\mathrm{C}}=\frac{1}{\omega C}=\frac{1}{2\pi fC} \tag{2.2.6}$$

容抗 X_{C} 单位是 Ω(欧［姆］)。它与电容 C、频率 f 成反比。因而，频率越高电容元件所呈现的容抗很小，对电流的阻碍作用越小。而对于直流（即 $f=0$），则 $X_{\mathrm{C}}\rightarrow\infty$，相当于开路，所以电容元件具有通交流隔直流的作用。

由上述可以看出，交流电路中电容元件上电压与电流的关系为：

1）频率关系：电压和电流是同频率的正弦量，即它们频率相同。

2）相位关系：在相位上电压滞后电流 90°，或者说电流超前电压 90°（相位差 $\varphi=-90^{\circ}$）。

3）大小关系：电压幅值与电流幅值（或电压有效值与电流有效值）之比值为 $\frac{1}{\omega C}X_{\mathrm{C}}$。

电容电压和电流的正弦波形如图 2.2.2（b）所示。其电压和电流的相量式为

$$\dot{U}=U\mathrm{e}^{\mathrm{j}0^{\circ}},\ \dot{I}=I\mathrm{e}^{\mathrm{j}90^{\circ}}$$

则有

$$\frac{\dot{U}}{\dot{I}}=\frac{U}{I}\mathrm{e}^{-\mathrm{j}90^{\circ}}=-\mathrm{j}X_{\mathrm{C}}$$

或

$$\dot{U}=-\mathrm{j}X_{\mathrm{C}}\dot{I}=-\mathrm{j}\frac{\dot{I}}{\omega C}=\frac{\dot{I}}{\mathrm{j}\omega C} \tag{2.2.7}$$

式（2.2.7）即为电容元件上电压与电流关系的相量形式。其中，$\dot{I}$ 与 $-\mathrm{j}$ 相乘表示电压 $\dot{U}$ 的相位较电流 $\dot{I}$ 的相位滞后 90°。电容元件上电压和电流的相量图如图 2.2.2（c）所示。

【例 2.2.2】 电容元件 $C=1\mu\mathrm{F}$，将其接到频率为 50Hz，电压有效值为 220V 的正弦电源上，则电感线圈中流过的电流是多少？如保持电压不变，而将电源频率变为 500Hz，此时电流为多少？

【解】 当 $f=50\mathrm{Hz}$ 时

$$X_{\mathrm{C}}=\frac{1}{2\pi fC}=\frac{1}{2\times3.14\times50\times1\times10^{-6}}=3184.7(\Omega)$$

$$I=\frac{U}{X_{\mathrm{C}}}=\frac{220}{3184.7}=0.069(\mathrm{A})$$

当 $f=500\mathrm{Hz}$ 时

$$X_{\mathrm{C}}=\frac{1}{2\pi fC}=\frac{1}{2\times3.14\times500\times1\times10^{-6}}=318.47(\Omega)$$

$$I = \frac{U}{X_C} = \frac{220}{318.47} = 0.69(\text{A})$$

由以上结果可以看出，电容电压一定时，其电流有效值随着频率的增加而增加。

（3）电感元件伏安关系的相量形式。图 2.2.3（a）所示电感元件交流电路中，电压和电流的参考方向如图中所示。

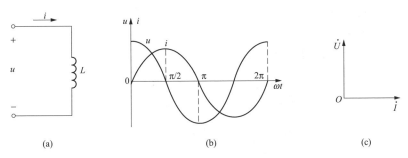

图 2.2.3　电感元件的交流电路

（a）电路图；（b）电压与电流的波形图；（c）电压与电流的相量图

设初相位为零的电流为参考正弦量，即

$$i = I_m \sin\omega t$$

根据电感元件上电压与电流之间的约束关系，有

$$u = L\frac{\mathrm{d}i}{\mathrm{d}t} = L\frac{\mathrm{d}(I_m \sin\omega t)}{\mathrm{d}t} = \omega L I_m \cos\omega t = U_m \sin(\omega t + 90°) \qquad (2.2.8)$$

$$U_m = \omega L I_m$$

$$\frac{U_m}{I_m} = \frac{U}{I} = \omega L \qquad (2.2.9)$$

式（2.2.9）中，电压 U 一定时，ωL 越大，则电流越小。所以 ωL 对交流电流起阻碍作用，故称为感抗，用 X_L 表示，即

$$X_L = \omega L = 2\pi f L \qquad (2.2.10)$$

感抗 X_L 单位是 Ω（欧［姆］），它与电感 L、频率 f 成正比。因而，频率越高电感元件所呈现的感抗越大，对电流的阻碍作用越大。而对于直流电路（即 $f = 0$），则 $X_L = 0$，相当于短路。所以电感元件具有通直流阻交流的作用。

由上述可以看出，交流电路中电感元件上电压与电流的关系为：

1）频率关系：电压和电流是同频率的正弦量，即它们频率相同。

2）相位关系：在相位上电压超前电流 90°，或者说电流滞后电压 90°（相位差 $\varphi = 90°$）。

3）大小关系：电压幅值与电流幅值（或电压有效值与电流有效值）之比值为 $\omega L(X_L)$。

电感元件电压和电流的正弦波形如图 2.2.3（b）所示。其电压和电流的相量式为

$$\dot{U} = U\mathrm{e}^{j90°}, \quad \dot{I} = I\mathrm{e}^{j0°}$$

则有

$$\frac{\dot{U}}{\dot{I}} = \frac{U}{I}\mathrm{e}^{j90°} = \mathrm{j}X_L$$

或

$$\dot{U} = jX_L \dot{I} = j\omega L \dot{I} \tag{2.2.11}$$

式（2.2.11）即为电感元件上电压和电流关系的相量形式。式中，$\dot{I}$ 与 j 相乘表示电压 $\dot{U}$ 的相位较电流 $\dot{I}$ 的相位超前 90°。电感元件上电压和电流的相量图如图 2.2.3（c）所示。

【例 2.2.3】 电感线圈的电感量为 $L=150\text{mH}$，将其接到频率为 50Hz，电压有效值为 220V 的正弦电源上，则电感线圈中流过的电流是多少？如保持电压不变，而将电源频率变为 500Hz，此时电流为多少？

【解】 当 $f=50\text{Hz}$ 时，有

$$X_L = 2\pi f L = 2 \times 3.14 \times 50 \times 150 \times 10^{-3} = 47.1(\Omega)$$

$$I = \frac{U}{X_L} = \frac{220}{47.1} = 4.67(\text{A})$$

当 $f=500\text{Hz}$ 时，有

$$X_L = 2\pi f L = 2 \times 3.14 \times 500 \times 150 \times 10^{-3} = 471(\Omega)$$

$$I = \frac{U}{X_L} = \frac{220}{471} = 0.467(\text{A})$$

由以上结果可以看出，电感线圈电压一定时，其电流有效值随着频率的增加而减小。

2. 基尔霍夫定律的相量形式

正弦交流电路的分析同直流电路一样，主要依托基尔霍夫定律。需明确的是，交流电路中的电流及电压只有瞬时值表达式及相量形式满足基尔霍夫定律。

正弦交流电路中，对任一结点，基尔霍夫电流定律（KCL）的瞬时值表达式为

$$\sum i(t) = 0 \tag{2.2.12}$$

则有，基尔霍夫电流定律的相量形式为

$$\sum \dot{I} = 0 \tag{2.2.13}$$

其可表述为：任一瞬间，任意一结点上的电流相量的代数和为零。

正弦交流电路中，对任一回路，基尔霍夫电压定律（KVL）的瞬时值表达式为

$$\sum u(t) = 0 \tag{2.2.14}$$

则有，基尔霍夫电压定律的相量形式为

$$\sum \dot{U} = 0 \tag{2.2.15}$$

其可表述为：任一瞬间，电路中任一回路沿循行方向的各段电压相量的代数和等于零。

3. 相量模型

正弦交流电路中，由各元件电压与电流的相量关系建立的电路模型称为各元件的相量模型。

正弦交流电路中电阻、电容及电感三个基本电路元件的相量模型见表 2.2.1。

表 2.2.1 正弦交流电路中电路元件的相量模型

元件	一般关系	元件相量模型	相量图
电阻 R	$u = Ri$	$\dot{U} = R\dot{I}$	

元 件	一般关系	元件相量模型	相量图
电感 L	$u = L\dfrac{\mathrm{d}i}{\mathrm{d}t}$	$\dot{U} = \mathrm{j}\omega L \dot{I} = \mathrm{j}X_\mathrm{L}\dot{I}$	
电容 C	$u = \dfrac{1}{C}\displaystyle\int i\,\mathrm{d}t$	$\dot{U} = -\mathrm{j}\dfrac{1}{\omega C}\dot{I} = -\mathrm{j}X_\mathrm{C}\dot{I}$	

将交流电路中的各元（器）件用其相应的相量模型来表示得到的电路称为交流电路的相量模型。电路的相量模型中，电流、电压、电动势三个基本物理量以相量形式 $\dot{I}$、$\dot{U}$、$\dot{E}$ 来表示，电阻、电容、电感三个基本电路元件的参数分别用 R、$-\mathrm{j}X_\mathrm{C}\left(-\mathrm{j}\dfrac{1}{\omega C}\right)$、$\mathrm{j}X_\mathrm{L}$（$\mathrm{j}\omega L$）来表示。

2.2.2 简单正弦交流电路的分析

1. 电阻、电感和电容元件串联的交流电路

电阻、电感和电容元件串联的交流电路如图 2.2.4（a）所示，电路中各电压及电流参考方向如图中所示，设以电流为参考正弦量，即

$$i = I_\mathrm{m}\sin\omega t$$

根据基尔霍夫电压定律（KVL）可列写方程

$$u = u_\mathrm{R} + u_\mathrm{L} + u_\mathrm{C} = RI_\mathrm{m}\sin\omega t + X_\mathrm{L}I_\mathrm{m}\sin(\omega t + 90°) + X_\mathrm{C}I_\mathrm{m}\sin(\omega t - 90°)$$

$$(2.2.16)$$

将图 2.2.4（a）变换为相量模型如图 2.2.4（b）所示，则可列写出 KVL 的相量方程式

$$\dot{U} = \dot{U}_\mathrm{R} + \dot{U}_\mathrm{L} + \dot{U}_\mathrm{C}$$

$$= R\dot{I} + \mathrm{j}X_\mathrm{L}\dot{I} - \mathrm{j}X_\mathrm{C}\dot{I}$$

$$= [R + \mathrm{j}(X_\mathrm{L} - X_\mathrm{C})]\dot{I} \qquad (2.2.17)$$

式中：$R + \mathrm{j}(X_\mathrm{L} - X_\mathrm{C})$ 为电路的复阻抗（简称阻抗），单位为 Ω（欧［姆］），用大写的 Z 表示。

这样，式（2.2.17）可写为

$$\dot{U} = Z\dot{I} \qquad (2.2.18)$$

式（2.2.18）与欧姆定律形式上相似，它是欧姆定律的相量形式。

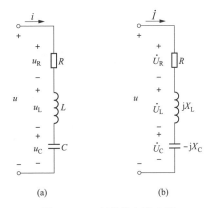

图 2.2.4　串联的交流电路
(a) 电路图；(b) 相量模型

复阻抗的表达式

$$Z = \frac{\dot{U}}{\dot{I}} = R + j(X_L - X_C) = R + jX = |Z| e^{j\varphi} \tag{2.2.19}$$

式中：X 为电抗，$X = X_L - X_C$。复阻抗代数式中的实部为"阻"，虚部为"抗"，决定了其端电压与电流相量形式下的约束关系。

式（2.2.19）中

$$|Z| = \sqrt{R^2 + (X_L - X_C)^2} = \sqrt{R^2 + \left(\omega L - \frac{1}{\omega C}\right)^2} \tag{2.2.20}$$

为复阻抗的模，即阻抗模，对电流起着阻碍的作用。

式（2.2.19）中

$$\varphi = \arctan \frac{X_L - X_C}{R} = \arctan \frac{X}{R} \tag{2.2.21}$$

为复阻抗的幅角，即阻抗角，决定了串联电路总电压与电流的相位差。

由式（2.2.20）及式（2.2.21）可以看出，R、$X_L - X_C$ 及 $|Z|$ 三者之间满足直角三角形关系，如图 2.2.5 所示。此三角形称为阻抗三角形。

图 2.2.6 所示为串联电路中各电压及电流的相量图（$\varphi > 0$ 时）。从图中可以看出，U_R、U_L、U_C 及 U 三者之间的大小关系也满足直角三角形关系，如图 2.2.7 所示，此三角形称为电压三角形。电压三角形与阻抗三角形为相似三角形。因此，总电压与电流的相位差

$$\varphi = \arctan \frac{X_L - X_C}{R} = \arctan \frac{U_L - U_C}{U_R} \tag{2.2.22}$$

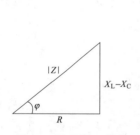
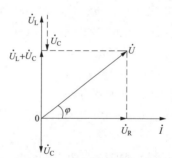
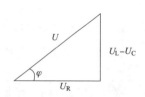

图 2.2.5　阻抗三角形　　　　图 2.2.6　串联电路的相量图　　　　图 2.2.7　电压三角形

如果设串联电路的总电压 u 及电流 i 的瞬时值表达式分别为

$$u = U_m \sin(\omega t + \psi_u)$$
$$i = I_m \sin(\omega t + \psi_i)$$

其相量式分别为

$$\dot{U} = U \angle \psi_u, \quad \dot{I} = I \angle \psi_i$$

$$Z = \frac{\dot{U}}{\dot{I}} = \frac{U}{I} \angle \psi_u - \psi_i = |Z| \angle \varphi \tag{2.2.23}$$

$$\begin{cases} |Z| = \dfrac{U}{I} \\ \varphi = \psi_u - \psi_i \end{cases} \tag{2.2.24}$$

可见，总电压 u 与总电流 i 的大小比为阻抗模，总电压 u 与总电流 i 的相位差为阻抗角。

由式（2.2.21）可见，电路元件呈现的总阻抗决定了总的端电压与电流的相位差 φ 的大小和正负，也就决定了电路的性质：

（1）当 $\varphi>0$，即 $X_L>X_C$ 时，电路总的端电压超前电流 φ 角，电路呈现电感性；

（2）当 $\varphi<0$，即 $X_L<X_C$ 时，电路总的端电压滞后电流 φ 角，电路呈现电容性；

（3）当 $\varphi=0$，即 $X_L=X_C$ 时，电路总的端电压和电流相位相同，电路呈现电阻性。

电路中感抗 X_L 容抗 X_C 的大小取决于电感及电容元件的参数以及电源频率。随着电源频率的改变，电路中的电抗会随着改变，并可使电路的性质发生改变。

【例 2.2.4】 电阻、电感和电容元件串联的交流电路如图 2.2.4（a）所示，电路中 $R=250\Omega$，$L=1.2\text{H}$，$C=10\mu\text{F}$，电源电压为 $u=220\sqrt{2}\sin(314t+30°)\text{V}$。试求：（1）电流 i 及电压 u_R、u_L、u_C；（2）画出相量图。

【解】（1）由已知条件可得

$$X_L=\omega L=314\times1.2=376.8(\Omega)$$

$$X_C=\frac{1}{\omega C}=\frac{1}{314\times10\times10^{-6}}=318.5(\Omega)$$

$$Z=R+j(X_L-X_C)=250+j(376.8-318.5)=256.7\angle13.1°(\Omega)$$

$$\dot{U}=220\angle30°(\text{V})$$

于是有

$$\dot{I}=\frac{\dot{U}}{Z}=\frac{220\angle30°}{256.7\angle13.1°}=0.857\angle16.9°(\text{A})$$

$$i=0.857\sqrt{2}\sin(314t+16.9°)(\text{A})$$

$$\dot{U}_R=R\dot{I}=250\times0.857\angle16.9°=214.25\angle16.9°(\text{V})$$

$$u_R=214.3\sqrt{2}\sin(314t+16.9°)(\text{V})$$

$$\dot{U}_L=jX_L\dot{I}=j376.8\times0.857\angle16.9°=322.9\angle106.9°(\text{V})$$

$$u_L=322.9\sqrt{2}\sin(314t+106.9°)(\text{V})$$

$$\dot{U}_C=-jX_C\dot{I}=-j318.5\times0.857\angle16.9°=273\angle-73.1°\text{ V}$$

$$u_C=273\sqrt{2}\sin(314t-73.1°)(\text{V})$$

（2）电流及各电压相量图如图 2.2.8 所示。

2. 阻抗的串联与并联

（1）阻抗的串联。两个阻抗串联的交流电路如图 2.2.9（a）所示，根据 KVL 的相量形式可写出其总电压的相量式为

$$\dot{U}=\dot{U}_1+\dot{U}_2=Z_1\dot{I}+Z_2\dot{I}=(Z_1+Z_2)\dot{I} \tag{2.2.25}$$

两个串联的阻抗可以用一个等效阻抗 Z 代替，如图 2.2.9（b）所示，则式（2.2.25）可写成

$$\dot{U}=Z\dot{I} \tag{2.2.26}$$

其中，等效阻抗

$$Z=Z_1+Z_2 \tag{2.2.27}$$

注意：一般 $U \neq U_1 + U_2$，即 $|Z| \neq |Z_1| + |Z_2|$。

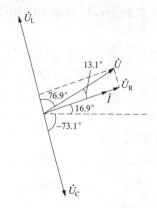
图 2.2.8　［例 2.2.4］相量图

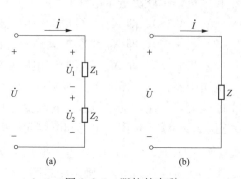
图 2.2.9　阻抗的串联
（a）串联电路；（b）等效电路

两个阻抗串联时，相量模型下的分压公式为

$$\dot{U}_1 = \frac{Z_1}{Z_1 + Z_2}\dot{U} \, , \, \dot{U}_2 = \frac{Z_2}{Z_1 + Z_2}\dot{U} \qquad (2.2.28)$$

多个（设为 i 个）阻抗串联时，其等效阻抗的一般表达式为

$$Z = \sum Z_i = \sum R_i + j\sum X_i = \sqrt{(\sum R_i)^2 + (\sum X_i)^2} \angle \arctan\frac{\sum X_i}{\sum R_i} = |Z| \angle \varphi \quad (2.2.29)$$

式 2.2.29 中，计算电抗 $\sum X_i$ 时，感抗 X_L 取正号，容抗 X_C 取负号。

【例 2.2.5】　两个阻抗串联的电路如图 2.2.9（a）所示，已知 $Z_1 = (5.14 + j8)\Omega$，$Z_2 = (3.52 - j3)\Omega$，电源电压为 $220\angle30°$V。求电流 $\dot{I}$，及各阻抗电压 $\dot{U}_1$ 和 $\dot{U}_2$，并画出相量图。

【解】
$$Z = Z_1 + Z_2 = (5.14 + j8) + (3.52 - j3)$$
$$= (5.14 + 3.52) + j(8 - 3)$$
$$= 8.66 + j5 = 10\angle30°(\Omega)$$

$$\dot{I} = \frac{\dot{U}}{Z} = \frac{220\angle30°}{10\angle30°} = 22\angle0° \ (A)$$

$$\dot{U}_1 = Z_1\dot{I} = (5.14 + j8) \times 22 = 209\angle57.3°(V)$$

$$\dot{U}_2 = Z_2\dot{I} = (3.52 - j3) \times 22 = 101.75\angle-39.9°(V)$$

电流及各电压相量图如图 2.2.10 所示。

（2）阻抗的并联。两个阻抗并联的电路如图 2.2.11（a）所示，根据 KCL 的相量形式可写出其总电流的相量式为

$$\dot{I} = \dot{I}_1 + \dot{I}_2 = \frac{\dot{U}}{Z_1} + \frac{\dot{U}}{Z_2} = \dot{U}\left(\frac{1}{Z_1} + \frac{1}{Z_2}\right) \qquad (2.2.30)$$

两个并联的阻抗可以用一个等效阻抗 Z 代替，如图 2.2.11（b）所示，则式（2.2.30）可写成

$$\dot{I} = \frac{\dot{U}}{Z} \qquad (2.2.31)$$

其中，等效阻抗

$$\frac{1}{Z} = \frac{1}{Z_1} + \frac{1}{Z_2} \quad\quad\quad (2.2.32)$$

或写为

$$Z = \frac{Z_1 Z_2}{Z_1 + Z_2} \quad\quad\quad (2.2.33)$$

注意：一般 $I \neq I_1 + I_2$，即 $\frac{1}{|Z|} \neq \frac{1}{|Z_1|} + \frac{1}{|Z_2|}$。

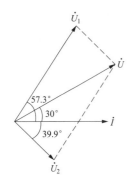

图 2.2.10 ［例 2.2.5］相量图

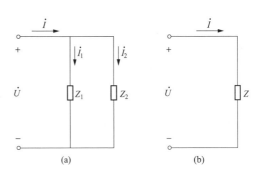

图 2.2.11 阻抗的并联

(a) 并联电路；(b) 等效电路

两个阻抗并联时，相量模型下的分流公式为

$$\dot{I}_1 = \frac{Z_2}{Z_1 + Z_2} \dot{I} \ , \ \dot{I}_2 = \frac{Z_1}{Z_1 + Z_2} \dot{I} \quad\quad\quad (2.2.34)$$

多个（设为 i 个）阻抗并联时，其等效阻抗的一般表达式为

$$\frac{1}{Z} = \sum \frac{1}{Z_i} \quad\quad\quad (2.2.35)$$

交流电网的负载一般都是并联使用的。并联的负载处于同一电压之下，任何一个负载的工作状态基本上不受其他负载的影响。

【例 2.2.6】 在图 2.2.11 (a) 所示交流电路中，电压 $U = 220\text{V}$，两个阻抗分别为 $Z_1 = (3 - \text{j}4)\Omega$，$Z_2 = (5\sqrt{3} + \text{j}5)\Omega$，试求总电流 $\dot{I}$ 及各支路电流 $\dot{I}_1$ 和 $\dot{I}_2$。

【解】 设电源电压为参考正弦量，即

$$\dot{U} = 220\angle 0°(\text{V})$$

又

$$Z_1 = 3 - \text{j}4 = 5\angle -53°(\Omega)$$

$$Z_2 = 5\sqrt{3} + \text{j}5 = 10\angle 30°(\Omega)$$

有

$$\dot{I}_1 = \frac{\dot{U}}{Z_1} = \frac{220\angle 0°}{5\angle -53°} = 44\angle 53°(\text{A})$$

$$\dot{I}_2 = \frac{\dot{U}}{Z_2} = \frac{220\angle 0°}{5\angle 30°} = 22\angle -30°(\text{A})$$

$$\dot{I} = \dot{I}_1 + \dot{I}_2 = 44\angle 53° + 22\angle -30°$$
$$= (26.48 + j35.14) + (19.05 - j11)$$
$$= 45.53 + j24.14 = 51.5\angle 28°(A)$$

【例 2.2.7】　交流电路如图 2.2.12 所示，已知电源频率为 50Hz，电压有效值 $U =$ 220V。现测得：$U_1 = 200$V，两个支路电流 $I_L = 14.1$A，$I_C = 10$A，且 $\dot{U}_1$ 与 $\dot{I}_L$ 的相位差为 45°。试求电路中元件参数 R、R_L、L、C 及电路的等效阻抗。

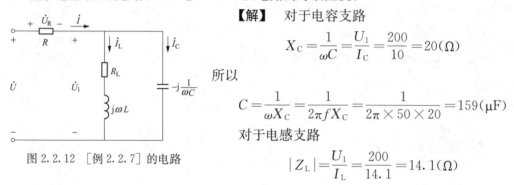

图 2.2.12　[例 2.2.7] 的电路

【解】　对于电容支路

$$X_C = \frac{1}{\omega C} = \frac{U_1}{I_C} = \frac{200}{10} = 20(\Omega)$$

所以

$$C = \frac{1}{\omega X_C} = \frac{1}{2\pi f X_C} = \frac{1}{2\pi \times 50 \times 20} = 159(\mu F)$$

对于电感支路

$$|Z_L| = \frac{U_1}{I_L} = \frac{200}{14.1} = 14.1(\Omega)$$

电感支路的阻抗三角形如图 2.2.13 所示。可得

$$R_L = |Z_L| \cos 45° = 10(\Omega)$$
$$X_L = \omega L = |Z_L| \sin 45° = 10(\Omega)$$

故

$$L = \frac{X_L}{\omega} = \frac{X_L}{2\pi f} = \frac{10}{2\pi \times 50} = 0.0318(H)$$

令 $\dot{U}_1 = 200\angle 0°$V，则 $\dot{I}_L = 14.1\angle -45°$A，$\dot{I}_C = 10\angle 90°$A。故

$$\dot{I} = \dot{I}_L + \dot{I}_C = 14.1\angle -45° + 10\angle 90° = 10\angle 0°(A)$$

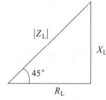

图 2.2.13　Z_L 的
阻抗三角

可见，$\dot{I}$ 与 $\dot{U}_1$ 同相。又电阻 R 上电压 $\dot{U}_R$ 与电流 $\dot{I}$ 同相，即 $\dot{U}_R$ 与 $\dot{U}_1$ 同相，并与电压同相。因而

$$R = \frac{U_R}{I} = \frac{U - U_R}{I} = \frac{220 - 200}{10} = 2(\Omega)$$

电路的等效阻抗

$$Z = \frac{\dot{U}}{\dot{I}} = \frac{220\angle 0°}{10\angle 0°} = 22\angle 0° = 22(\Omega)$$

可见，电路呈电阻性。

2.2.3　正弦交流电路的谐振

在含有电感元件和电容元件的交流电路中，通常情况下，电路的总电压和总电流的相位是不同的。通过改变电路的参数或电源的频率，可改变感抗及容抗的大小，从而能够使电路中的总电压和总电流的相位相同，这种现象称为是谐振。

研究谐振，既要充分利用谐振特性，又要预防它可能会带来的一些危害。谐振主要被应用在通信、无线电工程等技术领域，如无线电工程中经常要从很多电信号中选取特定的电信号加以使用或抑制，此时谐振电路作为选频电路；谐振发生时可能会使某些元件产生过电压

或过电流的现象，因而在电力系统中一般应避免谐振的发生。

1. 串联谐振

在图 2.2.4 所示的电阻、电感和电容元件串联的交流电路中，如果使

$$X_L = X_C \tag{2.2.36}$$

有

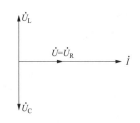

$$\left.\begin{array}{l} Z = R + \mathrm{j}(X_L - X_C) = R \\ \varphi = \arctan \dfrac{X_L - X_C}{R} = 0 \end{array}\right\} \tag{2.2.37}$$

此时，电路总电压 $\dot{U}$ 与电流 $\dot{I}$ 同相，电路发生了串联谐振，其相量图如图 2.2.14 所示。

图 2.2.14 串联谐振相量图

式 (2.2.36) 可写为

$$2\pi f L = \frac{1}{2\pi f C} \tag{2.2.38}$$

可得串联谐振发生时的谐振频率

$$f = f_0 = \frac{1}{2\pi\sqrt{LC}} \tag{2.2.39}$$

可见，谐振频率与电路参数 L、C 有关。改变参数 L 或 C，可使电路对不同的电源（或信号源）频率发生谐振。

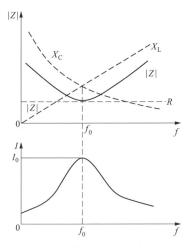

图 2.2.15 阻抗模值、电流与频率的关系

电路串联谐振发生时具有以下特征：

(1) 电路的阻抗模达到最小，其模值 $|Z| = \sqrt{R^2 + (X_L - X_C)^2} = R$，此时电路呈电阻性。阻抗模随频率变化的曲线如图 2.2.15 中上部分所示。

(2) 电源电压一定的情况下，电路中的电流 $I = I_0 = \dfrac{U}{R}$，达到最大。电流的大小随频率变化的曲线如图 2.2.15 中下部分所示。

(3) 电源电压 $\dot{U} = \dot{U}_R$，如相量图 2.2.14 所示。这是由于谐振发生时 $X_L = X_C$，则 $U_L = U_C$，即 $\dot{U}_L$ 与 $\dot{U}_C$ 大小相等，相位相反，故相互抵消。

(4) 当 $X_L = X_C > R$ 时，$U_L = U_C > U$。因而，串联谐振又被称为电压谐振。串联谐振时，在电感和电容元件两端可能产生的过电压，将有可能击穿电感线圈或电容器的绝缘而损坏设备，故在电力系统中应尽量避免谐振。

在无线电技术中，常利用串联谐振来选择不同频率的信号。接收机输入电路就是串联谐振应用的实例，如图 2.2.16 所示。

接收机输入电路主要由天线线圈 L1 和串联谐振电路两部分组成。其中串联谐振电路是由电感线圈 L 和可调电容 C 组成，图 2.2.16 中的 R 是线圈 L 的电阻，高频信号下 $X_L \gg R$。天线 L1 所接收到的对应各个电台不同频率的信号都会在 LC 串联谐振电路中感应出对应的

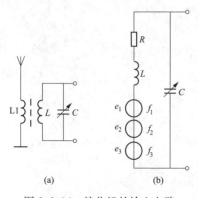

图 2.2.16　接收机的输入电路

（a）电路结构；（b）等效电路

电动势 e_1、e_2、$e_3\cdots$。调节电容 C，使电路对某一频率的信号发生串联谐振，此频率信号在谐振回路中产生了最大的谐振电流，在电容两端这种频率信号的电压也最大，从而被谐振回路所选择出来，再经各种放大电路的放大处理后，推动扬声器发出声音。其他频率的信号由于没有发生谐振，在电容两端形成的电压较小，从而受到抑制。改变电容的值，则谐振频率也会随之改变，这样就可以接收到其他频率的信号了。

这里有一个频率选择性问题。频率选择性的好坏用品质因数 Q 来衡量。

$$Q = \frac{U_L}{U} = \frac{2\pi f_0 L I_0}{R I_0} = \frac{2\pi f_0 L}{R} \qquad (2.2.40)$$

品质因数 Q 越大，图 2.2.17 所示的谐振曲线越尖锐，频率选择性越好。

【例 2.2.8】　电阻、电感和电容元件的串联电路中，已知 $L=50\text{mH}$，$R=100\Omega$，电源频率为 $f_0=30\text{kHz}$。求电路发生谐振时的电容 C，并求此时电路的品质因数。

【解】　谐振时

$$2\pi f_0 L = \frac{1}{2\pi f_0 C}$$

故

$$C = \frac{1}{(2\pi f_0)^2 L} = \frac{1}{4\pi^2 \times (30 \times 10^3)^2 \times 50 \times 10^{-3}} = 563(\text{pF})$$

品质因数

$$Q = \frac{2\pi f_0 L}{R} = \frac{2\pi \times 30 \times 10^3 \times 50 \times 10^{-3}}{100} = 94.2$$

2. 并联谐振

电阻为 R、电感为 L 的线圈与电容 C 并联的电路如图 2.2.18 所示。电路总电压 $\dot{U}$ 与电流 $\dot{I}$ 同相时，电路发生并联谐振。

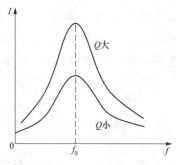

图 2.2.17　Q 与谐振曲线的关系

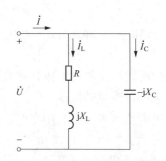

图 2.2.18　线圈与电容的并联电路

电路的等效阻抗为

$$Z = \frac{(R + \mathrm{j}\omega L)\dfrac{1}{\mathrm{j}\omega C}}{R + \mathrm{j}\omega L + \dfrac{1}{\mathrm{j}\omega C}} = \frac{R + \mathrm{j}\omega L}{\mathrm{j}\omega RC - \omega^2 LC + 1} \tag{2.2.41}$$

实际中，线圈电阻一般都比较小，谐振时一般满足 $\omega L \gg R$，故式（2.2.41）可改写为

$$Z \approx \frac{\mathrm{j}\omega L}{\mathrm{j}\omega RC - \omega^2 LC + 1} = \frac{1}{\dfrac{RC}{L} + \mathrm{j}\left(\omega C - \dfrac{1}{\omega L}\right)} \tag{2.2.42}$$

并联谐振发生时电路等效阻抗的阻抗角为零，即式（2.2.42）中虚部为零，有

$$\omega C = \frac{1}{\omega L} \tag{2.2.43}$$

由此可得出并联谐振发生时的谐振频率

$$f = f_0 = \frac{1}{2\pi \sqrt{LC}} \tag{2.2.44}$$

可见，同串联谐振一样，谐振频率与电路参数 L、C 有关。

图 2.2.19 所示为并联谐振时的相量图，可见

$$I_\mathrm{L} \sin\varphi_\mathrm{L} = I_\mathrm{C}$$

式中：φ_L 为电感线圈的阻抗角，当 $\omega L \gg R$ 时，$\varphi_\mathrm{L} \approx 90°$。

并联谐振发生时电路具有以下特征：

（1）电路的阻抗模 $|Z| \approx \dfrac{L}{RC}$ 达到最大。此时阻抗 Z 只有实

部，没有虚部，电路呈电阻性。

（2）谐振电流达到最小。其值为

$$I_0 = \frac{U}{|Z|} = \frac{U}{\dfrac{L}{RC}} = \frac{U}{\dfrac{(\omega_0 L)^2}{R}}$$

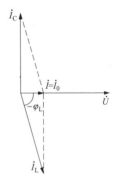

图 2.2.19 并联谐振
的相量图

（3）当 $\omega L \gg R$ 时，$I_\mathrm{C} \approx I_\mathrm{L} \gg I_0$。因而，并联谐振又被称为电流谐振。谐振时，支路可能产生的过电流，也有可能损坏电气设备，故在电力系统中应当尽量避免谐振。

并联谐振也具有选频特性，其品质因数

$$Q = \frac{I_\mathrm{C}}{I_0} = \frac{\omega_0 L}{R} = \frac{1}{\omega_0 RC} \tag{2.2.45}$$

2.3 正弦交流电路的功率

正弦电压和电流是随时间变化而变化的，都是时间的函数，因此相比于直流电路较为复杂，尤其是正弦电路的功率在技术上具有一些特殊的要求，下面我们来讨论正弦电路的功率。

2.3.1 瞬时功率

电路在任一瞬间吸收或放出的功率，称为是瞬时功率。瞬时功率 p 是电路或电路元件端电压瞬时值 u 与电流瞬时值 i 的乘积，即

$$p = ui \tag{2.3.1}$$

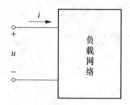

图 2.3.1　交流供电网络

图 2.3.1 所示的交流供电网络，设以电流为参考正弦量，即 $i = I_m \sin\omega t$，电压与电流的相位差为 φ，电压可写为 $u = U_m \sin(\omega t + \varphi)$，则负载网络输入的瞬时功率为

$$p = ui = U_m I_m \sin\omega t \sin(\omega t + \varphi)$$
$$= 2UI \sin\omega t \sin(\omega t + \varphi)$$
$$= UI \cos\varphi - UI \cos(2\omega t + \varphi) \qquad (2.3.2)$$

瞬时功率波形如图 2.3.2 所示，为随时间变化的曲线，并且有正有负。当瞬时功率为正值（即 $p > 0$）时，负载网络从电源取用电能；当瞬时功率为负值（即 $p < 0$）时，负载网络向电源归还电能。瞬时功率波形中正负面积的大小由具体的电路性质决定。

（1）如果电路中只含有电阻元件 R，那么式（2.3.2）中 $\varphi = 0°$，则有

$$p = UI(1 - \cos 2\omega t) \qquad (2.3.3)$$

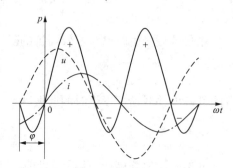

图 2.3.2　正弦电压、电流及瞬时功率

此时，p 随时间变化的波形如图 2.3.3 所示。由图可以看出，由于电阻元件的电压 u 与电流 i 同相，所以瞬时功率 $p \geq 0$，这表明电阻 R 总是从电源取用电能，即电阻为耗能元件。

（2）如果电路中只含有电感元件 L，那么式（2.3.2）中 $\varphi = 90°$，则有

$$p = UI \sin 2\omega t \qquad (2.3.4)$$

此时，p 随时间变化的波形如图 2.3.4 所示。由图可以看出，瞬时功率 p 以两倍角频率作正弦变化，其幅值为 UI，并且波形正、负半周与横坐标所围面积相等。在 u 和 i 的第一个和第三个 $\frac{1}{4}$ 周期内，u、i 同相，瞬时功率 $p > 0$，电感从电源取用电能并转化为磁场能量；在 u 和 i 的第二个和第四个 $\frac{1}{4}$ 周期内，u、i 反相，瞬时功率 $p < 0$，电感将储存的磁场能量转换成电能归还给电源。

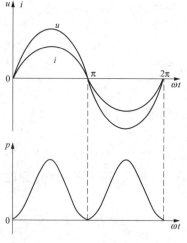

图 2.3.3　电阻元件瞬时功率波形

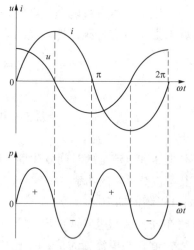

图 2.3.4　电感元件瞬时功率波形

电感元件在吸收或释放电能的过程中，功率幅值相等，因此电感元件不消耗电能。电感元件在交流电路中只是与电源之间不断地进行着能量交换，是储能元件。

（3）如果电路中只含有电容元件 C，那么式（2.3.2）中 $\varphi=-90°$，则有

$$p=-UI\sin2\omega t \qquad\qquad (2.3.5)$$

此时，p 随时间变化的波形如图 2.3.5 所示。由图可以看出，瞬时功率 p 同样以两倍角频率作正弦变化，其幅值为 UI，并且波形正、负半周与横坐标所围面积相等。在 u 和 i 的第一个和第三个 $\frac{1}{4}$ 周期内，电容两端电压降低，u、i 反相，瞬时功率 $p<0$，电容处于放电状态，它将储存的电场能转换成电能归还给电源；在 u 和 i 的第二个和第四个 $\frac{1}{4}$ 周期内，电容两端电压增加，u、i 同相，瞬时功率 $p>0$，电容处于充电状态，它从电源取用电能储存在它的电场中。

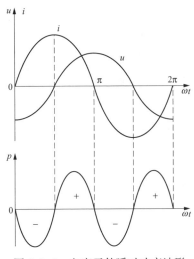

图 2.3.5 电容元件瞬时功率波形

同样，电容元件在交流电路中没有能量的消耗，只有与电源之间不断地进行的能量交换，是储能元件。

（4）如果电路中既含有储能元件（C 或 L），又含有耗能元件（R），那么式（2.3.2）中 $-90°<\varphi<90°$，此时 p 随时间变化的波形如图 2.3.2 所示。由图可以看出，瞬时功率 p 的波形正半周期大于负半周期面积，$p>0$ 时间要比 $p<0$ 时间长，表明负载取用的电能总是大于负载归还的电能，这期间必定有能量的消耗，其中的原因就是电路中含有电阻元件。

2.3.2 有功功率、无功功率和视在功率

瞬时功率只能反映电路某一时刻的功率，不能反映电路中耗能元件消耗的电能、储能元件与电源能量交换的规模，以及电源为电路提供的功率，为此，引入了有功功率、无功功率和视在功率的概念。为便于说明，设电路总阻抗为 $Z=R+\mathrm{j}(X_L-X_C)$，总电压 $\dot{U}$ 与电流 $\dot{I}$ 的相位差为 φ，以电流为参考正弦量。

1. 有功功率

为衡量电路的耗能情况，常以其平均值即平均功率来计算。平均功率又被称作有功功

率，用大写字母 P 表示，即

$$P = \frac{1}{T}\int_0^T p\,dt = \frac{1}{T}\int_0^T [UI\cos\varphi - UI\cos(2\omega t + \varphi)]dt = UI\cos\varphi \qquad (2.3.6)$$

式中：U、I 分别为电压、电流的有效值；相位差 φ 的大小由负载的性质决定；$\cos\varphi$ 为功率因数，用来衡量对电源的利用程度。因为 $-90° \leqslant \varphi \leqslant 90°$，所以 $0 \leqslant \cos\varphi \leqslant 1$，即有功功率 $P \leqslant UI$。由图 2.2.7 所示电路的电压三角形有 $U\cos\varphi = U_R$，可得

$$P = U_R I = I^2 R \qquad (2.3.7)$$

可见，有功功率即为电路中电阻所消耗的功率，其单位为 W（瓦 [特]）。

2. 无功功率

电路中储能元件与电源之间进行能量交换的规模称为无功功率，用大写字母 Q 表示，单位为 var（乏）。

对于电感元件，$Q_L = U_L I_L$；对于电容元件，$Q_C = U_C I_C$。比照图 2.3.4 和图 2.3.5，电感和电容流过同一电流时，二者的端电压极性相反，即电感元件吸收电能时，电容元件在释放电能，反之亦然。定义电感的无功功率为正，电容的无功功率为负，则电路总的无功功率

$$Q = U_L I - U_C I = I^2 X_L - I^2 X_C = Q_L - Q_C \qquad (2.3.8)$$

由图 2.2.7 所示电路的电压三角形可得

$$Q = (U_L - U_C)I = UI\sin\varphi \qquad (2.3.9)$$

当电路的 $X_L > X_C$，则此时 $\varphi = \arctan\dfrac{X_L - X_C}{R} > 0$，电路呈电感性，$\sin\varphi > 0$，$Q = Q_L - Q_C > 0$。

当电路的 $X_L < X_C$，则此时 $\varphi = \arctan\dfrac{X_L - X_C}{R} < 0$，电路呈容性，$\sin\varphi < 0$，$Q = Q_L - Q_C < 0$。

3. 视在功率

正弦交流电路的电压与电流有效值的乘积称为视在功率，用大写字母 S 表示，即

$$S = UI \qquad (2.3.10)$$

视在功率单位为 V·A（伏安）。$S_N = U_N I_N$ 称为发电机、变压器等供电设备的容量。

由于有功功率、无功功率及视在功率三者所代表的意义不相同，故采用不同的单位加以区别。

根据式 (2.3.6)、式 (2.3.9)、式 (2.3.10)，正弦电路中的有功功率 P、无功功率 Q 及视在功率 S 的关系为

$$P = S\cos\varphi \qquad (2.3.11)$$

$$Q = S\sin\varphi \qquad (2.3.12)$$

$$S = \sqrt{P^2 + Q^2} \qquad (2.3.13)$$

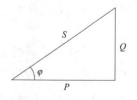

图 2.3.6　功率三角形

三者之间关系可以构成一直角三角形，称为功率三角形，如图 2.3.6 所示。功率三角形与阻抗三角形及电压三角形为相似三角形。通过这三个三角形，可形象地理解及分析交流电路。

【例 2.3.1】　试求 [例 2.2.4] 中电路的有功功率 P，无功功率 Q 以及视在功率 S。

【解】　$P = UI\cos\varphi = 220 \times 0.875 \times \cos(30° - 16.9°) = 187.5(\text{W})$

$$Q = 220 \times 0.875 \times \sin(30° - 16.9°) = 43.6(\text{var})$$
$$S = UI = 220 \times 0.875 = 192.5(\text{V} \cdot \text{A})$$

2.3.3 功率因数的提高

功率因数的大小取决于负载本身的参数，如白炽灯、电阻炉等纯电阻性负载，他们的电压与电流是同相的，功率因数为 $\cos\varphi = 1$，其他负载的功率因数 $\cos\varphi < 1$。而生产生活中的用电设备多为感性负载，功率因数都比较低，电路中就会发生能量的互换，产生无功功率 $Q = UI\sin\varphi$，这样就会产生以下两个问题：

（1）电源设备的容量不能被充分利用。对容量一定的电源来说，它向负载提供的有功功率的大小由负载的性质决定，即由 $\cos\varphi$ 的大小来决定。即

$$P = S_N \cos\varphi = U_N I_N \cos\varphi$$

式中，负载功率因数 $\cos\varphi$ 越小，电源提供的有功功率就越小，而无功功率就越大，即电源与负载之间进行能量交换的规模就越大，因此电源所发出的能量就不能被充分利用。

例如，一台容量为 1000kV·A 的发电机，负载功率因数为 $\cos\varphi = 1$ 时，能发出有功功率为

$$P = S_N \cos\varphi = 1000(\text{kW})$$

而当负载功率因数为 $\cos\varphi = 0.75$ 时，发电机能发出的有功功率为

$$P = S_N \cos\varphi = 750(\text{kW})$$

假设每家用户需要用电功率为 10kW，电源功率因数为 $\cos\varphi = 1$ 时比 $\cos\varphi = 0.75$ 时可多为 25 家用户供电。

（2）增加了发电机和输电线路的功率损耗。当电源电压 U 和输出的有功功率 P 一定时，电流 I 与功率因数 $\cos\varphi$ 成反比，即

$$I = \frac{P}{U\cos\varphi}$$

此时，$\cos\varphi$ 越低，I 越大，导致发电机绕组和输电线路损耗 $\Delta P = rI^2$ 就越大。

综上所述，提高电网的功率因数不仅可以提高供电设备的利用率，同时也能减少电能在传输过程当中的损耗，对国民经济的发展具有重要的意义。因此，电力部门规定，高压供电企业的平均功率因数不得低于 0.95，其他企业不低于 0.9。

供电线路功率因数低的根本原因是感性负载的存在。提高功率因数的方法通常是在感性负载两端并接电容器，其电路图和相量图如图 2.3.7 所示。

由图 2.3.7 可看出，并联电容器前后，负载本身的电流 $I_L = \dfrac{U}{\sqrt{R^2 + X_L^2}}$ 和功率因数 $\cos\varphi_1 = \dfrac{R}{\sqrt{R^2 + X_L^2}}$ 都未变。而线路电流由 $\dot{I} = \dot{I}_L$ 变成 $\dot{I} = \dot{I}_L + \dot{I}_C$，电压 u 和线路电流 i 之间的相位差 φ 变小了，即线路的功率因数 $\cos\varphi$ 增大了。

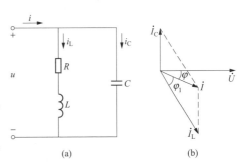

图 2.3.7 电感性负载并联电容提高功率因数
(a) 电路图；(b) 相量图

这里，提高的是并联电路总的功率因数，使得供电线路中的总电压和总电流的相位差减小。但由于负载的端电压未变，负载的电流、功率和功率因数都不会发生改变。即提高功率

因数是提高电源或电网的功率因数。

电感性负载并联电容器后，电源与负载之间能量互换的规模减小了。这是由于电感性负载所需的无功功率部分或全部可由电容器供给，这样能量的互换部分或全部发生在电感性负载和电容之间，不足的部分再由电源提供，因而发电机容量的利用率得以提高。

另外，由相量图 2.3.7（b）所示，并联电容器后，线路的总电流 I 减小了，因而也减小了线路的功率损耗。

【例 2.3.2】　感性负载，功率 $P=15\text{kW}$，功率因数 $\cos\varphi_1=0.6$，接在电压 $U=220\text{V}$，频率 $f=50\text{Hz}$ 的电源上。试求：（1）如将功率因数提高到 $\cos\varphi=0.95$，需要在负载两端并联电容值为多少的电容器？（2）并联电容前后线路中的电流值为多少？

【解】　由图 2.3.7（b）相量图可得

$$I_C=I_1\sin\varphi_1-I\sin\varphi=\left(\frac{P}{U\cos\varphi_1}\right)\sin\varphi_1-\left(\frac{P}{U\cos\varphi}\right)\sin\varphi$$

$$=\frac{P}{U}(\tan\varphi_1-\tan\varphi)$$

而

$$I_C=\frac{U}{X_C}=U\omega C$$

则有

$$U\omega C=\frac{P}{U}(\tan\varphi_1-\tan\varphi)$$

整理得

$$C=\frac{P}{\omega U^2}(\tan\varphi_1-\tan\varphi) \tag{2.3.14}$$

（1）当 $\cos\varphi_1=0.6$ 时，$\varphi_1=53°$；当 $\cos\varphi=0.95$ 时，$\varphi=18°$。则有

$$C=\frac{P}{\omega U^2}(\tan\varphi_1-\tan\varphi)=\frac{15\times10^3}{2\pi\times50\times220^2}(\tan53°-\tan18°)=989(\mu\text{F})$$

所需电容值为 $989\mu\text{F}$。

（2）并联电容器之前的线路电流为

$$I_1=\frac{P}{U\cos\varphi_1}=\frac{15\times10^3}{220\times0.6}=113.6(\text{A})$$

并联电容器以后的线路电流为

$$I=\frac{P}{U\cos\varphi}=\frac{15\times10^3}{220\times0.95}=77.8(\text{A})$$

2.4　三　相　电　路

电力系统普遍采用三相电源供电，由三相电源供电的电路称为是三相电路。三相电路在生产上应用最为广泛。本节主要讨论负载在三相电路中的连接使用问题。

2.4.1　三相电源

图 2.4.1 为三相交流发电机的结构示意图，它主要由电枢和磁极组成。

电枢即定子，是固定不动的。定子铁芯内壁冲有凹槽，用来放置三个完全相同的三相绕组。三相绕组首端分别用 U1、V1、W1 来表示，末端分别用 U2、V2、W2 表示。放置在相应的定子凹槽内的三相绕组的首端之间（或末端之间）空间位置彼此相差 120°。

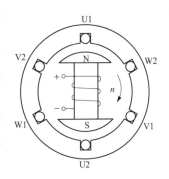

图 2.4.1 三相交流
发电机结构图

磁极即转子，工作中是转动的。转子铁芯上绕有励磁线圈，通入直流电流励磁，在合适的极面形状和励磁绕组的布置下，可产生磁感应强度沿空气隙按正弦规律分布的磁场。

当转子由原动机带动，匀速按顺时针方向转动时，定子三相绕组依次切割磁力线，产生按正弦规律变化的频率相同、幅值相等、相位互差 120° 的三相对称感应电动势。在 U1U2、V1V2、W1W2 三相绕组两端可得到三相对称正弦电压，分别以 u_1、u_2、u_3 表示。若以 u_1 为参考正弦量，则三相电压的瞬时值表达式为

$$\left. \begin{aligned} u_1 &= U_m \sin\omega t \\ u_2 &= U_m \sin(\omega t - 120°) \\ u_3 &= U_m \sin(\omega t + 120°) \end{aligned} \right\} \tag{2.4.1}$$

用相量可表示为

$$\left. \begin{aligned} \dot{U}_1 &= U \angle 0° \\ \dot{U}_2 &= U \angle -120° \\ \dot{U}_3 &= U \angle 120° \end{aligned} \right\} \tag{2.4.2}$$

它们的正弦波形图和相应相量图如图 2.4.2 所示。

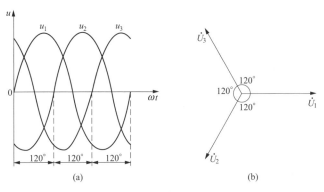

图 2.4.2 三相电压波形图和相量图
(a) 波形图；(b) 相量图

三相交流电出现零值或幅值的先后顺序称为是相序。式（2.4.1）中，三个正弦交流电压的相序是 U1→V1→W1。

由图 2.4.2 可见，任何瞬间三个电动势的代数和都等于零，即 $u_1 + u_2 + u_3 = 0$。用相量表示时有 $\dot{U}_1 + \dot{U}_2 + \dot{U}_3 = 0$。

发电机的三相绕组通常连接成星形，如图 2.4.3 所示，即将三相绕组的三个末端 U2、

V2、W2 连接在一起，这个连接点称为中性点，用 N 表示，中性点一般接地，故又称为零点。从中性点 N 引出的导线称为中性线（或零线）。从三相绕组三个首端 U1、V1、W1 引出的三根导线 L1、L2、L3 称为是相线或端线，俗称火线。

三相电源的相线与中性线之间的电压，即每相绕组首端与末端之间的电压称为相电压，分别以 u_1、u_2、u_3 表示，只说明相电压时用 u_{ph} 表示。相线之间的电压，即三相绕组任意两个首端之间的电压称为线电压，分别以 u_{12}、u_{23}、u_{31}，只说明线电压时用 u_L 来表示。

根据图 2.4.3 所示电压的参考方向，由基尔霍夫电压定律可得出线电压和相电压之间的关系为

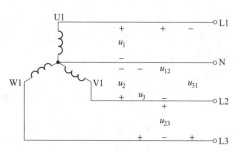

图 2.4.3　三相电源的星形连接

$$\left.\begin{aligned} u_{12} &= u_1 - u_2 \\ u_{23} &= u_2 - u_3 \\ u_{31} &= u_3 - u_1 \end{aligned}\right\} \quad (2.4.3)$$

其相应的相量式为

$$\left.\begin{aligned} \dot{U}_{12} &= \dot{U}_1 - \dot{U}_2 \\ \dot{U}_{23} &= \dot{U}_2 - \dot{U}_3 \\ \dot{U}_{31} &= \dot{U}_3 - \dot{U}_1 \end{aligned}\right\} \quad (2.4.4)$$

设以 $\dot{U}_1$ 为参考正弦量，由式（2.4.4）可画出线电压和相电压的相量图如图 2.4.4 所示。

由相量图可以看出，三相线电压也是对称电压，在相位上超前相应的相电压 30°，即 $\dot{U}_{12}$ 较 $\dot{U}_1$ 超前 30°、$\dot{U}_{23}$ 较 $\dot{U}_2$ 超前 30°、$\dot{U}_{31}$ 较 $\dot{U}_3$ 超前 30°。大小关系上线电压是相电压的 $\sqrt{3}$ 倍，即 $U_L = \sqrt{3} U_{\text{ph}}$。

三相电源星形连接的供电系统有两种供电形式：一种是引出三根相线和一根中性线共四根导线，称为三相四线制供电系统，对于低压供电系统，通常其相电压为 220V，线电压为 380V；另一种是只引出三根相线，中

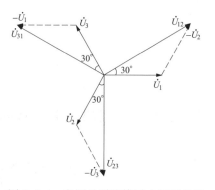

图 2.4.4　电源星形连接时电压相量图

性线不引出的供电系统，称为三相三线制供电系统，在大功率远距离输电系统及工业企业供电系统中普遍采用。

2.4.2　三相负载的连接

由三相电源供电的负载称为三相负载。三相负载分为对称负载和不对称负载两类，对称负载是指各相负载的复阻抗完全相同，如三相电动机等工业负载；否则就属于不对称负载，如家用电器，虽只需要单相供电，但多个用户的家用电器要求能平均分配在三相电源的三相上，这样由家用电器总体构成的三相负载一般不可能达到对称。

三相负载的连接方法有星形连接和三角形连接两种。

1. 星形连接

负载星形连接的电路如图 2.4.5 所示，图中单相负载 Z_1、Z_2、Z_3 的额定电压为电源的相电压，分别接在电源的三根相线与中性线之间，这是负载星形连接的三相四线制电路。图 2.4.5 中三相电动机的三个绕组属于对称的三相负载，可只引出三根端线分别接于电源的三

根相线上，不接中性线，这种接法是负载星形连接的三相三线制电路。

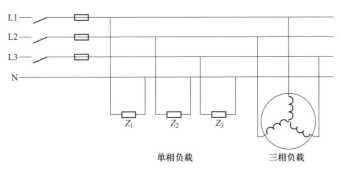

图 2.4.5 负载的星形连接

在图 2.4.6 所示负载星形连接的三相四线制电路中，三相负载的一端连接在一起接于电源的中性线，另外一端分别接于电源的三根相线。

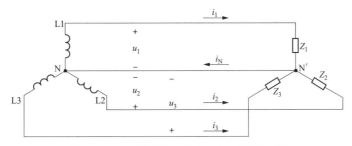

图 2.4.6 负载星形连接的三相四线制电路

三相电路中的电流有相电流和线电流之分。每相负载中流过的电流称为相电流，用 I_ph 表示。每根相线中的电流称为线电流，用 I_L 表示。由图 2.4.6 所示电路图可看出，负载星形连接时相电流就是线电流，即

$$I_\text{ph} = I_\text{L} \tag{2.4.5}$$

以电源相电压 $\dot{U}_1$ 作为参考相量，则有

$$\dot{U}_1 = U_\text{ph} \angle 0°, \ \dot{U}_2 = U_\text{ph} \angle -120°, \ \dot{U}_3 = U_\text{ph} \angle 120°$$

由图 2.4.6 可知，电源相电压就是每相负载相电压，因此，能够得出各相负载的电流为

$$\left. \begin{array}{l} \dot{I}_1 = \dfrac{\dot{U}_1}{Z_1} = \dfrac{U_\text{ph} \angle 0°}{|Z_1| \angle \varphi_1} = I_1 \angle -\varphi_1 \\[3mm] \dot{I}_2 = \dfrac{\dot{U}_2}{Z_2} = \dfrac{U_\text{ph} \angle -120°}{|Z_2| \angle \varphi_2} = I_2 \angle -120° - \varphi_2 \\[3mm] \dot{I}_3 = \dfrac{\dot{U}_3}{Z_3} = \dfrac{U_\text{ph} \angle 120°}{|Z_3| \angle \varphi_3} = I_3 \angle 120° - \varphi_3 \end{array} \right\} \tag{2.4.6}$$

其中，各相负载电流的有效值分别为

$$I_1 = \frac{U_\text{ph}}{|Z_1|}, \ I_2 = \frac{U_\text{ph}}{|Z_2|}, \ I_3 = \frac{U_\text{ph}}{|Z_3|} \tag{2.4.7}$$

各相负载相电压与相电流之间的相位差分别为

$$\varphi_1 = \arctan\frac{X_1}{R_1} , \quad \varphi_2 = \arctan\frac{X_2}{R_2} , \quad \varphi_3 = \arctan\frac{X_3}{R_3} \qquad (2.4.8)$$

中性线电流为

$$\dot I_N = \dot I_1 + \dot I_2 + \dot I_3 \qquad (2.4.9)$$

　　三相负载不对称时，各相电流可单独计算。如果三相负载是对称的，即

$$Z_1 = Z_2 = Z_3 = Z$$

则有

$$|Z_1| = |Z_2| = |Z_3| = |Z|$$

$$\varphi_1 = \varphi_2 = \varphi_3 = \varphi$$

由式（2.4.7）可得

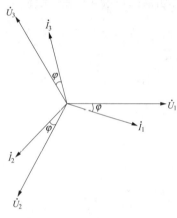

图 2.4.7　对称负载星形
连接时的相量图

$$I_1 = I_2 = I_3 = I_{ph} = \frac{U_{ph}}{|Z|}$$

　　由以上分析可知，各相负载对称时，其相电流大小相等，相位彼此相差 120°，因而三相负载的相电流也为对称的。对称负载电压电流相量图如图 2.4.7 所示。此时，中性线电流为

$$\dot I_N = \dot I_1 + \dot I_2 + \dot I_3 = 0$$

中性线中没有电流流过，那么可以忽略中性线，图 2.4.6 所示负载星形连接的三相四线制电路图变成图 2.4.8 所示三相三线制电路。图中，对称负载的中性点 N′ 与电源的中性点 N 等电位，各相负载的相电压仍然为电源的相电压。

　　负载不对称而又没有中性线时，N′ 点的电位不再为零，这将造成有的相电压会高于负载的额定电压；而有的相电压会低于负载的额定电压。负载的相电压不再对称，使负载不能正常工作，这在实际应用中是不允许的。而中性线的存在能够保证星形连接的不对称负载的相电压是对称的。因此，三相四线制电路中，中性线在任何情况下都不允许断开，其上不能接入熔断器、低压断路器等任何电器。

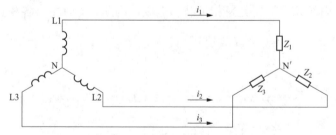

图 2.4.8　负载星形连接的三相三线制电路

2. 三角形连接

　　负载三角形连接的电路如图 2.4.9 所示，三相负载依次首尾相连，三个连接点分别接至

电源的三根相线上。三角形接法只能采用三相三线制的供电方式。

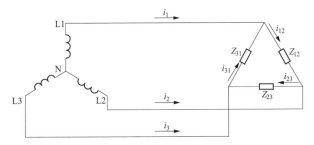

图 2.4.9 负载三角形连接的三相电路

由于各相负载的两端都是接在电源的两根相线上，所以负载的相电压就是两根相线之间的电压，即为电源的线电压。因此，不论负载是否对称，其相电压总是对称的，即

$$U_{12} = U_{23} = U_{31} = U_L = U_{ph} \tag{2.4.10}$$

负载三角形连接时相电流与线电流是不同的。

以电源线电压 $\dot{U}_{12}$ 作为参考相量，则有

$$\dot{U}_{12} = U_L \angle 0°, \quad \dot{U}_{23} = U_L \angle -120°, \quad \dot{U}_{31} = U_L \angle 120°$$

由图 2.4.9 可得出各相负载的相电流为

$$\left. \begin{aligned}
\dot{I}_{12} &= \frac{\dot{U}_{12}}{Z_{12}} = \frac{U_L \angle 0°}{|Z_{12}| \angle \varphi_{12}} = I_1 \angle -\varphi_{12} \\
\dot{I}_{23} &= \frac{\dot{U}_{23}}{Z_{23}} = \frac{U_L \angle -120°}{|Z_{23}| \angle \varphi_{23}} = I_{23} \angle -120° - \varphi_{23} \\
\dot{I}_{31} &= \frac{\dot{U}_{31}}{Z_{31}} = \frac{U_L \angle 120°}{|Z_{31}| \angle \varphi_{31}} = I_{31} \angle 120° - \varphi_{31}
\end{aligned} \right\} \tag{2.4.11}$$

其中，各相负载电流的有效值分别为

$$I_{12} = \frac{U_{12}}{|Z_{12}|}, \quad I_{23} = \frac{U_{23}}{|Z_{23}|}, \quad I_{31} = \frac{U_{31}}{|Z_{31}|} \tag{2.4.12}$$

各相负载电压与电流之间的相位差分别为

$$\varphi_{12} = \arctan \frac{X_{12}}{R_{12}}, \quad \varphi_{23} = \arctan \frac{X_{23}}{R_{23}}, \quad \varphi_{31} = \arctan \frac{X_{31}}{R_{31}} \tag{2.4.13}$$

应用基尔霍夫电流定律可列写出线电流和相电流的关系式为

$$\left. \begin{aligned}
\dot{I}_1 &= \dot{I}_{12} - \dot{I}_{31} \\
\dot{I}_2 &= \dot{I}_{23} - \dot{I}_{12} \\
\dot{I}_3 &= \dot{I}_{31} - \dot{I}_{23}
\end{aligned} \right\} \tag{2.4.14}$$

如果三相负载是对称的，即

$$|Z_{12}| = |Z_{23}| = |Z_{31}| = |Z|$$

$$\varphi_{12} = \varphi_{23} = \varphi_{31} = \varphi$$

则三相负载相电流对称，由式（2.4.10）和式（2.4.12）可得

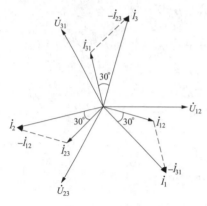

图 2.4.10　对称负载三角形
连接时的相量图

$$I_{12} = I_{23} = I_{31} = I_{ph} = \frac{U_{ph}}{|Z|}$$

负载对称时，由式（2.4.14）给出的线电流与相电流的关系，可得到图 2.4.10 所示的相量图。由图可看出，线电流也是对称的，线电流的大小是相电流的 $\sqrt{3}$ 倍，即

$$I_L = \sqrt{3} I_{ph} \qquad (2.4.15)$$

在相位上，线电流滞后对应的相电流 $30°$。

三相负载对称时，只需计算一相参数，其他两相便可得出。三相负载不对称时，虽然各相电压是对称的，但各相电流是不对称的，线电流与相电流之间也不存在对应的大小和相位关系，需根据式（2.4.11）及式（2.4.14）分别计算各相电流及线电流。

三相负载的连接原则是应使加于每相负载上的电压等于其额定电压。负载的额定电压等于电源的线电压时，应做三角形（△）连接；负载的额定电压等于电源的相电压时，应做星形（Ｙ）连接。

【例 2.4.1】　三相电路如图 2.4.11 所示，电源线电压 $U_L = 380V$，星形连接对称负载各相 $Z_1 = (3 + j4)\Omega$，三角形连接对称负载各相 $Z_2 = 10\Omega$。试求：（1）星形连接负载的相电压 $\dot{U}_1$、$\dot{U}_2$ 和 $\dot{U}_3$；（2）三角形连接负载的相电流 $\dot{I}_{12}$、$\dot{I}_{23}$ 和 $\dot{I}_{31}$；（3）端线电流（线电流）$\dot{I}_1$、$\dot{I}_2$ 和 $\dot{I}_3$。

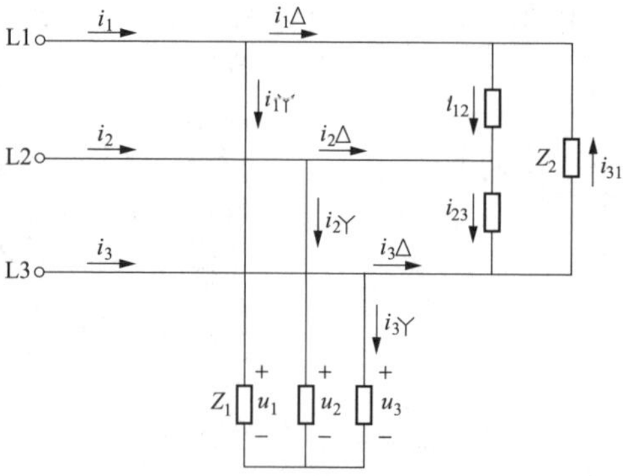

【解】　设电源线电压 $\dot{U}_{12} = 380\angle 0°V$。

（1）星形连接负载的相电压与电源线电压的关系可得

图 2.4.11　[例 2.4.1] 电路图

$$\dot{U}_1 = \frac{\dot{U}_{12}}{\sqrt{3}} \angle -30° = 220\angle -30°(V)$$

$$\dot{U}_2 = \frac{\dot{U}_{23}}{\sqrt{3}} \angle -30° = 220\angle -150°(V)$$

$$\dot{U}_3 = \frac{\dot{U}_{31}}{\sqrt{3}} \angle -30° = 220\angle 90°(V)$$

（2）三角形连接的负载的相电压就是电源的线电压，则有

$$\dot{I}_{12} = \frac{\dot{U}_{12}}{Z_2} = \frac{380\angle 0°}{10} = 38\angle 0°(A)$$

$$\dot{I}_{23} = \frac{\dot{U}_{23}}{Z_2} = \frac{380\angle -120°}{10} = 38\angle -120°(A)$$

$$\dot{I}_{31} = \frac{\dot{U}_{31}}{Z_2} = \frac{380 \angle 120°}{10} = 38 \angle 120°(A)$$

（3）由电路图 2.4.11 可知

$$\dot{I}_{1Y} = \frac{\dot{U}_1}{Z_1} = \frac{220 \angle -30°}{3+j4} = \frac{220 \angle -30°}{5 \angle 53.1°} = 44 \angle -83.1°(A)$$

$$\dot{I}_{2Y} = \frac{\dot{U}_2}{Z_1} = \frac{220 \angle -150°}{3+j4} = \frac{220 \angle -150°}{5 \angle 53.1°} = 44 \angle 156.9°(A)$$

$$\dot{I}_{3Y} = \frac{\dot{U}_3}{Z_1} = \frac{220 \angle 90°}{3+j4} = \frac{220 \angle 90°}{5 \angle 53.1°} = 44 \angle 36.9°(A)$$

由三角形连接负载的线电流与相电流的关系可得

$$\dot{I}_{1\triangle} = \sqrt{3} \angle -30° \dot{I}_{12} = \sqrt{3} \angle -30° \times 38 \angle 0° = 38\sqrt{3} \angle -30°(A)$$

$$\dot{I}_{2\triangle} = \sqrt{3} \angle -30° \dot{I}_{23} = \sqrt{3} \angle -30° \times 38 \angle -120° = 38\sqrt{3} \angle -150°(A)$$

$$\dot{I}_{3\triangle} = \sqrt{3} \angle -30° \dot{I}_{31} = \sqrt{3} \angle -30° \times 38 \angle 120° = 38\sqrt{3} \angle 90°(A)$$

由基尔霍夫电流定律可得

$$\dot{I}_1 = \dot{I}_{1Y} + \dot{I}_{1\triangle} = 44 \angle -83.1° + 38\sqrt{3} \angle -30° = 98.7 \angle -51°(A)$$

$$\dot{I}_2 = \dot{I}_{2Y} + \dot{I}_{2\triangle} = 44 \angle 156.9° + 38\sqrt{3} \angle -150° = 98.7 \angle -171°(A)$$

$$\dot{I}_3 = \dot{I}_{3Y} + \dot{I}_{3\triangle} = 44 \angle 36.9° + 38\sqrt{3} \angle 90° = 98.7 \angle 69°(A)$$

2.4.3 三相功率

无论负载是星形连接还是三角形连接，三相电路总的有功功率必定等于各相有功功率之和。即

$$P = P_1 + P_2 + P_3$$

当三相负载对称时，每相有功功率相等，则三相总的有功功率为

$$P = 3P_{ph} = 3U_{ph}I_{ph}\cos\varphi \qquad (2.4.16)$$

式中：U_{ph} 为相电压；I_{ph} 为相电流，φ 为相电压与相电流的相位差。

对于星形连接的对称负载，$U_L = \sqrt{3}U_{ph}$，$I_L = I_{ph}$；对于三角形连接的对称负载，$U_L = U_{ph}$，$I_L = \sqrt{3}I_{ph}$。

将上述两种情况下的关系式带入式（2.4.16），可得相同的以线电压、线电流表示的有功功率关系式

$$P = \sqrt{3}U_L I_L \cos\varphi \qquad (2.4.17)$$

需要注意：φ 角仍为相电压与相电流之间的相位差。

同理，三相电路总的无功功率为

$$Q = Q_1 + Q_2 + Q_3$$

当三相负载对称时，三相总的无功功率为

$$Q = 3Q_{ph} = 3U_{ph}I_{ph}\sin\varphi = \sqrt{3}U_L I_L \sin\varphi \qquad (2.4.18)$$

三相电路总的视在功率一般不等于各相视在功率之和，应以式（2.4.19）计算

$$S = \sqrt{P^2 + Q^2} \qquad (2.4.19)$$

当三相负载对称时，三相总的视在功率为

$$S = 3S_{ph} = 3U_{ph}I_{ph} = \sqrt{3}U_L I_L \tag{2.4.20}$$

【例 2.4.2】 有一三相电动机，每相的等效电阻 $R=29\Omega$，等效感抗 $X_L=21.8\Omega$，试求下列两种情况下电动机的相电流、线电流以及从电源输入的功率，并比较所得的结果：

(1) 星形连接绕组接于 $U_L=380V$ 的三相电源上；

(2) 三角形连接绕组接于 $U_L=220V$ 的三相电源上。

【解】 (1) $$I_{ph} = \frac{U_{ph}}{\sqrt{29^2+21.8^2}} = \frac{\dfrac{380}{\sqrt{3}}}{\sqrt{29^2+21.8^2}} = 6.1(A)$$

$$P = \sqrt{3}U_L I_L \cos\varphi = \sqrt{3} \times 380 \times 6.1 \times \frac{29}{\sqrt{29^2+21.8^2}}$$

$$= \sqrt{3} \times 380 \times 6.1 \times 0.8 = 3.2(kW)$$

(2) $$I_{ph} = \frac{U_{ph}}{\sqrt{29^2+21.8^2}} = \frac{220}{\sqrt{29^2+21.8^2}} = 6.1(A)$$

$$I_L = \sqrt{3}I_{ph} = 10.5(A)$$

$$P = \sqrt{3}U_L I_L \cos\varphi = \sqrt{3} \times 220 \times 10.5 \times 0.8 = 3.2(kW)$$

比较 (1)、(2) 的结果，在星形和三角形两种连接法中，相电压、相电流以及功率都未改变，仅三角形连接情况下的线电流比星形连接情况下的线电流增大了 $\sqrt{3}$ 倍。其原因在于两种接法下负载的相电压相同。

2.5 安 全 用 电

随着科技的进步，电能在国民经济各个领域以及人们生活中的应用越来越广泛。电的使用一方面在造福人类，另一方面也带来了用电的安全问题。用电设备操作不当，可能造成设备损坏或人身伤亡等事故。安全用电主要是保障人身安全和设备安全，同时采取必要的措施避免人身触电。安全用电常识是工程技术人员必须掌握的内容。

2.5.1 人身安全与设备安全

1. 人身安全

电对人体的伤害主要是流过人体的电流产生的伤害。当人体接触到带电体，并有一定的电流流过，会使人体器官组织受到损害，造成触电事故。注意人身安全，就要认识触电事故下电流对人体的伤害程度与哪些因素有关。

(1) 人体电阻。人体电阻因人而异，因环境而异，一般在 $2k\Omega$ 以上，而当角质外层破坏或环境潮湿时，人体电阻降为 $800\sim1000\Omega$。若考虑到衣服、鞋袜等外部阻抗的影响，人体与大地间的电阻在几千欧到几十兆欧之间。此外，人体电阻与接触电压有关（接触电压越高人体呈现电阻越小），在低压供电系统（380/220V）中，接触电压为 220V 时，人体电阻约为 $2k\Omega$；接触电压为 380V 时，人体电阻约为 $1.2k\Omega$。

(2) 电流大小。通过人体的电流越大，人体感应就越强烈，对人体的伤害程度就越大。

对于工频交流电，按照通过人体电流的大小和人体所呈现的不同状态，大致分下列三种。

1）感觉电流：人能感觉到的最小电流。试验表明，对于工频交流电，成年男性的平均感觉电流约为 1.1mA；成年女性的平均感觉电流约为 0.7mA。

2）摆脱电流：人体触电后能自主摆脱带电体的最大电流。试验表明，对于工频交流电，成年男性的平均摆脱电流约为 16mA；成年女性的平均摆脱电流约为 10.5mA。

3）致命电流：能在较短时间内危及人生命的最小电流。当通过人体的工频电流在 30～50mA 时，中枢神经就会受到伤害，使人感觉麻痹，呼吸困难；50mA 以上时，就有生命危险；流过人体的工频电流超过 100mA 时，在极短时间内就会使人失去知觉而导致死亡。

通常把摆脱电流看作是人体允许电流。在线路及设备装有防止触电的速断保护装置时，人体允许的工频电流约为 30mA。

（3）通电时间。电流通过人体的时间越长，人体电阻因出汗等原因降低越明显，导致通过人体电流增加，则伤害越严重。

（4）电流路径。电流通过头部可使人昏迷；通过脊髓可导致瘫痪；通过心脏会造成心跳停止，血液循环中断；通过呼吸系统造成窒息。因此，从左手到胸部是最危险的电流路径。

（5）电流频率。40～60Hz 的交流电对人是最危险的。随频率的增加，危险性将降低。高频电流（20kHz 以上）不但不伤害身体，还可用于治病。

由于供电系统的电压是稳定的，而影响触电电流变化的因素很多，从安全角度出发，确定人体的安全条件通常不采用安全电流，而是采用安全电压。

安全电压是当人体触电，不致危及生命所承受的电压。对于不同的环境条件，安全电压以人体允许电流与触电时人体电阻的乘积为依据而确定。对于低压供电系统，人体允许的最大工频电流取为 30mA，而触电时人体电阻一般按 1.2kΩ 进行计算，故将 36V 作为工频安全电压。如环境潮湿，安全电压规定的更低，通常取 24V 或 12V。

人身安全方面还应防范其他电气伤害，如电弧放电、电器起火及爆裂时可能会对人体产生烧伤或金属溅伤等。

2. 设备安全

设备安全是指保障电气设备长期正常稳定地工作，不因人为或其他因素而损坏。保障设备的安全措施一般包括：

（1）电气设备的安装要满足要求的安装条件，如一般不允许安装在潮湿环境；一些设备要加装绝缘防护、屏护、隔离装置。

（2）供电端要装有控制开关、短路及漏电保护装置，必要时单个设备上可加装相应的保护装置。

（3）对具有金属外壳的电气设备要进行接地或接零（后面介绍）保护。

（4）设备要按额定电压使用，避免出现过电流、过电压的现象。

（5）设备外接负载的引线端（如电源类设备）不允许短接。

（6）必须按照操作说明、规范要求及使用方法正确使用电气设备。

（7）出现故障要立即切断电源，排除故障后再重新使用。

2.5.2　触电方式

常见的触电方式主要分为单相触电和双相触电两类。

1. 单相触电

在我国的低压供电系统中，使用较多的都是星形连接的三相四线制电源，电源变压器低

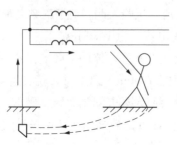

压侧中性点一般都有良好的工作接地。如果人体触及到一根带电的相线（裸线或绝缘损坏），则电流由相线经过人体，再由脚部经大地流向电源中性点，形成单相触电，如图 2.5.1 所示。

通过人体的电流为

$$I_H = \frac{U_{ph}}{R_H + R_1 + R_0} \qquad (2.5.1)$$

图 2.5.1　电源中性点接地的单相触电

式中：U_{ph} 为电源相电压；R_H 为人体电阻；R_1 为人体与地面间的绝缘电阻；R_0 为供电系统的接地电阻。

由于 R_0（约 4Ω）远小于 R_H 及 R_1，有

$$I_H \approx \frac{U_{ph}}{R_H + R_1} \qquad (2.5.2)$$

由式（2.5.2）可见，当人体与大地之间绝缘良好，如穿的鞋绝缘性好，或踩在干燥的木板上时，R_1 值较大，通过人体的相对电流较小；相反，通过人体的电流就很大，危害就较大。

也有一些低压供电系统中性点是不接地的，这一系统下的单相触电示意图如图 2.5.2 所示。由于输电线与大地间存在着分布电容及空间电阻，人体也会有电流通过，也存在危险。

2. 双相触电

双相触电是指人体的两处部位同时触及两根不同的带电相线（火线）。如图 2.5.3 所示，如果是双手分别触及两根带电的相线，人体处在线电压之下，且电流从一只手流向另一只手时，会流经心脏，因此最为危险，但此种情况并不常见。

当双手分别触及一根带电的相线及中性线（相当于单相触电）时，也十分危险。

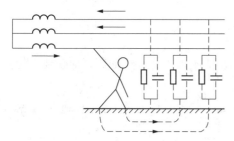

图 2.5.2　电源中性点不接地的单相触电

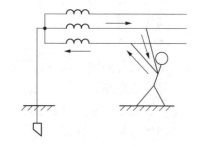

图 2.5.3　双相触电

2.5.3　安全用电措施

1. 接地和接零

由于大多数电气设备采用 380/220V 低压系统供电，为防止触电事故发生，需根据供电系统接地型式不同，分别采用接地或接零的保护措施。

在低压配电系统中，电源中性点有接地和不接地两种。电源中性点接地的目的是保证供电系统和电气设备的正常运行及安全，如一相接地时将产生很大的短路电流，会使这一相的

短路保护装置迅速动作，保证了人身和设备的安全，同时另外两相不受影响，且另外两相对地电压接近于相电压，可降低其对地的绝缘水平，这种接地称为工作接地，如三相四线制电源的中性点接地。电源中性点不接地的目的是避免出现跳闸停电事故，如一相接地时的故障电流较小，允许其短时存在（期间可消除故障），不影响系统的连续供电。

为了防止电气设备的金属外壳因内部绝缘损坏而意外带电造成触电事故，在低压配电系统中电源中性点不接地的情况下，需要采用保护接地；在电源中性点接地的情况下，则采用保护接零。

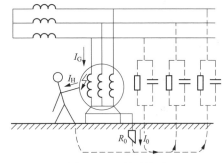

（1）保护接地。保护接地是指在电源中性点不接地的三相三线制低压系统中，将电气设备的金属外壳（正常工作不带电）接地，图2.5.4所示为电动机的保护接地。

当电动机某相绕组因绝缘损坏而碰壳使外壳带电时，如果外壳没有接地，人体触及外壳就相当于单相触电。此时，接地电流 I_G 也就是流过人体的电流 I_H，经由人体电阻 R_H、输电线与大地间的分布电容及空间电阻形成电流通路。

图 2.5.4　保护接地

当采取保护接地后，人体触及外壳时，由于人体到地面的电阻（$R_H + R_I$）与接地电阻 R_0 并联，而 $R_H + R_I \gg R_0$，所以通过分流，人体流过的电流就很小，从而保证了人身安全。

（2）保护接零。保护接零是指在电源中性点接地的低压系统中，将电气设备的金属外壳接到中性线（零线）上。

图2.5.5所示为电动机的保护接零。当电动机某相绕组因绝缘损坏而碰壳时，就形成了单相短路，该相的短路保护装置迅速动作，使外壳不再带电。即使在短路保护装置动作前人体接触外壳，由于人体电阻远大于线路电阻，通过人体的电流也是非常小的，不会造成危险。采用这种保护接零的三相四线制系统称为 TN-C 系统。

由于三相四线制系统中，星形连接的各单相负载往往不对称，中性线中有电流，为保证安全可靠，常采用三相五线制，即在三相四线制基础上增设保护零线 PE，以确保设备外壳对地电压为零。保护零线与工作零线是分离的，系统正常工作时不会有电流通过。保护零线在入户端要就近接地，所有需要接零的单相电气设备都须通过三孔插座（L、N、E）接于保护零线，如图2.5.6所示。采用这种保护接零的三相五线制系统称为 TN-S 系统。

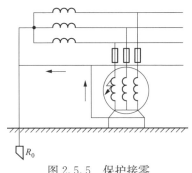

图 2.5.5　保护接零

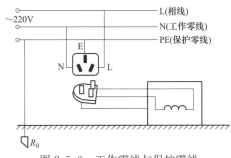

图 2.5.6　工作零线与保护零线

2. 电气的防火防爆

电气设备引起的火灾和爆炸事故在各种火灾和爆炸事故中占有很大比例，给国家和人民生命财产造成了极大的损失。因此，电气设备的防火防爆工作必须引起重视。

各种电气设备的绝缘大多属于可燃物质，运行中电气设备的绝缘老化、损坏造成的短路事故；过载保护电器失灵造成的设备过热；导体连接点的接触不良；人为原因的各种电气设备操作不当等，都可能引起电气设备产生火花或电弧，使绝缘起火，引燃周围易燃物，而发生火灾和爆炸。

合理选择相应的防火防爆措施是减少电气火灾爆炸事故发生的有效手段。严格遵守安全操作规程；定期检查电气设备的运行情况；及时维修、更换"问题"器件等，以防止事故的发生。

对于空气中含有可燃固体粉尘（煤粉、面粉）和可燃气体的场合，应选用防爆开关、变压器、电动机等电气设备；危险场所禁止架设临时线路，禁止使用便携式电气设备，并保持安全的防火间隔和良好的通风；采用耐火材料并配备相应的消防设备等。

3. 静电防护

静电属于一种自然现象，是物体表面失去平衡的相对静止的正、负电荷。由于直接接触或静电场感应会引起不同静电电位的两物体间的静电放电。另外，导电材料有电流时与静电荷接触也将发生静电放电。

静电既有有利的方面，也存在严重的危害。激光打印机、静电复印件、静电纺织、静电喷涂等就是对静电的利用。此外，静电放电可导致火灾、爆炸、电子设备故障及元器件的失效和损坏等；生活中静电产生的电荷积累可达到千伏级电压，会导致人体受到电击。静电防护就是为了防止静电事故而采取的防范措施。静电防护主要包括抑制静电的产生、疏导静电泄漏、进行静电中和等几个方面。

抑制静电产生的最直接有效的方法就是采用"接地"消除法。其具体措施是用接地金属导体将要消除静电的设备、仪器仪表、工具夹及工作台面等与大地相连，将静电泄放到大地；用接地的静电屏蔽罩对高压电源产生的静电场及静电敏感元器件进行静电屏蔽隔离；人员通过手腕带或防静电鞋接地；工作场所采用防静电的地板、地垫、转运车、座椅等接地。

疏导静电泄漏就是通过接地、添加抗静电剂、增加湿度等技术手段，使静电及时向大地泄放，到达降低和消除静电的目的。

静电中和是将正负离子与静电的正负电荷中和，从而消除静电的积累。如可安装静电消除器。

在工艺上采取措施限制静电的产生也是生产生活中消除静电的非常好的方法。例如，选用导电性较好的材料；减少摩擦的发生及速度；降低爆炸性混合物的浓度等。

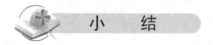

小 结

1. 正弦量及其相量表示法

（1）正弦量的三要素。在正弦交流电路中，激励和响应是同频率的正弦量，角频率、幅值（或有效值）和初相位三个特征量是确定正弦量的三要素。

角频率 ω 与周期 T、频率 f 的关系为 $\omega = \dfrac{2\pi}{T} = 2\pi f$，我国工业标准频率为 50Hz；正弦

量的幅值除以 $\sqrt{2}$ 为其有效值；常以相位差反映两个正弦量的相位关系，电压与电流的相位差 $\varphi=\psi_u-\psi_i$。

（2）正弦量的相量表示法。正弦量的相量表示法就是不考虑频率的情况下是用复数来表示正弦量。用复数的模表示正弦量的幅值或有效值，复数的辐角表示正弦量的初相位。

2. 正弦交流电路的分析

正弦交流电路常以相量模型来分析。

（1）交流电路的相量模型。基本元件伏安关系的相量形式为：电阻元件，$\dot{U}=R\dot{I}$；电容元件，$\dot{U}=-jX_C\dot{I}=-j\dfrac{1}{\omega C}\dot{I}$；电感元件，$\dot{U}=jX_L\dot{I}=j\omega L\dot{I}$。

基尔霍夫定律的相量形式为：$\sum\dot{I}=0$；$\sum\dot{U}=0$。

将交流电路中的正弦量用相量表示，各元（器）件用其相应的相量模型来表示得到的电路为交流电路的相量模型。

（2）简单正弦交流电路的分析。复阻抗 Z 的端电压与电流相量形式下的约束关系为

$$Z=\frac{\dot{U}}{\dot{I}}=R+j(X_L-X_C)=R+jX=|Z|e^{j\varphi}$$

式中：$|Z|=\sqrt{R^2+(X_L-X_C)^2}$ 为阻抗模；$\varphi=\arctan\dfrac{X_L-X_C}{R}=\arctan\dfrac{X}{R}$ 为阻抗角。$|Z|$、φ 分别决定了电压与电流的大小关系及相位差。$\varphi>0$ 时，电路呈现电感性；$\varphi<0$ 时，电路呈现电容性；$\varphi=0$ 时，电路呈现电阻性。

阻抗串联时的等效阻抗 $Z=\sum Z_i=\sum R_i+j\sum X_i$，阻抗并联时的等效阻抗 $\dfrac{1}{Z}=\sum\dfrac{1}{Z_i}$。

（3）正弦交流电路的谐振。在含有电感元件和电容元件的交流电路中，电路的总电压和总电流同相时，称为是谐振。

串联谐振发生时的谐振频率：$f=f_0=\dfrac{1}{2\pi\sqrt{LC}}$。其电路具有的特征为：电路的阻抗模 $|Z|=\sqrt{R^2+(X_L-X_C)^2}=R$，达到最小；电源电压一定的情况下，电路中的电流 $I=I_0=\dfrac{U}{R}$，达到最大；电源电压 $\dot{U}=\dot{U}_R$；当 $X_L=X_C>R$ 时，$U_L=U_C>U$。因而，串联谐振又被称为电压谐振；选频特性的品质因数 $Q=\dfrac{U_L}{U}=\dfrac{2\pi f_0 LI_0}{RI_0}=\dfrac{2\pi f_0 L}{R}$。

并联谐振发生时的谐振频率 $f=f_0\approx\dfrac{1}{2\pi\sqrt{LC}}$。其电路具有的特征为：电路的阻抗模 $|Z|\approx\dfrac{L}{RC}$ 达到最大；谐振电流达到最小；当 $\omega L\gg R$ 时，$I_C\approx I_L\gg I_0$；选频特性的品质因数 $Q=\dfrac{I_C}{I_0}=\dfrac{\omega_0 L}{R}=\dfrac{1}{\omega_0 RC}$。

3. 正弦交流电路的功率

（1）有功功率、无功功率及视在功率。设电路总阻抗为 $Z=R+j(X_L-X_C)$，则电路总的有功功率为 $P=UI\cos\varphi=U_R I$。有功功率即为电路中电阻所消耗的功率，其单位为 W

（瓦）。

电路总的无功功率为 $Q = UI\sin\varphi = (U_L - U_C)I = Q_L - Q_C$。无功功率即为电路中储能元件与电源间能量互换的功率，其单位为 var（乏）。

视在功率表述为正弦电路中总电压总电流有效值的乘积，即 $S = UI$。视在功率单位为 V·A（伏·安）。$S_N = U_N I_N$ 称为发电机、变压器等供电设备的容量。

（2）功率因数的提高。提高功率因数的意义：可提高电源设备容量的利用率，减少发电机和输电线路的功率损耗。

提高功率因数的方法通常是在感性负载两端并接电容器。将功率因数角由 φ_1 减小为 φ 所需并联的电容 $C = \dfrac{P}{\omega U^2}(\tan\varphi_1 - \tan\varphi)$。

4. 三相电路

（1）三相电源。三相电源可通过频率相同、幅值相等、相位互差 $120°$ 的三相对称正弦电压。三相电源星形连接时，提供的线电压与相电压的关系是 $U_L = \sqrt{3}U_{ph}$，线电压在相位上超前相应的相电压 $30°$。

（2）三相负载的连接。负载星形（丫）连接有中性线时，三相负载的端电压为电源的相电压 $U_{ph} = U_L/\sqrt{3}$，线电压超前相应的相电压 $30°$；线电流即为相应的相电流 $I_L = I_{ph}$。中性线电流与各相电流的关系为 $\dot{I}_N = \dot{I}_1 + \dot{I}_2 + \dot{I}_3$。各相负载对称（$Z_1 = Z_2 = Z_3$）时，相电流对称，$\dot{I}_N = 0$。

中性线的存在能够保证星形连接的不对称负载的相电压对称。因此，三相四线制电路中，中性线在任何情况下都不允许断开，其上不能接入熔断器、开关等任何电器。

负载三角形（△）连接时，三相负载的端电压为电源的线电压 $U_{ph} = U_L$；三相负载对称时，线电流与相电流的关系为 $I_L = \sqrt{3}I_{ph}$，线电流滞后相应的相电流 $30°$。

（3）三相功率。三相电路总的有功功率等于各相有功功率之和，即 $P = P_1 + P_2 + P_3$。当三相负载对称时，$P = \sqrt{3}U_L I_L\cos\varphi$，$\varphi$ 角为相电压与相电流的相位差。

三相电路总的无功功率等于各相无功功率之和，即 $Q = Q_1 + Q_2 + Q_3$。当三相负载对称时，$Q = \sqrt{3}U_L I_L\sin\varphi$，$\varphi$ 角为相电压与相电流的相位差。

三相电路总的视在功率 $S = \sqrt{P^2 + Q^2}$，一般不等于各相视在功率之和。当三相负载对称时，三相总的视在功率为 $S = \sqrt{3}U_L I_L$。

5. 安全用电

（1）人身安全与设备安全。人身安全就是要避免电流对人体产生伤害。电流对人体的伤害程度与人体电阻、电流大小、通电时间、电流路径、电流频率及接触电压等因素有关。对于低压供电系统，一般将 36V 作为工频安全电压。

设备安全是指通过相应的安全措施保障电气设备长期正常稳定地工作，不因人为因素或其他而损坏。

（2）触电方式。触电方式主要分为单相触电和双相触电两类。

（3）安全用电措施。安全用电措施主要有对电气设备进行保护接地或保护接零、防火防爆及进行静电防护。

（上篇 电 工 技 术 87）

习　题

2.1　已知 $i_1 = 20\sin(314t + 30°)\text{A}$，$i_2 = 30\sin(314t - 45°)\text{A}$。

（1）试求出正弦量 i_1 与 i_2 的相位差，并说明谁超前谁滞后；

（2）画出 i_1 和 i_2 的相量图。

2.2　有一正弦电压，其初相位为 $\psi = 30°$，频率为 $f = 50\text{Hz}$，初始值 $u_0 = 20\text{V}$，请写出该正弦电压表达式。

2.3　电路如题图所示，$u_1 = 220\sin(314t + 60°)\text{V}$，$u_2 = 220\sqrt{2}\sin(314t + 45°)\text{V}$。

（1）分别写出正弦量 u_1 和 u_2 的相量式；

（2）试求出电压 u，并画出其相量图。

2.4　已知 $\dot{I}_1 = 50e^{-\text{j}90°}\text{A}$，$\dot{I}_2 = (4 + \text{j}3)\text{A}$，试分别用三角函数式、正弦波形及相量图表示它们。

2.5　在题图所示的交流电路中，频率 $f = 50\text{Hz}$，$u = 220\sqrt{2}\sin\omega t\text{V}$。

（1）若 N 为电感元件，其电感 $L = 110\text{mH}$；

（2）若 N 为电容元件，其电容 $C = 5\mu\text{F}$。试分别求出以上两种情况下电路中的电流 i，并画出相量图。

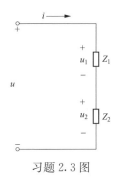

习题 2.3 图

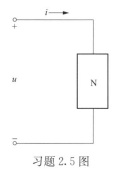

习题 2.5 图

2.6　已知电阻、电感和电容元件串联的交流电路中 $R = 1\Omega$，$L = 127\text{mH}$，$C = 150\mu\text{F}$，电源电压有效值为 $U = 220\text{V}$，频率为 $f = 50\text{Hz}$。试求电路的阻抗、电流有效值及电压与电流的相位差。

2.7　如题图所示电路，$u_1 = 10\sqrt{2}\sin\omega t\text{V}$，$f = 50\text{Hz}$，$R = 20\Omega$，欲使输出电压 u_2 较 u_1 滞后 $60°$。试求电容 C 的值及此时电压 U_2 的大小。

2.8　在题图所示电路中，$\dot{U}_1 = 5\angle 0°\text{V}$，求 $\dot{U}$。

2.9　题图所示电路中，电流表 PA1、PA2 读数均为 10A，电压表 PV1、PV2 读数均为 10V。试求各图中电流表 PA0 及电压表 PV0 的读数。

2.10　试求题图所示电路中阻抗 Z_{ab}（其中 $\omega = 10^4\text{rad/s}$）。

2.11　题图所示电路中，已知 $\dot{U} = 1\angle 0°$，试求 $\dot{I}$、$\dot{I}_1$ 及 $\dot{I}_2$。

2.12　题图所示电路中，已知 $I_R = 6\text{A}$，$I_C = 12\text{A}$，$I_L = 8\text{A}$，试求 I_S。

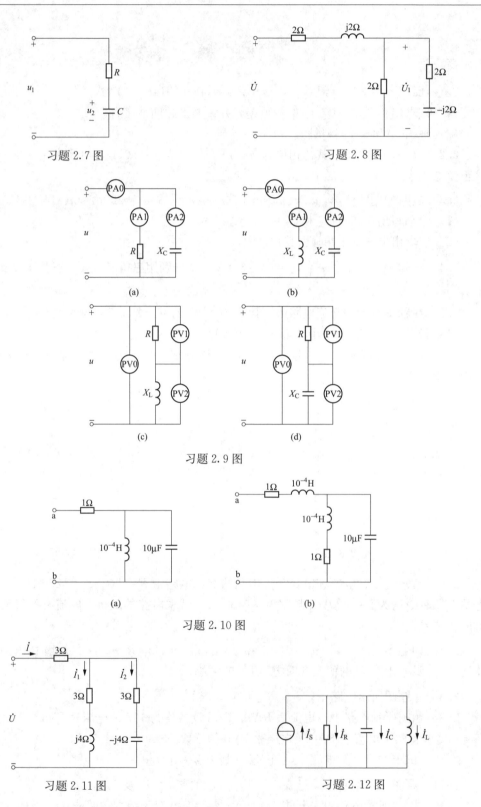

习题 2.7 图

习题 2.8 图

(a)

(b)

(c)

(d)

习题 2.9 图

(a)

(b)

习题 2.10 图

习题 2.11 图

习题 2.12 图

2.13　电阻、电感和电容元件串联的电路接于电压有效值为 10V 的交流电源上，当频率为 200Hz 时电流为 10mA，当频率为 1500Hz 时电流达到最大值 80mA。试求：

（1）电路中各参数 R、L 和 C 的值；

（2）当谐振发生时电感及电容的电压 U_L 和 U_C；

（3）谐振发生时磁场及电场中所储存的最大能量。

2.14　一电感线圈（可看作 L 与 R 的串联）与电容 C 并联的电路发生了谐振，已知谐振角频率 $\omega_0=2\times10^4\,\mathrm{rad/s}$，品质因数 $Q=100$，谐振发生时电路的等效阻抗为 1000Ω。试分别求出 R、L 和 C。

2.15　试求习题 2.6 中电路的功率因数 $\cos\varphi$、有功功率 P、无功功率 Q 和视在功率 S。

2.16　试求习题 2.8 中电路的功率因数 $\cos\varphi$、有功功率 P、无功功率 Q 和视在功率 S。

2.17　题图所示电路中，电源电压 $U=220$V，频率 $f=50$Hz，线圈 $R=5\Omega$、$L=48$mH，电阻 $R_1=10\Omega$。试求：

（1）电路的功率因数 $\cos\varphi$；

（2）如要将功率因数提高到 0.95，需并联多大的电容？

2.18　三相四线制电路如题图所示，电源相电压 $U_{ph}=220$V，三相负载为电阻性负载，其中 $R_1=10\Omega$、$R_2=15\Omega$ 及 $R_3=20\Omega$。试求：

（1）负载相电压、相电流及中性线电流，并做出它们的相量图；

（2）当 L1 相短路时，有中性线和无中性线两种情况下各相电压和电流；

（3）当 L1 相开路时，有中性线和无中性线两种情况下各相电压和电流。

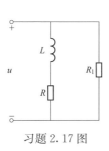

习题 2.17 图

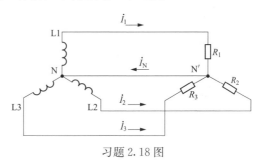

习题 2.18 图

2.19　电路如题图所示，电源线电压有效值为 380V，星形对称负载有功功率 $P_Y=15$kW，$\cos\varphi_Y=0.8$。三角形对称负载有功功率 $P_\triangle=20$kW，$\cos\varphi_\triangle=0.75$，求图中各线路电流有效值（负载均为感性负载）。

2.20　电路如题图所示，电源线电压有效值为 380V，负载 $R=10\Omega$，$X_C=20\Omega$，$X_L=20\Omega$。试求：

（1）各相电流及中性线电流，并画出相量图；

（2）三相总功率 P。

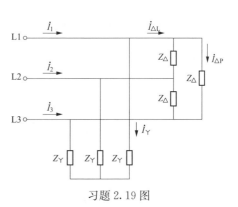

习题 2.19 图

2.21　三相四线制电路如题图所示，线电压有效值为 380V，三相负载阻抗为 $Z_1=10\Omega$，$Z_2=(5+j5)\Omega$，$Z_3=(3-j3)\Omega$。试求：

（1）各相电流及中性线电流；

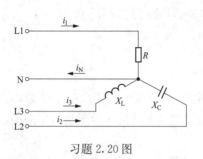

习题 2.20 图

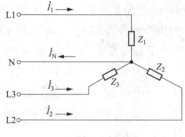

习题 2.21 图

（2）三相负载的总有功功率 P、无功功率 Q 及视在功率 S。

2.22　触电事故下电流对人体的伤害程度与哪些因素有关？

2.23　说明保护接地和保护接零的区别。

2.24　家用电器一般使用的是单相交流电，为什么有些家用电器的电源插座是两孔的，有些家用电器的电源插座是三孔的？

第二部分　常用电机设备

电机设备包括变压器（属于静止电机）、旋转电机和直线电机（直接产生直线运动的电动机）等，都是依托电磁感应原理工作的，以实现能量或控制信号的传递和转换，广泛应用于现代生产及电气控制的各个领域，是电工技术的重要组成部分。电机的分类如下：

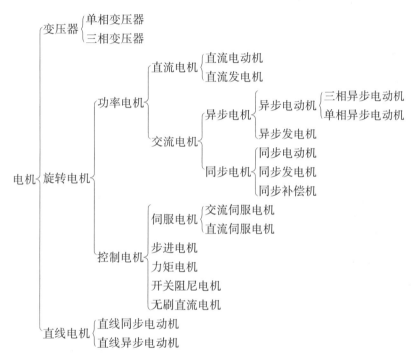

本模块主要介绍在电力系统和电子线路中广泛使用的变压器，以及在现代生产和电气控制领域中常用的交流异步电动机、直流电动机、属于控制电机的伺服电动机和步进电动机。其中，直流电动机、伺服电动机和步进电动机的内容见本书配套数字资源。

3　变　压　器

电动机设备以及继电器、接触器等控制电器和许多电工仪表的内部结构都有铁芯和线圈，其目的都是为了当线圈通有较小电流时，能在铁芯内部产生较强的磁场，并加以利用。这些电动机设备、控制电器或仪表不仅涉及电路问题，还涉及磁路问题，因而对其分析依托的是电路和磁路的基本理论。

本章首先介绍磁路的基本知识，然后结合铁芯线圈电路的分析，学习变压器的工作原理和基本特性。

3.1 磁 路 基 础

磁路是磁通集中通过的闭合路径。图 3.1.1 中，一个没有铁芯的载流线圈所产生的磁通量是弥散在整个空间的；而图 3.1.2 中，同样的线圈绕在闭合的由铁磁材料制成的铁芯上时，由于铁芯的磁导率远远高于周围空气的磁导率，这就使绝大多数的磁通量集中到铁芯内部，并经由铁芯形成一个闭合通路。这种人为造成的磁通的闭合路径，就是磁路。实质上，磁路就是局限在一定范围内的磁场。

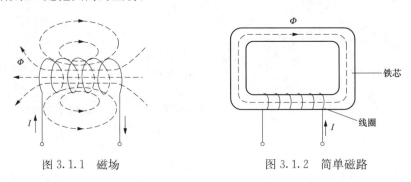

图 3.1.1 磁场 　　　　　　　　　图 3.1.2 简单磁路

由于磁路使得磁场的分布几乎都集中在铁芯构成的一定路径之中，因而其内部磁场可看作均匀磁场。有关磁场的物理量和基本定律均适合于磁路，但磁路分析也有其基本定律。

3.1.1 铁磁材料的磁性能

分析磁路，先要了解铁磁材料的磁性能。铁磁材料是指铁、镍、钴及其合金等，是构成电动机设备及各种铁磁元件磁路的主要材料。它们具有以下几个基本磁性能。

1. 高导磁性

在物理学中，磁场内某点的磁场强弱和方向用磁感应强度 B 表示，单位是 T（特［斯拉］）。它与产生磁场的电流之间的方向关系可由右手螺旋定则来确定。磁场垂直通过的某一面积 S 与此面积内磁感应强度 B（如果不是均匀磁场，应取 B 的平均值）的乘积就是该面积的磁通 Φ，即

$$\Phi = BS$$

单位是 Wb（韦伯）。$1\text{Wb} = 1\text{T} \cdot \text{m}^2$。

为便于计算不同磁性材料的磁场，又引入了磁场强度 H 这一物理量，以确定磁场与电流的关系，也是矢量。磁场强度只与产生磁场的电流以及这些电流的分布情况有关。磁场强度 H 的单位是 A/m（安［培］每米）。

磁导率 μ 是用来表征物质导磁能力的物理量。它与磁场强度的乘积就等于磁感应强度，即

$$B = \mu H$$

对于一给定磁路的磁场强度 H，由于其只与传导电流、线圈匝数及位置有关，而与磁场媒质的导磁性无关，故在同样的传导电流作用下，μ 值越大的媒质，磁场的磁感应强度越大，

导磁性能越好。磁导率的单位是 H/m(亨［利］每米)。

通过实验得知真空中的磁导率为一常数,即

$$\mu_0 = 4\pi \times 10^{-7}\,\mathrm{H/m}$$

空气、纸、木材、铜、铝等非铁磁材料的磁导率与真空磁导率近似相等,而铁、镍、钴及其合金等铁磁材料的磁导率是真空磁导率的 $10^2 \sim 10^5$ 倍以上。

铁磁材料高磁导率的这一磁性能被广泛应用于电气设备中,用以制作线圈中的铁芯,即构成磁路。这样当线圈中通入不大的励磁电流时,便可产生足够大的磁感应强度和磁通,解决了既要磁感应强度大,又要励磁电流小的矛盾。

2. 磁饱和性

将铁磁材料放入磁场强度为 H 的磁场内,会受到强烈的磁化。通过实验的方法可测出铁磁物质的磁化磁场 B 和外磁场 H 之间的关系曲线,即磁化曲线,如图 3.1.3 所示。开始时,B 随 H 近似正比地迅速增加,随后 B 的增加逐渐缓慢,最后随着 H 的增加 B 值几乎不再变化,即达到了饱和状态。

图 3.1.3 中还给出了磁导率 μ 随 H 变化的曲线,由于 B 与 H 不成正比,而 $\mu = \dfrac{B}{H}$,故铁磁物质的磁导率不是常数。

由于磁场强度 H 与产生磁通的线圈的励磁电流 I 成正比,而磁通 Φ 与 B 成正比,可见在存在铁磁物质的情况下,Φ 与 I 不成正比。

3. 磁滞性

当铁芯线圈中通入交流电时,铁芯就受到交变磁化。这种情况下,铁磁物质就会表现出磁滞性,其 B 随 H 变化的磁滞回线如图 3.1.4 所示。由图可见,当磁场强度 H 由零增加到某一最大值 H_m(达到磁饱和)后,再逐渐减小时,B 也相应地减小,但 B 并未沿着原来的曲线回到零值。B 随 H 的变化构成一回线,磁感应强度 B 的变化滞后于磁场强度 H 的变化。

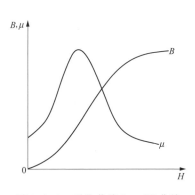

图 3.1.3 磁化曲线和 μ-H 曲线

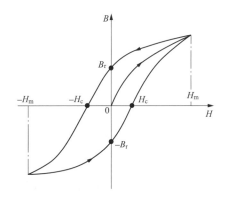

图 3.1.4 磁滞回线

当 $H=0$ 时,$B \neq 0$,而是仍有一定值 B_r,称为剩磁,永久磁铁的磁性就是由剩磁产生的;当 $B=0$ 时,H 的大小 H_c 称为矫顽磁力。要使剩磁去掉,必须使线圈中电流反向,即外加反向磁场,且使磁场强度达到矫顽磁力,对铁芯进行退磁。

铁磁材料按其磁性可分为以下几类：

（1）软磁材料：如纯铁、硅钢、坡莫合金等材料。其特点是磁滞回线较窄，H_c、B_r较小。通常用于制作变压器、电动机、电磁铁等的铁芯。

（2）硬磁材料：如碳钢、钨钢、稀土、铝镍钴合金等材料。也称为永磁材料。其特点是磁滞回线较宽，H_c、B_r较大。通常用来制作永磁体、磁记录元件。

（3）矩磁材料：如某些铁镍合金及软磁铁氧体等材料。其特点是在很小的磁场作用下，就能磁化并达到磁饱和，去掉磁场后，磁性仍然保持磁饱和时的状态。它的磁滞回线像"矩形"，适于作计算机的记忆元件。

3.1.2　磁路的基本定律

1. 全电流定律

全电流定律（或安培环路定律）是计算磁场的基本定律，是指在磁场中沿任一闭合回线，磁场强度的线积分等于穿过该闭合回线所包围面积电流的代数和，即

$$\oint H \, \mathrm{d}l = \sum I \tag{3.1.1}$$

磁场强度 H 的方向与电流的方向由右手螺旋定则判定。计算电流代数和时，绕行方向符合右手螺旋定则的电流取正号，反之取负号。如图 3.1.5 中所示，$\oint H \, \mathrm{d}l = I_1 + I_2 - I_3$。

当闭合回线上各点的磁场强度量相等且其方向与闭合回线的切线方向一致，则全电流定律可简化为

$$Hl = \sum I \tag{3.1.2}$$

2. 磁路欧姆定律

图 3.1.6 所示直流磁路，设其截面积为 S，平均长度 l，线圈匝数为 N。当线圈中通入直流电流 I 时，就会产生一个集中在铁芯磁路中的恒定磁通 Φ。令磁路铁芯的磁场强度为 H，根据全电流定律可得

$$\oint H \, \mathrm{d}l = \sum I$$

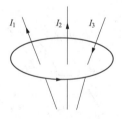

图 3.1.5　安培环路

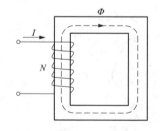

图 3.1.6　直流磁路

再考虑电流 I 和闭合回线绕行方向符合右手螺旋定则，线圈有 N 匝，即电流穿过回线 N 次，可得出

$$Hl = NI \tag{3.1.3}$$

即

$$H = \frac{NI}{l} \tag{3.1.4}$$

这样

$$\Phi = BS = \mu HS = \mu \frac{NI}{l} S = \frac{NI}{\dfrac{l}{\mu S}} = \frac{F}{R_{\mathrm{m}}} \qquad (3.1.5)$$

式中：R_{m} 为磁路的磁阻，$R_{\mathrm{m}} = \dfrac{l}{\mu S}$；$F$ 为磁路的磁动势，$F = NI$。

　　因式（3.1.5）在形式上与电路欧姆定律相似，所以称为磁路欧姆定律。它建立起了磁路磁通 Φ 与电路电流 I 之间的关系。因而，是综合分析磁路与电路问题的桥梁。

　　*3. 磁路基尔霍夫定律

　　如图 3.1.7 所示，当线圈中通入直流电流 I 后，各分支磁路中形成的磁通。根据各分支磁通的关系及安培环路定律，可得出磁路基尔霍夫定律。

　　（1）磁路基尔霍夫第一定律（磁通定律）。
图 3.1.7 中磁通满足

$$\Phi_1 = \Phi_2 + \Phi_3$$

或

$$\Phi_1 - \Phi_2 - \Phi_3 = 0$$

即

$$\sum \Phi_k = 0 \qquad (3.1.6)$$

式（3.1.6）表明任一时刻磁路的分支点上磁通的代数和为零。

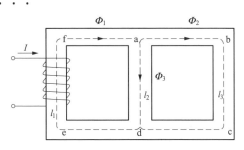

图 3.1.7　分支磁路

　　（2）磁路基尔霍夫第二定律（磁压定律）。从图 3.1.7 中可得出

$$NI = H_1 l_1 + H_3 l_3$$

式中：H_1 为 defa 段的磁场强度，l_1 为该段的平均长度；H_3 为 abcd 段的磁场强度，l_3 为该段的平均长度，整个闭合磁路为 abcdefa；磁路各段磁场强度与该段磁路平均长度乘积（如 $H_1 l_1$、$H_3 l_3$）常称为该段的磁压降。

　　对于由 defa、ad 两段构成的闭合磁路，设 ad 段磁场强度为 H_2，同样可写出

$$NI = H_1 l_1 + H_2 l_2$$

可推得

$$\sum NI = \sum (H l) \qquad (3.1.7)$$

式（3.1.7）表明任一时刻，任一闭合磁路中磁动势的代数和等于磁路各段磁压降的代数和。

　　由 $\Phi = BS = \mu HS$ 可知，同一磁通下，磁路媒质不同或磁路截面积不同，磁场强度亦不同。若磁路由材料不同或磁路截面积不同的几段媒质串联组成，各段的磁压降同样满足磁压定律。

　　磁路基尔霍夫两大定律相当于电路中的基尔霍夫两大定律，是分析带有分支的磁路的重要工具。

　　需要说明的是，磁路基本定律和电路基本定律只是在形式上相似。由于 μ 不是常数，其随励磁电流而变，因此磁路基本定律不能直接用来计算，只能用于定性分析。在电路中，当 $E = 0$ 时，$I = 0$；在磁路中，由于有剩磁，当 $F = 0$ 时，Φ 并不为零。

　　以上定律也可用于交流磁路。磁路与电路的对照，见表 3.1.1。

表 3.1.1 磁路与电路的对照

磁　路	电　路
![磁路图]	![电路图]
磁动势 F	电动势 E
磁通 Φ	电流 I
磁感应强度 B	电流密度 J
磁阻 $R_m = l/\mu S$	电阻 $R = \rho l/S$
欧姆定律 $\Phi = F/R_m$	欧姆定律 $I = E/R$
基尔霍夫磁通定律 $\Sigma\Phi = 0$	基尔霍夫电流定律 $\Sigma I = 0$
基尔霍夫磁压定律 $\Sigma IN = \Sigma(Hl)$	基尔霍夫电压定律 $\Sigma E = \Sigma(IR)$

3.1.3　交流铁芯线圈电路的分析

把线圈绕制在铁芯上便构成铁芯线圈。根据励磁电源的不同,线圈可分为直流铁芯线圈和交流铁芯线圈。由于直流铁芯线圈的励磁电流是直流,产生的磁通是恒定的,在线圈和铁芯中不会产生感应电动势。因而,在一定的电压 U 下,线圈中的电流 I 只和线圈本身的电阻 R 有关,其功率损耗即线圈自身的功率损耗 I^2R。当铁芯线圈中通以交流电时,变化的电流会产生变化的磁场,而变化的磁场又会在线圈中产生感应电动势。因而,交流铁芯线圈存在着与直流铁芯线圈不同的电磁特性。

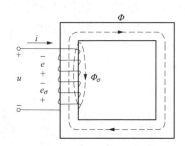

图 3.1.8　交流铁芯线圈

1. 基本电磁关系

在图 3.1.8 所示交流铁芯线圈电路中通入交流电后,由磁动势 Ni 产生的交变磁通包括集中在铁芯磁路中的主磁通 Φ,以及线圈周围空间很少的一部分闭合的漏磁通 Φ_σ。这两个磁通产生的感应电动势分别为主磁电动势 e 和漏磁电动势 e_σ。因空间磁导率远小于铁芯的磁导率,且线圈一般绕得非常紧密,故 Φ_σ 远小于 Φ。为分析方便,这里将漏磁通忽略,只考虑主磁通。

各量的参考方向如图 3.1.8 中所示。由基尔霍夫电压定律,可列出电压方程式

$$u = -e - e_\sigma + Ri$$

通常由于线圈的电阻压降 Ri 和漏磁电动势 e_σ 与主磁电动势 e 相比较都较小,可忽略不计,于是

$$u \approx -e, \quad \dot{U} \approx -\dot{E}$$

设交变的主磁通 $\Phi = \Phi_m \sin\omega t$,根据电磁感应定律,有

$$e = -N\frac{\mathrm{d}\Phi}{\mathrm{d}t} = -N\frac{\mathrm{d}(\Phi_m\sin\omega t)}{\mathrm{d}t} = -N\omega\Phi_m\cos\omega t$$

$$= 2\pi fN\Phi_m\sin(\omega t - 90°) = E_m\sin(\omega t - 90°)$$

式中：E_m 为主磁电动势 e 的最大值，其有效值应为

$$E = \frac{E_m}{\sqrt{2}} = \frac{2\pi f N \Phi_m}{\sqrt{2}} = 4.44 f N \Phi_m \qquad (3.1.8)$$

而电源电压

$$U \approx E = 4.44 f N \Phi_m \qquad (3.1.9)$$

式（3.1.8）表达 Φ_m 与 N、f、U 的关系，可见当外施电压 U 大小不变时，主磁通的最大值基本不变。

2. 功率损耗

交流铁芯线圈电路的功率损耗包括两个方面：一方面是线圈自身的功率损耗 $I^2 R$（所谓铜损 ΔP_{Cu}），使线圈发热；另一方面处于交变磁化下的铁芯也有功率损耗（所谓铁损 ΔP_{Fe}），引起铁芯发热。

交流铁芯线圈通以交流电后，铁芯在交变磁动势的作用下产生的磁通也是交变的，反复交变的磁化过程及磁滞特性会使铁芯发热而消耗能量，这种功率损耗称为磁滞损耗（ΔP_h），单位体积内的磁滞损耗正比于磁滞回线的面积和磁场交变的频率 f。交变的磁通也会在铁芯中产生感应电动势，由此而在铁芯中垂直于磁通方向的平面内引起自成闭合回路且形似旋涡状的感应电流，称为涡流，如图 3.1.9 所示。涡流也会使铁芯发热而消耗能量，这种功率损耗称为涡流损耗（ΔP_e）。磁滞损耗和涡流损耗共同构成铁损 ΔP_{Fe}。

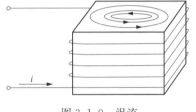

图 3.1.9　涡流

为了减少铁损，大多数交流电气设备的铁芯都采用磁滞回线狭小、磁导率高、电阻率较大、两面涂有绝缘漆的薄硅钢片顺磁场方向叠成的。

由上可知，交流铁芯线圈总的功率损耗可表示为

$$P = \Delta P_{Cu} + \Delta P_{Fe} = I^2 R + \Delta P_h + \Delta P_e \qquad (3.1.10)$$

*3. 电磁铁

电磁铁是利用载流铁芯线圈产生的电磁吸力来吸引衔铁从而操纵机械装置，以完成预期动作的一种电器。它是将电能转换为机械能的一种电磁元件。

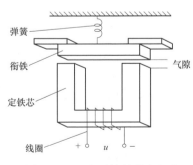

图 3.1.10　电磁铁的基本组成

电磁铁主要由线圈、定铁芯及衔铁三部分组成。图 3.1.10 所示为开关电器一种结构型式的电磁铁。定铁芯和线圈是固定不动的，当线圈通电后，定铁芯产生电磁吸力，从而将衔铁吸合；当线圈断电时，电磁吸力消失，衔铁释放。这样，与衔铁相连的部件就会随着线圈的通、断电而产生机械动作。

电磁铁吸力的大小 F 与气隙的截面积 S_0 及气隙中的磁感应强度 B_0 的平方成正比，即

$$F = \frac{10^7}{8\pi} B_0^2 S_0 \qquad (3.1.11)$$

式中：B_0 的单位为 T（特［斯拉］）；S_0 的单位为 m^2（平方米）；F 的单位为 N（牛［顿］）。

直流电磁铁的吸力可依据式（3.1.11）直接求取，且恒定不变；交流电磁铁中磁场是交变的，设 $B_0 = B_m \sin\omega t$，则其吸力的平均值为

$$F = \frac{1}{T}\int_0^T \frac{10^7}{8\pi}B_m^2 S_0 \sin^2\omega t\,dt = \frac{10^7}{16\pi}B_m^2 S_0 \qquad (3.1.12)$$

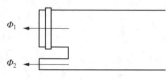

图 3.1.11　分磁环

交流电磁铁的吸力是在零与最大值之间变动的，因而会引起衔铁的颤动，产生噪声，同时触点容易损坏。为了消除这种现象，在磁极的部分端面上套一个分磁环（或称短路环），如图 3.1.11 所示。工作时，在分磁环中产生感应电流，以阻碍磁通的变化，磁极端面两部分中的磁通 Φ_1 和 Φ_2 之间产生一相位差，使两部分的吸力不同时为零，消除了振动和噪声。

在交流电磁铁中，为了减小铁损，它的铁芯由硅钢片叠成。直流电磁铁的铁芯和衔铁一般用软磁材料制作，而不能用硅钢片叠成；否则硅钢一旦被磁化后，将长期保持磁性而不能退磁，则其磁性的强弱就不能用电流的大小来控制，而失去电磁铁应有的作用。

电磁铁在生产中有极其广泛的应用，如电磁开关、电磁阀、电磁继电器、牵引电磁铁、磨床吸盘、电磁离合器、电磁起重机、磁悬浮列车等。

3.2　变　压　器

变压器是利用电磁感应传递电能或传输信号的电气设备，常用来升降电压、变换电流、匹配阻抗及安全隔离等，在电力系统及电子技术领域应用非常广泛。

变压器的种类很多，常见的有用于输配电的电力变压器，测量用的仪用变压器及各种专用变压器（如冶炼用的电炉变压器、焊接用的电焊变压器、整流设备用的整流变压器、实验用的调压器等）。虽然变压器种类很多，结构上也各有特点，但基本结构与工作原理是相同的。

3.2.1　变压器的基本结构和工作原理

1. 变压器基本结构

变压器主要由铁芯和两个绕组组成。铁芯是变压器的磁路部分，绕组是变压器的电路部分。与电源相连的绕组称为一次绕组（或称初级绕组、原绕组），是吸收电能侧；与负载相连的绕组称为二次绕组（或称次级绕组、副绕组），即输出电能侧。

根据铁芯和绕组的结构，变压器可分为芯式变压器和壳式变压器，如图 3.2.1 所示。芯式变压器的结构特点是绕组包绕着铁芯，结构和工艺都比较简单，常用于容量较大的变压器中。壳式变压器的结构特点是铁芯包围着绕组，这样就不需要专门的变压器外壳，散热性能较好，但制造工艺比较复杂，常用于小容量的变压器中。

铁芯常用导磁性能良好，厚度为 0.35～0.5mm，两面涂有绝缘漆的薄硅钢片顺磁场方向交错叠制而成。

绕组一般用绝缘扁导线或圆导线（铜或铝导线）绕制而成。根据不同需要，一个变压器可以有多个二级绕组。绕组套装在变压器铁芯柱上，可以分为同芯式绕组和交叠式绕组两类。同芯式的高、低压两个绕组制成直径不同的圆筒形，低压绕组在内层，高压绕组套装在低压绕组外层，以便于绝缘，其结构简单，应用较多。交叠式绕组都做成圆饼式，高、低压绕组互相交替放置，一般用于低电压、大电流的壳式变压器。

二次侧输出电压低于一次侧输入电压的变压器称为降压变压器；反之，称为升压变压器。变压器除了上述两个基本组成部分外，有些还有其他一些附件和装置，这里不作介绍。

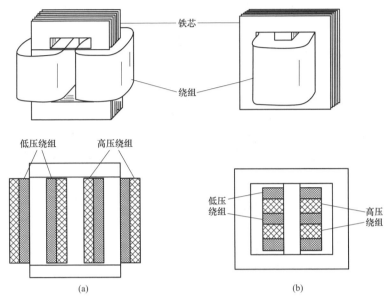

图 3.2.1 变压器的结构

（a）芯式；（b）壳式

2. 变压器工作原理

图 3.2.2 所示为单相变压器的原理图。图中，为了分析方便，将一、二次绕组分别画在铁芯两边，一、二次绕组的匝数分别为 N_1、N_2。

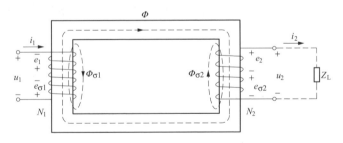

图 3.2.2 单相变压器原理图

一次绕组在交流电压 u_1 作用下产生电流 i_1，而由磁动势 Ni_1 在铁芯中产生的磁通通过二次绕组时，会在二次绕组中产生感应电动势。如果二次绕组接有负载，二次绕组就有电流 i_2 通过。二次绕组的磁动势 Ni_2 也产生磁通。因此，铁芯中的主磁通 Φ 为一、二绕组的磁动势在铁芯中产生的合成磁通。主磁通 Φ 在一、二次绕组中分别感应出主磁电动势 e_1、e_2。而一、二次绕组中的漏磁通 $\Phi_{\sigma 1}$、$\Phi_{\sigma 2}$ 分别在各自绕组中感应出漏磁电动势 $e_{\sigma 1}$、$e_{\sigma 2}$。

因为一次绕组的电阻压降 $R_1 i_1$ 和漏磁电动势 $e_{\sigma 1}$ 与主磁电动势 e_1 相比均较小，可忽略不计。根据上节介绍的基本电磁关系，有

$$\dot{U}_1 \approx -\dot{E}_1 \ , \ U_1 \approx E_1 = 4.44 f N_1 \Phi_{\mathrm{m}} \tag{3.2.1}$$

对于二次绕组，可列出

$$e_2 = u_2 - e_{\sigma 2} + R_2 i_2$$

忽略线圈的电阻压降 $R i_2$ 和漏磁电动势 $e_{\sigma 2}$，有

$$u_2 \approx e_2, \ \dot{U}_2 \approx \dot{E}_2$$

而主磁电动势 e_2 的有效值为

$$U_2 \approx E_2 = 4.44 f N_2 \Phi_m \tag{3.2.2}$$

（1）电压变换（空载运行）。当变压器空载运行时，$i_2 = 0$，此时一次绕组流过的电流称为空载电流，通常用 i_0 表示，即 $i_1 = i_0$，铁芯中的主磁通只由磁动势 $N i_0$ 产生。因空载时变压器对外电路不输出功率，故 i_0 很小，一般中小型变压器只有其额定电流的 $2\% \sim 3\%$，大型变压器往往低于其额定电流的 10%。

空载时，有

$$\dot{E}_2 = \dot{U}_{20}, \ E_2 = U_{20}$$

式中：U_{20} 为二次绕组的空载电压。

此时，一、二次绕组的电压之比为

$$\frac{U_1}{U_{20}} \approx \frac{E_1}{E_2} = \frac{N_1}{N_2} = k \tag{3.2.3}$$

式中：k 称为变压器的变比，亦即一、二次绕组的匝数比。变比是变压器的一个重要参数，只要适当选择变比，就能实现变换（同频率）电压的目的。一般二次绕组的空载电压较其满载时高 $5\% \sim 10\%$。

（2）电流变换（负载运行）。当变压器的二次绕组接有负载时，二次绕组就有电流 i_2 通过。由于此时变压器对外电路有功率输出，与空载时比较需要电源提供更多的能量，故在电源电压 U_1 和频率 f 保持不变的情况下，i_1 比 i_0 大很多。又由 $U_1 \approx E_1 = 4.44 f N_1 \Phi_m$ 可见，空载和有载两种情况下 Φ_m 基本不变，因此，接有负载时的合成磁动势（$N_1 i_1 + N_2 i_2$）与空载时的磁动势 $N_1 i_0$ 基本相等，即

$$N_1 i_1 + N_2 i_2 \approx N_1 i_0$$

其相量形式为

$$\dot{I}_1 N_1 + \dot{I}_2 N_2 = \dot{I}_0 N_1$$

或

$$\dot{I}_1 N_1 - \dot{I}_0 N_1 = -\dot{I}_2 N_2 \tag{3.2.4}$$

因较 $\dot{I}_1$ 小很多，$\dot{I}_0$ 可忽略。可见，一、二次绕组的磁动势的大小近似相等，但相位基本相反，二次绕组的磁动势 $N i_2$ 总是在抵消一次绕组的磁动势 $N i_1$。负载电流 i_2 增加，i_1 会随之增加，以保证它们产生的合成磁通基本不变。

忽略 $\dot{I}_0$ 的情况下，可得

$$\frac{\dot{I}_1}{\dot{I}_2} \approx -\frac{N_2}{N_1} \tag{3.2.5}$$

其有效值

$$\frac{I_1}{I_2} \approx \frac{N_2}{N_1} = \frac{1}{k} \tag{3.2.6}$$

一、二次绕组的电流之比近似等于它们的匝数比（变比）的倒数，说明变压器还具有变换电流的作用。

（3）阻抗变换。单相变压器一般用图 3.2.3（a）所示图形符号表示。当其接有阻抗为 Z 的负载时，应有

$$Z = \frac{\dot{U}_2}{\dot{I}_2}$$

对电源来讲，它的等效负载 Z'（包括变压器和负载 Z）如图 3.2.3（b）所示，可得出

$$Z' = \frac{\dot{U}_1}{\dot{I}_1} = \frac{-k\,\dot{U}_2}{-\frac{1}{k}\,\dot{I}_2} = k^2 Z \tag{3.2.7}$$

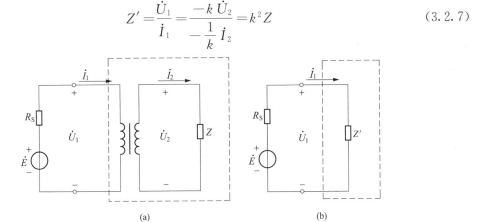

图 3.2.3 变压器的阻抗变换

(a) 接有负载 Z 的单相变压器；(b) 等效负载 Z'

因此，如果把阻抗为 Z 的负载接至变压器二次绕组，对电源来说，相当于接有阻抗为 $Z' = k^2 Z$ 的负载。变压器具有的这种变换阻抗的作用，可实现线路的阻抗匹配，即可把负载阻抗变换为适合需要的数值。

【例 3.2.1】 图 3.2.4 中，一个 8Ω 扬声器接在输出变压器的二次绕组时，折合到一次侧的等效电阻 $R'_L = 72\Omega$，已知 $E = 6V$，$R_0 = 70\Omega$。试求：（1）变压器的变比和信号源输出的功率；（2）当将负载直接与信号源连接时，信号源输出的功率是多少？

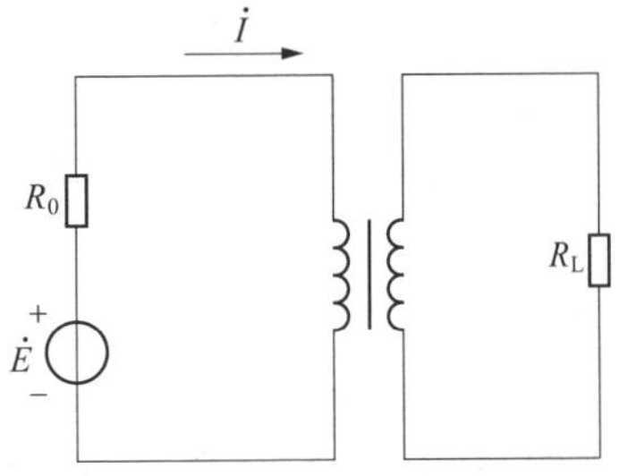

【解】 故变压器的变比

$$k = \sqrt{\frac{R'_L}{R_L}} = \sqrt{\frac{72}{8}} = 3$$

图 3.2.4 ［例 3.2.1］电路

信号源输出的功率为

$$P = \left(\frac{E}{R_0 + R'_L}\right)^2 R'_L = \left(\frac{6}{70 + 72}\right)^2 \times 72 = 0.129(\text{W})$$

当将负载直接与信号源连接时

$$P = \left(\frac{6}{70 + 8}\right)^2 \times 8 = 0.064(\text{W})$$

*3. 三相变压器

现代电力系统普遍采用三相制供电，三相变压器就是用来变换三相交流电的电气设备。

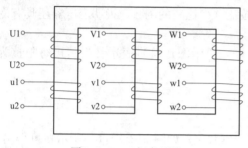

图 3.2.5　三相变压器

三相变压器实际上就是三个容量相同的单相变压器的组合，它不但体积比同容量的三个单相变压器的要小，而且重量轻、成本低。图 3.2.5所示是三相变压器的示意图，每个铁芯柱上绕着同一相的一、二次绕组，一次绕组的始端分别用 U1、V1、W1，表示，末端用 U2、V2、W2 表示；二次绕组的始端分别用 u1、v1、w1 表示，末端用 u2、v2、w2 表示。

根据三相电源和负载的不同，三相变压器一、二次绕组既可以接成星（Y）形，也可接成三角（△）形。为了使用的方便，组别有 Yyn、Yd、YNd、YNy 和 Yy 五种，常用组别为前三种。联结组符号斜线上方的字符表示高压绕组的接法，斜线下方的字符表示低压绕组的接法。例如，$Y_0/\triangle$ 表示高压绕组接成星形并引出中性线，低压绕组接成三角形。其变比为一、二次绕组的匝数之比，因而作为电压变换时为一、二次侧的相电压之比。

单相变压器的分析方法和基本公式也适用于三相变压器的任何一相，其变比为一、二次每相绕组的匝数之比，因而一、二次绕组的相电压 U_{p1}、U_{p2} 之比等于变比。但线电压 U_{l1}、U_{l2} 之比不仅与变压器的变比有关，而且与变压器的连接方式有关。

采用 Yyn 联结组别时

$$\frac{U_{l1}}{U_{l2}}=\frac{\sqrt{3}U_{p1}}{\sqrt{3}U_{p2}}-\frac{N_1}{N_2}-k$$

采用 Yd 联结组别时

$$\frac{U_{l1}}{U_{l2}}=\frac{\sqrt{3}U_{p1}}{U_{p2}}=\frac{\sqrt{3}N_1}{N_2}=\sqrt{3}k$$

3.2.2　变压器的特性和额定值

变压器的特性和额定值是研究变压器运行时的性能指标。

1. 变压器的外特性

变压器的外特性是指电源电压 U_1 和负载功率因数 $\cos\varphi_2$ 都不变的情况下，二次绕组电压 U_2 随二次绕组电流 I_2 变化的特性曲线 $U_2=f(I_2)$，如图 3.2.6 所示。

由图 3.2.6 可见，对电阻性或电感性负载来说，变压器的外特性是一条稍微下降的曲线，其下降程度与负载的大小和功率因数有关。负载越大功率因数越低，下降的越多。

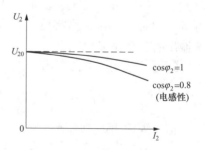

图 3.2.6　变压器的外特性曲线

二次绕组电压 U_2 随二次绕组电流 I_2 的变化情况，还可以用电压变化率 $\Delta U(\%)$ 来表示，如二次绕组空载电压为 U_{20}，对于额定负载时的端电压为 U_2，有

$$\Delta U(\%)=\frac{U_{20}-U_2}{U_{20}}\times100\%$$　　　　　　　　(3.2.8)

通常希望电压变化率越稳定越好。由于一般变压器的二次绕组的电阻压降和漏磁电动势

都很小，其电压变化率一般在 2%～5%。

2. 变压器的损耗和效率

变压器的功率损耗与交流铁芯线圈一样，包括铁芯中的铁损 ΔP_{Fe} 和绕组上的铜损 ΔP_{Cu} 两部分。由于变压器在运行时，频率不变，通过铁芯的磁通量也基本不变，故铁损基本不变，而铜损是电流 I_1、I_2 在一、二次绕组电阻上的功率损耗，会随负载电流 I_2 的变化而变化。

变压器的效率是指其输出的有功功率 P_2 与输入的有功功率 P_1 的比值，常以百分数表示

$$\eta = \frac{P_2}{P_1} \times 100\% = \frac{P_2}{P_2 + \Delta P_{Cu} + \Delta P_{Fe}} \times 100\% \tag{3.2.9}$$

由于变压器的铁损和铜损均很小，所以变压器的效率比较高，中小型的变压器可以达到 95%～98%，大型电力变压器可以达到 99%以上。

3. 变压器的极性

变压器的一、二次绕组绕在同一铁芯柱上，都被同一磁通交链，当主磁通交变时，在一、二次绕组中感应出的电动势，有一定的方向关系，即当一次绕组的某一端点的瞬时电位极性为正时，同时在二次绕组也必然有一电位极性为正的对应端点。这两个具有相同瞬时极性的端点称为同极性端或同名端，并标以符号"*"（有些书中标为"*"或"+"）。

图 3.2.7 给出了一、二次绕组的两种绕向情况下的同极性端。可见，变压器线圈的极性与绕组的绕向有关，绕组绕向改变，极性也会改变。在实际应用中，遇到绕组的连接和使用时，应当注意变压器的极性。

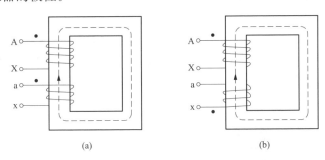

图 3.2.7　变压器的极性

（a）绕组绕向相同时的同名端；（b）绕组绕向相反时的同名端

4. 变压器的额定值

变压器只有在额定值下才能连续安全的运行，额定值常被标明在铭牌上，只有了解了这些数据的意义，才能正确的使用变压器。

（1）额定电压 U_{1N}/U_{2N}。U_{1N} 是根据变压器的绝缘强度和允许温升所规定的一次绕组电压；U_{2N} 是指一次侧加 U_{1N} 时，二次侧绕组的开路电压。U_{2N} 应比满载运行时的输出电压 U_2 高出 5%～10%。三相变压器中额定电压是指线电压。

（2）额定电流 I_{1N}/I_{2N}。变压器在额定运行条件下，一、二次绕组允许长时间通过的工作电流，一次侧电流用 I_{1N} 表示，二次侧电流用 I_{2N} 表示。三相变压器中额定电流是指线电流。

（3）额定频率 f_N。运行时变压器使用的交流电源的频率，如电力变压器的额定频率为工频 50Hz。

（4）额定容量 S_N。变压器的额定容量 S_N 即额定视在功率，表示变压器输出电功率的能力。

单相变压器的额定容量

$$S_N = U_{2N} I_{2N}$$

三相变压器的额定容量

$$S_N = \sqrt{3} U_{2N} I_{2N}$$

（5）温升。在额定运行条件下，变压器内部温度允许超过规定的环境温度（40℃）的数值。

3.2.3　特殊变压器

特殊用途的变压器种类很多，本节仅介绍自耦变压器和仪用互感器。

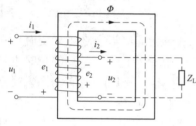

图 3.2.8　单相自耦变压器原理示意图

1. 自耦变压器

普通变压器的一、二次绕组是分开的，它们之间只有磁的耦合而没有电的直接联系，故属双绕组（或多绕组）变压器。自耦变压器则只有一个绕组，是单绕组变压器，如图 3.2.8 所示，其中一次绕组的一部分兼作二次绕组。因此，自耦变压器的一、二次绕组之间不仅有磁的耦合，而且还有电的直接联系。

自耦变压器的工作原理与普通变压器相同，具有相同的变换关系。自耦变压器常用在所需变比不太大的场合，既可制作为降压变压器也可制作为升压变压器。

二次绕组匝数可以通过滑动触点均匀改变的自耦变压器称为自耦调压器，其外形及电路如图 3.2.9 所示。使用时，一、二次绕组不可对调，否则有可能使电源短路或烧坏绕组，接通电源前一定要将手柄旋回到零位。

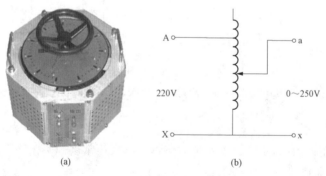

图 3.2.9　自耦调压器的外形图和电路图
（a）外形图；（b）电路图

除单相自耦变压器外，电力系统中广泛使用三相自耦变压器，通常用来将几个电压等级不同的高压电网连接起来，构成更大规模的统一的电力系统。三相自耦变压器的三相绕组通常接成星形，其中性点必须可靠接地。

2. 仪用互感器

仪用互感器包括电压互感器和电流互感器，是专门供测量仪表、控制及保护设备用的变压器。它能使仪表及测量人员与高压隔离，以保护人员仪表设备的安全。其工作原理与变压器基本相同。

（1）电压互感器。电压互感器的作用是，在进行高电压的测量时将高电压变换为一定数值的低电压，使仪表、设备和工作人员与高压电路隔离，其接线图如图 3.2.10 所示。电压互感器的一次绕组匝数较多，与被测电路并联；二次绕组的匝数较少，测量仪表、控制电路、继电保护及指示电路均并接至互感器的二次绕组。测量时电压表的读数 U_2 乘以互感器的变比 k 即为被测高电压 U_1。

电压互感器的铁芯及二次绕组的一端都必须接地，以防止绕组间绝缘损坏时，铁芯或仪表上出现危险的高电压。另外，电压互感器在正常运行时不得短路（要有短路保护装置）。

（2）电流互感器。电流互感器的作用是将线路的大电流变换为小电流，以便测量或作为检测信号，其接线图如图 3.2.11 所示。电流互感器的一次绕组导线粗、匝数少（一匝或几匝），使用时与被测电路串联。二次绕组的导线细、匝数多，电流表、功率表及继电器的电流线圈可与它串联。测量电流时电流表的读数 I_2 乘以互感器变比的倒数 $\frac{1}{k}$ 即为被测高电流 I_1。

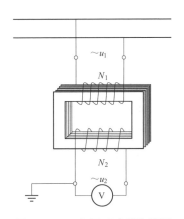

图 3.2.10　电压互感器接线图

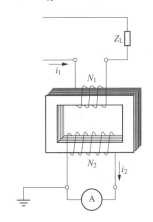

图 3.2.11　电流互感器接线图

电流互感器的一、二次绕组之间无电的联系。与电压互感器的情况相似，电流互感器的二次绕组也必须有一点接地。串接在二次绕组里的负载阻抗都很小，所以电流互感器在正常运行时接近于短路状态。电流互感器二次绕组在运行中绝对不允许开路，为此，在电流互感器的二次回路中不允许装设熔断器，而且当需要将正在运行中的电流互感器二次侧回路中仪表设备断开或退出时，必须将电流互感器的二次绕组短接，保证不至开路。

在实际应用中，经常使用钳形电流表，它是电流互感器的另一种形式，如图 3.2.12 所示。它的铁芯如同一钳，用弹簧压紧；二次绕组与一配套电流表接通，并套在可以开、合的铁芯上。测量时先张开铁芯，将待测电流的一根导线放入钳口的中心，然后将铁芯闭合，这样载流导线便成为电流互感器的二次绕组，经过折算可由钳形电流表直接读出被测电流的大小。钳形电流表的优点是，测量线路电流时只要将钳头动铁芯压开套入被测电流的导线即可，不必断开电路。

图 3.2.12　钳形电流表

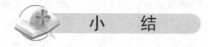

小　结

1. 磁路基础

磁路是磁通集中通过的闭合路径。

(1) 铁磁材料的磁性能。铁磁材料具有高导磁性、磁饱和性及磁滞性。

(2) 磁路的基本定律。全电流定律（或安培环路定律）是指在磁场中沿任一闭合回线，磁场强度的线积分等于穿过该闭合回线所包围面积电流的代数和，即 $\oint H \mathrm{d}l = \sum I$。磁场强度 H 的方向与电流的方向由右手螺旋定则判定。

磁路欧姆定律是指磁路中的磁通等于磁动势除以磁阻，即 $\Phi = \dfrac{NI}{\dfrac{l}{\mu s}} = \dfrac{F}{R_{\mathrm{m}}}$。

(3) 交流铁芯线圈电路的分析。交流铁芯线圈的端电压与线圈中感应电动势的大小关系为 $U \approx E = 4.44 f N \Phi_{\mathrm{m}}$，$\Phi_{\mathrm{m}}$ 为主磁通的幅值。

交流铁芯线圈电路的功率损耗包括线圈自身的铜损（$\Delta P_{\mathrm{Cu}} = I^2 R$）及铁芯中的铁损（$\Delta P_{\mathrm{Fe}}$）两部分。铁损又包括磁滞损耗（$\Delta P_{\mathrm{h}}$），和涡流损耗（$\Delta P_{\mathrm{e}}$）两部分。

2. 变压器

(1) 变压器基本结构。变压器主要由铁芯和两个绕组组成。铁芯是变压器的磁路部分。绕组是变压器的电路部分，与电源相连的称为一次绕组（或称初级绕组、原绕组），是吸收电能侧；与负载相连的称为二次绕组（或称次级绕组、副绕组），即输出电能侧。

(2) 变压器工作原理。一次绕组，$\dot{U}_1 \approx -\dot{E}_1$，$U_1 \approx E_1 = 4.44 f N_1 \Phi_{\mathrm{m}}$；二次绕组，$\dot{U}_2 \approx \dot{E}_2$，$E_2 = 4.44 f N_2 \Phi_{\mathrm{m}}$。

1）电压变换（空载运行）。一、二次绕组的电压之比为

$$\frac{U_1}{U_{20}} \approx \frac{E_1}{E_2} = \frac{N_1}{N_2} = k$$

2）电流变换（负载运行）。一、二次绕组的电流之比为

$$\frac{I_1}{I_2} \approx \frac{N_2}{N_1} = \frac{1}{k}$$

3）阻抗变换。二次侧负载阻抗折合到一次侧的等效阻抗为

$$Z' = k^2 Z$$

(3) 变压器的外特性。变压器的外特性是指电源电压 U_1 和负载功率因数 $\cos\varphi_2$ 都不变的情况下，二次绕组电压 U_2 随二次绕组电流 I_2 变化的关系特性 $U_2 = f(I_2)$。特性曲线是一条稍微下降的曲线，其下降程度与负载的大小和功率因数有关。负载越大功率因数越低，下降的越多。

二次绕组若空载电压为 U_{20}，额定负载时的端电压为 U_2，其电压变化率为

$$\Delta U(\%) = \frac{U_{20} - U_2}{U_{20}} \times 100\%$$

(4) 变压器的效率。变压器的效率是指其输出的有功功率 P_2 与输入的有功功率 P_1 的比

值，常以百分数表示

$$\eta = \frac{P_2}{P_1} \times 100\% = \frac{P_2}{P_2 + \Delta P_{\text{Cu}} + \Delta P_{\text{Fe}}} \times 100\%$$

（5）变压器的极性。变压器线圈中感应电动势的极性与绕组的绕向有关，绕组绕向改变，极性也会改变。两个绕组具有相同（感应电动势）瞬时极性的端点叫作同极性端或同名端。

习　题

3.1　将某 200 匝的铁芯线圈接于 220V、50Hz 的交流电源上时，铁芯中磁通量的最大值为多少？若将铁芯上的线圈改绕为 500 匝，铁芯中磁通量的最大值会变为多少？

3.2　现测得接于 220V、50Hz 交流电源上的铁芯线圈电路的电流为 2A，有功功率为 80W，并已知线圈电阻为 2Ω。试求：

（1）铁芯线圈的功率因数及其等效阻抗；

（2）铁芯线圈的铜损和铁损。

3.3　有一台 1000/230V 的单相变压器，其铁芯截面积 $S = 120\text{cm}^2$，磁感应强度的幅值 $B_{\text{m}} = 1\text{T}$，电源频率为 $f = 50\text{Hz}$。试求一、二次绕组的匝数各为多少？

3.4　有一台额定容量 50kV·A、额定电压 3300/220V 的变压器，高压绕组为 6000 匝。试求：

（1）低压绕组匝数；

（2）一、二次侧的额定电流；

（3）当一次侧保持额定电压不变，二次侧达到额定电流，输出功率 39kW，功率因数为 $\cos\varphi = 0.8$ 时的二次侧电压 U_2。

3.5　一额定容量为 10kV·A、额定电压为 6600/220V 的单相变压器为负载配电。试求：

（1）一、二次绕组的额定电流；

（2）额定运行时，能接多少个 220V、100W 且功率因数 $\cos\varphi = 1$ 的负载？

（3）额定运行时，能接多少个 220V、100W 且功率因数 $\cos\varphi = 0.6$ 的负载？

3.6　题图所示为一台电源变压器，接于 220V 交流电源上，一次绕组匝数为 500 匝。它有额定电压为 15V 和 5V 的两个二次绕组。试求：

（1）两个二次绕组的匝数；

（2）15V 的二次侧接有 15Ω 的负载电阻，5V 的二次侧接有 5Ω 的负载电阻，一次侧电流为多少？

3.7　题图所示变压器的变比 $k = 10$，一次侧接有电动势有效值 $E = 120\text{V}$，内阻 $R_0 = 800\Omega$ 的交流电源，负载 $R_{\text{L}} = 8\Omega$。试求负载上的电压 U_2。

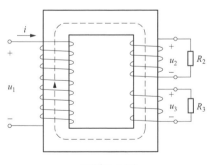

习题 3.6 图

3.8　有一带电阻负载的三相变压器，其额定数据如下：$S_{\text{N}} = 100\text{kV·A}$，$U_{1\text{N}} = 6000\text{V}$，$f = 50\text{Hz}$。$U_{2\text{N}} = U_{20} = 400\text{V}$，绕组 Yyn 连接。由试验测得：$\Delta P_{\text{Fe}} = 600\text{W}$，带额定

负载时的 $\Delta P_{Cu} = 2400W$。试求：

（1）变压器的额定电流；

（2）变压器满载和半载时的效率。

3.9　某变压器的两个二次绕组的同名端及额定电压如题图所示，试问可得到几种输出电压？应如何连接？

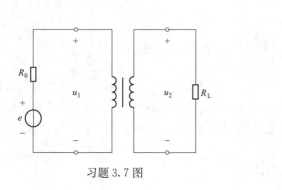
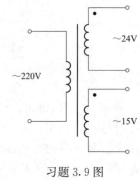

习题 3.7 图　　　　　　　　习题 3.9 图

4 异步电动机

将电能转换为机械能的电机称为电动机，其广泛用于现代各种生产机械的驱动设备，可分为交流电动机和直流电动机两大类。交流电动机分为异步电动机和同步电动机；直流电动机按照励磁方式的不同分为他励、并励、串励和复励四种。

在工农业生产及家用电器领域，交流电动机中的异步电动机作为电力拖动设备使用最为广泛。同步电动机主要应用于功率较大、不需调速、长期工作的各种生产机械上。直流电动机一般在需要均匀调速或要求启动转矩较大的机械上被采用。

此外，除提供动力的电动机外，以转换和传递控制信号为主要任务的、种类繁多的控制电机在自动控制系统中是必不可少的。

本章主要介绍生产中常用的异步电动机，对直流电动机、控制电机中的伺服电动机和步进电动机的简要介绍参见数字资源中的扩展内容 B。

4.1　三相异步电动机的构造及工作原理

异步电动机根据使用电源的相数分为三相异步电动机和单相异步电动机两类。三相异步电动机具有构造简单、运行可靠、坚固耐用、价格便宜、能实现自动控制等优点。凡是不需均匀调速的生产机械，绝大部分都用三相异步电动机来拖动，因而应用最为广泛。单相异步电动机常用于功率不大的电动工具和某些家用电器中。

4.1.1　三相异步电动机的构造

三相异步电动机主要由定子和转子两部分组成，其主要部件如图 4.1.1 所示。

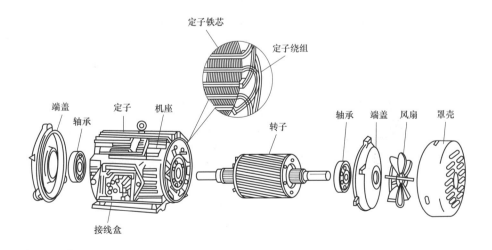

图 4.1.1　三相异步电动机的主要部件

1. 定子

定子是电动机固定不动的部分，主要由定子铁芯、定子绕组和机座组成。定子铁芯是电动机磁路的一部分，为了减少铁损，一般由表面涂有绝缘漆的硅钢片叠成圆筒形。定子铁芯内圆周表面冲有均匀分布的槽孔，用以对称嵌放三相定子绕组，如图 4.1.2 所示。三相定子绕组是定子中的电路部分，由高强度漆包线绕制而成。机座用铸铁或铸钢制成，其作用是支撑和固定定子铁芯和定子绕组。

三相定子绕组三个首端 U1、V1、W1 和对应的三个末端 U2、V2、W2 接在机座的接线盒上。可以根据需要在接线盒上将三相绕组接成星形或三角形，如图 4.1.3 所示。

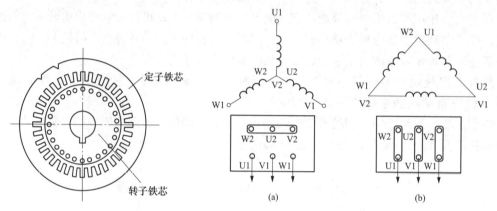

图 4.1.2 定子铁芯和转子铁芯

图 4.1.3 接线盒上定子绕组的连接法
(a) 星形连接；(b) 三角形连接

2. 转子

转子是电动机的旋转部分，由转子铁芯、转子绕组、转轴、风扇等组成。转子铁芯也是电动机磁路的一部分，由硅钢片叠成，其外圆周表面冲有槽孔，以便嵌置转子绕组，整个转子铁芯固定在转轴上。转子绕组据其构造分为笼形和绕线式两种形式。

笼形转子是在转子铁芯槽内压进铜条，铜条的两端分别连接在两个导电端环上，形成一个短接的回路，如果去掉转子铁芯，转子绕组形如笼子，如图 4.1.4 所示，故称为笼形转子。目前中小型笼形电动机多采用铸铝转子，即把熔化的铝浇铸在转子铁芯槽内制成导电条及端环，并且一并在端环上铸出多片风叶作为冷却用的风扇，这样可简化工艺，降低成本。

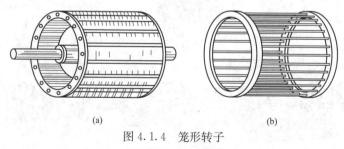

图 4.1.4 笼形转子
(a) 转子外形；(b) 笼形绕组

绕线式转子的铁芯与笼形的相同，不同的是转子的槽内嵌置的是星形连接的对称三相绕组。三相绕组的三个首端分别接到固定在转轴上的三个铜制滑环上，滑环除相互绝缘外，还

与转轴绝缘，在各个滑环上分别压置着固定不动
的石墨电刷，通过电刷与滑环的接触，使外接三
相变阻器与转子绕组能保持接通，构成转子的闭
合回路，如图 4.1.5 所示。

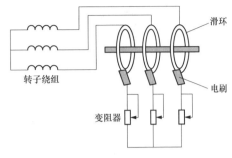

　　绕线式电动机比笼形电动机结构复杂，成本
较高，但它有较好的启动性能，并在一定范围内
可以调速，一般只用于特殊需要的场合。

图 4.1.5　绕线式转子电路示意图

4.1.2　三相异步电动机的工作原理

1. 转动原理

　　为便于理解三相异步电动机的转动原理，假设在一对旋转着的永久磁极形成的旋转磁场
中，放置有一可以转动的笼形转子，如图 4.1.6 所示，图中只示出转子的部分导电条。当旋转
磁场以转速 n_0 沿顺时针方向旋转时，转子中闭合的导电条就会被磁极的磁力线所切割，导电
条中就会产生感应电动势及感应电流，其方向由右手定则确定，图 4.1.6 中电流流出用"⊙"
表示，流入用"⊗"表示。载流导电条在磁场中又要受到电磁力的作用，其方向由左手定则
判定。于是，对于转轴而言，将产生电磁转矩，使转子以转速 n 与旋转磁场同方向旋转起来。

　　转子的转速 n 始终小于旋转磁场的转速 n_0，这是因为如果 $n=n_0$，则转子与旋转磁场之
间就没有相对运动，转子导体将不再切割磁力线，因而感应电动势、电流和电磁转矩均消
失，电动机也就不能继续运转下去了。所以，转子的转速 n 不可能达到旋转磁场的转速 n_0，
二者必然保持着差异，因此，将以此原理工作的电动机称为异步电动机，而旋转磁场的转速
n_0 又被称为同步转速。

2. 旋转磁场

　　三相异步电动机的旋转磁场是由三相定子绕组通入对称的三相交流电而形成的。

　　（1）旋转磁场的产生。图 4.1.7 所示的三相异步电动机定子截面示意图中，三相对称绕
组 U1U2、V1V2、W1W2 的首端之间或末端之间相对于轴心在空间互差 120°。设将三相对
称绕组接成星形，接在三相电源上，便有对称的三相电流 i_1、i_2、i_3 通入相应的定子绕组，
如图 4.1.8 所示。

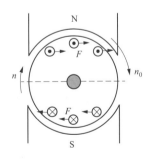

图 4.1.6　异步电动机转动原理

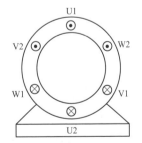

图 4.1.7　定子截面示意图

设

$$i_1 = I_m \sin\omega t$$
$$i_2 = I_m \sin(\omega t - 120°)$$
$$i_3 = I_m \sin(\omega t + 120°)$$

电流参考方向从首端指向末端，故当电流为正时，从首端流入，末端流出；当电流为负时，从末端流入，首端流出。

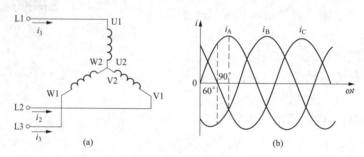

图 4.1.8　三相对称电流

（a）三相电流的参考方向；（b）三相电流的波形图

下面在电流的一个周期内取 $\omega t=0°$，$\omega t=60°$，$\omega t=90°$，$\omega t=180°$ 几个时刻来分析定子内产生的合成磁场。

当 $\omega t=0°$ 时，$i_A=0$，U1U2 绕组没有电流，i_2 为负，i_3 为正。据右手螺旋定则，其合成磁场如图 4.1.9（a）所示。对转子而言，磁力线从上方穿入，相当于 N 极；从下方穿出，相当于 S 极。因而产生的是两极磁场，即磁极对数 $p=1$。

当 $\omega t=60°$ 时，$i_C=0$，W1W2 绕组没有电流，i_1 为正，i_2 为负，其合成磁场如图 4.1.9（b）所示，这时的合成磁场在空间顺时针旋转了 60°。

当 $\omega t=90°$ 时，i_1 为正，i_2 及 i_3 为负，其合成磁场如图 4.1.9（c）所示，这时的合成磁场在空间顺时针旋转了 90°。

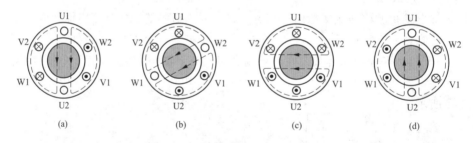

图 4.1.9　旋转磁场的产生（$p=1$）

（a）$\omega t=0°$；（b）$\omega t=60°$；（c）$\omega t=90°$；（d）$\omega t=180°$

同理，可画出 $\omega t=180°$ 时的合成磁场，如图 4.1.9（d）所示。它与 $\omega t=0°$ 时相比，极性正好相反。当电流交变一周后，合成磁场在空间顺时针旋转了 360°。

可见，当定子绕组中通以三相交流电后，便可产生旋转磁场，且旋转方向与通入的三相电流的相序（U1→V1→W1）一致。如果要改变旋转磁场的转向，只要对调三相异步电动机的两根电源进线（即改变了相序）即可，同时电动机的转向跟着改变。

（2）同步转速。同步转速即旋转磁场的转速 n_0 以每分钟多少转来表示，即单位为 r/min（转/分）。在磁极对数 $p=1$ 的情况下，若电流的频率为 f_1，即电流每秒变化 f_1 周，则同步转速 $n_0=60f_1$。

同步转速取决于三相异步电动机的磁极对数，而三相异步电动机旋转磁场的磁极对数与定子三相绕组的结构和接法有关。前述每相绕组只有一个线圈，彼此在空间互差120°，那么产生的旋转磁场只有一对磁极（$p=1$）。如果每相绕组是由两个串联的线圈组成，这样绕组个数增加了一倍，在定子铁芯槽内布置的各相绕组首端之间或末端之间在空间上就要相差60°。则当定子绕组通以三相对称电流之后，就会产生 $p=2$ 的旋转磁场，如图4.1.10所示。

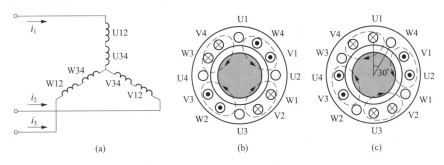

图 4.1.10 $p=2$ 时的旋转磁场

(a) 定子绕组；(b) $\omega t=0$；(c) $\omega t=60°$

可以看到，当电流变化了60°时，合成磁场只在空间旋转了30°，即与磁极对数 $p=1$ 的两极磁极相比，转速慢了一半，那么此时 $n_0=60f_1/2(\mathrm{r/min})$。

同理，每相绕组由三个线圈串联组成，就会产生磁极对数 $p=3$ 的旋转磁场，依此类推。而且三相电流每变化一周，旋转磁场就在空间旋转 $1/p$ 圈，可得同步转速为

$$n_0=\frac{60f_1}{p} \tag{4.1.1}$$

我国的电源标准频率为 $f_1=50\mathrm{Hz}$，对于不同磁极对数的电动机对应的同步转速见表4.1.1。

表 4.1.1 对应不同磁极对数的同步转速

磁极对数 p	1	2	3	4	5	6
同步转速 n_0(r/min)	3000	1500	1000	750	600	500

（3）转差率。异步电动机转子的转动方向虽然与磁场旋转方向一致，但转子的转速 n 与同步转速 n_0 保持着异步关系。为表示转子转速 n 与同步转速 n_0 的差异程度常以转差率 s 来表示，即

$$s=\frac{n_0-n}{n_0} \quad \text{或} \quad s=\frac{n_0-n}{n_0}\times100\% \tag{4.1.2}$$

转差率 s 是描述异步电动机运行情况的一个重要物理量。在电动机启动瞬间，$n=0$，$s=1$；转子转速越接近同步转速，则转差率越小，可见 $0<s\leqslant1$。由于三相异步电动机的额定转速与同步转速相近，所以它的转差率很小。通常异步电动机在额定负载时的转差率约为 $1\%\sim9\%$。

【例 4.1.1】 一台三相异步电动机的额定转速 $n_N=1460\mathrm{r/min}$，电源频率 $f_1=50\mathrm{Hz}$。试求电动机的磁极对数和额定负载时的转差率。

【解】 由于电动机额定转速接近而略小于同步转速，对照表4.1.1可知，与 n_N 最相近的同步转速 $n_0=1500\mathrm{r/min}$，与此相应的磁极对数 $p=2$，故额定负载时的转差率为

$$s = \frac{n_0 - n}{n_0} \times 100\% = \frac{1500 - 1460}{1500} \times 100\% = 2.7\%$$

4.2 三相异步电动机的转矩及机械特性

三相异步电动机的电磁转矩和机械特性反映了电动机的工作性能，是电动机的重要物理量和主要特性。

4.2.1 定子电路与转子电路分析

三相异步电动机的电磁关系与变压器类似，定子绕组相当于变压器的一次绕组，转子绕组（一般是短接的）相当于二次绕组。旋转磁场不仅在转子每相（一般情况下，笼形转子的每根转子条相当于一相）绕组中要感应出电动势 e_2，而且在定子每相绕组中也要感应出电动势 e_1。

通过定子和转子每相绕组的磁通是随时间按正弦规律变化的，即 $\Phi = \Phi_m \sin\omega t$，$\Phi_m$ 为旋转磁场每极磁通的最大值。设定子绕组及转子绕组的匝数分别为 N_1 和 N_2。当旋转磁场切割定子绕组时，可得定子绕组的端电压 U_1 与感应电动势 E_1 的关系为

$$U_1 \approx E_1 = 4.44 N_1 f_1 \Phi_m \tag{4.2.1}$$

式中：f_1 为定子绕组感应电动势的频率（即为电源频率）。

由于旋转磁场与定子间的相对转速为 n_0，故又有

$$f_1 = \frac{p n_0}{60} \tag{4.2.2}$$

由于旋转磁场和转子间的相对转速为 $(n_0 - n)$，所以转子频率

$$f_2 = \frac{p(n_0 - n)}{60} = \frac{n_0 - n}{n_0} \times \frac{p n_0}{60} = s f_1 \tag{4.2.3}$$

此时

$$E_2 = 4.44 f_2 N_2 \Phi_m = 4.44 s f_1 N_2 \Phi_m \tag{4.2.4}$$

当 $n = 0$，即 $s = 1$ 时，$f_2 = f_1$，即转子静止不动时，转子绕组的感应电动势 E_{20}（最大）及等效感抗 X_{20}（最大）分别为

$$E_{20} = 4.44 f_1 N_2 \Phi_m \tag{4.2.5}$$

$$X_{20} = 2\pi f_1 L_2 \tag{4.2.6}$$

则转子运转时转子绕组的感应电动势 E_2 及等效感抗 X_2 分别为

$$E_2 = 4.44 s f_1 N_2 \Phi_m = s E_{20} \tag{4.2.7}$$

$$X_2 = 2\pi f_2 L_2 = 2\pi s f_1 L_2 = s X_{20} \tag{4.2.8}$$

于是，转子绕组每相电流 I_2 及功率因数 $\cos\varphi_2$ 分别为

$$I_2 = \frac{E_2}{\sqrt{R_2^2 + X_2^2}} = \frac{s E_{20}}{\sqrt{R_2^2 + (s X_{20})^2}} \tag{4.2.9}$$

$$\cos\varphi_2 = \frac{R_2}{\sqrt{R_2^2 + X_2^2}} = \frac{R_2}{\sqrt{R_2^2 + (s X_{20})^2}} \tag{4.2.10}$$

式中：R_2 为转子电阻。转子绕组每相电流 I_2、功率因数 $\cos\varphi_2$ 随转差率 s 的变化曲线如图 4.2.1 所示。可见，当 s 增大，即转速 n 降低时，I_2 增大，$\cos\varphi_2$ 减小。

由上述可知，转子电路的各个物理量，如电动势、电流、频率、感抗及功率因数等都与转差率有关，即与转速有关。

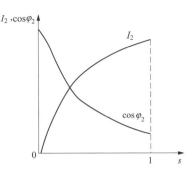

图 4.2.1 I_2、$\cos\varphi_2$ 与 s 的关系曲线

4.2.2 电磁转矩

由三相异步电动机的转动原理可知，驱动电动机旋转的电磁转矩是由具有转子电流 I_2 的转子绕组在旋转磁场中受电磁力的作用而产生的，因此电磁转矩的大小与转子电流 I_2，以及旋转磁场强度的每极磁通 Φ_m 成正比。由于只有转子电流的有功分量 $I_2\cos\varphi_2$ 与旋转磁场相互作用才能产生电磁转矩，可以推得三相异步电动机的电磁转矩

$$T = K_T \Phi_m I_2 \cos\varphi_2 \qquad (4.2.11)$$

式中：K_T 为由电动机结构决定的一常数；电磁转矩 T 的单位为 N·m（牛顿·米）。

根据前面定子电路与转子电路分析得到的相关关系式，进一步可得

$$T = K \frac{sR_2 U_1^2}{R_2^2 + (sX_{20})^2} \qquad (4.2.12)$$

式中：K 为常数。

可见，电磁转矩与外加电源相电压 U_1、转差率 s、以及转子电路的电阻 R_2 和转子最大感抗 X_{20} 相关。

在电源相电压 U_1、转子电路参数 R_2 与 X_{20} 不变的情况下，据式（4.2.12）可以绘出 $T = f(s)$ 的曲线，称为异步电动机的转矩特性曲线，如图 4.2.2 所示。

4.2.3 机械特性

实际工作中，将三相异步电动机的转速 n 与转矩 T 之间的关系 $n = f(T)$ 称为电动机的机械特性，反映的是转速与电磁转矩之间的变化关系。

将图 4.2.2 中的 s 坐标换成 n 坐标，T 轴右移至 $s = 1$ 处，再将坐标系顺时针旋转 $90°$，即得到如图 4.2.3 所示的机械特性曲线。

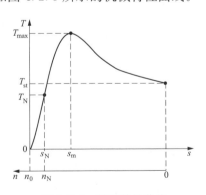

图 4.2.2 转矩特性曲线

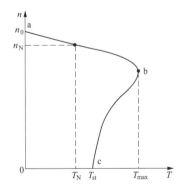

图 4.2.3 机械特性曲线

分析三相异步电动机的运行特性，就要讨论机械特性曲线上的三个重要转矩。

1. 额定转矩 T_N

电动机在额定状态（额定电压下以额定转速运行输出额定功率）下运行时的输出转矩为额定转矩。正常运行时电动机的电磁转矩 T 与阻转矩 T_c（轴上的负载转矩与损耗转矩之

和）相平衡，即 $T=T_c$。在忽略掉很小的损耗转矩的情况下，可以看作异步电动机的输出转矩要与负载转矩相平衡，其输出功率 $P_2=\omega T$（ω 为角速度），可得额定转矩

$$T_N=\frac{P_{2N}}{\omega}=\frac{P_{2N}\times 10^3}{2\pi n_N/60}=9550\frac{P_{2N}}{n_N} \qquad (4.2.13)$$

式中：额定功率 P_{2N} 的单位为 kW；额定转速 n_N 的单位为 r/min。

2. 最大转矩 T_{max}

电动机电磁转矩的最大值称为最大转矩，是电动机可以输出的极限转矩。一般允许负载转矩可短时超过额定转矩，但不能超过最大转矩，因此，T_{max} 反映了电动机短时允许的过载能力。异步电动机的过载能力用过载系数 λ 来表示，其表达式为

$$\lambda=\frac{T_{max}}{T_N} \qquad (4.2.14)$$

一般三相异步电动机的过载系数为 $1.8\sim2.2$。对应最大转矩时的转差率 S_m 称为临界转差率。

3. 启动转矩 T_{st}

电动机在刚启动瞬间（$n=0$，$s=1$）的电磁转矩称为启动转矩。只有启动转矩大于负载转矩时电动机才能启动。通常用启动系数 λ_S 来表示三相异步电动机的启动能力，其表达式为

$$\lambda_S=\frac{T_{st}}{T_N} \qquad (4.2.15)$$

一般笼形异步电动机的启动系数不大，为 $1.0\sim2.0$，而绕线式异步电动机最大可达 3。

4. 运行特性

电动机的电磁转矩 T 与阻转矩 T_c 相平衡，即 $T=T_c$ 时，电动机将匀速运行。通常三相异步电动机工作在图 4.2.3 所示的机械特性曲线上的 ab 段，称为稳定区，此时电动机的输出转矩可以自动适应负载的变化。例如当负载增加，即 $T_c>T$ 时，电动机的转速减小，输出转矩相应地增加；当负载减小，即 $T_c<T$ 时，电动机的转速增大，输出转矩相应地减小，以与负载转矩相平衡。在 ab 段，较大的转矩变化对应的转速变化不大，异步电动机的这种特性称为硬的机械特性。特性曲线的 bc 段为非稳定区。

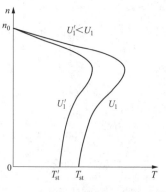

图 4.2.4　U_1 对机械特性曲线的影响

在电动机运行中，若负载转矩增加太多，使 $T_c>T_{max}$，电动机的转速会迅速下降至零而停转，即发生所谓"闷车"现象。"闷车"时，电动机的电流将迅速上升六七倍，若不及时断开电源，会使电动机严重过热，以致烧毁。

由于电磁转矩 T 与定子绕组的每相电压 U_1 的平方成正比，所以电源电压对输出转矩有较大的影响，如图 4.2.4 所示。当然，最大转矩 T_{max} 和启动转矩 T_{st} 也相应地跟着改变。

三相异步电动机在运行时如果电压下降较大，会造成其最大转矩下降过多以至低于负载转矩而停转，同样会出现闷车现象，这也是额定转矩取为最大转矩一半左右的一个重要原因。另外，电压下降造成的启动转矩减小会出现不能（带负载）启动的现象。

4.3　三相异步电动机的使用

4.3.1　三相异步电动机的额定技术参数

要正确合理地使用三相异步电动机，必须了解其额定技术参数。额定技术参数一部分在电动机外壳的铭牌中，参见下面 Y132S-2 型电动机的铭牌。部分参数可从产品手册中查到，如铭牌中没有给出的功率因数 $\cos\varphi$、效率 η_N、过载系数 λ、启动系数 λ_s 以及启动电流与额定电流之比等。

三相异步电动机					
型号	Y132S-2	功率	7.5kW	频率	50Hz
电压	380V	电流	15A	接法	△
转速	1440r/min	绝缘等级	B	工作方式	连续
	年　　月　　编号			××电机厂	

1. 型号

型号是表示电动机系列、尺寸规格、磁极数等的代号。它由首写的汉语拼音大写字母、国际通用符号及数字组成。比如型号 Y132S-2 中：Y 表示异步电动机系列，其他还有如 YR（绕线式异步电动机）系列、YB（防爆型异步电动机）系列和 YQ（高启动转矩异步电动机）系列等；132 表示机座中心高 132mm；S 表示短机座，其他还有如 M 为中机座，L 为长机座；后面的数字 2 表示磁极数，即磁极对数 $p=1$。

2. 额定电压 U_N

额定电压是指电动机定子绕组在规定接法下额定运行时绕组上的线电压。一般规定电动机的工作电压不应高于或低于额定值的 5%。

我国生产的 Y 系列中、小型异步电动机，其额定功率在 4kW 以上的，额定电压为380V，绕组为三角形连接。额定功率在 3kW 及以下的，额定电压为 380/220V，绕组为丫/△连接（即电源线电压为 380V 时，电动机绕组为星形连接；电源线电压为 220V 时，电动机绕组为三角形连接）。

3. 额定电流 I_N

额定电流是指电动机在额定状态下运行时，定子绕组的线电流。若铭牌上标有两种接法，则有两个对应的额定电流。

4. 功率因数 $\cos\varphi$

功率因数是指电动机额定运行时，定子电路的功率因数。三相异步电动机额定负载时的功率因数为 0.7~0.9，而在轻载或空载时功率因数为 0.2~0.3，故三相异步电动机不宜在轻载或空载下运行，以防止"大马拉小车"现象。

5. 额定功率 P_{2N}

额定功率是指电动机额定运行时，其转轴上输出的机械功率，单位一般为 kW（千瓦）。

6. 效率 η_N

效率是指电动机在额定状态下运行时，额定输出功率与额定输入功率的比值，即

$$\eta_{N} = \frac{P_{2N}}{P_{1N}} \times 100\% = \frac{P_{N}}{\sqrt{3}U_{N}I_{N}\cos\varphi} \times 100\% \qquad (4.3.1)$$

异步电动机的额定效率 η_{N} 为 72%～93%。

7. 额定转速 n_{N}

额定转速是指电动机在额定电压下输出额定功率时，转子的转速，单位为 r/min（转/分）。由于生产机械对转速的要求不同，需要生产不同磁极数的异步电动机，因此有不同的转速等级。

8. 绝缘等级

绝缘等级是按电动机绕组所用的绝缘材料在使用时允许的极限温度来划分的。所谓极限温度，是指电动机绝缘结构中最热点的最高允许温度见表 4.3.1。

表 4.3.1　　　　　　　　　　　对应不同绝缘等级的最高允许温升

绝缘等级	A	E	B	F	H
极限温度（℃）	105	120	130	155	180

9. 工作方式

工作方式是对电动机在规定的技术条件下，持续运行时间的规定，以保证电动机不会过热。基本的工作方式可分为连续运行（S1）、短时运行（S2）和断续运行（S3）三种。

4.3.2　三相异步电动机的启动

电动机接通电源后，只要启动时的转矩大于负载转矩，其转速将由 $n=0$ 上升到稳定转速，这一过程称为电动机的启动过程。在刚启动瞬间，由于 $n=0$、$s=1$，旋转磁场与转子间的相对速度很大，转子中感应电动势和感应电流就会很大，从而定子的启动电流 I_{st} 也很大，一般是电动机额定电流的 5～7 倍。由于一般电动机的启动时间很短，启动过程电流会随着电动机转速的上升而迅速下降，大的启动电流对于不频繁启动的电动机影响不大。但过大的启动电流在短时间内会在线路上造成较大的电压降落，从而影响接在同一线路上的其他负载的正常工作，例如使同一线路上正在工作的其他电动机的转速下降，甚至停转。因此，在必要时电动机须采用适当的启动方法，以降低启动电流。

实际中，笼形异步电动机的启动可分为硬启动和软启动。硬启动是指在某一电压值下完成启动，分为全压启动和降压启动两种；软启动是指电动机端电压从某一较低值逐渐平滑增大到额定值来完成的启动。绕线式异步电动机通常只采用转子串接电阻启动的方法。

1. 笼形异步电动机的硬启动

（1）全压启动。全压启动就是利用电源开关、交流接触器等电器直接将额定电压加到电动机上来进行的启动，也称直接启动。虽然启动方法简单、经济，但考虑到启动电流对供电线路的影响，各地电力管理部门对电动机能否进行全压（直接）启动都制定了相应的规定。比如某地区规定：有独立的变压器，频繁启动的电动机容量小于变压器容量的 20% 的，以及不频繁启动的电动机容量小于变压器容量的 30% 的，可全压启动；没有独立的变压器，全压启动时的启动电流在供电线路上产生的压降不应超过 5%。

一般功率在 20kW 以下的小型异步电动机均可采用全压启动。

（2）降压启动。对于不能全压启动的容量较大的电动机，为降低启动电流，常采用降压启动，即在启动时降低加在电动机定子绕组上的电压，待电动机转速接近稳定时，再恢复其额定电压运行。由于电动机的转矩与其电压平方成正比，所以降压启动时启动转矩明显减小，因而降压启动只适用于轻载或空载的场合。

降压启动的具体方法主要有星形—三角（丫-△）换接启动和自耦降压启动两种。

1）星形—三角（丫-△）换接启动就是将正常运行的定子绕组为三角形连接的笼形异步电动机，在启动时把它改接成星形，待转速接近额定值时再换接成三角形。

对于图 4.3.1 所示丫-△换接启动线路，启动时先合上电源开关 Q1，然后将三相开关 Q2 扳到启动位置，此时定子绕组接成星形，各相绕组承受的电压降为额定电压的 $1/\sqrt{3}$。待电动机的转速接近稳定时，再把 Q2 迅速扳到运行位置，使电动机定子三相绕组以三角形连接正常运行。

设定子绕组每相绕组的阻抗大小为 $|Z|$，以星形连接降压启动时的线电流为

$$I_{L\text{Y}} = I_{\text{phY}} = \frac{U_L/\sqrt{3}}{|Z|}$$

以三角形连接全压启动时的线电流为

$$I_{L\triangle} = \sqrt{3}\, I_{\text{ph}\triangle} = \sqrt{3}\, \frac{U_L}{|Z|}$$

比较以上两式可得

$$\frac{I_{\text{stY}}}{I_{\text{st}\triangle}} = \frac{1}{3} \tag{4.3.2}$$

可见，丫-△换接启动时的启动电流降为了全压启动时的 1/3。

由于转矩与电压的平方成正比，所以星形连接时的启动转矩也减小到直接以全压启动时的 $(1/\sqrt{3})^2 = 1/3$，即

$$\frac{T_{\text{stY}}}{T_{\text{st}\triangle}} = \frac{1}{3} \tag{4.3.3}$$

2）自耦降压启动就是在启动时利用三相自耦降压变压器将电动机的端电压降低，待转速接近额定值时再将其切除。其接线图如图 4.3.2 所示。

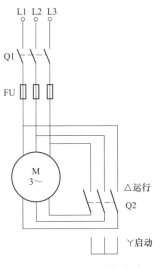

图 4.3.1 丫-△换接启动

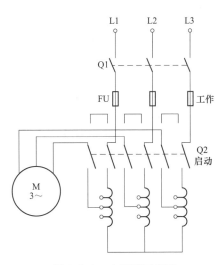

图 4.3.2 自耦降压启动

　　自耦变压器上通常备有 3 组抽头，以便输出不同的电压（例如为电源电压的 80%、60%、40%），以满足不同启动转矩的要求。当开关 Q2 合在"启动"位置上时，电动机定子线电压降为电源电压的 $1/k$（k 为变比），定子线电流（即变压器二次电流）相应降为全压启动时的 $1/k$，而变压器一次侧电流（即流入供电线路的电流）则降为全压启动时的 $1/k^2$。由于电磁转矩与外加电压的平方成正比，故启动转矩降为全压启动时的 $1/k^2$。

　　待启动完成后，将开关 Q2 迅速向上合到"工作"位置，切除自耦降压变压器，进入全压状态运行。

　　这种启动方法的优点是不受定子绕组接线方式的限制，启动电压可根据需要选择，缺点是设备笨重、投资较大。

　　2. 笼形异步电动机的软启动

　　软启动是通过专门的软启动器，让电动机的端电压由某一较低的基值电压（对应于预先设定的初始转矩）逐渐增加到额定电压，使转速由零平滑加速至额定值的过程。

　　软启动器是一种专用于三相异步电动机的新型启动控制器，能无级、平滑地启动/停止电动机，可分为电压斜坡启动、电流控制启动两种。软启动器具有启动转矩及启动时间可调、可限定启动电流、对负载装置的磨损最小、可实现一台软启动设备同时启动若干台电动机、节能环保等特点。另外，软启动器还可实现软停车，因而得以广泛应用，并在逐渐取代其他降压启动方法。

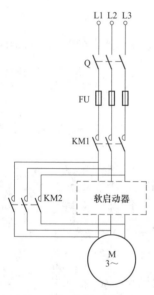

图 4.3.3　软启动主电路

　　图 4.3.3 所示软启动主电路中，使电源开关 Q 及交流接触器（一种电磁开关，将在第 5 章介绍）KM1 主触点闭合后，软启动器便接通开始启动，其输出电压逐渐增加，电动机逐渐加速。待电动机达到额定电压及额定转速时，启动过程结束，控制电路会自动使交流接触器 KM2 的旁路触点自动接通（一些软启动器具有内置旁路触点），已完成任务的软启动器被切除，使电动机投入正常运行。图 4.3.3 中 FU 是起短路保护的熔断器。

　　软启动器提供的软停车功能与软启动过程相反，随着电压逐渐降低，转数逐渐下降到零，避免自由停车引起的转矩冲击。

　　3. 绕线式异步电动机的转子串接电阻启动

　　由式（4.2.12）给出的电磁转矩公式 $T = K \dfrac{sR_2U_1^2}{R_2^2 + (sX_{20})^2}$ 可见，三相异步电动机的电磁转矩受转子电阻 R_2 的大小影响。

　　将转矩公式对 s 求导，并设其等于零，可得对应最大转矩的临界转差率

$$s_m = \frac{R_2}{X_{20}} \tag{4.3.4}$$

再将 s_m 代入转矩公式，则得

$$T_{max} = K \frac{U_1^2}{2X_{20}} \tag{4.3.5}$$

可见，最大转矩 T_{max} 的大小与转子电阻 R_2 无关，但最大转矩对应的临界转差率 s_m 却取决于

转子电阻 R_2。

绕线式异步电动机的机械特性随 R_2 变化的情况如图 4.3.4 所示。由图可见，随着 R_2 的增大，机械特性变软，启动转矩 T_{st} 相应增大，而且当 $R_2 = X_{20}$ 时，$s = s_m = 1$，可使 $T_{max} = T_{st}$，即电动机可以以最大转矩启动。

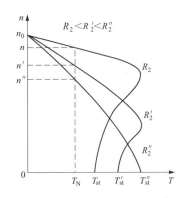

对于绕线式异步电动机，R_2 的大小可以通过转子电路外部串接的可调启动电阻加以改变。启动时，通过外串启动电阻增大转子电阻 R_2，这时启动电流就相应减小了，而启动转矩却增大了。因此，对要求启动转矩较大的生产机械（如起重机、锻压机等）常采用绕线式电动机拖动。电动机启动后，切除外串启动电阻，电动机的效率不受影响。

图 4.3.4　R_2 对机械特性曲线的影响

【**例 4.3.1**】 已知 Y280S-4 型笼形三相异步电动机的额定功率 P_N 为 75kW，效率 η 为 0.932，功率因数 $\cos\varphi$ 为 0.86，额定转速 $n_N = 1480\text{r/min}$，过载系数 $T_{max}/T_N = 2.2$，启动能力 $T_{st}/T_N = 1.9$，$I_{st}/I_N = 7$，电源线电压大小为 380V，频率 50Hz。试求：（1）额定启动电流 I_N、额定转差率 s_N；（2）额定转矩 T_N、最大转矩 T_{max}、启动转矩 T_{st}；（3）当负载转矩为 200N·m 时，能否采用 $\curlyvee$-$\triangle$ 换接启动，并确定其启动电流。

【**解**】 （1）4～100kW 的电动机的额定电压通常都是 380V，$\triangle$ 形连接。

$$I_N = \frac{P_N \times 10^3}{\sqrt{3} U_N \eta \cos\varphi} = \frac{75 \times 10^3}{\sqrt{3} \times 380 \times 0.932 \times 0.86} = 142.2(\text{A})$$

由型号或 $n_N = 1480\text{r/min}$ 可知，电动机是四极的，即 $p = 2$，$n_0 = 1500\text{r/min}$，故

$$s = \frac{n_0 - n}{n_0} \times 100\% = \frac{1500 - 1480}{1500} \times 100\% = 1.3\%$$

（2）

$$T_N = 9550 \frac{P_N}{n_N} = 9550 \times \frac{75}{1480} = 484(\text{N}\cdot\text{m})$$

$$T_{max} = \left(\frac{T_{max}}{T_N}\right) T_N = 2.2 \times 484 = 1064.8(\text{N}\cdot\text{m})$$

$$T_{st} = \left(\frac{T_{st}}{T_N}\right) T_N = 1.9 \times 484 = 920(\text{N}\cdot\text{m})$$

（3）采用 $\curlyvee$-$\triangle$ 换接启动时

$$T_{st\curlyvee} = \frac{1}{3} T_{st} = 307(\text{N}\cdot\text{m}) > 200(\text{N}\cdot\text{m})$$

故可以采用。

这时的启动电流

$$I_{st\curlyvee} = \frac{1}{3} I_{st} = \frac{1}{3} \times 7 \times I_N = 331.8(\text{A})$$

4.3.3　三相异步电动机的调速

调速就是指在电动机负载不变的情况下，通过改变它的转动速度，来满足生产过程的要求。

由异步电动机的转差率关系式可得转速公式

$$n=(1-s)n_0=(1-s)\frac{60f_1}{p} \tag{4.3.6}$$

可见，改变异步电动机转速的方法有：改变电源频率 f_1、改变磁极对数 p 和改变转差率 s。实际应用中，笼形异步电动机采用前两种调速方法，绕线式异步电动机采用第三种调速方法。

1. 变频调速

变频调速是通过改变笼形异步电动机定子绕组的供电频率 f_1 来改变同步转速 n_0 而实现调速的。由于变频调速具有调速范围大、稳定性好、运行效率高等特点，在交流异步电动机的诸多调速方法中性能最好，从而得到了广泛的应用。目前常采用通用变频调速装置来实现变频调速，它能均匀地改变供电频率 f_1，而使电动机实现无级调速，使用方便，可靠性高，具有较好的机械特性且经济效益显著。

目前通用变频调速装置的组成主要包括整流器和逆变器两部分，如图 4.3.5 所示。整流器先将频率 f 为 50Hz 的三相交流电变换为直流电，再由逆变器变换为频率 f_1、电压有效值 U_1 都可均匀调节的三相交流电，然后驱动三相笼形电动机，实现无级调速。

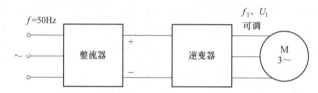

图 4.3.5　变频调速装置工作原理

近年来，变频调速技术迅速发展，除能进行转速控制外，还增加了许多功能，如转向改变、编程控制、通信等。

2. 变极调速

改变异步电动机的磁极对数则改变了旋转磁场的转数 n_0，转子转速 n 也就相应的改变了。异步电动机的磁极对数与定子每相绕组的个数和接法有关，如定子每相有两个绕组，将它们串联时磁极对数 $p=2$，而将它们换接成并联时磁极对数 $p=1$。

笼形多速异步电动机的定子绕组是特殊设计和制造的，可通过外部装置改变定子绕组的连接方式来改变磁极对数 p，从而达到变极调速的目的。这种调速方法属于有级调速。

3. 变转差率调速

由图 4.3.4 可见，改变转子电阻就可以改变转差率 s，即改变了转子转速。对于绕线式异步电动机，只要在转子电路中和接入启动电阻一样接入一个调速电阻，改变调速电阻的大小，就可在一定范围内平滑调速。

4.3.4　三相异步电动机的制动

在生产实际中，常要求电动机能迅速、准确地停车，这就需要采用一定的方法对电动机进行制动。

制动的方法有电磁抱闸机械制动和电气制动。下面只介绍电气制动常用的能耗制动和反接制动两种方法。

1. 能耗制动

当电动机断开三相交流电时，立即向定子绕组通入直流电而产生一个静止的磁场。这时，继续依惯性转动的转子导体便切割静止磁场的磁力线而产生感应电动势和电流，转子导体电流又与磁场相互作用而产生同旋转方向相反的电磁制动转矩，使电动机迅速停车，原理如图 4.3.6 所示。由于这种方法是用消耗转子的动能（转换成电能）来进行制动的，所以称为能耗制动。

调节直流电流的大小，可以控制制动转矩的大小。一般直流电流可调节为额定电流的 0.5～1 倍。这种方法准确、平稳、耗能小，但需直流电源。

2. 反接制动

当要求电动机停车时，通过任意对调三相定子绕组的两相电源进线而使旋转磁场反向，电磁转矩也将反向，从而起制动作用，原理如图 4.3.7 所示。当制动至转速接近于零时，应立即断开电源，否则电动机将反转，通常这一任务是由速度继电器来实现的。

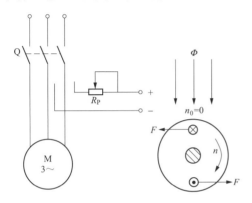 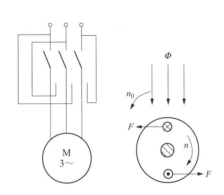

图 4.3.6　能耗制动原理　　　　　图 4.3.7　反接制动原理

由于反接制动时旋转磁场与转子的相对转速（n_0+n）很大，制动电流也将很大，所以通常对于功率较大的电动机在制动时要在定子电路（笼形）或转子电路（绕线式）中串接电阻以限制制动电流。

这种制动方法简单、快速，但耗能较大，一些中小型车床和铣床主轴的制动采用这种方法。

4.4　单相异步电动机

单相异步电动机是采用单相交流电源供电的，其输出功率比较小，主要用于电动工具、家用电器、医用器械、自动化仪表等设备中。

单相异步电动机的定子绕组为单相绕组，转子通常为笼形。当定子绕组通入单相交流电后会产生一个磁极轴线位置不变，磁感应强度大小随时间做正弦交变的脉动磁场，而脉动磁场在转子绕组内会产生感应电动势和电流，如图 4.4.1 所示（图中为脉动磁场增加时转子绕组内感应电流情况）。

单相电动机启动时，因电动机的转子处于静止状态，由图 4.4.1 可见，脉动磁场与转子电流相互作用在转子上产生的电磁转矩相互抵消，所以单相异步电动机启动时转子上作用的电磁转

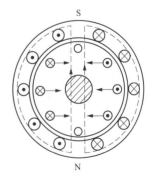

图 4.4.1　单相异步电动机的磁场示意图

矩为零，即没有启动转矩，不能自启动。但若采取一定措施使转子沿某一方向转动起来后，合成转矩不再为零，且与旋转方向相同，单相异步电动机将沿着原有方向继续运转，直至与负载转矩相平衡而处于稳定运行状态。

　　可见，单相异步电动机工作时必须解决自启动问题。常用的自启动方式有电容分相式和罩极式两种。

4.4.1　电容分相式

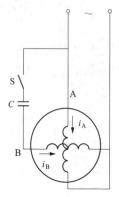

图 4.4.2　电容分相启动

　　电容分相式启动的原理如图 4.4.2 所示。在定子上除放置原有的绕组 A（称为工作绕组）外，还增加了一个启动绕组 B，两个绕组在空间相差 90°。启动绕组 B 串有一个电容器，使两个绕组中的电流有近于 90°的相位差，这就是分相。这样的两个电流产生的合成磁场是一个旋转磁场。

　　设两相电流分别为

$$i_A = I_m\sin\omega t$$
$$i_B = I_m\sin(\omega t + 90°)$$

这两个电流产生的合成磁场如图 4.4.3 所示。在这个旋转磁场的作用下，转子上产生电磁转矩，单相异步电动机便可转动起来。

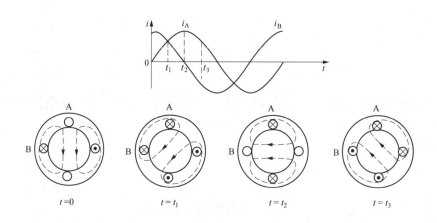

图 4.4.3　分相合成磁场

　　当转子的转速接近额定转速时，启动绕组的离心开关 S 依靠离心力的作用自动断开，这时只有工作绕组在工作，电动机在脉动磁场的作用下继续运转。

　　除用电容来分相外，还可用电感和电阻来分相。图 4.4.4 所示为电容分相式单相异步电动机既可正转又可反转的电路原理图。利用转换开关 S 使工作绕组与启动绕组实现互换使用，从而使电动机实现正转与反转的互换。例如，当 S 合向 1 时，绕组 A 为启动绕组，绕组 B 为工作绕组，电动机正转；当 S 合向 2 时，绕组 B 为启动绕组，绕组 A 为工作绕组，电动机反转。

4.4.2　罩极式

　　罩极式电动机的结构如图 4.4.5 所示。在定子磁极上绕有单相绕组，在磁极极面的约 1/3 处有一凹槽将磁极分成大小不同的两个部分，在较小的部分上套装有一个铜环，罩住这部分磁极，成为罩极。

定子绕组通入单相交流电流所产生的交变磁通在极面上被分为主磁通 Φ_1 和罩极磁通 Φ_2 两部分。由于短路铜环中的感应电流的作用，使罩极磁通 Φ_2 在相位上滞后于主磁通 Φ_1，这样极面上就形成了一个相当于向罩极部分单向移动的磁场，从而在笼形转子中产生启动转矩，使转子顺着磁场移动的方向转动。

罩极式电动机磁场移动方向由铜环在罩极上的位置决定。在图 4.4.5 所示情况下，电动机转子是顺时针方向旋转的。铜环所在位置固定后，电动机的转动方向是不能改变的。

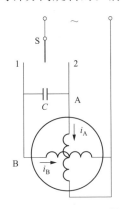
图 4.4.4　分相正反转

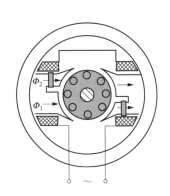
图 4.4.5　罩极式单相电动机结构

罩极式单相电动机具有结构简单、工作可靠、维护方便、价格低廉等优点，但启动转矩比较小，能量损耗较大，效率较低，常用于对启动转矩要求不高的场合，如风扇、吹风机等设备中。

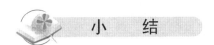
小　　结

1. 三相异步电动机的构造

三相异步电动机主要由定子和转子两部分组成。定子铁芯中嵌放有三相定子绕组，用以产生旋转磁场；转子铁芯上嵌置有转子绕组，转子绕组据其构造分为笼形和绕线式两种，用以产生相对于转轴电磁力矩。

2. 三相异步电动机的工作原理

定子三相对称绕组中通入对称三相电流产生旋转磁场，旋转磁场与转子的相对运动，在转子绕组中产生感应电动势及感应电流。载流转子绕组在旋转磁场中又要受到电磁力的作用，相对于转轴将产生电磁转矩，从而使转子与旋转磁场同方向旋转。

（1）旋转磁场的旋转方向与通入的三相电流的相序一致。如果要改变旋转磁场的转向，只要对调三相异步电动机的两根电源进线（即改变相序）即可，同时电动机的转向跟着改变。

（2）同步转速（旋转磁场的转速）为 $n_0 = \dfrac{60f_1}{p}$。

（3）转子转速 n 与同步转速 n_0 的差异程度常以转差率 s 来表示，即 $s = \dfrac{n_0 - n}{n_0}$。

3. 三相异步电动机的转矩及机械特性

（1）三相异步电动机的电磁转矩公式为 $T = K\dfrac{sR_2U_1^2}{R_2^2+(sX_{20})^2}$。可见，电磁转矩与外加电源相电压 U_1、转差率 s 以及转子电路的电阻 R_2、转子最大感抗 X_{20} 相关。

（2）实际工作中，将三相异步电动机的转速 n 与转矩 T 之间的关系 $n=f(T)$ 称为电动机的机械特性。机械特性反映了转速与电磁转矩之间的变化关系。

三相异步电动机的三个重要转矩分别为：

（1）额定转矩 T_N：电动机在额定电压下，以额定转速运行输出额定功率时的输出转矩。即 $T_N=9550\dfrac{P_{2N}}{n_N}$。式中：额定功率 P_{2N} 的单位是 kW；额定转速 n_N 的单位是 r/min。

（2）最大转矩 T_{max}：电动机电磁转矩的最大值，反映了电动机短时允许的过载能力。异步电动机的过载能力用过载系数 $\lambda=\dfrac{T_{max}}{T_N}$ 来表示。

（3）启动转矩 T_{st}：电动机在刚启动瞬间（$n=0$，$s=1$）的电磁转矩。启动转矩只有大于其轴上的负载转矩才能启动。通常用启动系数 $\lambda_S=\dfrac{T_{st}}{T_N}$ 来表示。

4. 三相异步电动机的使用

（1）三相异步电动机的额定技术参数主要包括：型号；额定电压 U_{1N}、额定电流 I_{1N}；功率因数 $\cos\varphi$；额定功率 P_{2N}；效率 η_N；额定转速 n_N；绝缘等级及工作方式等。

（2）三相异步电动机的启动

笼形异步电动机的启动分为硬启动和软启动。硬启动又分为全压启动和降压启动。全压启动适用于小容量的异步电动机。较大容量的电动机常采用降压启动以降低启动电流，且只适用于轻载或空载的场合，具体方法主要有以下两种：

1）星形—三角形（Y-△）换接启动：就是将正常运行的定子绕组为三角形连接的笼形异步电动机，在启动时把它改接成星形，待转速接近额定值时再换接成三角形。Y-△换接启动时启动电流及启动转矩均降为正常启动时的1/3。

2）自耦降压启动：就是在启动时利用三相自耦降压变压器将电动机的端电压降低，待转速接近额定值时再将其切断。自耦降压启动变压器一次侧电流及启动转矩均降为正常启动时的 $1/k^2$。

笼形异步电动机的软启动是通过专门的软启动器来完成，让电动机的端电压由某一较低的基值电压（对应于预先设定的初始转矩）逐渐增加到额定电压，使转速由零平滑加速至额定值的过程。

绕线式异步电动机常采用转子串接电阻启动，一方面可降低启动电流，另一方面可增加启动转矩。

（3）三相异步电动机的调速方法有：改变电源频率 f_1、改变磁极对数 p 和改变转差率 s。应用中，笼形异步电动机采用前两种调速方法，绕线式异步电动机采用第三种调速方法。

（4）三相异步电动机的制动方法有：电磁抱闸机械制动和电气制动。电气制动常用的方法有能耗制动和反接制动等。

5. 单相异步电动机

单相异步电动机的单相绕组通入单相交流电后会产生一个磁极轴线位置不变，磁感应强度大小随时间做正弦交变的脉动磁场。脉动磁场在转子绕组内会产生感应电动势和电流。为使单相异步电动机获得启动转矩实现自启动，常用电容分相式和罩极式两种方式。

习　题

4.1　一台三相异步电动机，已知其每相定子绕组的电阻为 6Ω，感抗为 8Ω，额定电压为 220V；三相电源的线电压 $U_L=380V$。

（1）电动机绕组应采用什么接法？

（2）计算电动机的额定电流。

（3）若电动机的额定效率 $\eta_N=87\%$，计算其额定输出功率。

4.2　一台接于频率为 50Hz 三相电源上的笼形三相异步电动机，已知其在额定状态下运行时的转速为 940r/min。试求：

（1）电动机的磁极对数；

（2）额定转差率；

（3）当转差率为 0.04 时的转速和转子电流的频率。

4.3　Y132S-4 型三相异步电动机的额定技术数据为：$P_N=5.5kW$，$n_N=1440r/min$，$U_N=380V$，$\eta_N=85.5\%$，$\cos\varphi=0.84$，$I_{st}/I_N=7$，$T_{st}/T_N=2.0$，$T_{max}/T_N=2.2$，频率 $f_N=50Hz$。试求：

（1）电动机的额定转差率 s_N，额定电流 I_N 及额定转矩 T_N；

（2）电动机启动电流 I_{st}、启动转矩 T_{st} 及最大转矩 T_{max}。

4.4　某三相异步电动机的磁极对数 $p=3$，额定转矩 $T_N=50N \cdot m$，$f_N=50Hz$，$s_N=0.04$，$T_{max}/T_N=2.0$。试求：

（1）额定状态下，旋转磁场相对于转子的转速；

（2）电动机的额定功率；

（3）若其运行在临界转差率 $s_m=0.13$ 时，其输出功率为多少？

4.5　接于线电压 $U_L=380V$ 的工频电源上运行的 Y180L-6 型三相异步电动机，额定电压为 660/380V，Y/△接法。测得 $I_1=30A$，输入功率 $P_1=16.86kW$，且此时转差率 $s_N=0.04$，输出转矩 $T_N=150N \cdot m$。

（1）电动机采用的是什么接法？

（2）求电动机的额定转速和输出功率。

（3）求电动机的功率因数和电动机的效率。

4.6　一台三相异步电动机的技术数据为：$P_N=30kW$，$U_N=380V$，$I_N=57.5A$，$\eta_N=90\%$，$n_N=1470r/min$，$T_{st}/T_N=1.2$，$I_{st}/I_N=7$，$f_N=50Hz$，△形接法。试求：

（1）额定转矩和功率因数；

（2）采用Y-△换接启动时的启动电流和启动转矩；

（3）当负载转矩分别为额定转矩的 50% 和 25% 时，电动机能否带负载启动？

4.7　题 4.6 中若采用自耦降压启动，并使电动机的启动转矩为额定转矩的 85%，试求：自耦变压器的变比及电动机的启动电流。

第三部分 电气控制技术

电气控制技术是自动控制技术的一个重要组成部分，主要是利用各种配电电器、控制电器及电子控制器件对电动机或其他电气设备的工作实现自动控制。

利用继电器、接触器及按钮等控制电器实现对电动机和生产设备的控制和保护，称为继电接触器控制，这种控制系统称为继电接触器控制系统。随着自动控制要求的不断提高和电气控制技术的飞速发展，无触点控制系统与微机控制系统已获得广泛应用。可编程控制器（Programmable Logic Controller，PLC）就是建立在继电接触器控制系统的基础上，以中央处理器为核心，综合了计算机和自动控制等先进技术发展起来的一种工业控制器，是专门用于工业现场的自动控制装置。它克服了继电接触器控制系统机械触点多、接线复杂、可靠性低、功耗高、通用性差及功能不够完善的缺点，已被广泛地应用于国民经济的各个控制领域。

本模块对继电接触器控制系统和可编程控制器（PLC）及其应用进行简要介绍。

5 继电接触器控制系统

继电接触器控制系统是电气控制技术的基础，目前仍是许多生产机械设备广泛采用的基本电气控制形式，也是学习更先进电气控制系统的基础。

继电接触器控制线路是由开关电器、按钮、继电器及接触器的触点及线圈等连接而成，因而本章首先介绍一些控制系统中常用的低压电器，然后介绍几种基本继电接触器控制线路。

5.1 常用低压电器

电气控制领域，依据我国现行标准将工作电压交流 1200V、直流 1500V 以下的电气线路中起通断、保护、控制或调节作用的电器称为低压电器。电气控制系统中的低压电器种类很多，按用途和控制对象可分为配电电器和控制电器。

5.1.1 配电电器

配电电器是进行电力分配及线路保护的电器，主要用于低压配电系统和动力设备中，包括刀开关、组合开关、熔断器、空气断路器等。对这类电器的主要技术要求是通断电流能力强，保护性及稳定性好。

1. 刀开关

刀开关是结构简单、应用广泛的一种手动操作的电器。其常用作电源隔离开关，也可用于不频繁接通和断开小电流配电电路或直接控制小容量电动机的启动和停车。

刀开关的结构如图 5.1.1（a）所示。其通常由绝缘底座、动触刀、静触座（也称刀夹座）和操动机构组成，对于分断大电流的刀开关还有灭弧装置。刀开关是通过动触刀与底板上的静触座相楔合（或分离），以接通（或分断）电路的一种开关。按操作方式刀开关可分为手柄直接操作式和杠杆式；按照转换方式刀开关可以分为单投式、双投式；按照触刀个数的不同，刀开关分为单极、双极、三极等几种。三极手柄式单投刀开关的图形及文字符号如图 5.1.1（b）所示。

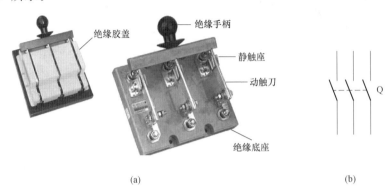

图 5.1.1　三极手柄式单投刀开关的结构与符号
（a）结构；（b）符号

　　安装刀开关时，电源进线应接在刀开关上面的进线端子上，与静触座连通；负载出线接在刀开关下面的出线端子上，与转动轴连通。这样，保证刀开关分断后，动触刀不带电。

　　刀开关的额定电流一般分为 10、20、32、45、60、100、200A 等多种最大额定电流至1500A。选择刀开关时其额定电流应大于或等于所分断电路中所有负载电流的总和。对于电动机负载，还要考虑其启动电流。

　　2. 组合开关

　　组合开关又称转换开关，实质上是一种特殊的刀开关，只不过一般刀开关的操作是上推或下拉手柄，而组合开关的操作是顺时针或逆时针旋转手柄。组合开关具有多触头、多位置、体积小、性能可靠、操作方便、安装灵活等特点，多用在机床电气控制线路中作为电源的引入开关，也可用于直接控制小容量电动机的启动、停车和正反转，以及局部照明电路的通断。

　　组合开关的种类及产品系列很多，图 5.1.2（a）所示为 HZ3 系列组合开关的结构示意图。

　　组合开关一般由成对的静触片和对应的动触片、绝缘垫板、绝缘连杆式转轴、手柄、扭簧及外壳等部分组成。各对静触片和对应的动触片由绝缘垫板分隔为数层。静触片一端固定于绝缘垫板上，另一端通过接线端子与外电路连接；动触片装在位于绝缘垫板间的绝缘连杆式转轴上，随转轴一起转动，各层的动触片可以相互间错开一定的角度。当转动一次手柄时，可使各层动触片的两端与该层分别连接电源端及负载出线端的一对静触点同时接通或断开，用以接通或断开相应的电路。

　　由于采用了扭簧储能，可使开关快速闭合或分断，能获得快速动作，从而提高开关的通断能力，使动、静触片的分合速度与手柄旋转速度无关。

　　组合开关有单极、双极、三极和四极等几种，图 5.1.2（b）所示为三极组合开关的图形及文字符号。其额定电流有 10、25、60A 和 100A 等多种。

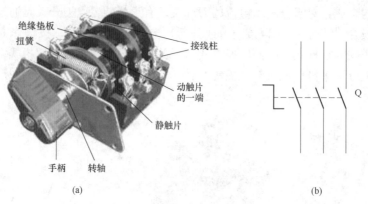

(a)　　　　　　　　　　　　　　　　　　　(b)

图 5.1.2　组合开关的结构图及符号

(a) 结构图；(b) 符号

3. 熔断器

熔断器是一种当电流超过其规定值时，以本身产生的热量使熔体熔断，断开电路的常用短路和过电流保护电器。其简便有效，广泛应用于高低压配电系统和控制系统以及用电设备中。

熔断器主要由熔体、外壳和熔体座三部分组成，其中熔体是控制熔断特性的关键元件。使用时，将熔断器串联于被保护电路中。熔体的动作电流和动作时间特性称为熔断器的安秒特性，是一反比例特性，即过载电流小时，熔断时间长；过载电流大时，熔断时间短。因此，在一定过载电流范围内乃至不是长期过载，熔断器不会熔断，而过大的短路电流会使熔体立即熔断而迅速切断故障电路。

熔体材料分为低熔点和高熔点两类。低熔点材料（如铅和铅锡等合金）熔点低，容易熔断；由于其电阻率较大，故制成熔体的截面尺寸较大，熔断时产生的金属蒸气较多，只适用于低分断能力的熔断器。高熔点材料如铜、银等，其熔点高，不容易熔断，但由于其电阻率较低，可制成比低熔点熔体较小的截面尺寸；熔断时产生的金属蒸气少，适用于高分断能力的熔断器。

常用的几种封闭式熔断器如图 5.1.3（a）所示，图 5.1.3（b）为其图形及文字符号。

(a)　　　　　　　　　　　　　　　　　　(b)

图 5.1.3　常用封闭式熔断器外形及符号

(a) 外形；(b) 符号

熔断器的额定电流要依据负载情况而选择：

（1）电阻性负载或照明电路，熔断器熔体的额定电流一般按负载额定电流的 $1\sim1.1$ 倍选用。

（2）对于单台电动机，考虑到启动电流，如果不频繁启动，熔断器熔体的额定电流 I_{FU} 为

$$I_{FU} \geqslant \frac{I_{st}}{2.5}$$

如果频繁启动，则

$$I_{FU} \geqslant \frac{I_{st}}{1.6\sim2}$$

对于多台电动机合用的熔断器熔体的额定电流 I_{FU}，一般可粗略计算为

$$I_{FU} \geqslant (1.5\sim2.5)I_{Nmax} + \sum I_N$$

式中：I_{Nmax} 为容量最大电动机的额定电流；$\sum I_N$ 为其他电动机额定电流之和。

4. 空气断路器

空气断路器又称（自动）空气开关，是一种在低压系统中常用的配电和保护电器，即可用来分配电能，又能在配电网和电力拖动系统中有效实现短路、过载和欠压保护。

空气断路器的结构形式很多，短路、过载保护为其基本功能，欠压保护为其选配功能。图 5.1.4 所示为其工作原理图。

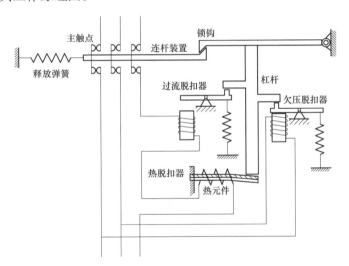

图 5.1.4 空气断路器的工作原理图

图 5.1.4 中，主触点由手动操动机构使之闭合，同时带动脱扣机构的连杆装置被锁钩锁住。正常状态下，脱扣机构中与供电主电路串联的过流脱扣器的衔铁释放着，与供电主电路串联的热脱扣器的双金属片没有发生形变，与供电主电路并联的欠电压脱扣器的衔铁吸合着。

严重过载或短路而过流时，过流脱扣器的电磁铁就将产生足够大的电磁吸力将衔铁左侧往下吸合，衔铁右侧便向上顶撞杠杆，使锁钩脱扣，主触点断开，切断主电路。

线路发生一般性过载时，过载电流虽不能使过流脱扣器动作，但能使热脱扣器中套装在双金属片上的热元件（阻值不大的电阻丝）产生一定热量，促使双金属片温度升高。由于双

金属片中下层金属的膨胀系数大，上层的小，受热后便开始逐渐向上弯曲，最终推动杠杆使锁钩脱扣，将主触头分断，切断电源。可见，当过载经过一定时间后热脱扣器才会动作，过载保护是避免负载长时间过载而带来损害的。

线路上电压严重下降或断电时，欠压脱扣器的电磁铁吸力减小或消失，衔铁被释放并顶撞杠杆，使主电路电源被分断。

图 5.1.5　断路器的符号

正常工作时，也可手动分断空气断路器。图 5.1.5 所示为其图形及文字符号。

还有一种带有漏电保护模块的空气断路器，也被称为漏电断路器，是在空气开关的基础上增加了漏电保护功能。漏电保护模块所检测的是剩余电流，即被保护回路内相线（进线）和中性线（回线）电流瞬时值的差值，当人身触电、电路或设备对地泄漏电流时，回线电流瞬时值会小于进线电流瞬时值（对于三相电路为三相电流瞬时值的代数和，即正常工作时中性线应具有电流的瞬时值），超过规定值（毫安级），漏电保护模块中的剩余电流脱扣器能在极短的时间内迅速切断故障电源，以保护人身及用电设备的安全。

漏电断路器不能代替普通空气断路器。虽然漏电断路器比空气断路器多了一项保护功能，但在运行过程中因漏电的可能性经常存在而会出现经常跳闸的现象，导致负载会经常出现停电，影响电气设备的持续、正常的运行。所以，一般只在施工现场临时用电或工业与民用建筑的插座回路中采用。

空气断路器的规格型号有很多，其技术指标有极数（分为单极、双极、三极和四极等几种）、额定电压和额定电流等。带有漏电保护的空气断路器具有中性线（N）接线。

5.1.2　控制电器

控制电器是对电气设备的运行进行手动或自动控制的电器，主要包括接触器、继电器、主令电器等。这类电器的主要技术要求是有相应的转换能力，操作频率高，电寿命和机械寿命长。

1. 接触器

接触器主要由电磁铁、触点和灭弧装置等部分组成，是利用电磁铁的吸引力使其触点动作的自动开关，可用来频繁地接通或断开电动机等电气设备的主电路，具有控制容量大，过载能力强，简单经济等特点。接触器为交流接触器和直流接触器两种，交流接触器的线圈使用交流电，直流接触器的线圈使用直流电。

图 5.1.6 所示为交流接触器的工作原理图。当铁芯线圈通电后，产生的电磁引力使衔铁被吸合，带动固定在其上的连动杆一起动作，连动杆上的动触点向右移动，使原来闭合的触点先断开，随后原来断开的触点被闭合。这时接触器的状态叫"动作状态"或"吸合状态"。线圈断电后，在复位弹簧作用下，衔铁恢复原位，被闭合的触点先断开，随后被断开的触点再接通，回到原始状态。

根据用途不同，用来控制电动机等电气设备主电路（电源与电气负载相连的电路）的触点称为主触点，通过的电流大，主触点最少有三对；用于电动机等电气设备控制电路（控制主电路运行状态的电路）的触点称为辅助触点，由于控制电路中使用电能的元件主要是控制电器的线圈，通过的电流小。辅助触点分为动合（常开）触点和动断（常闭）触点。原始状

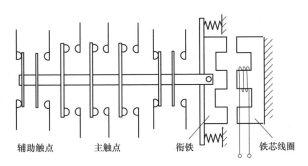

辅助触点　　主触点　　　衔铁　　铁芯线圈

图 5.1.6　交流接触器的外形和工作原理图

态下处于断开状态的触点称为动合触点，动作后将闭合；原始状态下处于闭合状态的触点称为动断触点，动作后将断开。交流接触器的符号如图 5.1.7 所示。

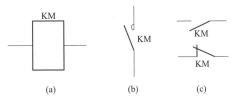

　　由于通过主电路的电流会很大，在主触点断开时，触点间会产生电弧而烧坏触点，因此大容量接触器在主触点上都装有灭弧罩。通常交流接触器的主触点都做成桥式，它有两个断点，以降低主触点断开时触点间的电压，使电弧容易熄灭；并且相间有绝缘隔板，以免短路。

图 5.1.7　交流接触器的符号
（a）线圈；（b）动合主触点；
（c）动合及动断辅助触点

　　接触器应根据线圈的额定电压、触点的额定电流及触点数量等进行选用。例如 CJ10 系列，线圈的额定电压为 220V 或 380V，主触点的额定电流有 5、10、20、40、60、100、150A 等，有三个动合主触点，两个动合辅助触点，两个动断辅助触点。

　　2. 继电器

　　继电器是一种根据特定形式的输入信号而动作的自动控制电器。当输入变量达到整定值（预设值）时，执行机构使其触点接通或断开。其触点接在控制电路中，用于反应控制信号并实现相应控制。

　　继电器的种类繁多，根据输入变量的物理性质可分为电压继电器、电流继电器、功率继电器、时间继电器、温度继电器、压力继电器、速度继电器等；根据动作原理分为电磁式继电器、感应式继电器、电动式继电器、热继电器、电子式继电器等。下面仅介绍电磁式中间继电器、时间继电器和热继电器。

　　（1）中间继电器（KA）。中间继电器用于为控制电路提供更多的触点，以传递和转换中间信号；有时也用来直接控制小容量电动机或其他电气执行元件。

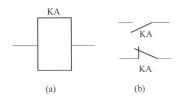

（a）　　　（b）

图 5.1.8　中间继电器的符号
（a）线圈；（b）触点

　　中间继电器的结构和工作原理与交流接触器基本相同，只是由于其触点全部为辅助触点，用在控制电路中以实现信号的传递和转换，因而电磁系统小些，触点数量多些。

　　中间继电器的符号如图 5.1.8 所示。选用中间继电器时，主要考虑线圈电压等级及动合、动断触点的数量。

　　（2）时间继电器（KT）。时间继电器是达到所整定（预设）的时间后进行动作的自动电器，主要用于延时控制。时间继电器的种类较多，较为常用的有空气阻尼式、电磁式、电动式及电子式等多种。

时间继电器的一般工作原理可以理解为，当其线圈得电或断电后，执行机构开始延时，在达到整定时间后，再使其触点进行动作。因而其符号包括线圈及延时动作的触点，一些时间继电器还有瞬时动作的触点，即线圈得电后会立刻动作。时间继电器又分为通电延时和断电延时两种方式，其符号如图 5.1.9 所示。

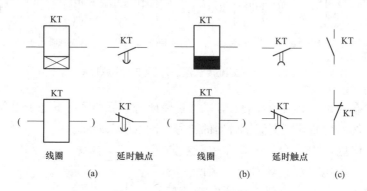

图 5.1.9　时间继电器的符号

（a）通电延时继电器符号；（b）断电延时继电器符号；（c）瞬时触点

延时触点符号中圆弧内径的指向为其延时后动作的方向。图 5.1.9（a）中，上面的触点符号为延时后闭合的动合触点，下面的触点符号为延时后断开的动断触点。图 5.1.9（b）中，上面的触点符号为延时后断开的动合触点，线圈通电时瞬时闭合，断电后经过延时再断开；下面的触点符号为延时后闭合的动断触点，线圈通电时瞬时断开，断电后经过延时再闭合。

空气阻尼式时间继电器结构简单，延时范围较宽（0.4～180s），但准确度较低。电磁式时间继电器虽然结构较为简单，但延时时间短（0.3～1.6s），通常用在断电延时场合和直流电路中。电动式时间继电器的原理与钟表类似，它是由内部电动机带动减速齿轮转动而获得延时的，延时准确度高，延时范围宽（0.4～72h），但结构比较复杂，价格昂贵。电子式时间继电器，是利用延时电路来进行延时的，准确度高，可任意设置，体积小，可靠性高，延时范围宽（如 DS48S 系列的延时范围可达 0.01s～99h99min），用在对准确度和延时范围要求较高的场合。

（3）热继电器（FR）。电动机等电气设备如果长期过载运行（熔断器还不至于熔断），其绝缘材料会因过热而受损甚至烧毁，因此必须增设过载保护环节。最常用的过载保护电器就是热继电器。

热继电器是利用主电路中电流的热效应而动作的，它的动作原理与前面介绍的空气断路器中的过载保护环节类似，如图 5.1.10 所示。

热继电器的热元件串接在主电路中，双金属片下层金属膨胀系数大、上层的小，手动复位动断触点串联在控制电路中。

当发生过载时，主电路电流将超过允许值热元件发热，双金属片受热向上弯曲经过一定时间，与扣板脱扣，扣板在弹簧拉力下将动断触点断开，切断控制电路，主电路断电，实现了过载保护。热继电器的符号如图 5.1.11 所示。

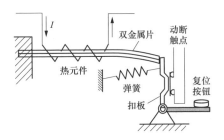

图 5.1.10 热继电器的原理图

图 5.1.11 热继电器的符号

(a) 热元件；(b) 动断触点

由于双金属片受热后是逐渐向上弯曲的，热继电器在发生过载时不会立即动作，而需经过一定的由整定电流决定的时间，因而在电动机启动或短时过载时，可避免不必要的停车。主电路断电后，待双金属片逐渐冷却可通过复位按钮手动复位。

热继电器的主要技术数据有额定电压、额定电流及整定电流。所谓整定电流，是指能保护电动机等电气设备过载的电流整定值，一般整定到电动机等电气设备额定电流的 $1.05 \sim 1.15$ 倍，主电路电流超过此值后，双金属片就受热弯曲。热继电器的动作时间和过载电流的平方成正比，过载电流越大，动作时间越短，比如过载电流超过整定电流的 20%，热继电器会在 20min 内动作。

3. 主令电器

主令电器是用来通过接通和分断控制电路以发出指令，或为可编程控制器提供开关量的开关电器，包括按钮、行程开关、接近开关、万能转换开关和主令控制器等。以下对按钮和行程开关进行介绍。

(1) 按钮（SB）。按钮是一种简便的手动操作发布指令的主令电器，按动作原理可分为机械式和光电式两种。

机械式按钮的结构示意图如图 5.1.12 (a) 所示。当按下按钮帽时，上面的动断触点先被断开，以断开一控制电路；继而下面的动合触点被闭合，以接通另一控制电路。当松开按钮帽时，在复位弹簧的作用下，动触点复位，下面的动合触点先恢复断开，继而上面的动断触点恢复闭合。可见，按一次按钮，触点动作一次，发出一次接通或断开指令，另外触点的动作有先有后。按钮的符号如图 5.1.12 (b) 所示。

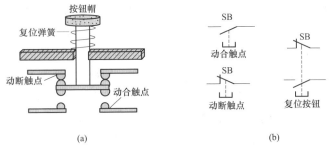

图 5.1.12 机械式按钮的结构示意图及按钮符号

(a) 结构示意图；(b) 触点符号

只具有一个动合触点或动合触点的按钮称为单按钮。一个按钮中既具有动合触点又具有动断触点，称为复合按钮，图 5.1.12 (b) 中所示的复合按钮符号中的虚线表示两个触点是联动的。

（2）行程开关（SQ）。行程开关是用来反映运动部件行程位置或位置变化的主令电器。它是利用生产机械运动部件上的撞块与其的碰撞使其触点动作的，广泛用于各类机床、起重及升降机械等设备上，以实现行程控制及限位保护等。

行程开关的种类很多，按其结构可分为直动式、滚轮式和微动式。

1）直动式行程开关的动作原理同按钮类似，所不同的是要由运动部件的撞块来撞压而动作，适用于运动部件运行速度较高的场合。

2）滚轮式行程开关分为单滚轮自动复位式和双滚轮（羊角式）非自动复位式。单滚轮自动复位式行程开关是当运动机械的撞块撞压其带有滚轮的撞杆时，撞杆转动，带动触点迅速动作；当运动撞块与其分离后，在复位弹簧的作用下，动作部件带动触点复位。其适用于运动部件运行速度较慢的场合。双滚轮非自动复位式行程开关具有两个稳态位置，即动作后不会自动复位，如要复位需要反向运动部件的撞压。其适用于触点动作状态需保持的场合，在一些情况下可以简化控制电路。

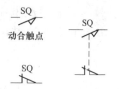

图 5.1.13　行程开关符号

3）微动式行程开关是当其推杆被压动到一定距离后，触点会瞬间动作。外力撤去后，推杆带动触点在恢复弹簧作用下迅即复位。由于触点换接速度不受推杆压动速度的影响，因而触点动作的准确性较高。适用于要求响应速度快、准确度高的场合。

行程开关的符号如图 5.1.13 所示。随着半导体元器件的发展，产生了一种非接触式的行程开关，即接近开关。当生产机械接近它到一定距离范围之内时，就能发出信号，以控制生产机械的位置或进行计数。

5.2　三相异步电动机的基本控制线路

现代各种生产机械及运动设备大多是由电动机来拖动的，因而，在运行过程中要对电动机进行自动控制，使生产机械各部件及运动设备的动作按生产及运行过程要求有序进行。随着自动控制要求的不断提高，控制线路越来越复杂，但这些复杂的控制线路是建立在基本控制线路基础上的。对于使用最普遍的三相异步电动机的基本控制主要包括直接启停控制、正反转控制、行程控制、时间控制、顺序控制等。

为了阅图分析和设计的方便，控制线路通常以原理图给出，在原理图中各电器从电路的角度出发以符号形式给出，各电器的符号参见 5.1 节的介绍。控制线路原理图应遵循以下原则：

（1）主电路在左，控制电路在右。根据控制电器线圈额定电压的不同，控制电路可取用线电压或相电压。工程绘图中还要求控制电路采用竖向画法。

（2）所有电器均用统一标准的图形和文字符号表示。一般采用国家的统一标准（本教材采用），有时也可采用一些国际组织的标准。

（3）属同一电器的不同电气部件（如接触器的线圈和触点）按其功用的不同分别接于不同的电路中，但必须标注相同的文字符号，以便于识别。

（4）所有电器的触点符号均以未动作时的原始状态（即在没有通电或没有发生机械动作

时各电器触点的状态）给出。

（5）必须保证每个线圈的额定电压，不能将两个线圈串联。

5.2.1 直接启停控制

直接启停控制线路的原理图如图 5.2.1 所示。图中，电源开关 Q、熔断器 FU1、交流接触器 KM 三个主触点、热继电器 FR 的热元件及笼形异步电动机 M 组成主电路；停车按钮 SB1、启动按钮 SB2、并接在 SB2 两端的交流接触器 KM 辅助触点、交流接触器 KM 线圈、热继电器 FR 的动断触点及熔断器 FU2 组成控制电路。

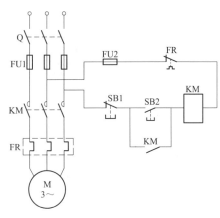

图 5.2.1　直接启停控制线路

合上电源开关，为电动机启动做好准备。当按下启动按钮 SB2 时，交流接触器 KM 的线圈通电，电磁铁衔铁被吸合，带动主触点及动合辅助触点闭合。三个主触点的闭合使电动机直接接通电源启动。松开 SB2，虽然 SB2 恢复断开，但由于 KM 线圈通电时其动合辅助触点也同时闭合，所以 KM 线圈通过与 SB2 并联的处于闭合状态的辅助触点仍继续通电，从而又保证其动合触点保持闭合状态。这种接触器利用本身的动合辅助触点使自身线圈维持通电的作用称为自锁，此动合辅助触点称为自锁触点。当按下停车按钮 SB1，接触器线圈断电，衔铁被释放，各触点复位，电动机停转。

图 5.2.1 所示控制线路中具有短路、过载、失压三种保护。

短路保护由熔断器 FU 来实现。当电路发生短路事故时，熔断器 FU 迅速熔断，从而切断电源，使被保护线路及电动机免受短路电流的影响。

过载保护由热继电器 FR 来实现。过载时，热继电器 FR 的热元件发热，达到由整定电流确定的动作时间，其动断触点断开，使接触器 KM 线圈断电，主触点断开，电动机停转，这样可避免电动机绕组因长时间过载引起的温度升高超过其允许温升而损坏。另外，当电动机任意一相断开而作缺相运行时，三相热继电器仍有两个热元件通有电流，电动机因而也得到保护。

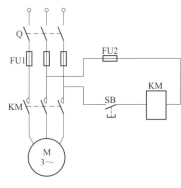

图 5.2.2　点动控制线路

失压保护由交流接触器 KM 来实现。当电源断电或电压严重下降时，交流接触器 KM 的衔铁被释放，主触点断开，从而使电动机自动脱离电源。而当线路重新恢复供电时，由于接触器 KM 的自锁触点已断开，电动机是不能自行启动的。这种保护可避免因供电线路恢复供电时电动机的突然自行启动而造成意外的人身事故和设备事故。

如果去掉直接启停控制线路的自锁环节，实现的是点动控制，如图 5.2.2 所示。合上电源开关 Q，按下启动按钮 SB，接触器线圈 KM 通电，主触点闭合，电动机 M 通电运转。放开启动按钮 SB，接触器线圈 KM 断电，主触点释放，电动机断电停转。点动控制是无须过载保护的。

许多生产机械在调整试车或运行时要求电动机能短暂运转一下，这时就要用到点动控制。

5.2.2　正反转控制

很多生产机械或运动设备都要求电动机能有正、反两个方向的运动，如起重机、电梯的升降，机床工作台的进退，主轴的正转与反转等。

通过前面三相异步电动机的学习已经知道，欲要反转，只需任意对调两根电动机的电源进线即可。为此，可在电动机单向运转控制电路基础上再增加一路由另一个接触器实现的反转控制电路，如图 5.2.3 所示。

图 5.2.3（a）所示为正、反转控制线路的主电路，当正转交流接触器 KMF 的主触点闭合时，电动机正转；当反转交流接触器 KMR 的主触点闭合时，由于调换了两根电源进线，电动机反转。另外，也可以看到，若两个接触器同时吸合工作，通过它们的主触点会造成电源短路的严重事故。因此，在控制电路中必须采取措施以保证两个接触器不能同时工作，这种保证两个接触器在任何时间内只能有一个接触器进行工作的控制作用称为互锁或连锁。

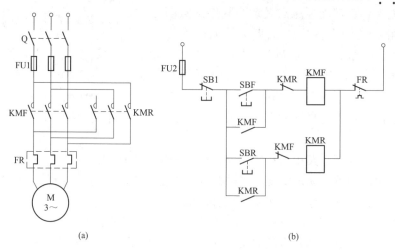

图 5.2.3　正、反转控制线路
（a）主电路；（b）基本控制电路

图 5.2.3（b）所示为正、反转控制线路的基本控制电路，单独的一路正转控制电路或反转控制电路与直接启停控制功能是相同的，只是在对方控制电路中串联了自身的一个动断辅助触点。当正转控制电路接通时，串接在反转控制电路中的接触器 KMF 动断触点断开，反转控制电路不会被启动；反之，反转控制电路接通时，串接在正转控制电路中的接触器 KMR 动断触点断开，正转控制电路不会被启动，达到两个接触器不能同时工作的控制作用，即电气互锁作用，避免了因两组主触点同时闭合造成的短路事故，这两个动断辅助触点称为互锁触点。

上述控制电路的缺点是，要使电动机改变转向时，必须先按停止按钮，使互锁触点恢复闭合后，再按另一转向的启动按钮，带来操作上的不便。为此，可加以改进，如图 5.2.4 所示。此控制电路中，正转及反转启动按钮都采用了复合按钮。当按下正转或反转启动按钮时，由于复合按钮的动作特点是动断触点先断开，动合触点后闭合。这样，首先使对方控制电路断电，串接在自身控制电路中的互锁触点恢复闭合，再使自身控制电路接通，达到了按一次按钮能够实现由正转变反转或由反转变正转的控制目的。可见，复合按钮具有机械互锁的作用。

5.2.3 行程控制

对运动部件的运行位置或行驶范围进行的控制称为行程控制。行程控制可实现限位控制、终端保护、往复运动控制等，都是通过行程开关配合撞块来实现的。

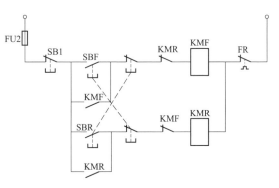

图 5.2.4 改进后的正、反转控制电路

1. 限位控制

图 5.2.5 所示为限定运动小车在 A、B 两个位置间运动的控制电路，即运动小车到达限定位置 A 或 B 时要停止运动。运动小车由电动机带动，行程开关 SQA 和 SQB 分别装在两个限定位置上。小车的前进与后退控制实质是正反转控制，其主电路与正反转控制主电路相同。

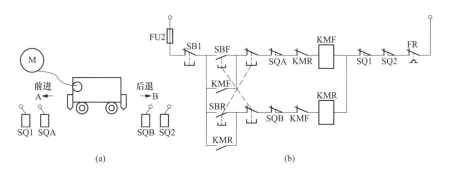

图 5.2.5 限位控制

（a）示意图；（b）控制电路

按下正转启动按钮 SBF 后，接触器 KMF 线圈通电，电动机正转，带动小车前进。当小车运动到限定位置 A 时，装于运动小车上的左撞块压下行程开关 SQA，使 SQA 串接在正转控制电路中的动断触点断开，KMF 线圈断电，于是主电路断开，小车停在位置 A。若要使小车后退，按下反转启动按钮 SBR，接触器 KMR 线圈通电，电动机反转，带动小车后退。当小车运动到限定位置 B 时，装于运动小车上的右撞块压下行程开关 SQB，使 SQB 串接在正转控制电路中的动断触点断开，小车停在位置 B。实现了 A、B 位置的限位控制。另外，小车在运动过程中，按下反向的启动按钮，小车便会反向运动。

图 5.2.5 所示的控制电路中，行程开关 SQ1 和 SQ2 是作为终端保护而设置的，目的是防止 SQA 或 SQB 失灵造成小车超越极限位置出轨而发生事故。实际应用中如桥式起重机大车的左右运行，小车的前后运行和吊钩的提升，电梯的升降等都装有终端保护。

2. 往复运动控制

运动设备或生产机械的某个运动部件，有时要求其在一定的行程范围内进行一次自动往复或自动往复循环运动，以达到过程或生产加工要求。

图 5.2.6 所示为机床工作台自动往复循环运动的控制电路，控制过程省略掉了终端保

护。两个行程开关都具有一对联动的动断触点和动合触点。自动往复循环运动实质上是在限位控制的基础上，增加了由限位开关实现的自动反向运动。

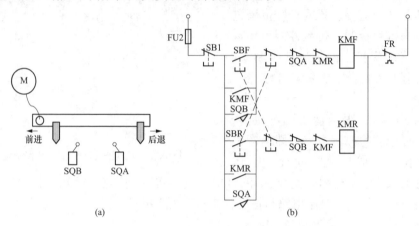

图 5.2.6　机床工作台自动往复循环运动控制
(a) 示意图；(b) 控制电路

　　工作台前进过程中，运动到预定位置时，装于工作台右侧的撞块压下安装于机床床身上的行程开关 SQA，其串接在正转控制电路中的动断触点断开，正转接触器 KMF 线圈断电，电动机停转；随即并接在反转启动按钮两端的行程开关 SQA 的联动动合触点闭合，KMR 线圈通电，电动机反转，使工作台后退，右撞块与行程开关 SQA 分开使其复位，为下一循环做准备。当工作台后退到预定位置时，左撞块压下行程开关 SQB，KMR 线圈断电，随即 KMF 通电，电动机又正转，带动工作台前进，如此自动往返。工作完成按下停止按钮 SB1，电动机断电停转。若要改变工作台行程，可调整左右撞块之间的距离。

　　自动往复循环运动的控制电路中，如果去掉行程开关 SQA 或 SQB 并接在启动按钮两端的动合触点，实现的是一次自动往复运动。

5.2.4　时间控制

　　在自动控制领域，常要求生产工序能按一定的时间间隔进行，或运动设备能够延时动作或关停，这就要用时间继电器进行时间控制。

　　图 5.2.7 所示为利用延时控制，实现的三相笼形异步电动机丫-△自动换接启动的一种控制电路，采用了通电延时的时间继电器，启动时 KM2 工作，电动机定子绕组接成丫形，运行时 KM3 工作，电动机定子绕组接成△形。

　　具体工作过程为，先合上电源开关 Q，按下启动按钮 SB2，接触器 KM1、KM2 线圈通电（并利用 KM1 的自锁触点自锁），它们的主触点闭合，电动机定子绕组作丫形连接降压启动。由于时间继电器 KT 的线圈在按下启动按钮 SB2 后也通电，所以，经过预先整定好的延时时间，延时断开的动断触点断开，使接触器 KM2 线圈断电，主触点断开；延时闭合的动合触点闭合，使接触器 KM3 线圈通电并自锁，KM3 主触点闭合使电动机定子绕组换接成△形全压正常运行。KM3 线圈通电后，其与时间继电器 KT 串接的动断触点断开，使完成任务的时间继电器 KT 断电。为防止接触器 KM2、KM3 线圈同时通电而将电源短路，控制电路中利用 KM2、KM3 的动断辅助进行了互锁。

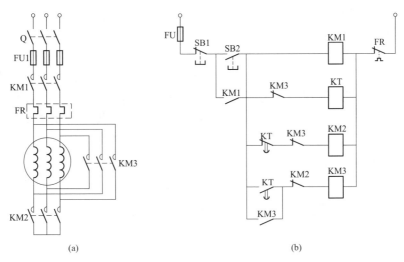

图 5.2.7 三相异步电动机Y-△换接启动控制线路

(a) 主电路；(b) 控制电路

5.2.5 顺序控制

很多用到多台电动机的生产场合，会要求电动机按一定的先后顺序运转或停车，这就要采用顺序控制。

1. 限定顺序控制

要求启动电动机 M1 后才允许启动电动机 M2，电动机 M2 停车后，M1 才能停车的一种控制线路如图 5.2.8 所示。每台电动机的控制实质属于直接启停控制。按下启动按钮 SB2，接触器 KM1 线圈通电自锁，其主触点闭合，电动机 M1 启动。这时由于串接于第二台电动机 M2 控制电路中的动合触点闭合，为接触器 KM2 的线圈通电做好准备。这样，按下启动按钮 SB4，电动机 M2 方能启动。如果 M1 未启动，按下 SB4，电动机 M2 是不能启动的。停车时，电动机 M2 可直接通过停车按钮 SB3 实现，如果电动机 M2 没有停车，此时并接在停车按钮 SB1 两端的 KM2 动合触点处于闭合状态，停车按钮 SB1 不起作用。可见，实现了限定两台电动机启动和停车的先后顺序。

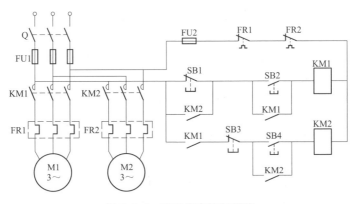

图 5.2.8 限定顺序控制线路

两个热继电器 FR1、FR2 的动断触点是串联的，任何一台电动机发生过载而引起相应热继电器动作，都会使 M1、M2 断电停止运转。

　　2. 延时顺序控制

　　要求启动电动机 M1 后，经过一定时间电动机 M2 自行启动的一种控制电路如图 5.2.9 所示，其主电路与限定顺序控制线路相同。按下启动按钮 SB2，接触器 KM1 线圈通电自锁，其主触点闭合，电动机 M1 启动。这时，由于 KM1 的自锁触点闭合，通电延时的时间继电器 KT 线圈通电，并为接触器 KM2 的线圈通电做好准备。预设整定时间到，KT 的动合触点闭合，电动机 M2 启动。停车时，电动机 M2 可通过停车按钮 SB3 单独停车，停车按钮 SB1 将使两台电动机同时停车。

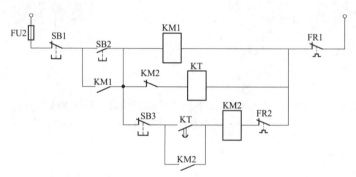

图 5.2.9　延时顺序控制线路

　　热继电器 FR2 的动作只会使第二台电动机 M2 断电停止运转，而热继电器 FR1 的动作会使 M1、M2 都断电停止运转。

　　上述两个顺序控制电路实现顺序控制的策略是不同的，实际中，实现相同的控制目的可以采用不同的控制策略，因而相应的控制电路可以是多样的。

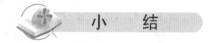

小　　结

　　1. 常用低压电器

　　低压电器按用途和控制对象可分为配电电器和控制电器。

　　（1）配电电器。配电电器是进行电力分配及线路保护的电器，主要用于低压配电系统和动力设备中，包括刀开关、组合开关、熔断器、空气断路器等。

　　刀开关常用作电源隔离开关，也可用于不频繁接通和断开小电流配电电路，或直接控制小容量电动机的启动和停车。

　　组合开关多用在机床电气控制线路中作为电源的引入开关，也可用于直接控制小容量电动机的启动、停车和正反转，以及局部照明电路的通断。

　　熔断器是常用的短路和过电流保护电器，简便有效，广泛应用于高低压配电系统和控制系统以及用电设备中。

　　空气断路器又称（自动）空气开关，是一种在低压系统中常用的配电和保护电器，即可用来分配电能，又能在配电网和电力拖动系统中，有效实现短路、过载和欠压保护。带有漏电保护的空气断路器，也称为漏电开关，是在空气开关的基础上增加了漏电保护功能。

　　（2）控制电器。控制电器是对电气设备的运行进行手动或自动控制的电器，主要包括接触器、继电器、主令电器等。

接触器主要由电磁铁、触点和灭弧装置等部分组成，是利用电磁铁的吸引力使其触点动作的自动开关，可用来频繁地接通或断开电动机等电气设备的主电路和控制电路。其分为交流接触器和直流接触器两种。

继电器是一种根据特定形式的输入信号而动作的自动控制电器。当输入变量达到整定值（预设值）时，执行机构使其触点接通或断开。其触点接在控制电路中，用于反应控制信号并实现相应控制。常用继电器有中间继电器、时间继电器和热继电器等。

主令电器是用来通过接通和分断控制电路以发出指令，或为可编程控制器提供开关量的开关电器。它包括按钮、行程开关、接近开关、万能转换开关和主令控制器等。

2. 三相异步电动机的基本控制线路

三相异步电动机的基本控制主要包括直接启停控制，正、反转控制，行程控制，时间控制，顺序控制等。

直接启停控制的主要环节是自锁。正、反转控制中的正转或反转控制相当于直接启停控制，为避免主电路短路，该控制电路中要有互锁环节。行程控制是对运动部件的位置和行程进行控制。时间控制属于延时控制。顺序控制是对多台电动机的启动或停车顺序进行控制。

控制线路中的保护环节有短路保护、过载保护、失压保护等。

5.1 试设计笼形三相异步电动机既能点动控制又能连续运转的控制线路。

5.2 设计可以由甲、乙两地对一台三相异步电动机进行启停控制的控制线路，要求有短路、过载和失压保护。

5.3 简述自锁和互锁的作用。

5.4 指出题图所示正、反转控制线路的主电路和控制电路中的错误，并加以改正。

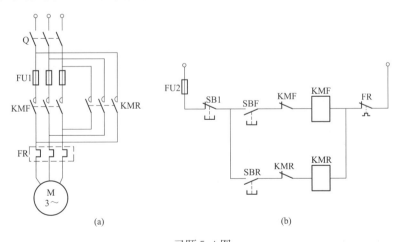

习题 5.4 图
（a）主电路；（b）控制电路

5.5 由电动机拖动的运动部件，要求其能在 A、B 两个位置间实现一次自动往返运动，试给出控制线路。

5.6　现要求一台三相异步电动机启动后，经过一定时间能自行停车，试给出控制线路。

5.7　试设计一个由电动机拖动的生产线运货小车控制电路，要求把货物从始发地送到目的地后自动停车，延时 1min 后自动返回始发地停车。

5.8　题图所示具有中间继电器 KA 的控制电路实现对两台电动机的控制，接触器 KM1 控制电动机 M1，接触器 KM2 控制电动机 M2。试分析此控制电路的控制功能。

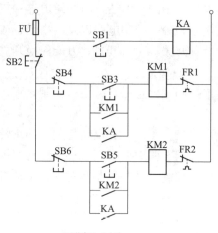

习题 5.8 图

5.9　某机床主轴和润滑油泵分别由两台三相异步电动机驱动，若要求：（1）主轴必须在油泵开动后才能开动；（2）主轴可实现正反转，并能单独停车；（3）有短路、失压和过载保护。试绘出控制线路。

5.10　试分析习题图所示控制线路实现的控制功能。

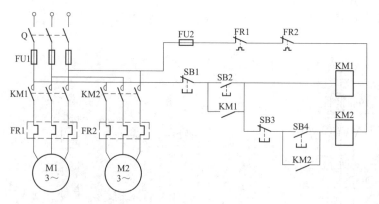

习题 5.10 图

5.11　试设计两台三相异步电动机连锁控制电路。要求电动机 M1 启动后经过一定时间 M2 自行启动；M2 启动后，M1 经过一定时间自行停车。

6 可编程控制器

可编程控制器（PLC）是以继电接触器控制系统为基础，结合计算机技术、微电子技术、通信技术和自动控制技术而形成的新型工业控制器，以执行用户编制的程序来实现或改变控制功能。与继电接触器控制系统相比，可编程控制器具有功能完善、通用性强、组合灵活、可靠性高、编程简单、体积小、功耗低等优点，已被广泛应用于国民经济的各个控制领域。

可编程控制器（PLC）不仅能实现开关逻辑和顺序控制，具有定时、计数、算术运算、数据处理、通信联网等功能，还可以实现（生产）过程控制、（转轴）运动控制及集散控制，它的应用深度和广度已成为衡量一个国家工业自动化先进水平的重要标志。

本章首先对可编程控制器的基本结构、工作方式做一介绍，然后以西门子 S7-1200 系列小型 PLC 为例介绍可编程控制器的基本程序编制及简单应用。

6.1 PLC 的结构和基本工作方式

6.1.1 PLC 的结构

PLC 的种类、型号、规格不一，功能和指令系统也不尽相同，但结构和工作方式则大同小异。PLC 由硬件系统和软件系统两部分组成，硬件系统一般又分为中央处理器（CPU）单元、存储器单元、输入/输出接口单元、电源单元、扩展接口单元和外部设备接口单元等几个组成部分，如图 6.1.1 所示。

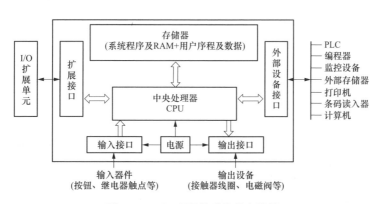

图 6.1.1　PLC 硬件系统基本结构

1. 中央处理器

类似于工业控制中的通用计算机，中央处理器（CPU）是 PLC 的核心部分、控制中枢。CPU 主要用来实现逻辑运算，协调控制系统内部各部分的工作，分时、分渠道地执行数据的存取、传送、比较和变换，执行并完成用户程序所设计的任务，并根据运算结果控制输出设备，响应外部设备的请求（如计算机、监控设备、条码读入器等），以及进行各种内部联系与诊断等。

2. 存储器

PLC的内部存储器分为系统程序及RAM存储器、用户程序及数据存储器。系统程序存储器中主要存放系统管理和监控程序，以及对用户程序作编译处理的程序。系统程序相当于个人计算机的操作系统，由生产厂家设计并固化，用户不得更改；系统RAM存储器（随机存储器）主要用来存储I/O状态和编程软器件（如定时器、计数器等）及系统组态的参数。用户程序及数据存储器中主要存放用户编制的应用程序、输入输出变量状态以及各种暂存数据和中间结果，用户程序可由编程器或计算机上的编程软件编制后输入和更改。

3. 输入/输出（I/O）接口

I/O接口是PLC与输入器件、被控装置或其他外部设备之间的连接部件，可分为输入模块和输出模块。它们接口信号的类型又分为数字量（开关量）和模拟量。

输入模块用来接收和采集输入器件（如按钮及其他开关、各种继电器触点、传感器等）的控制信号，送交CPU进行运算和处理。输出模块将CPU进行运算和处理的结果通过输出电路去驱动被控装置或其他外部设备（如接触器、电磁阀、指示灯、数显装置、报警装置等）。

I/O接口电路一般采用光电耦合电路，以减少电磁干扰，提高工作的可靠性。通常输入模块有直流、交流、交直流三种；输出模块有继电器（交直流）、晶体管（直流）、双向晶闸管（交流）三种。

I/O接口通过端子排与外部器件或设备连接。根据I/O端子的点数PLC可分为：小型机（<256点），如16、32、128点的PLC；中型机（256~2048点）；大型机（>2048点）。可根据使用到的I/O端子的点数选择使用PLC。

4. 电源

电源是PLC的电能供给部分，它把外部供应的电源变换成系统内部各单元所需的直流稳压电源，也可是单独的电源模块。外部电源有采用交流电源（220V）的，也有采用直流电源（24V）的。

5. 扩展接口

扩展接口用于连接I/O扩展模块，以扩充PLC的控制规模。I/O扩展模块有开关量I/O扩展模块、模拟量I/O扩展模块、高速计数等特殊模块及通信模块等。

6. 外部设备接口

外部设备接口可将编程器、计算机、打印机、监控设备、其他PLC等外部设备与主机相连，以完成相应操作。

6.1.2 PLC的基本工作方式

PLC可看作一个系统，工作时先将采集到的外部输入端的输入信号（如各种开关信号或模拟信号）状态，经输入接口寄存到PLC内部的输入映像寄存器中，供用户程序执行时采用；而后按用户程序要求进行逻辑运算和数据处理，将结果寄存到PLC内部的输出映像寄存器中，最后以输出变量的形式送到输出接口，从而控制输出设备。

PLC处于运行（RUN）状态时，在CPU系统程序监控下，周而复始地按一定的顺序对系统内部的各种任务进行查询、判断和执行，即PLC采用"顺序扫描、不断循环"的工作方式进行。一次扫描工作过程可划分为输入采样、程序执行和输出刷新三个阶段，如图 6.1.2 所示。

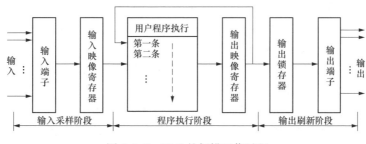

图 6.1.2 PLC 的扫描工作过程

（1）输入采样阶段。PLC 在输入采样阶段，以扫描方式逐个采集全部输入端的通/断状态或输入数据，并将此状态存入输入映像寄存器，即输入刷新。随即关闭输入端口，接着转入程序执行阶段。在程序执行期间，即使输入状态发生变化，输入映像寄存器的内容也不会改变，只有在下一个扫描周期的输入处理阶段才能被读取。

（2）程序执行阶段。PLC 通过执行反映控制要求的用户程序来完成控制任务。在执行用户程序阶段，CPU 首先从输入映像寄存器和当前输出映像寄存器中读出有关元件的通/断状态；再按用户程序指令存放的先后顺序扫描执行每条指令，即从第一条程序开始，在无中断或跳转指令的情况下，逐条执行用户程序，程序结束后，将用户程序运行后的逻辑运算结果存入到输出映像寄存器中。输出映像寄存器中的所有内容将随着程序的执行而改变。

（3）输出刷新阶段。当 CPU 对所有用户程序执行完毕后，将输出映像寄存器中存放的通/断状态，在输出刷新阶段转存到输出锁存器中，并通过一定的方式（继电器、晶体管或晶闸管）经输出端子驱动外部设备。

执行一个循环扫描过程所需的时间称为扫描周期，一般为 0.1～100ms。由 PLC 的工作过程可见，全部输入、输出状态的改变就需要一个扫描周期，换言之，输入、输出的状态保持一个扫描周期。这在一定程度上降低了响应速度，但却大大提高了系统的抗干扰能力（干扰信号不易被读取），可靠性增强。PLC 的工作速度一般都能满足工程要求。

6.2 PLC 的程序编制

6.2.1 程序设计基础

1. 基本数据类型

控制系统中的开关量（或称数字量）只有两种相反的逻辑状态，如触点的接通和断开，线圈的通电和断电等。二进制数的 1 位（bit）只有 1 和 0 两种不同的取值，可对应表示开关量（数字量）的两种逻辑状态。为便于区别，一般用不加粗的 1、0 表示二进制数的两个数码，用加粗的 **1**、**0** 表示两种相反的逻辑状态。比如，用 **1** 表示通电，用 **0** 表示断电。在数字电路中，通常用高电平代表 **1** 态，用低电平代表 **0** 态，这里电平指的是两种信号状态（如矩形波信号）电位的相对高低。计算机和 PLC 中用高、低电平表示的状态数据常采用多位二进制数形式。

数据类型描述的是数据的长度（即二进制数的位数）及属性。用户程序中所有的数据必须通过数据类型来识别，只有相同数据类型的变量才能进行运算。数据类型有基本数据类型、复合数据类型、参数类型三种，这里只介绍常用的基本数据类型。

（1）位（Bool）。位数据的数据类型为 Bool（布尔）型，长度为 1bit。Bool 型变量只有 1 和 0 两种取值，可用于表示两种相反的逻辑状态。

（2）字节（Byte）。字节（Byte）的长度为 8bit，即由 8 位二进制数组成，取值范围（二进制）为 00000000～11111111，其缩写为 B。

（3）字（Word）。字（Word）的长度为 16bit，由相邻的两个字节组成，其缩写为 W。

（4）双字（DWord）。双字（DWord）的长度为 32bit，由相邻的两个字（或 4 个字节）组成，其缩写为 D。

（5）整数（Int）。整数（Int）是有符号整数的简称，长度为 16bit，第 16 位为符号位（0 表示整数，1 表示负数）。整数还有其他类型，如双整数（Dint，32bit），短整数（SInt，8bit）。无符号整数表示时前面带 U，如 UInt、UDInt 、USInt。

（6）浮点数（Real）。浮点数（Real）的长度为 32bit，又称为实数，第 32 位为符号位（0 表示正数，1 表示负数）。

（7）时间（Time）和日期（Date）。时间（Time）是有符号双整数（Dint），其单位为 ms，能表示的最大时间约为 24 天，PLC 的定时器中采用的就是这种数据类型；日期（Date）为 16 位无符号整数（Uint），表示格式为：年-月-日。

2. 存储器及其寻址

存储器是 PLC 的重要组成部分，根据存储空间的用途可分为三个区域，即系统程序存储区，系统随机存储（RAM）区，用户程序及数据存储区。

系统随机存储（RAM）区主要包括 I/O 映像区、参数区、数据块存储区。

（1）I/O 映像区为存放 I/O 状态和数据提供一定数量的存储单元。一个开关量（数字量）占一位（bit），一个模拟量占一个字（16bit）。

（2）参数区用于存放 CPU 的组态数据，如输入输出组态、定义存储区保持范围、高速计数器配置、通信组态等，这些数据是不断变化的。

（3）数据块存储区用于存放不同类型的数据块。数据块用来存放代码块（功能块）使用的各种类型的数据，包括中间操作状态或函数块（FB，用户编写的子程序）的其他控制信息参数，以及某些指令（如逻辑线圈、数据寄存器、定时器、计数器、累加器等指令）需要的数据结构。

数据块中的逻辑线圈、数据寄存器、定时器、计数器、累加器等可看作是 PLC 内部的软器件，类似于继电接触器控制系统中的各类继电器。

逻辑线圈与开关量一样，每个逻辑线圈占用系统随机存储区中的一个位（Bit），但不能直接驱动外围设备，只供用户在编程中使用。另外，不同的 PLC 还提供数量不等的特殊逻辑线圈，具有不同的功能。

数据寄存器与模拟量 I/O 一样，每个数据寄存器占用系统随机存储区中的一个字（Word），不同的 PLC 还提供数量不等的特殊数据寄存器，具有不同的功能。

定时器、计数器、累加器等以数据结构的形式放置于特定的数据块中。

下面从西门子 S7-1200 系列 PLC 系统出发，来看几个不同系统随机存储（RAM）区的寻址。

（1）输入映像寄存器的寻址。输入映像寄存器的标识符为 I，在每个扫描周期的输入采样阶段采集外部输入的数字量（开关量）信号的状态并存储在输入映像寄存器中。

输入映像寄存器 I 可以按位、字节、字和双字来访问。位存储单元的地址由字节地址和位地址（字节.位）组成。例如，I1.0 中的标识符"I"表示输入，字节地址为 1，在此字节中的位地址为 0（最低位）；字节存储单元的地址表示如 IB0，包括 IB0.0～IB0.7 共 8 位；字及双字存储单元的地址表示如 IW0，由 IB0 和相邻的 IB1 组成；双字存储单元的地址表示如 ID0，由 IW0 和相邻的 IW2 组成（由于字由两个相邻字节组成，字的编号以起始字节 0、2、4 等偶数表示）。

数字量输入位地址从位 IX.0（X 为字节号）开始，并以字节为单位分配给每一个输入模块，也可称为一个信号通道。若该模块（通道）不能提供足够的位地址数，则余下的映像单元被空置，如 S7-1200 系列有 14 个数字量输入点的 CPU1214C，通道"0"包括 I0.0～I0.7，而通道"1"包括 I1.0～I0.5。S7-1200 系列的输入起始地址字节号用户也可以修改。

（2）输出映像寄存器的寻址。输出映像寄存器的标识符为 Q，用户程序的数字量执行结果将存入到输出映像寄存器中，而在输出刷新阶段再传送到输出端，以驱动输出设备，并在下个扫描周期开始时，用户程序的执行将读取输出映像寄存器的数字量状态数据。

输入映像寄存器 Q 存储单元的访问地址的标示方法与输入映像寄存器 I 相同。输出信号通道的规则也与输出信号通道的相同。

（3）位存储器的寻址。位存储器的标识符为 M，用来存储运算的中间操作状态或其他控制信息。可以用位（如 M1.3）、字节（MB）、字（MW）或双字（MD）读/写位存储器。

（4）数据块的寻址。数据块（Date Block）的标识符为 DB，可以按位（如 DB1.DBX0.5）、字节（DBB）、字（DBW）和双字（DBD）来访问。在访问数据块中的数据时，应指明数据块的名称。例如 DB1.DBB10，指的是数据块 1 中的字节 10。定时器、计数器等软器件就是以数据块（DB）的形式来寻址的。

另外，模拟量（连续变化的量）输入/输出信号没有映像存储区，标识符为 AI/AQ，以通道号为地址号，如 AI0、AI1、AQ0、AQ1。

3. PLC 编程语言

PLC 编程语言是指由 PLC 厂家为用户提供的用户程序编制语言。IEC（国际电工委员会）制定的 PLC 编程语言标准（IEC61131-3）定义了五种编程语言，是目前为止唯一的工业控制系统的编程语言标准。当前越来越多的 PLC 生产厂家开始提供符合此标准的产品，该标准已经成为工控产品事实上的软件标准。

（1）梯形图（LD）。梯形图（LD）西门子 PLC 简称 LAD，是使用最多的最基本的一种从继电接触控制电路图演变而来的 PLC 图形编程语言。它是借助于继电器的动合触点、动断触点、线圈以及串联与并联等术语和符号，根据控制要求连接而成的表示 PLC 输入和输出之间逻辑关系的图形。例如，梯形图中用—| |—表示 PLC 编程元件的动合触点，用—|/|—表示 PLC 编程元件的动断触点，用—( )—表示线圈。形象、直观、易懂，适合于数字量逻辑控制。

（2）指令语句表（IL）。指令语句表是一种用指令助记符来编制 PLC 程序的语言，类似于计算机的汇编语言，但比汇编语言容易理解。若干条指令组成的程序就是指令语句表。不同的 PLC 厂家往往采用不同的语句表符号集。

（3）函数块图（FBD）。函数块图是一种类似于数字逻辑电路结构的编程语言，一种使用布尔代数（逻辑代数）的图形逻辑符号（如**与门**、**或门**等的符号）来表示的控制逻辑，复杂功能能用指令块表示。适合于熟悉数字电路的人员使用。

（4）顺序功能图（SFC）。顺序功能图又称状态转换图，是针对顺序控制系统进行编程的图形编程语言，特别适合顺序控制程序编写。西门子 S7（STEP 7）中为 S7 Graph 语言。

（5）结构文本（ST）。结构文本是用结构化的文本描述程序的一种专用的高级编程语言，主要针对复杂的公式计算、复杂的计算任务和最优化算法或数据的管理等。适合于熟悉高级语言（如 PASCAL 或 C 语言）的人员使用。西门子 S7 中为 S7 SCL（结构化控制语言）。

4. S7-1200 PLC 简介

S7-1200 是西门子公司 2009 年推出的，用以取代 20 世纪由收购的一家美国公司开发的小型 PLC S7-200，符合 IEC 标准，与 S7-200 风格迥异，是真正意义上的德国西门子公司自行研发的产品。

S7-1200 PLC 设计紧凑、组态灵活、成本低廉，具有功能强大的指令集；可通过各种信号板（SB）、信号模块（SM）和通信模块（CB、CM）扩展 CPU 的能力；可配以可视化 HMI 显示面板；内置的 PROFINET 通信端口可以全面使用工业以太网技术；具有用于计数和测量的高速输入，用于速度、位置或占空比控制的高速输出，用于速度和位置控制的 PLCopen 运动控制指令，用于步进或伺服电动机的驱动控制面板，用于过程控制的可进行自动调节 PID 控制回路及控制面板。

S7-1200 PLC 具有多种 CPU 型号，不同的 CPU 型号的主要特征和技术规范见表 6.2.1。

表 6.2.1　　　　　　　　　　S7-1200 PLC 不同 CPU 型号的特征和技术规范

特　征	CPU 1211C	CPU 1212C	CPU 1214C	CPU 1215C	CPU 1217C
用户存储器 （工作存储器/装载存储器）	50KB/1MB	75KB/2MB	100KB/4MB	125KB/4MB	150KB/4MB
数字量 I/O 点数	6/4	8/6	14/10	14/10	14/10
模拟量 I/O 点数	2/0	2/0	2/0	2/2	2/2
位存储器（M）	4096B	4096B	8192B	8192B	8192B
高速计数器	3	4	6	6	6
通信 I/O 接口	PROFINET				
信号模块扩展个数	0	2	8	8	8
脉冲输出（最多 4 个）	100kHz	100kHz/20kHz			1M/100kHz
功能块	1024 块，地址范围：1～65535				

CPU 的技术规范是对 PLC 编程和使用的重要依据。表 6.2.1 中的功能块包括定时器、计数器（定时器、计数器实质属于函数块）、数据块（DB）、函数（FC）和函数块（FB）等，它们的使用总量不超过功能块的总块数即可。定时器、计数器等软器件没有编号，可以用背景数据块的名称来做它们的标识符，背景数据块中的默认名称可加以更改。

S7-1200 PLC 使用的编程软件是全集成自动化博途（Totally Integrated Automation Portal，TIA）软件。TIA 博途软件是西门子自动化的全新工程设计软件平台，它将所有自动化软件工具集成在统一的开发环境中，可提供创建自动化应用工具和整体解决方案。TIA 博途软件包括程序编制的软件 STEP7 和创建人机界面以实现远程监控的软件 WinCC。

S7-1200 PLC 采用的编程语言有梯形图（LD）、函数块图（FBD）和结构化控制语言（SCL）。

6.2.2 PLC 的梯形图编程原则和过程

梯形图是最基本、使用最普遍的编程语言，主要用于数字量（开关量）控制过程。梯形图有左右两根母线，相当于两根电源线，但实际上不接任何电源。在两根母线之间连接具有一定控制功能的梯级（程序段），梯级由各类触点、线圈及软器件（功能块）串并联而成，始于左母线，终于右母线。STEP7 编程软件的右母线以每一梯级后面接一短竖线分梯级表示。

用 PLC 控制的电动机正、反转的梯形图如图 6.2.1（a）所示，编程软件会在地址前自动生成一个字符 "%"。图 6.2.1（b）为与其对应的继电接触器控制电路。图 6.2.1 中，输入触点 I0.1 对应于正转启动按钮 SBF，输入触点 I0.2 对应于反转启动按钮 SBR，输入触点 I0.0 对应于停车启动按钮 SB1，输出线圈及触点 Q0.0 对应于接触器 KMF，Q0.1 对应于接触器 KMR。当输出线圈接通时输出程序执行结果，但不是直接驱动输出设备或器件，而要通过输出接口的继电器、晶体管或晶闸管来实现。

从图 6.2.1（a）、（b）的对比可见，继电接触器控制是将各个独立的实际器件及触点按固定的接线方法实现控制要求的，而 PLC 是将控制要求以程序的形式写入寄存器，程序中的软器件、触点及线圈就相当于继电接触器控制的各个器件、触点及线圈。PLC 用软件编程代替了继电接触器控制的硬连线，大大减轻了接线工作。当需要改变控制要求时，只需修改程序和少量外部接线，因此使用起来非常灵活方便，且易于扩展功能。

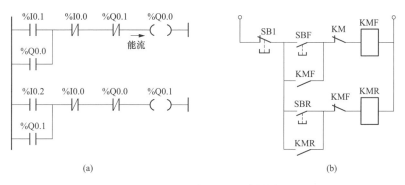

图 6.2.1 电动机正、反转控制

（a）梯形图；（b）继电接触器控制电路

在理解梯形图的逻辑关系时，可借用继电接触器控制电路的分析方法，可以想象梯形图的左右两侧垂直 "电源线"（母线）是接于左正、右负的直流电源上的，当某一梯级通过触点接通时，有一假想的 "能流" 从左向右流过。利用 "能流" 这一概念，可以借用继电接触器控制电路的术语，更好地理解和分析梯形图。

1. PLC 的梯形图编程原则

（1）PLC 编程器件的触点在编制程序时使用次数是无限的。

（2）同一编号的线圈或软器件（功能块）在梯形图中只能使用一次，以免引起误操作，而它们的触点可以使用无数次。

（3）位存储器 M（类似于中间继电器）、功能块（如定时器、计数器等）在程序内部使用，不能直接提供外部输出，如需输出要通过输出线圈 Q 实现。

（4）有"能流"才能执行指令的梯级，左母线通过触点连接，右母线通过逻辑线圈或其他软器件连接，功能块的输出可接驱动逻辑线圈或其他功能块。与"能流"无关的执行指令块，如标签指令块、移动值指令块等，可直接连接在左母线上。

（5）编制梯形图时，应尽量做到"上重下轻、左重右轻"，以符合"从左到右、自上而下"的程序执行顺序。图 6.2.2 所示给出了不合理梯形图的转换。

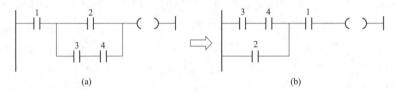

图 6.2.2　不合理梯形图的转换
（a）不合理；（b）合理

（6）在梯形图中应避免触点画在垂直线上，这种桥式梯形图无法转换为指令语句程序，应变换为能够编程的形式，如图 6.2.3 所示。

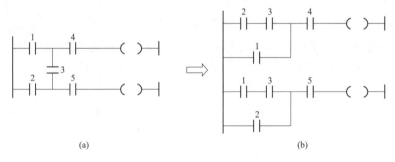

图 6.2.3　桥式梯形图的变换
（a）不合理；（b）合理

（7）梯形图中输入触点的状态（动合或动断）要根据 PLC 输入端外接的按钮或开关等外部触点的状态选取。如果输入端外接为动合触点，梯形图中的输入触点状态与对应的继电接触器控制电路中的触点状态相同；否则，相反。图 6.2.4 所示为用 PLC 实现电动机直接启停控制时，梯形图中输入触点状态的选取方法。

图 6.2.4（a）所示的电动机直接启停控制的继电接触器控制电路中，停车按钮 SB1 是动断触点。如用 PLC 来控制，停车按钮 SB1、启动按钮 SB2 将接至其输入端子上，在外部接线时，SB1 可分别采用两种不同的状态接入。

在图 6.2.4（b）所示的 PLC 外部接线中，SB1 仍选用动断触点，接在 PLC 输入点的 I0.1 端子上，则在编制梯形图时，用的是动合输入触点 I0.1。因 SB1 未动作时是闭合的，外部接通，给对应的输入触点所指定的位写入的逻辑状态为 1，使输入触点 I0.1 动作接通，即这时 I0.1 是闭合的。按下 SB1，断开外部输入，I0.1 才断开。

在图 6.2.4（c）所示的 PLC 外部接线中，SB1 选为动合触点，接在 PLC 输入点的 I0.1 端子上，则在编制梯形图时，用的是动断输入触点 I0.1。因 SB1 未动作时是断开的，外部断电，给对应的输入触点所指定的位写入的逻辑状态为 **0**，输入触点 I0.1 不动作，即这时 I0.1 仍是闭合的。按下 SB1，接通外部输入，I0.1 才断开。

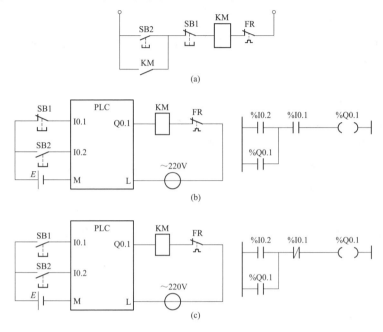

图 6.2.4 采用 PLC 实现电动机直接启停控制

(a) 直接启停控制的继电接触器控制电路；(b) SB1 选用动断触点时的 PLC 的控制；(c) SB1 选用动合触点时的 PLC 控制

为了使梯形图和继电接触器控制电路一一对应，便于理解梯形图中的逻辑关系，PLC 外接输入器件的触点应尽可能选用动合触点。

图 6.2.4 的 PLC 外部接线图中，输入侧的直流电源 E 通常是由 PLC 内部稳压电源提供的，输出侧的交流电源是外接的。"M""L"分别是两侧的公共端子。此外，起过载保护的热继电器 FR 的触点只能选用动断的，通常不作为 PLC 的输入信号，而将其触点接在输出电路中直接通断接触器线圈。

2. PLC 的梯形图编程过程

（1）分析任务的控制要求，了解组态设备及其驱动特性，确定控制的动作顺序及工艺流程。

（2）根据任务要求，确定控制量（输入量）、被控量（输出量）的个数，即确定使用 PLC 的 I/O 点数，然后结合技术规范进行 PLC 设备选型。

（3）进行 I/O 分配。比如图 6.2.1 所示电动机正反转控制的 I/O 分配见表 6.2.2，即 I0.0、I0.1、I0.2 分别接收接在输入端子上的外部按钮 SB1、SBF、SBR 的触点状态信号；Q0.0、Q0.1 驱动接在输出端子上的外部 KMF 线圈和 KMR 线圈。

表 6.2.2 正反转控制 I/O 分配

输	入	输	出
SB1	I0.0	KMF	Q0.0
SBF	I0.1	KMR	Q0.1
SBR	I0.2		

（4）根据 I/O 分配地址及所选 PLC 技术规范（比如编程器件的数量及地址范围），在编程软件中进行梯形图编制。

（5）将编制好的程序传送到 PLC，利用编译、在线监视，或使用仿真工具进行功能验证，没达控制要求的则加以修改。

6.2.3　S7-1200 PLC 的编程指令

S7-1200 PLC 的指令包括基本指令、扩展指令及全局库指令，有几十种上百条，这里主要介绍一些常用的基本指令。

1. 位逻辑指令

（1）触点和线圈指令。

1）动合触点。动合触点（—| |—）在分配的存储位为 **1** 态（对应的外部触点闭合）时闭合，为 **0** 态（对应的外部触点断开）时断开。

2）动断触点。动断触点（—|/|—）在分配的存储位为 **0** 态（对应的外部触点断开）时闭合，为 **1** 态（对应的外部触点闭合）时断开。

3）取反触点。取反触点（—|NOT|—）用来转换能流输入的逻辑状态。如果没有能流流入取反触点，则有能流流出，如图 6.2.5（a）所示，线圈接通；有能流流入取反触点，则没有能流流出，如图 6.2.5（b）所示，线圈断电。图 6.2.5 中的虚线表示能流断流，实线表示能流流通。

图 6.2.5　取反触点的能流

（a）无能流流入；（b）有能流流入

4）线圈。线圈（—( )—）用来将输入的逻辑运算结果的信号状态写入指定的地址。线圈接通时写入状态 **1**，其触点动作；断电时写入状态 **0**，其触点不动作。

5）取反线圈。取反线圈（—(/)—）用来将输出位的逻辑运算结果取反。有能流流过时取反线圈为 **0** 态（断电），其触点不动作；反之为 **1** 态（接通），触点动作。

（2）置位、复位输出指令。置位输出（S）指令将指定的输出位（线圈）变为 **1** 态（接通）并保持。复位输出（R）指令将指定的输出位（线圈）变为 **0** 态（断电）并保持。

它们的用法如图 6.2.6 所示。当触发信号 I0.1 闭合时，Q0.1 接通；当触发信号 I0.2 闭合时，Q0.1 断开。S、R 指令不同时使用，最主要的特点是具有保持功能，当接通触发信

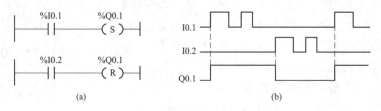

图 6.2.6　R、S 指令的用法

（a）S、R 指令；（b）工作时序图

号即执行 S(R) 指令，不管触发信号随后如何变化，线圈将保持接通（断电）。对同一（输出 Q 或位存储器 M）线圈，可以多次使用 S 和 R 指令，次数不限。

此外，置位位域指令（SET ＿ BF）将指定的地址开始的若干个地址置位；复位位域指令（RESET ＿ BF）将指定的地址开始的若干个地址复位。

（3）边沿检查指令。

1）边沿检测触点指令。边沿检测触点指令分为上升沿检测触点指令和下降沿检测触点指令。

上升沿检测触点（P 触点）指令（—|P|—）是当检测到触发信号上升沿（由 **0** 态变为 **1** 态）时，P 触点接通一个扫描周期。

下降沿检测触点（N 触点）指令（—|N|—）是当检测到触发信号下降沿（由 **1** 态变为 **0** 态）时，N 触点接通一个扫描周期。

它们的用法如图 6.2.7 所示。当检测到触发信号 I0.1 上升沿时，P 触点接通一个扫描周期，位存储器 M3.1 被置位；当检测到触发信号 I0.2 下降沿时，N 触点接通一个扫描周期，位存储器 M3.2 被复位。

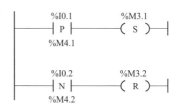

图 6.2.7　P、N 触点指令的用法

P 触点及 N 触点下面的 M4.1 及 M4.2 为边沿存储位，用来存储上一次扫描循环时触发信号的状态，以便于通过比较当前状态和上一次循环的状态，来检测信号的边沿。边沿存储位的地址只能在程序中使用一次，它的状态不能在其他地方被改写。

2）边沿检测线圈指令。边沿检测线圈指令分为上升沿线圈检测指令和下降沿线圈检测指令。

上升沿检测线圈（P 线圈）指令（—(P)—）是当检测到流入能流的上升沿时，P 线圈的输出位接通一个扫描周期。

下降沿检测线圈（N 线圈）指令（—(N)—）是当检测到流入能流的下降沿时，N 线圈的输出位接通一个扫描周期。

它们的用法如图 6.2.8 所示。在运行时用外接输入开关使 I0.1 变为 **1** 态，能流经 P 线圈和 N 线圈流过 M5.1 的线圈。在 I0.1 的上升沿，P 触点的输出位 M6.1 由 **0** 态变为 **1** 态，其动合触点闭合一个扫描周期，使 M5.2 置位（假设 M5.2 原态为 **0**）；在 I0.1 的下降沿，N 触点的输出位 M6.3 由 **0** 态变为 **1** 态，其动合触点闭合一个扫描周期，使 M5.3 复位（假设 M5.3 原态为 **1**）。

P 线圈及 N 线圈下面的 M6.2 及 M6.4 为保存输入状态的边沿存储位，同样地址只能在程序中使用一次，状态不能在其他地方被改写。

需注意，边沿检测触点指令上面的位地址为输入位，边沿检测线圈指令上面的位地址为输出位。

【例 6.2.1】　一故障信息显示电路，要求接收到故障信号开始，指示灯以 1Hz 的频率闪烁。操作人员按复位按钮后，如果故障已经消除，则指示灯灭；如果没有消除，则指示灯转为常亮，直至故障消除。试设计梯形图控制程序。

【解】　控制用梯形图和工作序图如图 6.2.9 所示。故障信号提供给 I0.0，复位信号提供给 I0.1，指示灯用 Q0.1 来控制。为了获得 1Hz 的时钟脉冲，在 S7-1200 PLC 硬件参数设

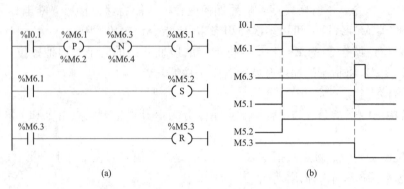

图 6.2.8　P、N 线圈指令的使用举例

(a) P、N 线圈指令；(b) 工作时序图

置中，激活预设时钟脉冲地址，默认的是 MB0，时钟脉冲位 M0.5 的频率为 1Hz。

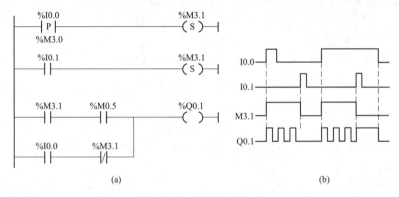

图 6.2.9　故障显示控制

(a) 梯形图；(b) 工作时序图

　　检测到运行系统出现故障时，故障信号由 I0.0 提供给位存储器 M3.1 并锁存，串联的 M3.1 和 M0.5 的动合触点的动作使 Q0.1 控制的指示灯以 1Hz 的频率闪烁。按下复位按钮 I0.1（闭合），使 M3.1 被复位为 **0** 态。如果这时故障已消除，则指示灯熄灭；如果没有消除，串联的 I0.0 的动合触点（闭合）与 M3.1 的动断触点使指示灯转为常亮，直至故障消除 I0.0 变为 **0** 态，M3.1 复位后指示灯熄灭。

　　2. 定时器指令

　　S7-1200 采用符合 IEC 标准的定时器和计数器指令。IEC 标准的定时器和计数器属于函数块，指令的数据保存在背景数据块中。IEC 定时器没有编号，调用时可采用默认的背景数据块名称（如"IEC_Timer_1"），或采用自己通过修改默认背景数据块名称而创建的定时器名称（如"T1""1 号延时"），来做定时器的标识符。

　　使用定时器指令可创建编程的时间延迟。S7-1200 中的定时器种类有：脉冲定时器（TP）、接通延时定时器（TON）、关断延时定时器（TOF）、保持型接通延时定时器（TONR）。另外，定时器使用中还会用到复位线圈指令（RT）。它们的指令框图如图 6.2.10 所示。

　　定时器的输入 IN 为启动输入端，在输入 IN 的上升沿，启动 TP、TON 和 TONR 开始

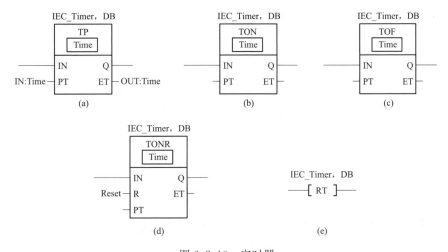

图 6.2.10　定时器

(a) TP；(b) TON；(c) TOF；(d) TONR；(e) RT

定时；在输入 IN 的下降沿，启动 TOF 开始定时。Q 为定时器的位输出。

PT 为预设时间值，ET 为定时开始后经过的时间，称为当前时间值。PT 和 ET 的数据类型为 32 位的 Time，准确度为 ms，如"T♯100ms"或"T♯4s_50ms"。PT 的最大设定时间为 T♯24d_20h_31m_23s_647ms，d、h、m、s、ms 分别是日、小时、分、秒、毫秒。

(1) 脉冲定时器。脉冲定时器（TP）用来输出具有预设时间宽度的（单）脉冲。在 IN 输入信号的上升沿启动，Q 输出变为 **1** 态，开始输出脉冲。定时开始后，当前时间从 0ms 开始不断增大，达到 PT 预设的时间时，Q 输出变成 **0** 态。脉冲定时器（TP）的时序图如图 6.2.11 所示。

IN 输入的信号宽度可以小于预设值，在脉冲输出期间，即使 IN 输入出现下降沿或上升沿（见图 6.2.11），也不影响脉冲输出。新的脉冲输出要等上一脉冲输出完成后，在新的 IN 输入的上升沿开始。

(2) 接通延时定时器。接通延时定时器（TON）用于延时达到 PT 指定的时间后将 Q 输出置位。在 IN 输入信号接通时定时开始，定时时间大于等于预设时间 PT 指定的设定值时，输出 Q 变成 **1** 态。接通延时定时器（TON）的时序图如图 6.2.12 所示。

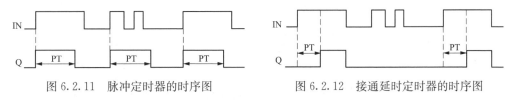

图 6.2.11　脉冲定时器的时序图　　　　图 6.2.12　接通延时定时器的时序图

IN 输入断开时，不论是否达到定时时间，定时器均被复位，Q 输出为 **0** 态。再次接通 IN 输入，定时器重新定时。

【例 6.2.2】　对于一闪烁电路，要求其闪烁信号的周期及占空比可调，试设计用接通延时定时器实现控制的 PLC 用梯形图。

【解】　设计的梯形图如图 6.2.13 所示。图中 I0.1 对应启动按钮，I0.2 对应停止按钮。

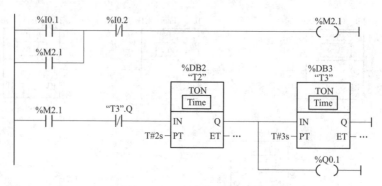

图 6.2.13　闪烁电路梯形图

启动时 I0.1 闭合，位存储器 M2.1 接通并自锁，同时使定时器 T2 的 IN 输入信号变为 1 态，开始定时。2s 后定时时间到，T2 的 Q 输出端有能流流出，Q0.1 线圈通电，同时使定时器 T3 开始定时。3s 后 T3 定时时间到，其输出变为 1 态，使"T3".Q 的动断触点断开，T2 断电使其 Q 输出变为 0 态，Q0.1 线圈及 T3 同时断电变为 0 态。由于 T3 的断电又使"T3".Q 的动断触点恢复闭合，下一扫描周期，T2 又开始定时，周而复始，Q0.1 线圈输出一定周期和占空比的系列信号，使闪烁电路闪烁，直到停止按钮使电路停止工作。改变两个定时器预设时间即可改变输出信号的周期及占空比。

（3）关断延时定时器。关断延时定时器（TOF）用于延时达到 PT 指定的时间后将 Q 输出复位。在 IN 输入信号接通时，Q 输出立即变为 1 态，当 IN 输入信号断开时（下降沿）定时开始，达到预设时间 PT 设定的延时时间时，输出 Q 变成 0 态。断开延时定时器（TOF）的时序图如图 6.2.14 所示。

IN 输入断开后，定时器 Q 输出延时复位，如果在此期间 IN 输入再次接通，定时器 Q 输出保持 1 态，直至 IN 输入再次断开后，Q 输出再重新延时复位。

（4）保持型接通延时定时器。保持型接通延时定时器（TONR），也称时间累加器，用于累加 IN 输入接通时间，达到 PT 指定的时间后将 Q 输出置位。保持型接通延时定时器（TONR）的时序图如图 6.2.15 所示。

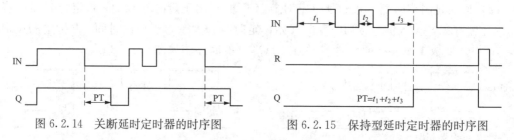

图 6.2.14　关断延时定时器的时序图　　　　图 6.2.15　保持型延时定时器的时序图

IN 输入断开时，之前 IN 输入接通的多个时间段时间会被累加并保持，累加之和达到定时时间，Q 输出变为 1 态。复位输入 R 为 1 态时，TONR 被复位，Q 输出变为 0 态，同时累计时间变为 0。

（5）定时器复位线圈指令。定时器复位线圈指令（RT）通过清除存储在指定定时器背景数据块中的时间数据（使 ET＝0）来重置定时器。

RT 的用法如图 6.2.16 所示。I0.1 闭合，定时器 DB1 通电延时，达到延时设定时间，

Q0.1 接通。然后 I0.2 闭合，定时器 DB1 被复位，Q0.1 断电，同时当前时间（ET）变为 0ms。I0.2 断开后可重新定时。

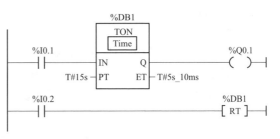

图 6.2.16 RT 指令用法

【例 6.2.3】 试用 TP、TON、TOF 三种定时器编制一自动门开关简易控制的梯形图。要求自动门完全打开后，延时 10s 关门，门机开门或关门的工作时间需要 4s。

【解】 设计的梯形图如图 6.2.17 所示。TP、TON、TOF 三种定时器的背景数据块 DB4、DB5、DB6 的符号地址分别为 T4、T5、T6。I0.1 对应的是光电开关检测信号，当检测到门前有人时，接通一个脉冲。Q0.1 控制门机开门，Q0.2 控制门机关门。

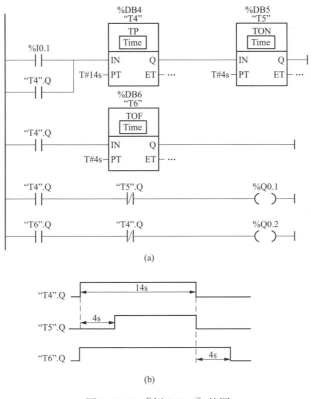

图 6.2.17 ［例 6.2.3］的图
(a) 梯形图；(b) 定时器时序图

门前有人时 I0.1 接通一个脉冲信号，在脉冲信号的上升沿脉冲定时器（TP）的 Q 输出变为 1 并自锁，接通延时定时器（TON）开始延时，关断延时定时器（TOF）接通使输出变为 1 态。"T4".Q 的动合触点闭合，使 Q0.1 输出驱动门机开门，4s 后 "T5".Q 的动断触点断开，开门动作停止。14s 后 TP 完成脉冲输出，"T4".Q 的动合触点恢复断开，动断触点恢复闭合，同时 TON 及 TOF 断电。TOF 在断电后延时开始，由于 "T6".Q 的动合触点未到预设时间前处于闭合状态，Q0.2 被接通，其输出驱动门机关门，4s 后延时到，"T6".Q

的动合触点断开，关门动作停止。

3. 计数器指令

IEC 标准的计数器使用的是软件计数器，它们的最大计数速率受所在程序块扫描周期的限制，如果需要频率更高的计数器，可以使用 CPU 内置的高速计数器。此外，IEC 标准的计数器指令属于函数块，调用时需要生成保存计数器数据的背景数据块（"IEC counter，DB"）。

计数器用作对内部程序事件和外部过程事件进行计数。S7-1200 有三种 IEC 标准的计数器，即加计数器（CTU）、减计数器（CTD）和加减计数器（CTUD）。它们的指令框图如图 6.2.18 所示。

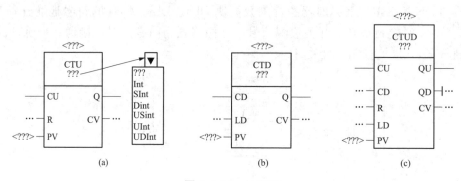

图 6.2.18　计数器
(a) CTU；(b) CTD；(c) CTUD

图 6.2.18 中，CU 和 CD 分别是加计数输入和减计数输入，在 CU 或 CD 由 **0** 态变为 **1** 态时（信号的上升沿），当前计数器值被加 1 或减 1。PV 为预设计数值，CV 为当前计数值。R 为复位输入端，LD 为装载输入控制端。

在编程软件中，点击计数器中间的"???"出现下拉列表，可设置 PV 和 CV 的选择数据类型。计数值的范围取决于所选的数据类型，这里后面选择 Int。可在功能框顶上＜???＞处创建"计数器名称"来命名计数器数据块，作为计数器的标识符。

（1）加计数器。加计数器（CTU）在 R 端输入为 0 状态下，当 CU 输入端的信号由 **0** 态变为 **1** 态（上升沿）时，当前计数值 CV 从 0 开始加 1，直到 CV 的值达到预设计数值 PV 的值时，CTU 的 Q 输出由 **0** 态变为 **1** 态。此后 CU 的状态变化不再起作用，CV 的值不再变化。加计数器的工作特性如图 6.2.19 所示。

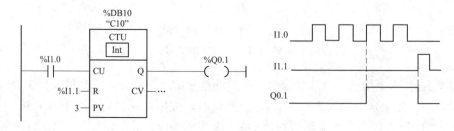

图 6.2.19　加计数器的工作特性

如若重新计数，计数器需被复位，即在 R 端输入一个复位脉冲信号，这时 Q 变为 **0** 态，CV 被清零。

（2）减计数器。减计数器（CTD）的装载输入 LD 为 **1** 态时，输出 **Q** 被复位为 **0**，并把预设计数值 PV 的值装入 CV。LD 为 **1** 态时，减计数器不起作用。

装载后，LD 为 **0** 态时，当 CD 输入端的信号由 **0** 态变为 **1** 态时，当前计数值 CV 从预设值开始减 1，直到 CV 的值减为 0 时，CTD 的输出由 **0** 态变为 **1** 态。此后 CD 的状态变化不再起作用，CV 的值不再变化。减计数器的工作特性如图 6.2.20 所示。

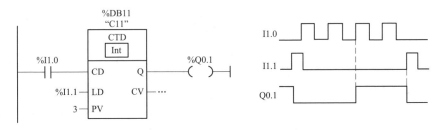

图 6.2.20　减计数器的工作特性

如若重新计数，计数器需被重新装载，即在 LD 端输入一个装载脉冲信号，这时 Q 变为 **0** 态，同时 PV 的值（预设值）再次被装入 CV。

【例 6.2.4】 试编制实现下述控制要求的梯形图。用一个开关的通断获得输入计数脉冲以控制三盏灯的亮灭：开关闭合一次，第一盏灯点亮；闭合两次，第二盏灯点亮；闭合三次，第三盏灯点亮；再闭合一次，三盏灯全灭。

【解】 设将开关接至 I0.0 输入端子上，关停（直接装载控制）按钮至 I0.1 输入端子上，三盏灯分别接至 Q0.1、Q0.2、Q0.3 输出端子上。

用减计数器来实现，梯形图如图 6.2.21 所示。图中略去了计数器的背景数据名称。工作过程自行分析。

（3）加减计数器。加减计数器（CTUD）可以实现加、减两种形式的计数。加计数或减计数功能的使用同加计数器或减计数器。在加计数时，使用输入端 CU、R 及输出端 QU；在减计数时，使用输入端 CD、LD 及输出端 QD。加计数或减计数功能可同时使用，CV 会分时段间隔性地显示当前加计数值或减计数值。

另有高速计数器指令，用来对发生速率比用户程序循环执行速率更快的事件进行计数，即在 PLC 的一个扫描周期内可实现多次计数，这里对其就不做详细介绍了。

4. 移动操作指令

移动操作指令用于存储器之间或存储区和过程输入、输出之间交换数据。

（1）移动指令。移动指令（MOVE）用于将存储在指定地址的源数据传送（复制）到新地址。如

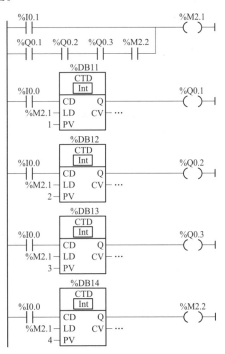

图 6.2.21　［例 6.2.4］的梯形图

图 6.2.22 所示，IN 输入端的 MW20 中的数值被传送到目的地址 MW22 中，结果是 MW20

和 MW22 中的数值相同。使能输出端 ENO 的状态与使能输入端 EN 的状态相同。

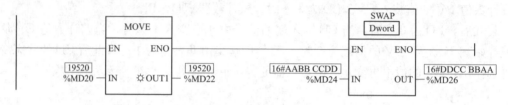

图 6.2.22　MOVE 与 SWAP 指令

MOVE 指令可传送的数据类型可以是字节、字、双字、整数、浮点数、日期时间、字符（Char）、数组（Array）、结构数据（Struct）等，IN 输入还可以是常数。

MOVE 指令允许有多个输出，单击"OUT1"前面的"✿"，就会增加一个输出"OUT2"，以后增加的输出按顺序排列。不需要时也可将多余的输出删除。

【例 6.2.5】　用移动指令设计一个梯形图，将存储区 MB0～MB3 的数据清零。

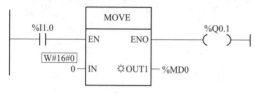

图 6.2.23　［例 6.2.5］的梯形图

【解】　MB0～MB3 实际上就是 MD0，因此用一条移位指令即可，梯形图如图 6.2.23 所示。Q0.1 的状态和 I1.0 的状态保持相同。

（2）交换指令。交换指令（SWAP）用于调换二字节或四字节数据元素的顺序。如图 6.2.22 所示，IN 和 OUT 的数据类型为 Word 时，SWAP 交换 IN 的高、低字节后，保存到 OUT 指定的地址；IN 和 OUT 的数据类型为 DWord 时，交换 4 个字节的数据顺序，保存到 OUT 指定的地址。

5. 移位和循环移位指令

（1）移位指令。移位指令分为左移位指令（SHL）和右移位指令（SHR），实现对内部存储单元内容的位序列向左或向右移动若干位。

移位指令的框图如图 6.2.24 所示。输入参数 IN 指定要移位的存储单元，移位的位数用 N 来定义，移位的结果保存在输出参数 OUT 指定的地址中。S7-1200 可选中 IN 和 OUT 可选数据类型有 Byte、Word、DWord 三种，N 的数据类型为 UInt。

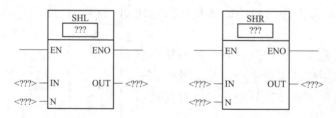

图 6.2.24　SHL 与 SHR 指令

当 N=0 时，不进行移位，可将 IN 值分配给 OUT。N 大于 0 时，移位操作后用 0 填充空出来的位置。如果 N 超过目标值中的位数，则所有原始位置将被移出并用 0 代替。使能输出端 ENO 的状态与使能输入端 EN 的状态相同。

指令用法（以左移位为例）如图 6.2.25 所示，使能输入端的 I1.0 闭合时进行移位。假设 MW20 中 的 数 据 为 0000 0000 0011 0010，左 移 4 位 后 MW22 中 的 数 据为0000 0011 0010 0000。

（2）循环移位指令。循环移位指令分为循环左移位指令（ROL）和循环右移位指令（ROR），实现对内部存储单元内容的位序列循环向左或向右移动若干位。

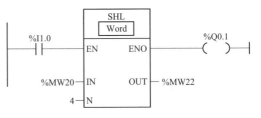

图 6.2.25　移位指令用法

循环移位指令的框图如图 6.2.26 所示。输入参数 IN 指定要移位的存储单元，移位的位数用 N 来定义，移位的结果分配给输出参数 OUT 指定的地址中。

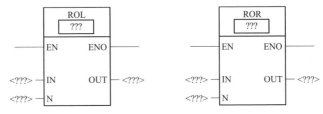

图 6.2.26　ROL 与 ROR 指令

循环移位指令的使用方法与移位指令相同。只是在循环移位中，从目标值一侧循环移出的位数据将循环移位到目标值的另一侧，因此原始的位值不会丢失，这是它与移位指令的区别所在。如果 N 超过目标值中的位数，仍将执行循环移位，不会出现像移位指令充零的情况。

【例 6.2.6】　现有 8 只彩灯排成一排，要求以排在后面的三盏灯亮开始，按 1s 的速度依次可从左到右也可从右到左的形式移位循环。现用 S7-1200 PLC 控制，试给出控制用梯形图。

【解】　用循环左移位和右移位指令来实现，考虑到有 8 只彩灯，数据类型选 Byte，以三盏灯亮循环，原始字节 8 位选 0000 0111，循环输出驱动 8 只彩灯。8 位二进制数 0000 0111 对应的十进制数是 7，可编制梯形图如图 6.2.27 所示。

图 6.2.27 中，QB0 是否移位用 I0.0（接输入按钮）来控制，移位的方向用 I0.1（接自锁开关）来控制。MOVE 只执行一次，将数值 7 传送给 QB0（Q0.0～Q0.7 共 8 位输出）。

由定时器 DB1、DB2 构成的振荡器（背景数据块的默认名称分别改为了"T1""T2"）提供移位用的时钟脉冲。I0.0 闭合时，M2.1 接通并自锁，同时 MOVE 指令使 QB0 的低 3 位被置为 1。

M2.1 为 1 态后，在时钟脉冲位"T1".Q 的上升沿，P 触点输出一个扫描周期的脉冲。因为 QB0 循环移位后的值又送回 QB0（IN OUT 相同），循环移位指令的前面必须使用 P 触点指令，否则每个扫描循环周期都要执行一次循环移位指令，而不是每秒钟移位一次。

循环左移：	循环右移：
0000 0111	0000 0111
0000 1110	1000 0011
0001 1100	1100 0001
0011 1000	1110 0000
...	...

其他功能指令包括比较指令、数学运算指令、逻辑运算指令、转换指令、程序控制指

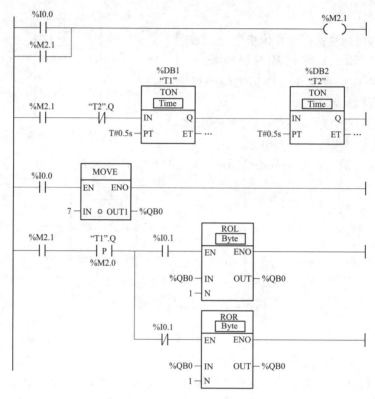

图 6.2.27　［例 6.2.6］的梯形图

令、时钟和日历指令、字符串指令、扩展的程序控制指令、中断指令、通信指令、PID 控制指令、运动控制指令等，这里就不做一一阐述。

PLC 指令的种类和数量越多，其控制功能越强大。

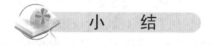　小　　结

1. PLC 的结构

PLC 由硬件系统和软件系统两大部分组成，硬件系统一般又分为中央处理器（CPU）单元、存储器单元、输入/输出接口单元、电源单元、扩展接口单元和外部设备接口单元等几个组成部分。

2. PLC 的基本工作方式

PLC 采用"顺序扫描、不断循环"的工作方式。一次扫描工作过程可划分为输入采样、程序执行和输出刷新三个阶段。

3. PLC 程序设计基础

（1）基本数据类型。数据类型描述的是数据的长度（即二进制数的位数）及属性。常用的基本数据类型有：位（Bool），长度为 1bit；字节（Byte），长度为 8bit；字（Word），长度为 16bit；双字（DWord），长度为 32bit；整数（Int），是有符号整数的简称，长度为 16bit，第 16 位为符号位（0 表示整数；1 表示负数）。无符号整数表示时前面带 U，如 UInt、UDInt、USInt；浮点数（Real）的长度为 32bit，又称为实数，第 32 位为符号位（0

表示整数；1 表示负数）；时间（Time）是有符号双整数（Dint），其单位为 ms；日期（Date）为 16 位无符号整数（Uint），表示格式为：年-月-日。

（2）存储器及其寻址。存储器是 PLC 的重要组成部分，根据存储空间的用途可分为三个区域：系统程序存储区；系统随机存储（RAM）区；用户程序及数据存储区。

西门子 S7-1200 系列 PLC 不同系统随机存储（RAM）区的寻址：输入映像寄存器的标识符为 I，输出映像寄存器的标识符为 Q，位存储器的标识符为 M，数据块的标识符为 DB，可以按位、字节、字和双字来访问；模拟量输入/输出信号没有映像存储区，标识符为 AI/AQ，以通道号为地址号。

（3）PLC 编程语言。PLC 的编程语言是指 PLC 厂家为用户提供的用户程序编制语言，包括梯形图（LD）、指令语句表（IL）、函数块图（FBD）、顺序功能图（SFC）、结构文本（ST）五种语言。S7-1200 PLC 采用的编程语言有梯形图（LD）；函数块图（FBD）；结构化控制语言（SCL）。

梯形图（LD）西门子 PLC 简称 LAD，是使用最多的最基本的一种从继电接触控制电路图演变而来的 PLC 图形编程语言。它是借助于继电器的动合触点、动断触点、线圈以及串联与并联等术语和符号，根据控制要求连接而成的表示 PLC 输入和输出之间逻辑关系的图形。形象、直观、易懂，适合于数字量逻辑控制。

4. PLC 的梯形图编程原则

（1）PLC 编程器件的触点在编制程序时使用次数是无限的。

（2）同一编号的线圈或软器件（功能块）在梯形图中只能使用一次，而它们的触点可以使用无数次。

（3）位存储器 M、功能块（如定时器、计数器等）在程序内部使用，不能直接提供外部输出，如需输出要通过输出线圈 Q 实现。

（4）有能流才能执行指令的梯级，左母线通过触点连接，右母线通过逻辑线圈或其他软器件连接，功能块的输出可接驱动逻辑线圈或其他功能块。与能流无关的执行指令块，可直接连接在左母线上。

（5）编制梯形图时，应尽量做到"上重下轻、左重右轻"，以符合"从左到右、自上而下"的程序执行顺序。

（6）在梯形图中应避免触点画在垂直线上。

（7）梯形图中输入触点的状态（动合或动断）要根据 PLC 输入端外接的按钮或开关等外部触点的状态选取。如果输入端外接为动合触点，梯形图中的输入触点状态与对应的继电接触器控制电路中的触点状态系统，否则相反。

5. PLC 的梯形图编程过程

（1）分析任务的控制要求，了解组态设备及其驱动特性，确定控制的动作顺序及工艺流程。

（2）根据任务要求，确定控制量（输入量）、被控量（输出量）的个数，即确定使用 PLC 的 I/O 点数，然后结合技术规范进行 PLC 设备选型。

（3）进行 I/O 分配。

（4）根据 I/O 分配地址及所选 PLC 技术规范，在编程软件中进行梯形图编制。

（5）将编制好的程序传送到 PLC，利用编译、在线监视，或使用仿真工具，进行功能验证，没达控制要求则加以修改。

6. S7-1200 PLC 的编程指令

（1）位逻辑指令：包括触点和线圈指令（动合触点、动断触点、取反触点、线圈及取反线圈）、置位（S）和复位（R）输出指令、边沿检查指令（边沿检测触点指令、边沿检测线圈指令）。

（2）定时器指令：可创建编程的时间延迟。S7-1200 中的定时器种类有脉冲定时器（TP）、接通延时定时器（TON）、关断延时定时器（TOF）、保持型接通延时定时器（TONR）。另外，定时器使用中还会用到复位线圈指令（RT）。

（3）计数器指令：用作对内部程序事件和外部过程事件进行计数。S7-1200 有三种 IEC 标准的计数器，即加计数器（CTU）、减计数器（CTD）和加减计数器（CTUD）。

（4）移动操作指令：移动操作指令用于存储器之间或存储区和过程输入、输出之间交换数据，包括移动指令（MOVE）和交换指令（SWAP）。

（5）移位和循环移位指令：移位指令分为左移位指令（SHL）和右移位指令（SHR）；循环移位指令分为循环左移位指令（ROL）和循环右移位指令（ROR）。

PLC 还有其他诸多功能指令。

习　题

6.1　PLC 的基本工作方式是什么？一次扫描工作过程可分为哪几个工作阶段？

6.2　在 PLC 的寻址中，I、Q、M、DB 分别是什么存储器或存储器的标识符？I1.1、IB1 分别代表什么？

6.3　简述 PLC 的编程过程。

6.4　试比较题图中所示几个梯形图的差异，并用时序图加以说明。

习题 6.4 图

6.5　比较说明题图所示两个梯形图的区别。

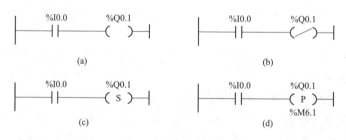

习题 6.5 图

6.6　试画出题图所示两个梯形图的动作时序图，并说明控制功能。

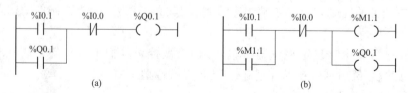

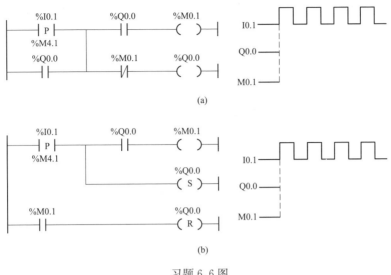

(a)

(b)

习题 6.6 图

6.7　画出题图所示梯形图 M0.1 和 Q0.1 的动作时序图，并说明控制功能。若用 P 触点指令代替 P 线圈指令，画出梯形图。

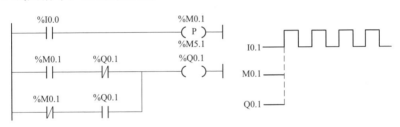

习题 6.7 图

6.8　一定量给水水箱示意图如题图（a）所示，初始状态时水箱无水。按下启动按钮，信号灯亮，同时进水电磁阀（YV1）得电，向水箱注水。当水位上升到上限位开关（SQ1）时，进水阀停止，放水电磁阀（YV2）得电，将水箱的水放掉；当水位下降到下限位开关（SQ2）时，放水阀停止，进水阀得电，又重新进水，依次反复循环。用 PLC 进行控制的外部接线图如题图（b）所示，试画出梯形图程序。

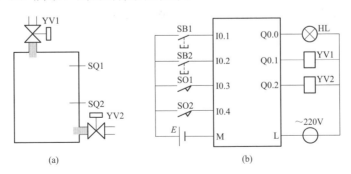

(a)　　　　　(b)

习题 6.8 图

6.9　试画出题图所示两个梯形图 Q0.1 的动作时序图,并说明各梯形图控制功能。

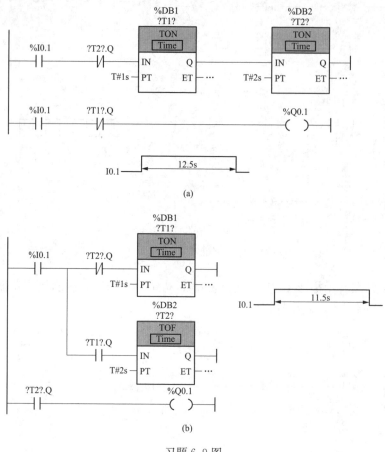

(a)

(b)

习题 6.9 图

6.10　试设计一个每隔 10s 产生一个脉宽为 1s 脉冲的定时脉冲梯形图。

6.11　有两台笼形电动机按一定顺序启动和运行,M1 启动 1min 后 M2 启动,M1 停车 2min 后 M2 立即停车。试用 PLC 实现上述要求,给出 PLC 的外部接线图,画出梯形图。

6.12　试设计一个用于检测送到包装机装配线产品数量的梯形图控制程序,要求对产品计数到 12 时,接通一个交流接触器,2s 后交流接触器自动断电,并以此循环运行。

6.13　现有 8 盏彩灯,要求以 1s 的速度间隔闪烁,试给出用 PLC 控制的梯形图程序。

电 子 技 术

第四部分　模拟电子技术

电子技术根据研究和处理的信号性质的不同，分为模拟电子技术和数字电子技术两部分。模拟电子技术研究和处理的是模拟信号，即在时间上和数值上连续变化的信号，如正弦波信号，以及由温度、压力和速度等物理信号转变成的电信号，处理此类模拟信号的电路称为模拟电路。数字电子技术研究和处理的是数字信号，即在时间上和数值上离散的信号，如矩形波信号，以及开关量和各种电压脉冲等信号，处理此类数字信号的电路称为数字电路。

模拟电子技术依托由半导体器件构成的模拟电路，主要研究和讨论对模拟信号的放大、处理、运算，以及波形的产生、转换等方面的应用。

半导体器件是电子电路的基础，本模块首先重点介绍半导体分立器件的工作原理、特性和参数、技术指标及使用，然后介绍基本放大电路、集成运算放大器及其应用、直流稳压电源等模拟电子技术方面的基本内容。

7　半 导 体 器 件

半导体器件是组成各种电子电路的核心器件，分为半导体分立器件（如半导体二极管、晶体管等）和半导体集成器件（集成电路芯片），而 PN 结是构成各种器件的共同基础。本章从半导体基础知识及 PN 结的单向导电性出发，重点介绍二极管、双极型晶体管等常用半导体分立器件的基本结构、工作原理、伏安特性及主要参数，对光电器件及电子显示器件从认识的角度进行简单说明。有关场效晶体管（单极型晶体管）及集成电路的介绍请参见数字资源。

7.1　PN　结

7.1.1　半导体基础知识

半导体作为一类特别的材料，其导电性能介于导体和绝缘体之间。半导体一般分为单晶体半导体和复合晶体半导体两大类。单晶体半导体，如锗（Ge）和硅（Si），有重复的晶体结构；而复合半导体，如砷化镓（GaAs）、硫化镉（CdS）、氮化镓（GaN）和磷砷化镓（GaAsP）等，是由具有不同原子结构的两种或更多种半导体材料构成的。目前为止，半导体器件中最常用的三种半导体材料是硅（Si）、锗（Ge）和砷化镓（GaAs）。

在二极管、晶体管发明的早期，以锗为半导体的基本材料，但其对温度的敏感性较高，稳定性差。之后则大量地使用对温度的敏感性较低的硅材料，并使半导体器件的制造与设计技术迅速发展，应用也越来越广泛。20 世纪 70 年代，砷化镓晶体管的出现，使晶体管的工作速度提高了 5 倍，但其在高纯度情况下很难制造，也更昂贵。所以，在目前的半导体器件制作材料中，硅仍处于主导地位。

1. 本征半导体

使用较多的半导体材料硅和锗均为四价元素，即其原子核的最外层轨道有四个价电子。这些价电子既不像导体那么容易挣脱原子核的束缚，也不像绝缘体那样被原子核束缚得那么紧，因此其导电性能介于两者之间。

将硅和锗材料提纯（去掉内部杂质）并形成单晶体后，各个原子在空间上整齐排列，其立体结构图如图 7.1.1 所示，每个原子周围的四个原子位于一种四面体结构的顶点；其平面示意图如图 7.1.2 所示，图中标有"+4"的圆圈表示除价电子外的正离子。

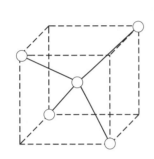

图 7.1.1　晶体中原子的排列

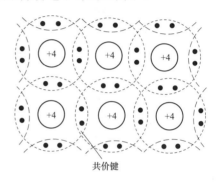

图 7.1.2　本征半导体结构示意图

本征半导体就是纯净的、具有晶体结构的半导体。在本征半导体的晶体结构中，每个原子与相邻的四个原子结合。相邻两个原子各自的一个价电子不但围绕自身所属的原子核轨道运动，而且会出现在相邻原子所属的轨道上，形成了共价键结构，如图 7.1.2 所示，这样原子核外层轨道上具有 8 个价电子而处于较为稳定的状态。在热力学零度 0K（−273℃）时，价电子无法挣脱共价键束缚，这时的本征半导体是良好的绝缘体。在获得一定能量（光照、受热等）后，价电子能量增高，少量价电子可挣脱原子核的束缚而成为自

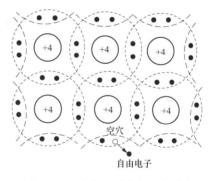

图 7.1.3　自由电子和空穴的形成

由电子，这种现象称为本征激发。与此同时，在共价键中这些自由电子原有的位置上相应留下一个空位，称为空穴，如图 7.1.3 所示。

在本征半导体中，自由电子和空穴是成对出现的，温度越高，晶体中产生的自由电子和空穴便越多。另外，自由电子和空穴又不断相遇而复合。在一定温度下，自由电子和空穴的产生和复合会达到动态平衡，半导体中自由电子和空穴便维持一定的数目。

在外电场的作用下，一方面自由电子将逆着电场方向产生定向移动，形成电子电流；另一方面有空穴的原子可以吸引相邻原子的价电子填补这个空穴，这样空穴依次不断地被相邻原子的价电子在一个方向上填补，便产生了空穴的定向移动，形成空穴电流。由于空穴移动的方向与价电子的填补方向相反，故空穴可看作是带正电的粒子。

由于自由电子和空穴的运动方向相反，本征半导体中的电流是电子电流和空穴电流之

和。自由电子和空穴均称为载流子。导体导电只有一种载流子，即自由电子；而本征半导体有两种载流子，这是半导体导电的特性，也是半导体与金属导体在导电机理上的本质差别。

在常温下，本征半导体中虽然有两种载流子参与导电，但是数目极少，导电能力极低。由于本征半导体具有较强的温度敏感性，温度越高，载流子浓度越高，导电性能越好。所以，温度对半导体器件性能的影响很大。

2. 杂质半导体

通过扩散工艺，在本征半导体中掺入少量合适的杂质元素，即可得到杂质半导体。即使掺杂浓度很小，也足够改变材料的导电特性，使其导电能力大大提高，故杂质半导体是半导体器件的基本材料。按照掺入的杂质元素不同，可形成 N 型半导体和 P 型半导体。控制掺入杂质的浓度，就可控制杂质半导体的导电性能。

若在纯净的硅（或锗）晶体中掺入少量五价元素（如磷、砷），当具有五个价电子的杂质原子与周围的四个硅（或锗）原子构成共价键时，多余的一个价电子很容易挣脱原子核的束缚而变成自由电子，如图 7.1.4 所示。杂质原子因失去一个价电子而变成带正电的离子。由于掺杂后半导体中自由电子数目大量增加，自由电子导电成为这种半导体的主要导电方式，故称其为电子半导体或 N 型半导体。掺杂后，自由电子的数量可为空穴数量的几十万倍到几百万倍，故在 N 型半导体中，自由电子是多数载流子，而空穴是少数载流子。

若在纯净的硅（或锗）晶体中掺入三价元素（如硼、镓、铟），在构成共价键时，具有三个价电子的杂质原子将因缺少一个价电子而产生一个空位。相邻硅（或锗）原子的价电子就有可能由于激发填补这个空位，而在该原子中产生空穴，如图 7.1.5 所示。杂质原子会因得到一个价电子而变成带负电的离子。由于掺杂后晶体中空穴数目大量增加，空穴导电成为这种半导体的主要导电方式，故称其为空穴半导体或 P 型半导体。其中空穴是多数载流子，自由电子是少数载流子。

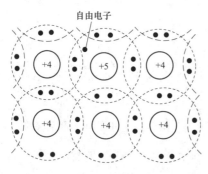 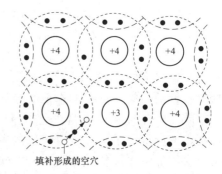

图 7.1.4　N 型半导体结构示意图　　　　图 7.1.5　P 型半导体结构示意图

应注意，杂质半导体中的多数载流子浓度主要取决于掺杂浓度；少数载流子由本征激发产生，其浓度只与温度等激发因素有关。

需要指出的是，杂质半导体虽然有一种载流子数量占大多数，但其对外不显电性。

7.1.2　PN 结及其导电特性

1. PN 结的形成

采用不同的掺杂工艺，将 P 型半导体和 N 型半导体制作在同一基片上（如在 N 型半导体的局部掺入浓度较大的三价元素，反之亦然），在两种杂质半导体之间会形成一个交界面。

由于交界面两侧的两种载流子浓度的差异，将产生载流子的相对扩散运动。P区的空穴浓度大于N区，P区的空穴越过交界面向N区扩散；同时，N区的自由电子浓度大于P区，N区的自由电子也向P区扩散。扩散到P区的自由电子与P区的空穴相遇而复合，扩散到N区的空穴与N区的自由电子相遇而复合。扩散的结果使交界面P区一侧因失去空穴出现了负离子层，N区一侧因失去自由电子出现了正离子层，交界面两侧便形成了空间电荷区。这个空间电荷区就称为PN结，又称为载流子耗尽层，如图7.1.6所示。PN结的电阻率很高。

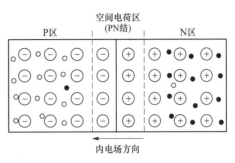

图 7.1.6 PN 型

不能移动的正、负离子层之间会形成一个方向由N区指向P区的内电场，如图7.1.6所示。随着多数载流子扩散运动的进行，空间电荷区逐步加宽，内电场增强。内电场的增强，一方面阻碍扩散运动的继续进行；另一方面，会加强吸引少数载流子向对方区域的运动。少数载流子的定向运动称为漂移运动。漂移运动会使空间电荷区变窄，内电场被削弱，而这又将导致多数载流子扩散运动的加强。最终，载流子的扩散和漂移这一对相反的运动达到动态平衡，空间电荷区宽度不变，此时的PN结处于一种相对稳定的状态。

2. PN 结的单向导电性

在PN结的两端外加电压，将破坏扩散和漂移运动原有的平衡状态，因而PN结将有电流流过。当外加电压极性不同，PN结的导电性能不同，即其具有单向导电性。

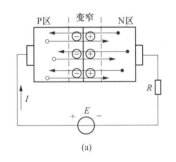 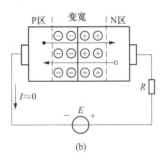

图 7.1.7 PN 结的单向导电性
(a) 加正向电压；(b) 加反向电压

当电源的正极接到PN结的P区侧，电源的负极接到PN结的N区侧时，如图7.1.7（a）所示，称PN结外加正向电压（或称正向偏置）。此时，外电场将推动多数载流子向空间电荷区方向运动，使PN结变窄，削弱了内电场，原来的平衡状态被破坏，扩散运动增强，漂移运动减弱。由于电源的作用，扩散运动将源源不断地进行，扩散电流大大超过了漂移电流，从而形成比较大的正向电流，此时，PN结呈现低电阻，处于导通状态。

当电源的正极接到PN结的N区侧，电源的负极接到PN结的P区侧时，如图7.1.7（b）所示，称PN结外加反向电压（或称反向偏置）。此时，外电场与内电场方向一致，使空间电荷区变宽，加强了内电场，使扩散运动难以进行，漂移运动增强，形成反向电流。由于少数载流子的数目极少，即使所有少数载流子都参加漂移运动，反向电流也非常小。此时，PN结呈现高电阻，处于截止状态。

综上所述，PN结正向偏置时，结电阻很小，正向电流较大，处于导通状态；PN结反向偏置时，结电阻很大，反向电流很小，处于截止状态。这就是PN结的单向导电性。

7.2 二 极 管

将 PN 结加上电极引线并用外壳封装，就构成了二极管。其中，P 区引出的电极称为阳极（正极），N 区引出的电极称为阴极（负极）。

普通二极管主要是利用它的单向导电性，一般用于整流、检波、限幅、元件保护以及作为开关元件。另外还有一些特殊用途的二极管，如稳压二极管、光电二极管及发光二极管等。

7.2.1 二极管的基本结构

二极管按结构可分为点接触型、面接触型和平面型三大类。

点接触型（一般为锗管）如图 7.2.1（a）所示，一般通过触丝采取电流法制成。因其 PN 结结面积小，导致不能通过较大的电流，但其结电容较小（1pF 以下），且工作频率可达 400MHz 以上，故其高频性能好，适用高频和小功率的工作，如检波和小功率整理，也用作数字电路中的开关元件。

面接触型（一般为硅管）如图 7.2.1（b）所示，一般采用合金法工艺制成。PN 结结面积大，允许通过较大电流，但其结电容较大，只能在较低频率下工作，一般仅作为整流管。

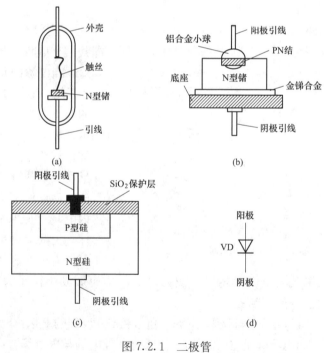

图 7.2.1 二极管
(a) 点接触型；(b) 面接触型；(c) 平面型；(d) 符号

平面型（一般为硅管）如图 7.2.1（c）所示，一般采用扩散法制成。结面积大的，常用于大功率整流，结面积小的，可作为数字电路中的开关管。

图 7.2.1（d）所示为二极管的电路符号。

7.2.2 二极管的伏安特性

由于二极管的主体为 PN 结,故其具有单向导电性,伏安特性曲线如图 7.2.2 所示。由图可见,当外加正向电压很低时,正向电流很小,几乎为零。当正向电压超过一定数值后,电流增大很快。这个一定数值的正向电压称为死区电压。通常,硅管的死区电压约为 0.5V,锗管约为 0.1V。导通时的正向压降,硅管为 0.6～0.7V,锗管为 0.2～0.3V。

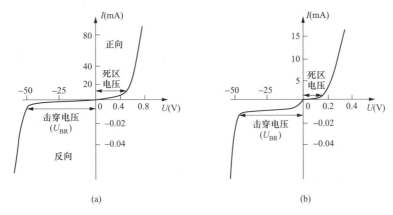

图 7.2.2 二极管的伏安特性曲线

(a) 硅管 (2CZ52A);(b) 锗管 (2AP2)

在二极管上加反向电压时,反向电流很小(微安级)。硅管的反向电流较锗管的反向电流小很多。由于少数载流子的数量极少,在一定的电压范围内,反向电流基本不变,此反向电流称为反向饱和电流。但当反向电压大于某一数值时,反向电流会突然增大,这种现象称为反向击穿,此时的电压称为反向击穿电压 U_{BR}。二极管击穿后,一般便失去单向导电性而失效。

环境温度发生变化,二极管的伏安特性曲线会跟着发生变化。温度升高时,二极管的正向特性曲线左移,即死区电压变小;反向特性曲线下移,即反向电流增大,且随着温度升高,反向击穿电压也在减小。可见,二极管的特性易受温度的影响。

7.2.3 二极管的主要参数

伏安特性曲线反映了二极管的基本特性,而选择和使用二极管时常依据其一些主要参数。

1. 最大整流电流 I_{OM}

最大整流电流是指二极管长时间工作时允许通过的最大正向平均电流,其值与 PN 结面积及外部散热条件有关。在规定散热条件下,二极管正向平均电流若超过此值,则会因结温升的过高而被烧坏。

2. 反向工作峰值电压 U_{RWM}

反向工作峰值电压是保证二极管不被反向击穿允许外加的最大反向电压,超过此值时二极管有可能因反向击穿而损坏。通常它一般为反向击穿电压的一半或三分之二。

3. 反向工作峰值电流 I_{RM}

反向工作峰值电流是指二极管上加反向工作峰值电压时的反向电流。该值越小,二极管的单向导电性能越好,并且该值受温度的影响大。硅管的反向电流较小,一般为几微安以下。锗管的反向电流较大，为硅管的几十到几百倍。

4. 最高工作频率 f_M

最高工作频率是二极管工作的上限频率。超过此值时，由于结电容的作用，二极管将不能很好地体现单向导电性。结电容越大，f_M 越小。

在实际应用中，应根据二极管的使用场合，按其承受的最高反向电压、最大正向平均电流、工作频率、环境温度等条件，选择满足要求的二极管。

7.2.4 二极管电路分析举例

二极管的应用主要是利用它的单向导电性，实现整流、检波、限幅、钳位、元件保护以及开关等功能。

二极管电路分析时，首先要对二极管进行定性分析，判断二极管的工作状态属于导通还是截止。为便于分析，常将二极管看作理想二极管，即加正向电压时导通，且端电压为零，相当于短路；加反向电压时截止，且反向电流为零，相当于开路。

判断二极管工作状态的方法是，先将二极管视为截止，分析二极管两端电位的高低或端电压的正负。若阳极电位高于阴极电位或电压为正向偏置，二极管导通；若阳极电位低于阴极电位或电压为反向偏置，二极管截止。

对于含有多只二极管的电路，可采用优先导通法来判断二极管的工作状态，即将所有二极管视为截止的情况下，分析确定哪只二极管的正向压降最大，则其优先导通，再根据这只二极管导通后的电路依此类推，判断其他二极管的导通情况。

若不按理想二极管处理，判断工作状态时，要考虑死区压降；正向导通后，硅管端电压取 0.6V、锗管端电压取 0.3V 进行分析和计算。

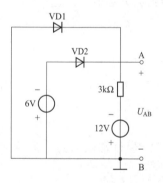

图 7.2.3 [例 7.2.1] 电路

【例 7.2.1】 如图 7.2.3 所示电路，求 U_{AB}。

【解】 取 B 点作为零电位参考点，如图 7.2.3 所示。将两只二极管视为截止，分析二极管阳极和阴极的电位，有

$$V_{1阳} = 0(V)，V_{2阳} = -6(V)$$
$$V_{1阴} = V_{2阴} = V_A = -12(V)$$

可知，正向压降

$$U_{D1} = 12(V)，U_{D2} = 6(V)$$

可见，$U_{D1} > U_{D2}$，所以 VD1 优先导通。VD1 导通后，若将二极管看作理想二极管，则 A 点电位变为 0V，故 VD2 承受反向电压而截止。这样

$$U_{AB} = 0V$$

电路中，VD1 起钳位作用，将 A 点电位钳位在 0V；VD2 起隔离作用，隔断了 6V 电源。

7.2.5 稳压二极管

稳压二极管是一种特殊的面接触型半导体二极管，其被反向击穿后，在一定的电流范围内（或者说在一定的功率损耗内），端电压几乎不变，且其在电路中与适当数值的电阻配合使用能起到稳定电压的作用，故称为稳压二极管。其符号如图 7.2.4（a）所示。

稳压二极管的正向伏安特性曲线与普通二极管一致，如图 7.2.4（b）所示；但其反向特性曲线比普通二极管较陡些，且稳压二极管正常工作于反向击穿区。当其外加反向电压的

数值大到一定程度时则击穿，击穿后当反向电流
在较大范围内变化时，其两端电压变化很小，因
而从它两端可以获得一个稳定的电压。

由于采取了特殊的制造工艺，稳压二极管的
反向击穿是可逆的，在反向电流的允许范围内，
去掉反向电压，稳压二极管又恢复正常。但若超
过允许范围，稳压二极管将会发生热击穿而损坏。
只要控制反向电流不超过一定值，稳压二极管就
不会因过热而损坏。

由于硅管的热稳定性比锗管好，一般都用硅
管作稳压二极管，故也称为硅稳压管。

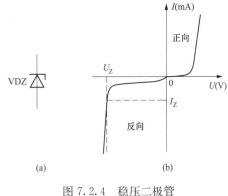

图 7.2.4　稳压二极管
(a) 符号；(b) 特性曲线

稳压二极管的主要参数：

(1) 稳定电压 U_Z。稳定电压是稳压二极管在正常工作下（流过的电流在规定范围内）
其两端的电压。器件手册中所列的都是在一定条件下（工作电流、温度）的数值，即使是同
一型号的稳压二极管，由于工艺或其他原因，其稳压值也具有一定的分散性。例如，
2CW60 型稳压二极管的稳定电压为 $11.5 \sim 12.5V$。

(2) 稳定电流 I_Z 及最大稳定电流 I_{Zmax}。稳定电流是稳压二极管工作在稳压状态下的最
小参考电流，电流低于此值时稳压效果变差，甚至根本不能稳压，故该值常记作 I_{Zmin}。最
大稳定电流 I_{Zmax} 是保证稳压二极管不被热击穿而允许通过的最大反向电流。在不超过稳压
二极管最大稳定电流 I_{Zmax} 的情况下，电流越大，稳压效果越好。

(3) 最大允许耗散功率 P_{ZM}。稳压二极管不致发生热击穿的最大功率损耗，$P_{ZM} = U_Z I_{Zmax}$。稳压二极管的功耗超过此值时，会因结温升过高而损坏。

(4) 动态电阻 r_Z。动态电阻是稳压二极管工作在稳压区时，端电压变化量与其电流变
化量之比，即 $\Delta U_Z / \Delta I_Z$。r_Z 越小，电流变化时 U_Z 的变化越小，即稳压二极管的稳压特性
越好。

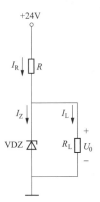

图 7.2.5　[例 7.2.2] 电路

(5) 电压温度系数 α_U。电压温度系数是说明稳压值受温度
变化影响的系数。例如，2CW59 稳压二极管的电压温度系数是
$0.095\%/℃$，就是说温度每增加 $1℃$，其稳压值将升高
0.095%。假设在 $20℃$ 时的稳压值是 $11V$，那么在 $50℃$ 时的稳
压值将是

$$11 + \frac{0.095}{100} \times (50 - 20) \times 11 \approx 11.3 \ (V)$$

稳定电压小于 $4V$ 时具有负温度系数，即温度升高时稳
定电压值下降；稳定电压大于 $7V$ 的稳压二极管具有正温度系数，
即温度升高时稳定电压值上升；稳定电压在 $4 \sim 7V$ 之间的管
子，温度系数非常小，近似为零。

【例 7.2.2】　在图 7.2.5 所示的稳压电路中，$R = 2k\Omega$，$U_Z = 10V$，$I_{Zmax} = 18mA$，$I_{Zmin} = 3mA$，$R_L = 4k\Omega$。通过稳压二极管的电流 I_Z 等于多少？R 是限流电阻，其值是否合适？

【解】　将稳压二极管视为开路，有

$$U_{VDZ} = \frac{R_L}{R + R_L}U = \frac{4}{2+4} \times 24 = 16(V)$$

$U_{VDZ} > U_Z$，故稳压二极管工作在反向击穿状态。此时，负载 R_L 两端的电压

$$U_0 = U_Z = 10(V)$$

稳压二极管电流

$$I_Z = I_R - I_L = \frac{24 - U_0}{R} - \frac{U_0}{R_L} = \frac{24 - 10}{2} - \frac{10}{4} = 4.5(mA)$$

$$I_{ZMax} > I_Z > I_{ZMin}$$

限流电阻选择合适。

7.3　双极型晶体管

双极型晶体管（BJT）又称三极管，通常简称晶体管，是最重要的一种半导体器件。其之所以称为双极型管，是因为在工作中该管的空穴和自由电子两种载流子均参与导电。晶体管的电流放大作用和开关作用使其成为电子线路应用最为广泛的器件之一，并促进了电子技术的飞跃发展。其特性主要是通过特性曲线及工作参数来反映的。

7.3.1　晶体管的基本结构

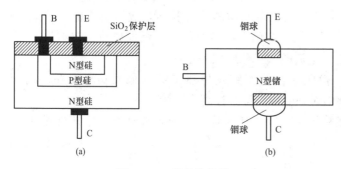

晶体管的种类很多，外形多种，但其基本结构相同，都是通过一定的掺杂工艺在同一个基片上制造出 N 型和 P 型间隔的三个掺杂区域，即可形成两个 PN 结。目前最常见的晶体管结构有平面型和合金型两类，如图 7.3.1 所示。硅管主要是平面型，锗管都是合金型。

无论平面型还是合金型，都分为 NPN 和 PNP 三层，因此又把晶体管分为 NPN 型晶体管和 PNP 型晶体管两类。

图 7.3.1　晶体管分类
（a）平面型；（b）合金型

图 7.3.2（a）所示为 NPN 型和 PNP 晶体管的结构示意图。发射区，掺杂浓度最高；基区，它很薄且杂质浓度低（比发射区的掺杂浓度小 2～3 个数量级）；集电区，面积最大，

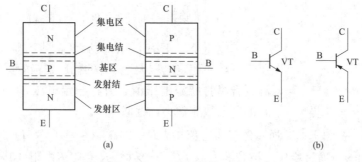

图 7.3.2　晶体管结构和符号
（a）结构示意图；（b）符号

浓度小于发射极掺杂浓度。各区所引出的三个电极分别为发射极 E、基极 B 和集电极 C。基区和发射区之间的 PN 结称为发射结，基区和集电区之间的 PN 结称为集电结。图 7.3.2（b）所示为 NPN 型晶体管和 PNP 型晶体管的符号，箭头表示发射极电流的流向。

NPN 型管和 PNP 型管的工作原理类似，只是使用时外接电源的极性相反，形成电流的流向相反。

7.3.2　晶体管的特性

使晶体管工作时，要为两个 PN 结加偏置电压，而发射结和集电结在不同极性的偏置电压作用下，晶体管处于不同的工作状态。

1. 晶体管的工作状态

晶体管的工作状态分为放大状态、截止状态和饱和状态。

通过两个直流电源为晶体管（NPN 型）的两个 PN 结提供偏置电压的电路如图 7.3.3（a）所示。电路中，基极电源 E_{BB}、电阻 R_B 及晶体管的发射结构成了基极电路；电源 E_{CC}、电阻 R_C 及晶体管的集电结和发射结构成了集电极电路。这种电路接法中，发射极是公共端，因此称为共发射极接法。

发射极电流 I_E、基极电流 I_B 及集电极电流 I_C 满足基尔霍夫电流定律，即

$$I_E = I_B + I_C \tag{7.3.1}$$

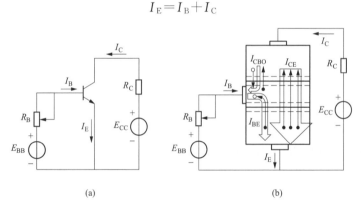

(a)　　　　　　　　　　(b)

图 7.3.3　晶体管电路及载流子的运动

（a）电路图；（b）载流子的运动

（1）放大状态。通过基极电路使晶体管的发射结正向偏置，并通过集电极电路使晶体管的集电结反向偏置时，晶体管工作在放大状态，具有电流放大作用。下面通过晶体管内部载流子的运动过程加以说明。载流子的运动示意图如图 7.3.3（b）所示。

因为发射区自由电子（多数载流子）的浓度大，而基区自由电子（少数载流子）的浓度小，所以自由电子要从浓度大的发射区（N 区）向基区扩散。由于发射结处于正向偏置，发射区自由电子的扩散运动加强，不断扩散到基区，并不断从电源补充进电子；与此同时，基区的多数载流子（空穴）也要向发射区扩散，但由于其浓度远小于发射区自由电子的浓度，因此空穴电流很小，可忽略不计［在图 7.3.3（b）中未画出］。所以，发射区的多数载流子自由电子向基区的扩散形成了发射极电流 I_E。

由于基区很薄，杂质浓度很低，所以从发射区扩散到基区的自由电子只有一小部分电子与空穴复合，其余绝大部分自由电子继续向集电结反向扩散。由于基极接电源 E_{BB} 的正极

侧，基区受激发的价电子不断被电源拉走，这相当于不断补充基区被复合掉的空穴，电子与空穴的复合运动将源源不断地进行，形成电流 I_{BE}，基本上等于基极电流 I_B，但其相对较小。

集电结处于反向偏置且结面积较大，一方面阻挡了集电区（N区）的自由电子向基区扩散；另一方面，将扩散到基区并到达集电区边缘的自由电子拉入集电区，形成电流 I_{CE}。同时，集电区和基区的少数载流子会产生漂移运动，形成电流 I_{CBO}，但数目很少，近似计算时可忽略。可见，在集电极电源 U_{CC} 的作用下，电流 I_{CE} 基本构成了集电极电流 I_C。

通过以上分析，有

$$I_C = I_{CE} + I_{CBO} \approx I_{CE} \tag{7.3.2}$$

$$I_B = I_{BE} - I_{CBO} \approx I_{BE} \tag{7.3.3}$$

$$I_E = I_{CE} + I_{BE} \tag{7.3.4}$$

而构成发射极电流 I_E 的两部分中，I_{CE} 所占比例很大，I_{BE} 所占比例很小。I_{CE} 与 I_{BE} 的比值用 $\bar{\beta}$ 表示，即

$$\bar{\beta} = \frac{I_{CE}}{I_{BE}} = \frac{I_C - I_{CBO}}{I_B + I_{CBO}} \tag{7.3.5}$$

由式（7.3.5）可得

$$I_C = \bar{\beta} I_B + (1 + \bar{\beta}) I_{CBO} = \bar{\beta} I_B + I_{CEO} \tag{7.3.6}$$

$$I_{CEO} = (1 + \bar{\beta}) I_{CBO}$$

在一般情况下，$\bar{\beta} I_B \gg I_{CEO}$，故

$$I_C \approx \bar{\beta} I_B \tag{7.3.7}$$

由于 $I_C \gg I_B$，式（7.3.7）反映的电流分配关系被称为是晶体管的电流放大作用。实质反映的是基极电流 I_B 对集电极电流 I_C 的控制关系，所以晶体管是一个电流控制器件。当 I_B 有较小的变化时，将会引起 I_C 很大的变化。

综上所述，根据晶体管的结构特性，其工作在放大状态的外部条件是发射结正向偏置且集电结反向偏置。对于 NPN 型管，$V_C > V_B > V_E$；对于 PNP 型管，$V_E > V_B > V_C$。

（2）截止状态。改变图 7.3.3 中电源 E_{BB} 的极性，则发射结和集电结均处于反向偏置，两个 PN 结都处于截止状态。此时，$I_B = 0$（理想状态下），而 $I_C = I_{CEO}$，一般可忽略，称晶体管工作在截止状态。此时，晶体管 C、E 间电压 $U_{CE} \approx E_{CC}$。实际上，B、E 间电压小于死区电压后，晶体管便开始进入截止状态。应用中为使晶体管可靠截止，常在 B、E 间加一反向电压。截止状态下，$I_C \approx 0$，故晶体管 C、E 间呈高阻状态。

（3）饱和状态。放大状态下，减小图 7.3.3 中电源 E_{CC}，或在一定的 E_{CC} 下，通过减小电阻 R_B 使基极电流 I_B 增大到一定的值（I_C 跟着增大，R_C 压降增大），都可使发射结和集电结均处于正向偏置。这种状态下，集电区丧失了收集载流子的能力，I_C 几乎不随 I_B 的变化而变化，即 I_B 失去了对 I_C 的控制作用，此时称晶体管进入了饱和状态。$V_C = V_B$ 时，称为临界饱和状态；$V_C < V_B$ 时，称为深度饱和状态。

深度饱和状态下，硅管 U_{CE} 约为 0.3V、锗管 U_{CE} 约为 -0.1V。由于此时，$U_{CE} \approx 0$，$I_C \approx U_{CC}/R_C$，晶体管 C、E 间呈低阻状态。

晶体管截止时，$I_C \approx 0$，且 C、E 间呈高阻状态，故 C、E 间相当于开关的断开；晶体管

饱和时，$U_{CE}\approx0$，且 C、E 间呈低阻状态，故 C、E 间相当于开关的闭合。这就是晶体管的开关特性。

2. 晶体管的特性曲线

晶体管的特性曲线即晶体管各电极电压与电流的关系曲线，是晶体管内部载流子运动的外部表现，反映了晶体管的性能，是分析放大电路的依据。应用最广泛的是共发射极接法的特性曲线。特性曲线可通过实验测得，如采用晶体管特性图示仪直观显示。共发射极接法测量电路中，晶体管各极电压和电流如图 7.3.4 所示，此处晶体管为 NPN 型硅管 3DG100D。

（1）输入特性曲线。输入特性曲线是指集电极与发射极之间的电压 U_{CE} 为常数时，输入电路发射结压降 U_{BE} 与基极电流 I_B 的关系曲线 $I_B=f(U_{BE})\mid U_{CE}=$常数，如图 7.3.5 所示。由于发射结正向偏置，故输入特性与二极管的正向特性类似，只有当发射结压降 U_{BE} 大于死区电压时，才会出现基极电流 I_B。硅管的死区电压约为 0.5V，锗管的死区电压约为 0.1V。正常导通后，NPN 型硅管的发射结电压 $U_{BE}=(0.6\sim0.7)V$，PNP 型锗管的发射结电压 $U_{BE}=(-0.2\sim-0.3)V$。

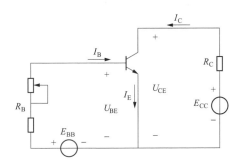

图 7.3.4　共发射极测量电路中的电压和电流

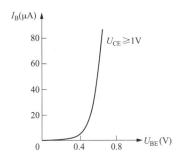

图 7.3.5　输入特性曲线

晶体管两个 PN 结靠得很近，所以 I_B 不仅与 U_{BE} 有关，还要受到 U_{CE} 的影响。但当 $U_{CE}\geqslant$ 1V 后，集电结已处于反向偏置，可以把发射区扩散到基区的电子中的绝大部分拉入集电区，再增大 U_{CE} 对 I_B 也不会产生明显的影响。所以，$U_{CE}\geqslant1V$ 后的输入特性曲线基本是重合的，故图 7.3.5 中只画出了 $U_{CE}\geqslant1V$ 后的一条特性曲线。

（2）输出特性曲线。输出特性曲线是指当基极电流 I_B 为某一常数时，输出电路中集—射极电压 U_{CE} 与集电极电流 I_C 的关系曲线 $I_C=f(U_{CE})\mid I_B=$ 常数。取 I_B 为不同的常数时，可得到不同输出特性曲线，但各条特性曲线的形状基本相同，所以晶体管的特性曲线是一组曲线，如图 7.3.6 所示。

对应于晶体管的三种不同工作状态，可把晶体管输出特性曲线分成三个工作区域。

1）放大区。输出特性曲线近似水平的区域为放大区。在该区域，发射结正偏，$I_B>0$；$U_{CE}>$

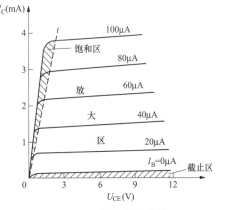

图 7.3.6　输出特性曲线

U_{BE}，集电结反偏。此时，集电极电流 I_C 受基极电流 I_B 的控制，$I_C=\overline{\beta}I_B$，即晶体管具有电流放大作用。放大区也称为线性区。

2）截止区。输出特性曲线中 $I_B=0$ 以下的区域为截止区。$I_B=0$ 时，$I_C=I_{CEO}$，称为集—射极穿透电流，其值很小，但易受温度的影响，常温下可忽略。此时，$U_{CE}≈U_{CC}$。可靠截止状态下，发射结集电结反偏。

3）饱和区。在 $U_{CE}<U_{BE}$ 范围内，输出特性曲线靠近纵轴上升很快的区域为饱和区。此时，I_C 几乎不随 I_B 变化，晶体管失去电流放大作用。U_{CE} 略有增加，I_C 迅速上升。深度饱和下，发射结正偏，集电结正偏，$U_{CE}≈0V$，$I_C≈\dfrac{U_{CC}}{R_C}$。

当晶体管工作在饱和区和截止区时，$i_c≠\beta i_b$，故也称为非线性区。晶体管开关作用就是在两个区之间的转换。

在模拟电路中，主要是让晶体管工作在放大区。而在数字电路中，晶体管工作在开关状态。

7.3.3　晶体管的主要参数

晶体管的参数是正确选择和使用晶体管的依据，也是晶体管工作特性的一种反映。

1. 电流放大系数（$\bar{\beta}$、β）

电流放大系数反映了晶体管的电流放大的能力。分为直流电流放大系数 $\bar{\beta}$ 和交流电流放大系数 β。

如前所述，在忽略电流 I_{CBO} 的情况下，晶体管集电极直流电流 I_C 与基极直流电流 I_B 的比值关系为

$$\bar{\beta}=\frac{I_C}{I_B}$$

$\bar{\beta}$ 就称为直流电流放大系数。无输入信号时，晶体管只在直流电源作用下工作，称为静态。

交流电流放大系数 β 为晶体管集电极电流与基极电流的变化量之比，即

$$\beta=\frac{\Delta I_C}{\Delta I_B}$$

当有输入信号时，晶体管各极电压和电流会随着输入信号的变化而变化，称为动态。输入交流信号时，交流分量 i_c 与 i_b 的关系常写为

$$i_c=\beta i_b$$

$\bar{\beta}$ 与 β 的含义不同，但在放大状态下二者的数值较为接近，故估算时常近似认为 $\bar{\beta}≈\beta$。

2. 集—基极反向截止电流 I_{CBO}

集电结反向偏置下，集电区与基区间由少数载流子漂移运动形成的电流 I_{CBO}，称为集—基极反向截止电流。其值很小，但会随温度升高而增加。常温下，小功率锗管的电流约几微安到几十微安，小功率硅管在 $1μA$ 以下。该值越小，其温度稳定性越好。硅管的温度稳定性优于锗管的温度稳定性。

3. 集—射极反向截止电流 I_{CEO}

发射结正偏、集电结反偏下，由 I_{CBO} 引起的集电极电流 $I_{CEO}=(1+\bar{\beta})I_{CBO}$，称为集—射极反向截止电流。当基极开路时，$I_C=I_{CEO}=I_E$，故又称为集—射极间的穿透电流。硅管约几微安，锗管约几十微安，其值越小越好。

4. 集电极最大允许电流 I_{CM}

集电极电流 I_C 超过一定值时，晶体管的 β 值会下降。当 β 值下降到正常值的三分之二时的集电极电流，称为集电极最大允许电流 I_{CM}。

当集电极电流超过 I_{CM} 时，晶体管性能将显著下降，甚至有烧坏晶体管的可能。

5. 集—射极间反向击穿电压 $U_{(BR)CEO}$

集—射极间反向击穿电压 $U_{(BR)CEO}$ 是指基极开路时，集电极与发射极间的最大允许电压，当 $U_{CE} > U_{(BR)CEO}$ 时，I_{CEO} 会突然大幅增加，说明晶体管已被击穿。使用时要特别注意这个参数。

6. 集电极最大允许耗散功率 P_{CM}

集电结反向偏置时，呈高阻状态，其耗散功率

$$P_C \approx I_C U_{CE} \tag{7.3.8}$$

集电结耗散的电能将转化为热能，使集电结温度升高，从而使晶体管参数发生改变。参数变化过大，会使晶体管不能正常工作。P_{CM} 是保证晶体管正常工作时，允许集电极所消耗的最大允许耗散功率。

根据晶体管的 P_{CM} 值及 I_{CM}、$U_{(BR)CEO}$ 的值，由式（7.3.8）可确定晶体管的安全工作区，如图 7.3.7 所示。

以上参数中，β、I_{CBO}、I_{CEO} 是表明晶体管优劣的主要指标，且都与温度有关，随温度变化而变化，可直接影响晶体管的工作状态，即晶体管的温度稳定性较差；I_{CM}、$U_{(BR)CEO}$、P_{CM} 是晶体管使用时的主要极限参数。

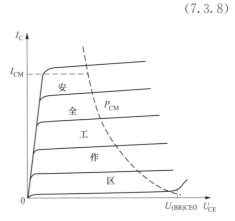

图 7.3.7　晶体管的安全工作区

7.4 光 电 器 件

在电子电路中，除了普通二极管、稳压二极管和晶体管等器件经常使用之外，在一些实际应用电路中，也常见一些光电器件，其主要作用是对电子电路进行显示、报警、耦合和控制等。

7.4.1　发光二极管

发光二极管（LED）是一种将电能转换成光能的特殊二极管，一般由砷化镓、磷化镓等材料制成，根据所用材料的不同，正向导通后可发出红、黄、绿、蓝、紫色等可见光，也可发出看不见的红外光。其图形符号如图 7.4.1 所示。

图 7.4.1　发光二极管
图形符号

由于发光二极管内部含有一个 PN 结，所以也具有单向导电性。其伏安特性与普通二极管相似。工作时，正向导通压降要大于 1V，且发光的亮度与发光二极管电流成正比。在使用 LED 时，要注意必须正向偏置，并且应串接限流电阻，防止发光二极管在工作时超过最大正向电流、最大反向击穿电压和最大功耗等极限参数。

发光二极管具有体积小、驱动电压低、工作电流小、功耗小、发光均匀、寿命长、可靠性高等优点。

7.4.2　光电二极管

光电二极管是一种将光信号转换为电信号的特殊二极管。在反向偏置状态下工作时，其可以充分利用其内部 PN 结的光敏特性，将光的变化变成电流的变化输出。光电二极管的图形符号如图 7.4.2（a）所示。

图 7.4.2（b）所示电路为光电二极管的特性曲线。无光照情况下，光电二极管也具有单向导电性；有光照情况下，在反向偏置状态下工作时，其反向电流受光照的强度控制，强度越大，光电流越大。

光电二极管常用于光的测量器件使用，可将光信号转变成电信号。例如，应用于光的测量、光电自动控制、光纤通信等。大面积的光电二极管可用来作能源，即光电池。

7.4.3　光电晶体管

光电晶体管是一种特殊的晶体管，它是用入射光照度 E 的强弱来控制集电极电流的，而普通晶体管是由基极电流 I_B 的大小控制集电极电流 I_C。因此，两者的输出特性曲线相似，只是用 E 代替 I_B。当无光照时，集电极电流（暗电流）I_{CEO} 很小；有光照时，集电极电流（光电流）一般约为 1mA 到几毫安不等。图 7.4.3 所示光电晶体管的图形符号和输出特性曲线。

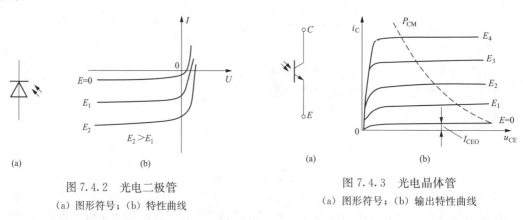

图 7.4.2　光电二极管　　　　　　　　　　图 7.4.3　光电晶体管
（a）图形符号；（b）特性曲线　　　　　　（a）图形符号；（b）输出特性曲线

在使用时，注意不得超过光电晶体管的最大正向电流、最大反向击穿电压和最大功耗等极限参数。

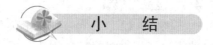

小　　　结

1. 本征半导体

本征半导体是纯净的、具有晶体结构的半导体。其依靠本征激发产生的自由电子和空穴两种载流子导电，导电性能介于导体和绝缘体之间。温度升高（或光照强度增加），会使半导体中载流子数目增加，导电能力增强。

2. 杂质半导体

在本征半导体中掺入少量合适的杂质元素，即可得到杂质半导体。按照掺入的杂质元素不同，可形成 N 型半导体和 P 型半导体。N 型半导体中自由电子是多数载流子，空穴是少数载流子；P 型半导体中空穴是多数载流子，自由电子是少数载流子。

3. PN 结

PN 结是指同一基片上，P 型半导体和 N 型半导体交界面处形成的载流子耗尽层（空间电荷区），其电阻率很高。

PN 结具有单向导电性：加正向电压后，PN 结导通，结电阻很小；加反向电压后，PN 结截止，结电阻很大。

4. 二极管

二极管实质是一个 PN 结，具有单向导电性。注意：普通二极管和发光二极管正常工作时需加正向电压，稳压二极管和光电二极管正常工作时加反向电压或反向偏置。

（1）普通二极管的伏安特性。正向特性：当外加正向电压小于死区电压时，截止；当正向电压大于死区电压时，导通。通常，硅管的死区电压约为 0.5V，锗管约为 0.1V。导通时的正向压降，硅管为 0.6～0.7V，锗管为 0.2～0.3V。

反向特性：当外加反向电压小于反向击穿电压时，截止；当外加反向电压大于反向击穿电压时，会被反向击穿而失效。

（2）普通二极管的主要参数。二极管的主要参数包括：最大整流电流 I_{OM}、反向工作峰值电压 U_{RWM}、反向工作峰值电流 I_{RM} 和最高工作频率 f_M。

（3）稳压二极管。稳压二极管的伏安特性曲线与普通二极管相似，只是其反向特性曲线较陡些，且稳压二极管正常工作于反向击穿区。反向击穿可逆，且反向击穿后端电压基本不变，具有稳压特性。

稳压二极管的主要参数包括：稳定电压 U_Z、稳定电流 I_Z、最大允许耗散功率 P_{ZM}、动态电阻 r_Z 和电压温度系数 α_U。

5. 双极型晶体管

双极型晶体管是电流控制器件，按结构不同有 NPN 型和 PNP 型两种，它们的工作原理相同。

（1）晶体管的工作状态。放大状态：外部条件是发射结正向偏置且集电结反向偏置。此时，基极电流 I_B 对集电极电流 I_C 具有控制作用，即 $I_C \approx \bar{\beta} I_B$。当 I_B 有较小的变化时，将会引起 I_C 很大的变化。

截止状态：可靠截止时发射结和集电结均处于反向偏置。此时，$I_B = 0$，$I_C \approx 0$，晶体管 C、E 间呈高阻状态。

饱和状态：深度饱和下发射结和集电结均处于正向偏置。此时，I_B 失去了对 I_C 的控制作用，$U_{CE} \approx 0$，晶体管 C、E 间呈低阻状态。

晶体管截止时，C、E 间相当于开关的断开；晶体管饱和时，C、E 间相当于开关的闭合。这就是晶体管的开关特性。

（2）晶体管的伏安特性曲线。输入特性曲线：$I_B = f(U_{BE}) | U_{CE} = 常数$ 的关系曲线。由于发射结正向偏置，故输入特性与二极管的正向特性类似。

输出特性曲线：$I_C = f(U_{CE}) | I_B = 常数$ 的关系曲线。不同的 I_B 下，晶体管输出特性曲线不同，对应三种工作状态，即为放大区、截止区和饱和区。

（3）晶体管的主要参数。直流电流放大系数 $\overline{\beta} = \dfrac{I_C}{I_B}$，交流电流放大系数 $\beta = \dfrac{\Delta I_C}{\Delta I_B}$，集—基极反向截止电流 I_{CBO}，集—射极反向截止电流 I_{CEO}，集电极最大允许电流 I_{CM}，集—射极间反向击穿电压 $U_{(BR)CEO}$，集电极最大允许耗散功率 P_{CM}。

习　题

7.1　什么是 PN 结？其导电特性是什么？

7.2　试说明温度升高时对二极管反向饱和电流的影响。

7.3　题图（a）所示电路分别输入题图（b）、（c）所示两种波形电压 u_i，试画出其输出电压 u_o 波形。（二极管正向压降可忽略不计）

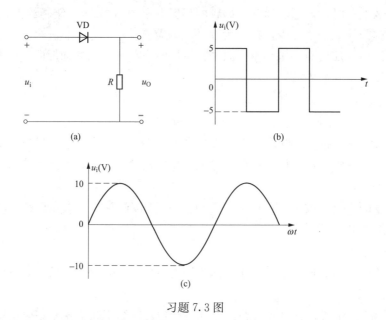

习题 7.3 图

7.4　题图所示各电路中，$E = 5V$，$u_i = 10\sin\omega t\,V$，试分别画出输出电压 u_O 波形及传输特性曲线 $u_O = f(u_i)$。（二极管正向压降可忽略不计）

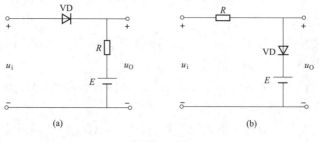

习题 7.4 图

7.5　如题图（a）所示电路，其输入电压 u_{I1}、u_{I2} 的波形如题图（b）所示，二极管导

通压降可忽略不计，试画出输出电压 u_O 波形。（二极管正向压降可忽略不计）

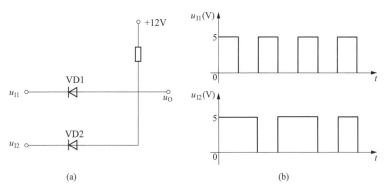

习题 7.5 图

7.6 如题图所示电路，VD1、VD2 为理想二极管，试求下列几种情况下输出电位 V_O 及各支路流过的电流：（1）$V_1 = V_2 = 6V$；（2）$V_1 = 5.5V$，$V_2 = 6V$；（3）$V_1 = 0V$，$V_2 = 6V$。

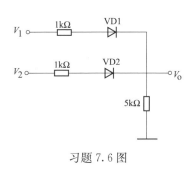

习题 7.6 图

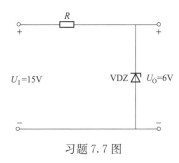

习题 7.7 图

7.7 已知稳压管的稳定电压 $U_Z = 6V$，稳定电流的最小值 $I_{Zmin} = 5mA$，最大功耗 $P_{ZM} = 150mW$，试求题图所示电路中电阻 R 的取值范围。

7.8 现有两个稳压二极管，$U_{Z1} = 6V$，$U_{Z2} = 9V$，正向压降均为 $0.7V$，如果要得到 15、6.7、1.4V 的稳定电压，这两个稳压二极管（含有限流电阻）应该如何连接？画出电路。

7.9 工作在放大区的某个三极管，当 I_B 从 $12\mu A$ 增大到 $22\mu A$ 时，I_C 从 $1mA$ 变为 $2mA$，试计算其 β 值。

7.10 在放大电路中正常工作的晶体管，测得其管脚的对地电位 $V_1 = 4V$，$V_2 = 3.4V$，$V_3 = 9V$，试确定晶体管的类型及其各电极。

7.11 在题图所示电路中，$E_{CC} = 12V$，$R_C = 3k\Omega$，$R_B = 20k\Omega$，$\beta = 100$。回答当输入电路的电压 E_{BB} 分别为 3、1V 和 −1V 时，晶体管处于何

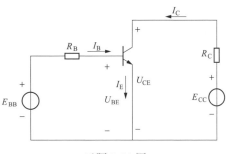

习题 7.11 图

种工作状态?

　　7.12　某个晶体管的 $P_{CM}=100mW$，$I_{CM}=20mA$，$U_{(BR)CEO}=15V$，求在下列几种情况下，哪种是正常工作状态?

　　(1) $U_{CE}=3V$，$I_C=10mA$；

　　(2) $U_{CE}=2V$，$I_C=40mA$；

　　(3) $U_{CE}=8V$，$I_C=20mA$。

8　基本放大电路

放大电路的作用是将微弱的电信号转换为满足应用要求的较强的电信号。放大电路主要是利用晶体管、场效应管工作在放大状态时的电流放大作用实现对信号的放大。放大电路可分为电压放大电路、电流放大电路、功率放大电路等，它是模拟电路的基本单元，广泛应用于电子设备中。

现代电子技术中，将以晶体管、场效应管为核心器件的放大电路称为基本放大电路。基本放大电路有多种类型，有着不同的用途和特性。本章重点介绍由晶体管构成的分立元器件基本放大电路，对差分放大电路、互补对称功率放大电路、场效应管放大电路的介绍可参考本书配套数字资源平台。

8.1　晶体管放大电路的组成及放大原理

要使晶体管具有放大作用，就必须保证发射结正向偏置、集电结反向偏置。构成放大电路时，根据输入电路（基极电路）和输出电路（集电极电路）公共端选取的不同，可分为共基极、共集电极、共发射极三种放大电路。本节以最基本的共发射极电压放大电路为例，阐明放大电路中各组成元器件的作用及放大电路的性能指标，并通过信号传递过程认识放大电路的放大原理。

8.1.1　基本放大电路的组成及性能指标

1. 基本放大电路的组成

图 8.1.1 所示为基本的共发射极接法电压放大电路。输入端接信号源（通常可用一个电动势 e_S 与电阻 R_S 组成的电压源等效表示），输入电压为 u_i；输出端接负载电阻 R_L，输出电压为 u_o。

在电子电路中，按照习惯画法，一般不画出直流电源的符号，而把其提供的电压以电位的形式标出。另

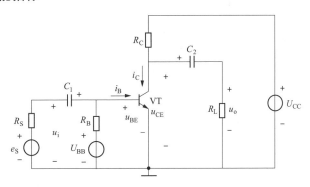

图 8.1.1　基本的共发射极放大电路

外，应用中是把放大电路中端电压为 U_{BB} 的直流电源省去，而把 R_B 接 U_{BB} 正极的一端接至端电压为 U_{CC} 的直流电源的正极上，变为简单的单电源供电的放大电路，并可以保证晶体管的发射结为正向偏置。简化后的单电源供电电路的习惯画法，如图 8.1.2 所示。下面以此电路说明放大电路的组成。

图 8.1.2 中，晶体管 VT 是放大电路中的核心器件，利用它的电流放大作用，在集电极电路获得放大了的电流（$i_C = \beta i_B$），该电流受输入信号的控制。从能量角度来看，输入信号

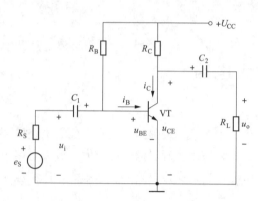

图 8.1.2   基本的共发射极放大电路的习惯画法

能量较小，而输出信号能量较大，这并不表明放大电路把输入的能量放大了，能量是守恒的，输出与输入的能量差来自于直流电源 U_{CC}。晶体管的放大作用实质是利用能量较小的输入信号通过晶体管的控制作用，去控制电源 U_{CC} 所提供的能量，以在输出端获得一个能量较大的信号。晶体管是实现这一作用的控制器件。

集电极直流电源（端电压为 U_{CC}），既要为输出信号提供能量，还要保证晶体管集电极处于反向偏置，并通过电阻 R_B 使发射结处于正向偏置，以使晶体管起到放大作用。U_{CC} 一般为几伏到几十伏。

集电极负载电阻 R_C 简称集电极电阻，它主要是将集电极电流的变化变换为电压的变化，以实现电压放大。R_C 的阻值一般为几千欧到几十千欧。

偏置电阻 R_B 的作用除了使发射结正向偏置，还要提供大小适当的基极电流 I_B，以使放大电路获得合适的工作点。R_B 的阻值一般为几十千欧到几百千欧。

耦合电容 C_1 和 C_2 既起着隔直流的作用，又起着交流耦合的作用。C_1 用来隔断放大电路与信号源之间的直流通路，C_2 用来隔断放大电路与负载之间的直流通路，使三者之间无直流联系，互不影响；C_1 和 C_2 还要保证交流信号畅通无阻地经过放大电路，接通信号源、放大电路和负载三者之间的交流通路。为减小 C_1 和 C_2 上的交流压降，其电容值较大，一般为几微法到几十微法的极性电容器。

2. 基本放大电路的性能指标

基本电压放大电路的一般表示形式如图 8.1.3 所示，其由信号源、晶体管放大电路和负载三个部分构成。一般是通过在放大电路的输入端加上正弦交流电压信号来测试放大电路的性能指标，故图 8.1.3 中传递的信号以相量进行了表示。

在不失真的前提下，为反映放大电路各方面的性能，引用如下一些主要性能指标。

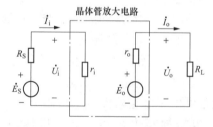

图 8.1.3   基本单管放大电路的一般形式

（1）电压放大倍数 A_u。放大倍数是直接衡量放大电路放大能力的重要指标，其值为输出量与输入量之比。放大倍数越大，则放大电路的放大能力越强。对于小功率放大电路，人们一般关心的是电压放大倍数。

电压放大倍数是输出电压 $\dot{U}_o$ 与输入电压 $\dot{U}_i$ 之比，即

$$A_u = \frac{\dot{U}_o}{\dot{U}_i} \tag{8.1.1}$$

（2）输入电阻 r_i。放大电路与信号源相连接就成为信号源的负载（后级放大电路可看作是本级放大电路的负载），必然从信号源索取电流，电流的大小表明放大电路对信号源的影响程度。输入电阻 r_i 是从放大电路输入端看进去的等效动态电阻，定义为输入电压有效值

U_i和输入电流有效值I_i之比，即

$$r_i = \frac{U_i}{I_i} \tag{8.1.2}$$

输入电阻r_i越大，表明放大电路从信号源索取的电流越小，可减轻信号源的负担，同时，放大电路所得到的输入电压$\dot{U_i}$越接近信号源电动势$\dot{E_s}$，即信号源内阻上的电压越小，信号电压损失越小。因此，通常希望放大电路的输入电阻尽量大一些。

（3）输出电阻r_o。任何放大电路的输出信号都要送给负载，因而对负载而言，放大电路相当于它的信号源（前级放大电路可看作是本级放大电路的信号源），如图8.1.3右部分所示，其作用可以等效成一个有内阻的电压源，这个等效电压源的内阻就是放大电路的输出电阻r_o。

通常计算r_o时，可将负载电阻R_L取掉，并令信号源$\dot{E_s}=0$（保留内阻），在输出端外加一有效值为U_o的交流电压，以产生一个有效值为I_o的电流，则放大电路的输出电阻为

$$r_o = \frac{U_o}{I_o} \tag{8.1.3}$$

如果放大电路的输出电阻较大（相当于信号源内阻较大），当负载变化时，输出电压的变化较大，也就是放大电路带负载能力较差。因此，通常希望放大电路的输出电阻低一些。

（4）通频带。通频带用于衡量放大电路对不同频率信号的放大能力。通常放大电路的输入信号不是单一频率的正弦信号，而是包含各种不同频率的正弦分量，输入信号所包含的正弦分量的频率范围称为输入信号的频带。由于放大电路中耦合电容、晶体管极间电容及其他电容（如旁路电容、连线分布电容）的存在，它们的容抗随频率的变化而变化，使得电压放大倍数在信号频率比较高和比较低时，不但数值下降，还产生相移。可见放大倍数是频率的函数。

放大电路电压放大倍数的模$|A_u|$与信号频率f的关系称为幅频特性；输出电压与输入电压的相位差φ与信号频率f的关系称为相频特性。幅频特性和相频特性统称为频率特性。图8.1.4所示为共射极基本放大电路的频率特性。

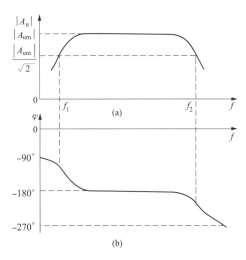

由图8.1.4可见，在一定的频率范围内，电压放大倍数的大小及输出电压与输入电压的相位差不随频率改变，$|A_u|=|A_{um}|$，$\varphi=180°$。随着频率的升高或降低，电压放大倍数要减小，输出电压与输入电压的相位差也要改变。当放大倍数下降为$|A_{um}|/\sqrt{2}$时所对应的两个频率，分别称为下限频率f_1和上限频率f_2。这两个频率之间的频率范围称为通频带B_W，即

$$B_W = f_2 - f_1$$

图8.1.4 共发射极基本放大电路的频率特性
(a) 幅频特性；(b) 相频特性

通频带是表示放大电路频率特性的一个重要指标。通频带宽，表明放大电路对不同频率信号的适应能力强。

当然，不同的放大电路其性能指标也不尽相同，且还有失真系数、最大不失真输出电压等多项性能指标，在此就不一一详述了。

8.1.2　基本放大电路的放大原理

在图 8.1.2 所示最基本的共发射极放大电路中，输入电压 u_i 加在晶体管的基极与发射极之间，输出电压 u_o 从集电极与发射极之间取出，发射极接地。下面通过信号的传递过程定性地说明放大电路的信号放大原理。

当放大电路没有输入信号，即 $u_i = 0$ 时，电路的工作状态称为静态。静态下只有直流电源电压 U_{CC} 起作用，使发射结正向偏置，集电结反向偏置，满足晶体管放大的外部条件。此时，晶体管各极电流及极间电压都是直流量，称为静态值，这里主要讨论基极电流 I_B、基—射极电压 U_{BE} 以及集电极电流 I_C、集—射极电压 U_{CE}，它们分别在输入、输出特性曲线上对应着一个点，称为静态工作点，用 Q 表示，如图 8.1.5 所示。

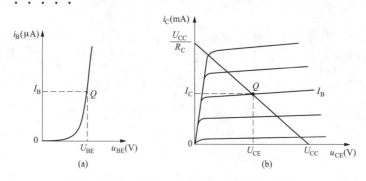

图 8.1.5　基本共射极放大电路的静态工作点

由于晶体管工作在放大区，有 $I_C = \bar{\beta}I_B$。此电流流过集电极负载电阻 R_C 产生一个电压降，则静态集—射极电压 $U_{CE} = U_{CC} - I_C R_C$，由此线性方程在晶体管输出特性曲线上作出的直线，称为直流负载线，如图 8.1.5 中所示。直流负载线与由 I_B 值确定的那条晶体管输出特性曲线的交点即为放大电路的静态工作点。

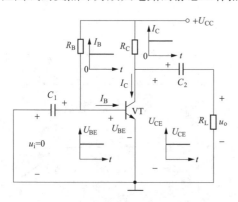

图 8.1.6　$u_i = 0$ 时的基本共发射极放大电路

总之，$u_i = 0$ 时，晶体管各极电流、极间电压均为恒定的直流量，如图 8.1.6 所示。

当在放大电路的输入端加上输入信号，即 $u_i \neq 0$ 时，电路的工作状态称为动态。此时，晶体管各极电流、极间电压均在直流分量的基础上再叠加上一交流分量。为了与静态的直流分量相区分，交流分量的电流、电压和下标都用小写字母表示，如 i_b、u_{be}、i_c、u_{ce}。放大电路中的电流、电压是直流分量和交流分量的合成量，用小写字母加大写下标来表示，如 i_B、u_{BE}、i_C、u_{CE}。

加上输入电压 u_i 后，由于耦合电容 C_1 对交流量相当于短路，此电压基本加在了基—射极两端，即基—射极电压的交流分量 $u_{be} = u_i$。这个交流分量叠加在直流分量上，形成的合成量 $u_{BE} = U_{BE} + u_{be}$。同时随 $u_i(u_{be})$ 的变化，会形成基极电流的交流分量 i_b 叠加到静态电流 I_B 上。由于晶体管的电流放大作用，在集电极相应地引起一个将 i_b 放大了 β 倍的集电极电流的交流分量 i_c，叠加在静态电流 I_C 上。交流分量 i_c 一部分会流过负载 R_L，一部分会流

过 R_C（令为 i'_c）。R_C 上合成电流 i_{RC} 为静态电流 I_C 与 i'_c 的叠加，即 $i_{RC}=I_C+i'_c$。i_{RC} 会在 R_C 上产生压降 $i_{RC}R_C$，从而使集—射极电压 $u_{CE}=U_{CC}-i_{RC}R_C$，又由于静态下 $U_{CE}=U_{CC}-I_CR_C$，可得交流分量 $u_{ce}=-i'_cR_C$。可见，集电极电阻 R_C 把晶体管的电流放大作用，转化为电压放大作用。随着 $i_c(i'_c)$ 的增加 u_{ce} 在减小，说明 u_{ce} 与 u_i 反相。

通过耦合电容 C_2 的隔直通交作用，负载只能得到集—射极电压的交流分量 u_{ce}，这个信号就是放大电路的输出电压 u_o，即 $u_o=u_{ce}$。通常交流分量 u_{ce} 的幅值要比输入信号大得多。动态下，信号的传递及放大过程如图 8.1.7 所示。

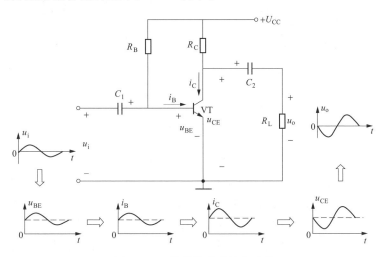

图 8.1.7 信号传递及放大过程

下面再通过输入和输出特性曲线，采用图解法更形象地看一下信号的放大过程。

首先在输入特性曲线上作图，如图 8.1.8（a）所示。静态下，在放大电路的输入端加上一个正弦信号 u_i 后，它会叠加在基—射极静态电压 U_{BE} 上，随着合成的基—射极电压 u_{BE} 的增减，会使输入特性曲线上的工作点随时间沿特性曲线在 Q_1、Q_2 两点间移动，从而引起基极电流 i_B 在 I_{B1}、I_{B2} 之间随时间变化，即在 $u_{be}(u_i)$ 的控制作用下基极电流产生了交流分量 i_b。

再在输出特性曲线上作图。先在输出特性曲线上作出一条交流负载线，再根据交流负载线确定 i_C、u_{CE} 的变化情况。

交流负载线是由输出回路线性环节（除晶体管外的环节）所满足的 $i_c=f(u_{ce})$ 在输出特性曲线上确定的直线，反映了交流电流 i_c 和电压 u_{ce} 的变化关系。由叠加定理可以看到，交流信号单独作用时，集电极电流的交流分量 i_c 实质是流过 R_C 与 R_L 并联（C_2 视为短路）的总电流，故有 $u_{ce}=-i_c(R_C/\!/R_L)$，也可写为 $\Delta U_{CE}=-\Delta I_C(R_C/\!/R_L)$，由此可作出交流负载线，如图 8.1.8（b）所示，此直线通过静态工作点 Q。

由于晶体管的电流放大作用，当基极电流 i_B 在 I_{B1}、I_{B2} 之间随时间变化时，将导致集电极电流 i_C 也以静态工作点为中心产生相应比较大的变化。当基极电流 i_B 增大到最大值 I_{B1} 时，工作点 Q 将沿着交流负载线上移至 Q_1 点，相应的集电极电流 i_C 上升到最大值 I_{C1}；当基极电流 i_B 减小到最小值 I_{B1} 时，工作点 Q 将沿着交流负载线下移至 Q_2 点，相应的集电极电流 i_C 下降到最小值 I_{C2}。

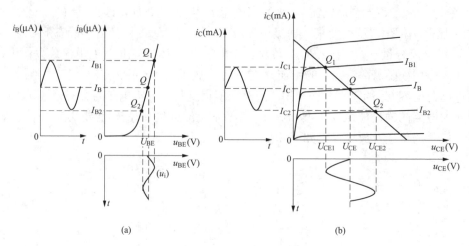

图 8.1.8　基本共射极放大电路的图解分析

（a）输入信号的图解分析；（b）输出信号的图解分析

由图 8.1.8（b）可见，随着 i_C 的增大，集—射极电压 u_{CE} 在减小；随着 i_C 的减小，集—射极电压 u_{CE} 在增大。u_{CE} 在由 Q_1 及 Q_2 确定的 U_{CE1} 及 U_{CE2} 两点间变化，且与 i_C 的变化模式相反。经过耦合电容 C_2 的隔直通交作用后，去掉了 u_{CE} 中的直流分量，为负载输出交流分量 $u_{ce}=u_o$。可以看到，输出的交流电压 u_o 与输入电压 u_i 反相。

综上分析可见，共射极基本放大电路输入一个较小的正弦电压信号后，通过电路的放大作用，在放大电路的输出端会得到一个较大的同频率但反相的正弦电压信号。

8.2　晶体管放大电路的分析

对于放大电路的分析，可以分为静态和动态两种情况来进行，静态分析是要通过确定放大电路的静态工作点（I_B、U_{BE} 及 I_C、U_{CE}）来确定放大电路的工作状态；动态分析是要确定放大电路的基本性能指标（动态参数），如电压放大倍数、输入电阻、输出电阻等。上节以共射极基本放大电路通过图解形式介绍了信号传递过程及放大原理，本节仍以最基本的共射极放大电路为例，介绍静态工作点及动态性能指标的分析计算方法。

8.2.1　放大电路的直流通路与交流通路

放大电路中由于电容的存在，直流分量与交流分量流经的路径是不同的。直流分量流通的路径称为直流通路；交流分量流通的路径称为交流通路。在分析放大电路时，应遵循"先静态，后动态"的原则，求解静态工作点时应利用直流通路，求解动态参数时应利用交流通路，两种通路绝不可混淆。静态是动态的基础，只有有了合适的静态工作点，动态分析才有意义。

1. 直流通路

直流通路是在直流电源作用下直流电流流通的路径，也就是静态电流流经的通路，主要用于分析静态工作点。对于直流通路，由于电容具有隔直流的特性，将电容视为开路；由于无输入信号，将信号源视为短路，但要保留其内阻。通过以上处理便可得到对应电路的直流通路，如对于图 8.1.2 所示的电路，其直流通路如图 8.2.1（a）所示。

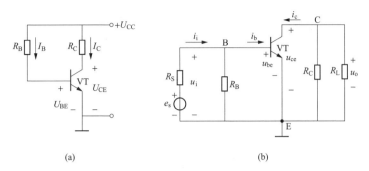

图 8.2.1 放大电路的直流通路和交流通路

(a) 直流通路；(b) 交流通路

2. 交流通路

交流通路是在输入信号作用下交流电流流通的路径，也就是动态电流流经的通路，主要用来确定放大电路的动态参数。画交流通路时要遵循以下两条原则：

(1) 在仅考虑信号源的激励下，要将直流电源置零处理，由于一般直流电压源的内阻很小，可以忽略不计，故直流电压源可视为短路。

(2) 根据电容通交流的特性，其表现出的容抗很小，一般电容可作短路处理（对一定频率范围的交流信号）。

由以上原则可以得到图 8.1.2 所示电路的交流通路如图 8.2.1 (b) 所示。

需要注意的是，直流通路与交流通路只是便于对放大电路进行分析的两个分电路。假如实际电路接成交流通路的形式是不能放大信号的，因为它无法满足晶体管放大信号时所需的偏置条件。

【例 8.2.1】 已知放大电路如图 8.2.2 (a) 所示，试画出它的直流通路和交流通路。

【解】 将电容 C_1 和 C_2 断开，可见信号源和负载电阻对电路已无影响，可以去掉，得到直流通路如图 8.2.2 (b) 所示。

将电容 C_1 和 C_2 短路，将直流电压源置零（即将其短路），可得到交流通路如图 8.2.2 (c) 所示。

8.2.2 放大电路静态工作点的计算与分析

1. 放大电路静态工作点的计算

由于静态工作点对应的是直流值，故可用放大电路的直流通路来分析计算。对于图 8.1.2 所示基本共射极放大电路，根据图 8.2.1 (a) 所示的其直流通路，可得出静态时基极电流

$$I_B = \frac{U_{CC} - U_{BE}}{R_B} \approx \frac{U_{CC}}{R_B} \tag{8.2.1}$$

其中，基—射极电压（发射结电压）U_{BE}很小，在放大区通常其变化范围也不大，计算时可将其取为常数，一般硅晶体管为 0.6V，锗晶体管取为 0.3V。由于 U_{BE} 比 U_{CC} 小很多，故也可忽略不计。

由 I_B 可得出静态时的集电极电流

$$I_C = \bar{\beta} I_B + I_{CEO} \approx \bar{\beta} I_B \approx \beta I_B \tag{8.2.2}$$

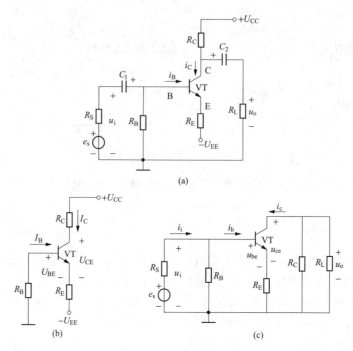

图 8.2.2　[例 8.2.1] 图
(a) [例 8.2.1] 电路图；(b) 直流通路；(c) 交流通路

静态时的集—射极电压为

$$U_{CE} = U_{CC} - R_C I_C \tag{8.2.3}$$

分析计算中，采取了近似估算的方法，这样可以更加简洁、快速地得出放大电路的静态工作点。

【例 8.2.2】 在图 8.1.2 电路中，已知 $U_{CC}=12V$，$R_C=4k\Omega$，$R_B=300k\Omega$，$\bar{\beta}=37$，试求放大电路的静态值。

【解】 根据图 8.2.1 (a) 所示的直流通路可得

$$I_B \approx \frac{U_{CC}}{R_B} = \frac{12}{300 \times 10^3} = 0.04(mA) = 40(\mu A)$$

$$I_C \approx \bar{\beta} I_B = 37 \times 0.04 = 1.48(mA)$$

$$U_{CE} = U_{CC} - R_C I_C = 12 - (4 \times 10^3) \times (1.48 \times 10^{-3}) = 6.08(V)$$

2. 静态工作点对放大电路的影响

正常工作状态下，对放大电路有一基本要求，就是输出信号尽可能不失真。所谓失真，是指输出信号的波形不像输入信号的波形。引起失真的原因有多种，其中最常见的是由于静态工作点不合适或者信号太大，使放大电路的工作范围超出了晶体管特性曲线上的线性范围。这种失真通常称为非线性失真。

在图 8.2.3 中，静态工作点 Q_2 的位置太低，即使输入的是正弦电压 u_i，但在它的负半周，晶体管会进入截止区工作，此时基极电流 $i_B=0$。i_B 产生明显的失真，引起 i_C 和 u_{CE} 的波形也产生明显的失真，从而使输出电压 u_o 的正半周被削平。这种失真是由于晶体管的截止而引起的，故称为截止失真。

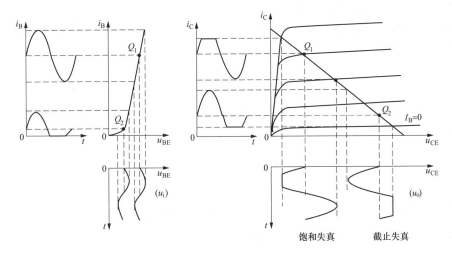

图 8.2.3　静态工作点不合适引起的输出波形失真

在图 8.2.3 中，静态工作点 Q_1 太高，这时 i_B 的波形没有失真，但是在输入电压的正半周，晶体管会进入饱和区工作。在饱和区，i_C 不再随着 i_B 的变化而变化，晶体管失去放大作用。因此，i_C 和 u_{CE} 的波形出现失真，从而使输出电压 u_o 的负半周被削平。这种失真是由于晶体管的饱和而引起的，故称为饱和失真。

为了减小或避免放大电路出现明显的非线性失真，必须设置合理的静态工作点 Q。当输入信号较大时，应将 Q 点设置在交流负载线的中点位置，这时可以得到输出电压的最大动态范围。而当输入信号 u_i 较小时，为了降低电路的功率损耗，在不产生截止失真的前提下，可以适当地尽量降低 Q 点。静态工作点的调整可以通过调整放大电路的元件参数来实现。

如果 Q 点的位置设置合理，但输入信号 u_i 的幅值过大时，输出信号 u_o 也会产生失真，而且饱和失真和截止失真会同时出现。这种情况下，应适当减小输入信号的幅值。

8.2.3　放大电路基本性能指标的计算

放大电路的基本性能指标（动态参数）可通过交流通路来确定。由于放大电路中存在非线性器件，给电路的动态分析造成了一定的困难。当放大电路工作在放大区时，在小信号情况下，晶体管可近似看作工作在线性状态，这样可对放大电路进行线性化处理，处理成微变等效电路。微变等效电路法是动态参数计算的主要方法。

放大电路的微变等效电路，就是把非线性元件晶体管所组成的放大电路等效为一个线性电路，也就是把晶体管线性化，等效为一个线性元件。这样，就可以像处理线性电路那样来处理晶体管放大电路。晶体管线性化的条件是在小信号（微小变量）情况下工作。这样就可以在静态工作点附近的小范围内，用直线段近似地代替晶体管的特性曲线。

1. 晶体管的微变等效电路

晶体管的微变等效电路（线性模型）的建立有多种方法。以下通过共发射极接法晶体管的输入和输出特性曲线来建立晶体管的微变等效电路。

晶体管采用共发射极接法时，具有输入、输出两个端口，如图 8.2.4（a）所示。输入端的电压与电流关系可由输入特性来确定；输出端的电压与电流关系可由输出特性来确定。

图 8.2.4（b）所示晶体管的输入特性曲线是非线性的。但当输入信号很小时，在静态

工作点 Q 附近的工作段可认为是直线。当基—射极电压产生一个小的变化量 ΔU_{BE} 时，基极电流也会相应地产生一个小的变化量 ΔI_B，如图 8.2.4（b）所示。ΔU_{BE} 与 ΔI_B 之间的关系可以用动态电阻来反映，即

$$r_{be} = \frac{\Delta U_{BE}}{\Delta I_B} \tag{8.2.4}$$

式中：r_{be} 为晶体管的输入电阻。在小信号放大区，r_{be} 是一常数，一般为几百欧到几千欧。

低频小功率晶体管的输入电阻 r_{be} 常用下式估算

$$r_{be} \approx 200(\Omega) + (\beta + 1) \frac{26(mV)}{I_E(mA)} \tag{8.2.5}$$

式中：I_E 为静态发射极电流。

r_{be} 反映了晶体管的输入特性，由它确定了动态下输入电压与输入电流之间的关系，因此，晶体管的基极与发射极之间可用 r_{be} 等效代替，如图 8.2.5 左侧所示。

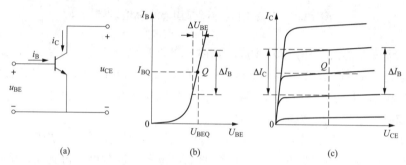

图 8.2.4　晶体管微变等效电路的分析

（a）共射极接法下的晶体管；（b）输入特性分析；（c）输出特性分析

图 8.2.4（c）是晶体管的输出特性曲线，在放大区是一组近似与横轴平行的直线。当 U_{CE} 为常数时，ΔI_C 与 ΔI_B 之比

$$\beta = \frac{\Delta I_C}{\Delta I_B} \Big| U_{CE} \tag{8.2.6}$$

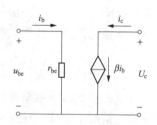

图 8.2.5　晶体管的微变等效电路

即为晶体管的电流放大系数。在小信号放大区，β 是一常数。对交流分量则可写成 $i_c = \beta i_b$，这表示 i_c 受 i_b 的控制关系，而与 u_{ce} 几乎无关。因此，晶体管的集电极与发射极之间可用一等效电流源代替，如图 8.2.5 右边所示，因其电流 i_c 受电流 i_b 控制，故称为电流控制电流源，简称受控电流源，并用菱形符号表示，以便与独立电源的圆形符号相区别。

图 8.2.5 就是得出的晶体管的微变等效电路，它只适用于小信号情况，因在放大区将特性曲线近似为一组与横轴平行的直线，忽略了 u_{ce} 对 i_b 和 i_c 的影响，故称为简化的小信号模型。

2. 放大电路的微变等效电路

由放大电路的交流通路和晶体管的微变等效电路可得出放大电路的微变等效电路。将图 8.2.6（a）所示的共射极基本放大电路交流通路中的晶体管用它的微变等效电路代替，可

画出共射极基本放大电路的微变等效电路如图 8.2.6（b）所示。电路中的电压和电流都是交流分量，标出的是参考方向。

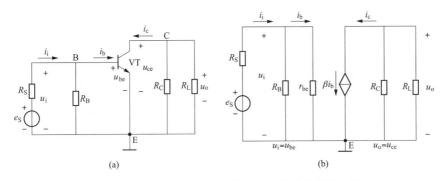

图 8.2.6 由交流通路得到放大电路的微变等效电路

（a）交流通路；（b）微变等效电路

3. 电压放大倍数的计算

设放大电路输入的是正弦信号，图 8.2.6（b）中的电压和电流都可用相量表示，如图 8.2.7 所示。

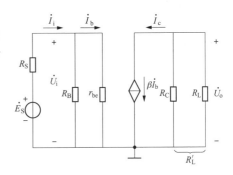

由图 8.2.7 可列出

$$\dot{U}_i = r_{be} \dot{I}_b$$

$$\dot{U}_o = -R'_L \dot{I}_c = -\beta R'_L \dot{I}_b$$

$$R'_L = R_C /\!/ R_L$$

故放大电路的电压放大倍数

图 8.2.7 微变等效电路相量形式

$$A_u = \frac{\dot{U}_o}{\dot{U}_i} = -\beta \frac{R'_L}{r_{be}} \tag{8.2.7}$$

式（8.2.7）中的负号表示输出电压 $\dot{U}_o$ 与输入电压 $\dot{U}_i$ 的相位相反。

当放大电路输出端开路（未接 R_L）时，其值比接 R_L 时高。可见 R_L 越小，则电压放大倍数越低。

$$A_u = -\beta \frac{R_C}{r_{be}} \tag{8.2.8}$$

4. 放大电路输入电阻的计算

放大电路对信号源（或对前极放大电路）来说，是一个负载，可用一个输入电阻 r_i 来等效代替。

以图 8.1.2 的放大电路为例，其输入电阻可由它的微变等效电路图 8.2.7 来计算，从图 8.2.7 的输入端看入电路，其等效电阻为 r_{be} 和 R_B 的并联，因此，共射极基本放大电路的输入电阻为

$$r_i = R_B /\!/ r_{be} \approx r_{be} \tag{8.2.9}$$

实际上 R_B 的阻值比 r_{be} 大得多，因此，共发射极放大电路的输入电阻基本上等于晶体管的输入电阻，是不高的。

注意：r_i 和 r_{be} 意义不同，不能混淆。r_i 为放大电路的输入电阻，r_{be} 为晶体管的输入电阻。

5. 放大电路输出电阻的计算

放大电路对负载（或对后极放大电路）来说，是一个信号源，其内阻即为放大电路的输出电阻 r_o。

放大电路的输出电阻可在信号源置零（$\dot{E}_i = 0$）和输出端开路的条件下求得。现以图 8.1.2 的放大电路为例，从它的微变等效电路图 8.2.7 可以看出，当 $\dot{U}_i = 0$，$\dot{I}_b = 0$ 时，$\dot{I}_c = \beta \dot{I}_b = 0$，电流源相当于开路，故从放大电路输出端看入电路的输出电阻

$$r_o \approx R_C \qquad (8.2.10)$$

R_C 一般为几千欧，因此，共发射极放大电路的输出电阻较高。

根据以上分析可知，只要在晶体管放大电路中设置合适的静态工作点，并在输入回路加上一个能量较小的信号，利用发射结正向电压对各极电流的控制作用，就能将直流电源提供的能量，依照输入信号的变化规律转换为所需的形式供给负载。从而再次证明了放大的作用实质上就是放大器件的控制作用，是一种能量控制电路。

【例 8.2.3】 在图 8.1.2 所示放大电路中，已知 $U_{CC} = 12V$，$R_C = 4k\Omega$，$R_B = 300k\Omega$，$\beta = 37$，$R_L = 4k\Omega$。（1）试求电压放大倍数 A_u、输入电阻 r_i 及输出电阻 r_o；（2）如果换上 $\beta = 100$ 的晶体管，仍保持 I_E 不变，A_u 如何变化？

【解】 （1）在［例 8.2.2］中已求出

$$I_C = 1.48mA \approx I_E$$

由式（8.2.5）可得

$$r_{be} = 200 + (1+37)\frac{26}{1.48} = 0.868(k\Omega)$$

故

$$A_u = -\beta \frac{R_L'}{r_{be}} = -37 \times \frac{2}{0.868} = -85.3$$

$$R_L' = R_C // R_L = 2(k\Omega)$$

$$r_i = R_B // r_{be} \approx r_{be} = 0.868(k\Omega)$$

$$r_o \approx R_C = 4(k\Omega)$$

（2）当换上 $\beta = 100$ 的晶体管，通过增大 R_B，使 I_B 减小，保证 I_C、I_E 不变时

$$r_{be} = 200 + (1+100) \times \frac{26}{1.48} = 1.97(k\Omega)$$

$$A_u = -\beta \frac{R_L'}{r_{be}} = -100 \times \frac{2}{1.97} = -101.3$$

可见，当 β 由 37 增加到 100，而 I_E 保持不变时，r_{be} 增大了一倍左右，$|A_u|$ 虽有增加，但并不显著。

8.3 常用晶体管基本放大电路

放大电路的应用非常广泛，而在实际应用中，光靠单一的放大电路是很难满足电路对性

能指标的综合要求的，往往是以两种或两种以上单级放大电路组成的多级放大电路来完成相应的任务，这就需要认识更多的单级放大电路。前面以最基本的共发射极放大电路为例，认识了放大电路的工作原理及计算与分析方法，但因其自身电路存在缺陷（以下分析说明），实际中并不采用。下面介绍几种实际中常用的基本放大电路。

8.3.1　分压式偏置放大电路

1. 温度对放大电路的影响

从放大电路的分析过程可以看到，放大电路应有合适的静态工作点，以保证有较好的放大效果，并且不引起非线性失真。静态工作点位置合适，但环境温度发生变化时，可以引起静态工作点位置的改变，严重时会引起非线性失真。究其原因，是晶体管的参数会随着温度的变化而变化。

晶体管受温度影响的三个主要参数是：发射结电压 U_{BE}，电流放大系数 $\bar{\beta}$，以及集-射极之间的反向饱和电流 I_{CBO}。温度每升高 $1℃$，U_{BE} 将减小 $2\sim2.5\text{mV}$，即晶体管具有负温度系数；温度每升高 $1℃$，$\bar{\beta}$ 值增加 $0.5\%\sim1.0\%$；温度每增加 $10℃$，I_{CBO} 约增大一倍（硅管优于锗管）。

前面用到的最基本的共发射极放大电路（见图 8.1.2）中，偏置电流

$$I_B = \frac{U_{CC} - U_{BE}}{R_B} \approx \frac{U_{CC}}{R_B}$$

可见，当 R_B 一经选定后，I_B 也就基本固定不变。这种放大电路称为固定偏置放大电路，它不能很好的稳定静态工作点。

在固定偏置放大电路中，有

$$I_C = \bar{\beta}I_B + I_{CEO} = \bar{\beta}\frac{U_{CC} - U_{BE}}{R_B} + (1+\bar{\beta})I_{CBO}$$

可见，当温度升高时，U_{BE} 的减小，$\bar{\beta}$ 及 I_{CBO} 的增加都会引起 I_C 的增加。这样会导致静态工作点 Q 在输出特性曲线上沿着负载线上移，从而接近饱和区，容易使放大电路产生饱和失真。

固定偏置放大电路的工作点 Q 是不稳定的，为此需要改进偏置电路。稳定静态工作点就是要使 I_C 得到稳定，当温度变化时，要使 I_C 基本不发生改变，通常采用的是分压式偏置放大电路。

2. 分压式偏置放大电路

分压式偏置放大电路如图 8.3.1（a）所示，其中 R_{B1} 和 R_{B2} 构成偏置电路。由图 8.3.1（b）所示的直流通路可列出

$$I_1 = I_2 + I_B$$

若使

$$I_1 \approx I_2 \gg I_B \tag{8.3.1}$$

则 R_{B1} 和 R_{B2} 可以看作串联，并对 U_{CC} 分压。因而，基极电位

$$V_B \approx \frac{R_{B2}}{R_{B1} + R_{B2}} U_{CC} \tag{8.3.2}$$

可认为 V_B 与晶体管的参数无关，不受温度影响，而仅为 R_{B1} 和 R_{B2} 的分压电路所固定。引入发射极电阻后，由图 8.3.1（b）可列出

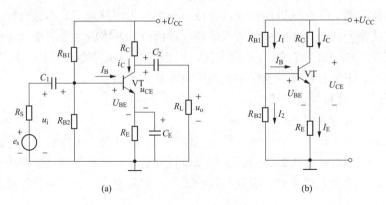

图 8.3.1　分压式偏置放大电路
(a) 放大电路；(b) 直流通路

$$U_{BE}=V_B-V_E=V_B-I_E R_E \qquad (8.3.3)$$

若使

$$V_B \gg U_{BE} \qquad (8.3.4)$$

则有

$$I_C \approx I_E = \frac{V_B-U_{BE}}{R_E} \approx \frac{V_B}{R_E} \qquad (8.3.5)$$

也可认为 I_C 不受温度影响。

　　实际上，对硅管而言，只要 $I_1 \approx I_2 = (5 \sim 10)I_B$，$V_B=(5\sim10)U_{BE}$，上述两个措施就得到了满足。$V_B$ 和 I_E 或 I_C 就与晶体管的参数几乎无关，不受温度变化的影响，使静态工作点能得以基本稳定。

　　分压式偏置放大电路稳定工作点的过程是：当温度升高引起 I_C 增大时，发射极电阻 R_E 上的压降增大，由于 V_B 是固定的，所以 U_{BE} 将减小，从而导致 I_B 减小，以限制 I_C 的增大，工作点得以稳定。

　　此外，当发射极电流的交流分量 i_e 流过 R_E 时，也会产生交流电压降，使 u_{be} 减小，从而降低电压放大倍数。为此，在 R_E 两端并联了一个容量较大的电容 C_E，构成交流旁路。C_E 称为交流旁路电容，其值一般为几十微法到几百微法。旁路电容 C_E 为交流分量 i_e 通过了一条阻抗近似为零的通路，从而使交流分量不经过 R_E，以免降低电压放大倍数。

　　分压式偏置放大电路的交流通路及微变等效电路如图 8.3.2 (a)、(b) 所示。由于分压式偏置放大电路本身就是一个共发射极放大电路，故其交流通路及微变等效电路与固定偏置放大电路的一致，只是图中 $R_B=R_{B1}//R_{B2}$，所以其动态参数的计算关系式与固定偏置放大电路的也一致。

　　通过上述分析可见，分压式偏置放大电路与固定偏置放大电路的主要区别就在于静态工作点的确立方法不同。

　　【例 8.3.1】　在图 8.3.1 (a) 的分压式偏置放大电路中，已知 $U_{CC}=12V$，$R_C=3k\Omega$，$R_E=3k\Omega$，$R_{B1}=10k\Omega$，$R_{B2}=10k\Omega$，$R_L=6k\Omega$，晶体管的 $\bar{\beta}=37$。(1) 试求静态值；(2) 据微变等效电路计算其 A_u、r_i 及 r_o。

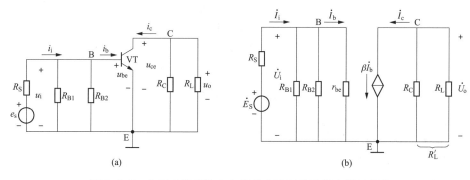

图 8.3.2 分压式偏置放大电路的交流通路及微变等效电路

(a) 交流通路；(b) 微变等效电路

【解】 (1)

$$V_B \approx \frac{R_{B2}}{R_{B1} + R_{B2}} U_{CC} = \frac{10}{10 + 10} \times 12 = 6(\text{V})$$

$$I_C \approx I_E = \frac{V_B - U_{BE}}{R_E} = \frac{6 - 0.6}{3 \times 10^3}(\text{A}) = 1.8(\text{mA})$$

$$I_B = \frac{I_C}{\beta} = \frac{1.8}{37} = 0.049(\text{mA})$$

$$U_{CE} \approx U_{CC} - (R_C + R_E) I_C = 12 - (3 + 3) \times 10^3 \times 1.8 \times 10^{-3} = 1.2(\text{V})$$

(2) 微变等效电路如图 8.3.2 所示，则有

$$r_{be} = 200 + (1 + \beta) \frac{26}{I_E} = 200 + (1 + 37) \times \frac{26}{1.8} = 0.75(\text{k}\Omega)$$

$$A_u = -\beta \frac{R_L'}{r_{be}} = -37 \times \frac{\frac{3 \times 6}{3 + 6}}{0.75} = -98.6$$

$$r_i = R_{B1} \mathbin{/\mkern-5mu/} R_{B2} \mathbin{/\mkern-5mu/} r_{be} \approx r_{be} = 0.75(\text{k}\Omega)$$

$$r_o \approx R_C = 3(\text{k}\Omega)$$

8.3.2 射极输出器

共发射极接法的放大电路是从集电极输出。本节将介绍的射极输出器，其电路如图 8.3.3 所示，是从发射极输出。在接法上是一个共集电极电路，因为动态下，电源 U_{CC} 对交流信号相当于短路（集电极接地），输入信号加在基极与接地点之间，输出信号取至发射极到接地点之间，信号的输入回路和输出回路以集电极为公共端。

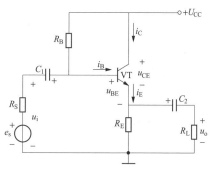

图 8.3.3 射极输出器

1. 静态分析

射极输出器的直流通路如图 8.3.4 所示，由其来确定静态值。

由图 8.3.4 可列出 KVL 方程

$$I_B R_B + U_{BE} + I_E R_E = U_{CC}$$

将 $I_E = I_B + I_C = I_B + \bar{\beta}I_B = (1 + \bar{\beta})I_B$ 代入上式，可得

$$I_B = \frac{U_{CC} - U_{BE}}{R_B + (1 + \bar{\beta})R_E} \tag{8.3.6}$$

$$I_E = (1 + \bar{\beta})I_B \tag{8.3.7}$$

$$U_{CE} = U_{CC} - I_E R_E \tag{8.3.8}$$

2. 动态分析

画出射极输出器的微变等效电路如图 8.3.5 所示。

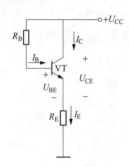

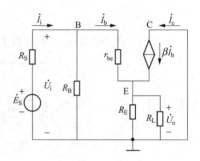

图 8.3.4   直流通路   图 8.3.5   微变等效电路

（1）电压放大倍数。由图 8.3.5 可得出

$$\dot{U}_o = \dot{I}_e R'_L = (1 + \beta)\dot{I}_b R'_L$$

$$R'_L = R_E \; / \! / \; R_L$$

$$\dot{U}_i = \dot{I}_b r_{be} + \dot{I}_e R'_L = \dot{I}_b r_{be} + (1 + \beta)\dot{I}_b R'_L$$

$$A_u = \frac{\dot{U}_o}{\dot{U}_i} = \frac{(1 + \beta)\dot{I}_b R'_L}{\dot{I}_b r_{be} + (1 + \beta)\dot{I}_b R'_L} = \frac{(1 + \beta)R'_L}{r_{be} + (1 + \beta)R'_L} \tag{8.3.9}$$

因 $r_{be} \ll (1 + \beta)R'_L$，故 $\dot{U}_o \approx \dot{U}_i$，两者同相，大小基本相等。但 U_o 略小于 U_i，即 $|A_u|$ 接近 1，但恒小于 1。可见，输出电压跟随着输入电压的变化而变化，因而射极输出器又称为射极跟随器。

射极输出器虽然没有电压放大作用，但由于输出电流 $\dot{I}_e = (1 + \beta)\dot{I}_b$，故仍然具有一定的电流放大和功率放大作用。

（2）输入电阻。从图 8.3.5 所示的微变等效电路可以看出，射极输出器的输入电阻

$$r_i = \frac{U}{I} = R_B \; / \! / \; r'_i$$

r'_i 为微变等效电路 R_B 右侧电路的等效电阻。且

$$r'_i = \frac{U_i}{I_b} = \frac{I_b r_{be} + (1 + \beta)I_b R'_L}{I_b} = r_{be} + (1 + \beta)R'_L$$

故

$$r_i = R_B \; / \! / \; [r_{be} + (1 + \beta)R'_L] \tag{8.3.10}$$

其阻值很高，可达几十千欧到几百千欧。

（3）输出电阻。计算输出电阻时，应将微变等效电路中的信号源置零（保留内阻），去掉负载电阻 R_L，然后在输出端外加一交流电压 $\dot{U}_o$，产生一电流 $\dot{I}_o$，如图 8.3.6 所示。

图 8.3.6 中，令 $R'_S = R_S \mathbin{/\mkern-6mu/} R_B$。对结点 E 可列出 KCL 方程

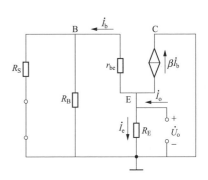

$$\dot{I}_o = \dot{I}_b + \beta\dot{I}_b + \dot{I}_e = \frac{\dot{U}_o}{r_{be} + R'_S} + \beta\frac{\dot{U}_o}{r_{be} + R'_S} + \frac{\dot{U}_o}{R_E}$$

则有

$$r_o = \frac{\dot{U}_o}{\dot{I}_o} = \frac{1}{\dfrac{1+\beta}{r_{be} + R'_S} + \dfrac{1}{R_E}} = \frac{R_E(r_{be} + R'_S)}{(1+\beta)R_E + (r_{be} + R'_S)}$$

通常，$(1+\beta)R_E \gg (r_{be} + R'_S)$，且 $\beta \gg 1$，故

$$r_o \approx \frac{r_{be} + R'_S}{\beta} \tag{8.3.11}$$

图 8.3.6　计算 r_o 的等效电路

由于 $\dot{U}_o \approx \dot{U}_i$，当 $\dot{U}_i$ 一定时，输出电压 $\dot{U}_o$ 基本保持不变。这说明射极输出器具有恒压输出特性，故其输出电阻很低，一般只有几十欧。

综上所述，射极输出器的主要特点是：电压放大倍数接近 1，输出电压随输入电压的变化而变化；输入电阻高；输出电阻低。后两个特点是其得到广泛应用的主要原因，常被用作多级放大电路的输入级、输出级或中间级。

【例 8.3.2】　现将图 8.3.3 的射极输出器与图 8.3.1（a）的共发射极放大电路组成两级放大电路，如图 8.3.7 所示。已知 $U_{CC} = 12V$，前级放大电路参数为 $\overline{\beta}_1 = 60$，$R_{B1} = 200k\Omega$，$R_{E1} = 2k\Omega$，$R_S = 100\Omega$；后级的数据同［例 8.3.1］，即 $R_{C2} = 3k\Omega$，$R_E = 3k\Omega$，$R_{B2} = 10k\Omega$，$R_{B3} = 10k\Omega$，$R_L = 6k\Omega$，$\overline{\beta}_2 = 37$。试求：（1）前、后级放大电路的静态值；（2）放大电路的输入电阻 r_i 和输出电阻 r_o；（3）各级电压放大倍数 A_{u1}、A_{u2} 及两级电压放大倍数 A_u。

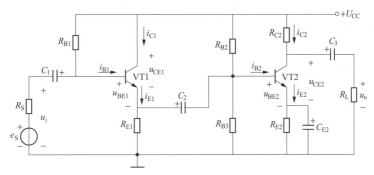

图 8.3.7　［例 8.3.2］的图

【解】　图 8.3.7 为两级阻容耦合放大电路，两级之间通过耦合电容 C_2 与下级极输入电阻连接，故称为阻容耦合。由于电容有隔直作用，它可使前、后级的直流工作状态相互之间无影响，故各级放大电路的静态工作点可以单独考虑。耦合电容对交流信号的容抗必须很小，其交流分压作用可以忽略不计，以使前级输出信号电压差不多无损失地传送到后级输入端。

（1）前级静态值为

$$I_{B1} = \frac{U_{CC} - U_{BE1}}{R_{B1} + (1+\overline{\beta}_1)R_{E1}} = \frac{12 - 0.6}{200 \times 10^3 + (1+60) \times 2 \times 10^3} = 0.035(\text{mA})$$

$$I_{C1} \approx I_{E1} = (1 + \bar{\beta}_1)I_{B1} = (1 + 60) \times 0.035 = 2.14 \text{(mA)}$$

$$U_{CE1} = U_{CC} - R_{E1}I_{E1} = 12 - 2 \times 10^3 \times 2.14 \times 10^3 = 7.72 \text{(V)}$$

后级静态值同［例 8.3.1］，即

$$I_{C2} \approx I_{E2} = 1.8 \text{(mA)}$$

$$I_{B2} = 0.049 \text{(mA)}$$

$$U_{CE2} = 1.2 \text{(V)}$$

（2）放大电路的输入电阻

$$r_i = r_{i1} = R_{B1} \text{ // } [r_{be} + (1 + \beta_1)R'_{L1}]$$

式中：R'_{L1} 为前级的负载电阻 $R'_{L1} = R_{E1} \text{ // } r_{i2}$，其中 r_{i2} 为后级的输入电阻，已在［例 8.3.1］中求得，$r_{i2} \approx 0.75 \text{k}\Omega$。于是

$$R'_{L1} = \frac{2 \times 0.75}{2 + 0.75} = 0.55 \text{(k}\Omega\text{)}$$

由式（8.2.5）可得

$$r_{be1} = 200 + (1 + \beta_1)\frac{26}{I_{E1}} = 200 + (1 + 60) \times \frac{26}{2.14} = 0.94 \text{(k}\Omega\text{)}$$

于是得出

$$r_i = r_{i1} = R_{B1} \text{ // } [r_{be1} + (1 + \beta)R'_{L1}] = 30.3 \text{(k}\Omega\text{)}$$

输出电阻

$$r_o \approx R_{C2} - 3 \text{k}\Omega$$

（3）计算电压放大倍数。前级放大倍数

$$A_{u1} = \frac{(1 + \beta_1)R'_{L1}}{r_{be1} + (1 + \beta_1)R'_{L1}} = \frac{(1 + 60) \times 0.55}{0.94 + (1 + 60) \times 0.55} = 0.97$$

后级放大倍数在［例 8.3.1］中已求出

$$A_{u2} = -98.6$$

两级电压放大倍数

$$A_u = A_{u1}A_{u2} = 0.97 \times (-98.6) = -95.6$$

可见，输入级采用射极输出器后，放大电路的输入电阻（30.3kΩ）比［例 8.3.1］中的输入电阻（0.75kΩ）高出很多，这也正是所希望的。

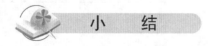

小　结

1. 基本放大电路的组成

晶体管 VT 是放大电路中的核心器件，利用它的电流放大作用，实现信号的放大。直流电源 U_{CC} 既要为输出信号提供能量，还要通过偏置电阻保证晶体管有合适的静态工作点。共射极基本放大电路通过集电极负载电阻 R_C 将电流的变化变换为电压的变化，以实现电压放大。交流放大电路通过耦合电容实现交流耦合。

2. 基本放大电路的性能指标

电压放大倍数 A_u 是输出电压 $\dot{U}_o$ 与输入电压 $\dot{U}_i$ 之比，即 $A_u = \dfrac{\dot{U}_o}{\dot{U}_i}$。

　　输入电阻 r_i 是从放大电路输入端看进去的等效动态电阻，定义为输入电压有效值 U_i 和输入电流有效值 I_i 之比，即 $r_i = \dfrac{U_i}{I_i}$。

　　输出电阻 r_o 是从放大电路输出端看进去的等效动态电阻。通常计算 r_o 时，可将负载开路，信号源置零（保留内阻），在输出端外加一有效值为 U_o 的交流电压，以产生一个有效值为 I_o 的电流，则放大电路的输出电阻为 $r_o = \dfrac{U_o}{I_o}$。

　　通频带 B_W 是指当放大倍数下降为 $|A_{um}| / \sqrt{2}$ 时所对应的下限频率 f_1 和上限频率 f_2 之间的频率范围，即 $B_W = f_2 - f_1$。

　　3. 基本放大电路的放大原理

　　静态下，放大电路要有合适的静态工作点。

　　动态下，晶体管各极电压、电流都是直流量和交流量的叠加。输入一个小信号，通过晶体管的电流放大作用，输出一个不失真的大信号。

　　4. 晶体管放大电路的分析

　　（1）放大电路的直流通路与交流通路。直流通路是在直流电源作用下直流电流流通的路径，用于研究静态工作点。对于直流通路，将电容视为开路，即不包含电容所在支路；交流通路是在输入信号作用下交流电流流通的路径，用于研究动态性能指标。对于交流通路，将直流电源置零处理，并将电容视为短路。

　　（2）静态工作点的计算。静态工作点（I_B、U_{BE}；I_C、U_{CE}）可通过直流通路进行计算。计算时，将发射结电压 U_{BE} 视为常数（硅管为 0.6V，锗管为 0.3V）。

　　（3）基本性能指标的计算。基本性能指标 A_u、r_i、r_o 可利用由交流通路得到的微变等效电路来计算。将交流通路中的晶体管用其微变等效电路来代替，便得到放大电路的微变等效电路。

　　5. 常用晶体管基本放大电路

　　（1）分压式偏置放大电路。电路结构上属于共射极放大电路，采用分压式偏置可稳定静态工作点。其放大倍数高，输入电阻较小，输出电阻较大。常用于电压信号的放大。

　　（2）射极输出器。电路结构上属于共集电极放大电路，从发射极取输出。其放大倍数略小于 1 而接近于 1，虽然没有电压放大作用，但具有一定的电流放大和功率放大作用。由于其输入电阻大，输出电阻小，常用于多级放大电路的输入级、输出级、中间级。

　　（3）差分放大电路（见本书配套数字资源）。电路结构上为在由两个对称的单管共发射极放大电路融合组成。由于电路的对称性，常作为直接耦合多级放大电路的输入级，用来抑制零点漂移，并放大差模信号。

　　（4）互补对称功率放大电路（见本书配套数字资源）。为使电路能输出尽可能大的功率，并提高直流电源的转换效率，电路结构上是由两种极性的晶体管组成的射极输出器合并构成。两只晶体管都工作在甲乙类接近于乙类工作状态，并处于极限运用状态，分别在输入信号的正、反半周期导通。输出功率大，效率高，常作为多级放大电路的输出级。

习　　题

8.1　简述基本放大电路的主要组成部分，及各电路元器件的作用。

8.2　简述放大电路直流通路和交流通路的作用。

8.3　试分析题图所示各电路对正弦交流信号有无放大的作用，并简述理由（各元件均为理想元件）。

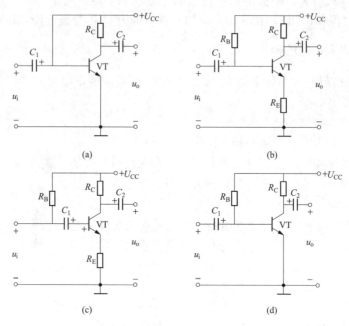

习题 8.3 图

8.4　试画出题图所示电路的直流通路和交流通路。

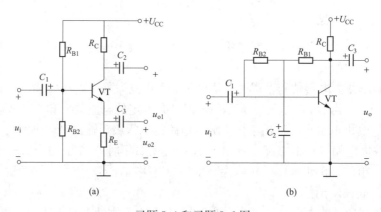

习题 8.4 和习题 8.6 图

8.5　简述波形失真的原因有哪些？并画出相应的失真波形。

8.6　试画出题图所示电路的微变等效电路。

8.7　在放大电路中，静态工作点不稳定会对放大电路的工作状态产生什么样的影响？共射极放大电路常采用何种电路稳定静态工作点？

8.8　试问 r_{be}、r_i、r_o 分别代表的是什么电阻？它们是动态电阻，还是静态电阻？

8.9　共发射极放大电路如题图所示，已知晶体管电流放大系数 $\beta = 50$，$U_{CC} = 12V$，

$R_B=300\text{k}\Omega$，$R_C=3\text{k}\Omega$。（1）试计算静态工作点；（2）画出微变等效电路；（3）计算开路状态下的电压放大倍数 A_{uo}、输入电阻 r_i、输出电阻 r_o。

8.10 在题图所示放大电路，已知晶体管电流放大系数 $\beta=50$，$U_{CC}=12\text{V}$，$R_B=100\text{k}\Omega$，$R_p=10\text{M}\Omega$，$R_C=2\text{k}\Omega$，$R_L=2\text{k}\Omega$。（1）当将 R_p 调至零或最大时，试求两种情况下晶体管的静态值，此时晶体管分别工作在何种状态？若产生饱和或截止失真，应如何调节 R_p 消除失真？（2）若使 $U_{CE}=6\text{V}$，应将 R_p 调为何值？此时晶体管工作在何种状态？

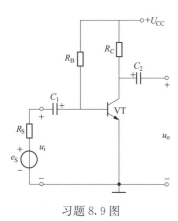
习题 8.9 图

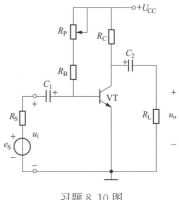
习题 8.10 图

8.11 如题图所示的分压偏置放大电路中，已知 $U_{CC}=12\text{V}$，$R_C=3\text{k}\Omega$，$R_E=2\text{k}\Omega$，$I_C=1.5\text{mA}$，$\beta=50$，且流过 R_{B1} 的电流与流过 R_{B2} 的电流近似相等，是 I_B 的 10 倍，试估算电阻 R_{B1} 和 R_{B2}。

8.12 如题图所示分压偏置放大电路中，已知 $U_{CC}=12\text{V}$，$R_C=3\text{k}\Omega$，$R_E=2\text{k}\Omega$，$R_{B1}=30\text{k}\Omega$，$R_{B2}=10\text{k}\Omega$，$R_L=3\text{k}\Omega$，$\beta=50$。试求：（1）试估算静态工作点 I_C，I_B 和 U_{CE}；（2）画出微变等效电路；（3）计算晶体管输入电阻 r_{be}；（4）计算放大电路的电压放大倍数 A_u；（5）计算放大电路输出端开路时的电压放大倍数 A_{uo}；（6）估算放大电路的输入电阻 r_i 和输出电阻 r_o。

8.13 如题图所示，已知 $U_{CC}=12\text{V}$，$R_C=2\text{k}\Omega$，$R_E=2\text{k}\Omega$，$R_B=300\text{k}\Omega$，晶体管的 $\beta=50$。电路有两个输出端，试求电压放大倍数 A_{uo1} 和 A_{uo2}，输出电阻 r_{o1} 和 r_{o2}。

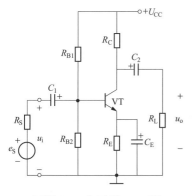
习题 8.11 和习题 8.12 图

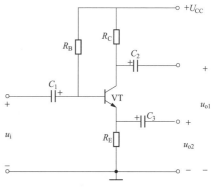
习题 8.13 图

8.14 如题图所示的射极输出器，已知 $R_S = 50\Omega$，$R_{B1} = 100\text{k}\Omega$，$R_{B2} = 30\text{k}\Omega$，$R_E = 2\text{k}\Omega$，晶体管的 $\beta = 50$，$r_{be} = 1\text{k}\Omega$。试求 A_{uo}、r_i 和 r_o。

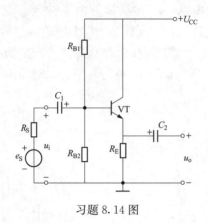

习题 8.14 图

9 集成运算放大器

第8章介绍的由各种单个元器件连接起来的电子电路，属于分立元器件电路。集成电路则是相对于分立元器件电路而言的，它是采用一定制造工艺将晶体管、场效应管、二极管、电阻、电容等元器件组成的电子电路同时制作在同一块半导体芯片上，并完成特定功能的整体电路。集成电路不仅打破了分立元器件电路的设计方法，实现了材料、元器件和电路的统一，还具有体积小、重量轻、功耗低、可靠性强及性能优越等特点，因此，集成电路正在逐步取代分立元件电路。

目前，数字电路已可全部实现集成化，而模拟电路也在向着集成化方向发展。应用中，常用的模拟集成电路有运算放大器、功率放大器、稳压电源、模/数与数/模转换器等。集成运算放大器，属于一种高性能集成放大电路器件，由于早期多用于模拟信号的运算，故称为运算放大器。随着运算放大器的技术应用及性能的完善，种类越来越多，现在广泛应用于信号测量、信号处理、波形产生及转换、自动控制等诸多方面。

本章主要介绍集成运算放大器的基本组成、特性、分析依据及其在一些技术领域的应用。

9.1 集成运算放大器简介

9.1.1 集成运算放大器的组成

集成运算放大器简称集成运放，是具有很高开环电压放大倍数的直接耦合放大器。电路一般由四部分组成，包括输入级、中间级、输出级和偏置电路，其内部结构框图如图 9.1.1 所示。它有

图 9.1.1 集成运放电路方框图

两个输入端，一个输出端，图中所标 u_+、u_-、u_o 均以"地"为公共端。

输入级是提高运算放大器质量的关键部分，要求其输入电阻高，静态电流小，差模放大倍数高，抑制零点漂移和共模干扰信号的能力强。因此，输入级都采用双端输入的差分放大电路，有同相和反相两个输入端（u_+ 和 u_-）。其差模放大倍数高、输入电阻大，共模抑制比高。

中间级主要进行电压放大，要求它的电压放大倍数高，一般由若干级共发射极放大电路构成。

输出级与负载相接，要求其输出电阻低，带负载能力强，能输出足够大的电压和电流，一般由互补功率放大电路或射极输出器构成。

偏置电路的作用是为上述各级放大电路提供稳定和合适的偏置电流，决定各级的静态工作点，一般由各种恒流源电路构成。

集成运算放大器分为通用型和专用型，在具体应用过程中，需要知道它的几个引脚的用途及放大器的主要参数，至于它的内部电路结构则不需要深究。图 9.1.2 所示为通用型 LM741（F007）集成运算放大器的外形及引脚排列，图 9.1.3 所示为其外部接线。LM741（F007）各引脚功能如下：

2：反向输入端。由此端接入信号，则输出信号和输入信号是反相的，即两者极性相反。

3：同向输入端。由此端接入信号，则输出信号和输入信号是同相的，即两者极性相同。

4：负电源端。接 −15V 稳压电源。

7：正电源端。接 +15V 稳压电源。

6：输出端。

1、5：外接调零电位器（通常为 10kΩ）的两个端子。

8：空脚。

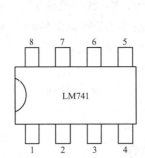
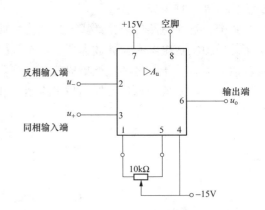

图 9.1.2　LM741 的外形及引脚排列　　　　　　图 9.1.3　LM741 的外部接线

由于运算放大器内部参数不可能完全对称，以致当输入信号为零时，仍有小的信号输出（失调电压）。为此，在使用时要外接调零电路。

9.1.2　主要参数

运算放大器的性能可以用一些参数来描述，为了合理地选用和正确地使用运算放大器，必须了解各主要参数的意义。

1. 开环电压放大倍数 A_{uo}

在没有外接反馈电路时所测出的差模电压放大倍数，称为开环电压放大倍数。A_{uo} 越高，所构成的运算电路越稳定，运算准确度也越高。A_{uo} 一般为 $10^4 \sim 10^7$。由于 A_{uo} 的值很大，常以 dB（分贝）表示，即

$$A_{uo} = 20\lg\left|\frac{\dot{U}_o}{\dot{U}_d}\right|$$

这样，A_{uo} 为 80～140dB。通用性集成运算放大器的开环差模电压放大倍数通常在 10^5 左右，即 100dB 左右。

2. 最大输出电压 U_{CM}

能使输出电压和输入电压保持不失真关系的最大输出电压，称为运算放大器的最大输出电压。LM741(F007) 集成运算放大器的最大输出电压约为 ±13V。

3. 差模输入电阻 r_{id} 与开环输出电阻 r_o。

r_{id} 是集成运算放大器在输入差模信号时的输入电阻。r_{id} 越大，从信号源所取得电流越小。r_{id} 一般为 $10^5 \sim 10^{11}\,\Omega$。集成运算放大器的开环输出电阻 r_o 越小，其带负载能力越强，通常 r_o 为几十欧到几百欧。

4. 共模抑制比 K_{CMRR}

共模抑制比为差模放大倍数与共模放大倍数的大小之比。因为运算放大器的输入级采用差动放大电路，所以有很高的共模抑制比。用分贝表示，K_{CMRR} 一般为 $70 \sim 130\text{dB}$。

5. 最大共模输入电压 U_{ICM}

集成运算放大器具有很强的抑制共模信号的能力，但当共模电压超过一定极限电压 U_{ICM} 时，集成运算放大器的共模抑制性能就会下降很多，甚至不能正常工作，造成器件损坏。这一极限电压值就是集成运算放大器的最大共模输入电压 U_{ICM}。

6. 输入失调电压 U_{IO}

理想的运算放大器，当输入电压为零（即把两输入端同时接地）时，输出电压也应为零。而实际的运算放大器，由于制造中一些不可避免的原因，当输入电压为零时，输出电压并不为零。反过来说，要使输出电压为零，必须在输入端加一个很小的补偿电压，这就是失调电压。U_{IO} 一般为几毫伏，显然这一参数越小越好。

7. 输入失调电流 I_{IO}

输入失调电流是指输入信号为零时，两个输入端静态基极电流之差，即 $I_{IO} = |I_{B1} - I_{B2}|$。$I_{IO}$ 一般在零点零几到零点几微安级，其值亦是越小越好。

8. 输入偏置电流 I_{IB}

输入信号为零时，两个输入端静态基极电流的平均值，称为输入偏置电流，即 $I_{IB} = \dfrac{I_{B1} + I_{B2}}{2}$。它的大小主要和电路中第一级晶体管的性能有关。这个电流也是越小越好，一般在零点几微安级。

除上面介绍的几个主要参数外，运算放大器的参数还有温度漂移、静态功耗等，这里就不一一介绍，需要时可查手册。

9.1.3 理想运算放大器及其分析依据

实际的集成运算放大器由于具有（同相及反相）两个信号输入端和一个信号输出端，图形符号以图 9.1.4（a）所示形式表示。

集成运算放大器的输出电压与输入电压（即同相输入端与反相输入端之间的差值电压）之间的关系曲线称为电压传输特性，如图 9.1.4（b）所示。从图中可以看出，电压传输特性曲线可分为线性放大区（或称线性区）和饱和区

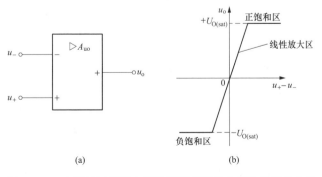

图 9.1.4 实际的运算放大器的图形符号及电压传输特性曲线
（a）图形符号；（b）电压传输特性曲线

（或称非线性区）两部分。

当运算放大器工作在线性放大区时，输出电压 u_o 与输入电压 $u_+ - u_-$ 是线性关系，即

$$u_o = A_{uo}(u_+ - u_-) \tag{9.1.1}$$

在线性放大区，曲线的斜率为电压放大倍数。由于受放大电路放大范围的限制，输出电压随输入电压的增加增大到一定值后，就进入饱和区。在饱和区，输出电压有两种输出情况，$+U_{O(sat)}$ 或 $-U_{O(sat)}$。

由于集成运算放大器的差模开环电压放大倍数 A_{uo} 很大，而输出电压有限，所以电压传输特性中的线性放大区非常窄。比如一运算放大器的最大输出电压（饱和电压）为 $\pm U_{O(sat)} = 14\text{V}$，$A_{uo} = 5 \times 10^5$，那么只有当 $|u_+ - u_-| < 28\mu\text{V}$ 时，集成运算放大器才工作在线性区。换言之，若 $|u_+ - u_-| > 28\mu\text{V}$，集成运算放大器便进入饱和区，输出电压 u_o 不是 $+14\text{V}$，就是 -14V。

根据集成运算放大器具有高差模放大倍数、高输入电阻、低输出电阻、能较好地抑制温漂等特点，在分析时，一般可将它看成是一个理想运算放大器。理想化的主要指标为：

开环电压放大倍数 $A_{uo} \rightarrow \infty$；

差模输入电阻 $r_{id} \rightarrow \infty$；

开环输出电阻 $r_o \rightarrow 0$；

共模抑制比 $K_{CMRR} \rightarrow \infty$。

由于实际运算放大器的上述技术指标接近理想化的条件，因此在分析时用理想运算放大器代替实际运算放大器所引起的误差并不严重，在工程上是允许的，而这样会使分析过程大大简化。后面对运算放大器都是根据它的理想化条件来分析的。

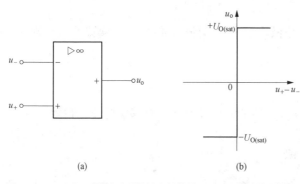

图 9.1.5（a）是理想运算放大器的图形符号。图形符号中的"∞"表示理想运算放大器的开环电压放大倍数为无穷大。

理想运算放大器的电压传输特性如图 9.1.5（b）所示。当 $u_+ > u_-$ 时，输出为 $+U_{O(sat)}$，当 $u_+ < u_-$ 时，输出为 $-U_{O(sat)}$，线性放大区不存在了。如果能够大大降低差模电压放大倍数，理想运算放大器就可以工作在较大的线性范围，这可通过引入深度

图 9.1.5　理想运算放大器的图形符号及电压传输特性曲线
（a）图形符号；（b）电压传输特性曲线

负反馈（见 9.2 节）来实现。

理想运算放大器工作在线性放大区与工作在饱和区的特点不同，故分析依据不同。

1. 理想运算放大器工作在线性放大区的分析依据

当运算放大器引入深度负反馈工作在线性放大区时，u_o 和 $(u_+ - u_-)$ 呈线性关系，满足关系式 $u_o = A_{uo}(u_+ - u_-)$。

（1）反相输入端与同相输入端电位相等。由于输出电压 u_o 为有限值，而理想运算放大器引入深度负反馈后的开环电压放大倍数 A_{uo} 仍然很高，因而可以得出 $u_+ - u_- \approx 0$，即

$$u_- \approx u_+ \tag{9.1.2}$$

可见，理想运算放大器的反相输入端与同相输入端电位是相等的，这相当于两输入端之间短路，但又未真正短路，故称"虚短"。

（2）理想运算放大器的输入电流为零。由于理想运算放大器的差模输入电阻 $r_{id} \to \infty$，故可认为两个输入端的输入电流为零，即

$$i_+ = i_- \approx 0 \tag{9.1.3}$$

这相当于两输入端之间断路，但又未真正断路，故称"虚断"。

"虚短"和"虚断"是分析理想运算放大器线性应用电路的两个重要依据。

2. 理想运算放大器工作在饱和区的分析依据

集成运算放大器工作在饱和区时，式（9.1.1）的关系不再满足，$u_+ = u_-$ 不再成立。工作在饱和区的分析依据为

当 $u_+ > u_-$ 时　　　　　　　　　　$u_o = +U_{O(sat)}$

当 $u_+ < u_-$ 时　　　　　　　　　　$u_o = -U_{O(sat)}$

此外，运算放大器工作在饱和区时，输入电阻 r_{id} 不变，两个输入端的输入电流也认为等于零。

9.2　运算放大器应用电路中的反馈

集成运算放大器必须引入深度负反馈才能工作在线性区。因此，在介绍运算放大器的应用之前，先来介绍一下有关反馈的概念及其作用。实际上，在实用的放大电路中，几乎都要引入这样或那样的反馈，以改善放大电路某些方面的性能。前面学习过的分压式偏置放大电路、差分放大电路等都涉及了反馈的问题，但并没有讨论。本节只从运算放大器的应用角度出发，来认识反馈。

9.2.1　反馈的基本概念

凡是将电子电路（或某个系统）输出端的信号（电压或电流）的一部分或全部通过某种电路（称为反馈电路）引回到输入端的过程，就称为反馈。反馈是信号的反向传输过程，体现了输出信号对输入信号的反作用。

对于含有反馈环节的放大电路，可将其分为基本放大电路和反馈电路两部分，如图9.2.1所示。前者主要功能是放大信号，后者主要功能是传输反馈信号。由于基本放大电路（A）和反馈电路（F）构成一个闭合环路，常称为闭环。

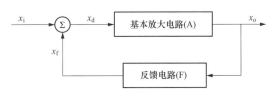

图 9.2.1　反馈放大电路的方框图

图 9.2.1 中，信号可以是电压，也可以是电流，用 x 表示。信号的传递方向用箭头表示。x_i、x_o 和 x_f 分别为输入信号、输出信号和反馈信号，Σ 为比较环节符号，x_i 和 x_f 在输入端比较（叠加），得出基本放大电路（A）的净输入信号 x_d。

如果引回的反馈信号 x_f 与输入信号 x_i 比较使净输入信号 x_d 减小，从而使输出信号相应减小，则称为负反馈；如果引回的反馈信号 x_f 与输入信号 x_i 比较使净输入信号 x_d 增大，从而使输出信号相应增大，则称为正反馈。

基本放大电路的放大倍数称为开环放大倍数，也就是未接反馈电路时的放大倍数。若令

信号为正弦量，则开环放大倍数为

$$A = \frac{\dot{X}_\text{o}}{\dot{X}_\text{d}} \tag{9.2.1}$$

包含反馈环节的放大电路，其放大倍数称为闭环放大倍数。同样令信号为正弦量，则闭环放大倍数为

$$A_\text{f} = \frac{\dot{X}_\text{o}}{\dot{X}_\text{i}} \tag{9.2.2}$$

具有反馈电路时，反馈信号与输出信号之比称为反馈系数，即

$$F = \frac{\dot{X}_\text{f}}{\dot{X}_\text{o}} \tag{9.2.3}$$

9.2.2 反馈的类型及判断

反馈电路通常由电阻、电容元件组成，而多数是由电阻元件组成的，既与输入端相连，又与输出端相连。如果阻容反馈电路的连接使得反馈信号中只含有直流量，则称为直流反馈。如果反馈信号仅含有交流量，则称为交流反馈。在很多放大电路中，通常是交、直流反馈兼而有之。

判断一个放大电路中是否存在反馈，关键是要看该电路的输出回路与输入回路之间是否存在反馈通路，并由此影响了放大电路的净输入，若存在则表明电路引入了反馈，否则电路中便没有反馈。这是正确分析反馈放大电路的前提。

在图 9.2.2（a）所示电路中，集成运算放大器的输出端与同相输入端、反相输入端均无通路，故电路中没有引入反馈。

在图 9.2.2（b）所示电路中，电阻 R_2 将集成运算放大器的输出端与反相输入端相连接，因而集成运算放大器的净输入量不仅决定于输入信号，还与输出信号有关，所以该电路中引入了反馈。

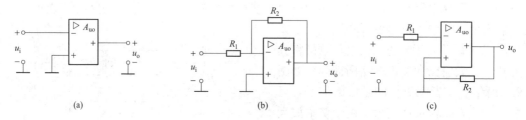

图 9.2.2　有无反馈的判断

(a) 没引入反馈的放大电路；(b) 引入反馈的放大电路；(c) R_2 的接入没有引入反馈

在图 9.2.2（c）所示电路中，虽然电阻 R_2 跨接在集成运算放大器的输出端与同相输入端之间，但是由于同相输入端接地，所以 R_2 只不过是集成运算放大器的负载，而不会使 u_o 作用于输入回路，可见电路中没有引入反馈。由以上分析可知，通过寻找电路中有无反馈通路，是否影响了净输入，即可判断出电路是否引入了反馈。

1. 正、负反馈的判断

正、负反馈的判断通常采用瞬时极性法。这种方法的思路是首先假定电路输入信号在某

一瞬间对"地"（参考点）的极性，并以此为依据，然后逐级判断电路中各相关点电位的极性，从而得到输出信号的极性。再根据输出信号的极性判断出反馈信号的极性。进而判断在该瞬间反馈信号使基本放大电路的净输入信号增大了还是减小了。若使净输入信号增大了，则说明引入的是正反馈；若使净输入信号减小了，则说明引入的是负反馈。分析时，若电位的瞬时极性为正，用"⊕"表示；若为负，用"⊖"表示。

在图 9.2.3（a）所示电路中，设输入电压 u_i 的瞬时极性对地为正，则同相输入端电位的瞬时极性为"⊕"，输出端电位的瞬时极性也为"⊕"。电路中的 R_F 为反馈电阻，跨接在输出端与反相输入端之间，输出电压 u_o 经过 R_F 和 R_1 分压后在 R_1 上得到反馈电压 u_f（可判断出此时 u_f 极性如图中所示），它减小了净输入电压 u_d，$u_d = u_i - u_f$，故构成负反馈电路。

在图 9.2.3（b）所示电路中，设输入电压 u_i 的瞬时极性对地为正，则反相输入端电位的瞬时极性为"⊕"，输出端电位的瞬时极性为"⊖"。电路中的 R_F 为反馈电阻，跨接在输出端与同相输入端之间，输出电压 u_o 经过 R_F 和 R_2 分压后在 R_2 上得到反馈电压 u_f（可判断出此时 u_f 极性如图中所示），它增大了净输入电压 u_d，$u_d = u_i + u_f$，故构成正反馈电路。

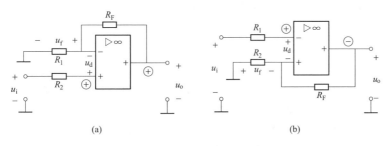

图 9.2.3 正负反馈的判断
（a）负反馈；（b）正反馈

分析可得，对于单级运算放大器电路，如果反馈元件接至集成运算放大器的反相输入端，就是负反馈；如果反馈元件接至集成运算放大器的同相输入端，就是正反馈。

对于一个理想的运算放大器，由于 $A_{uo} \to \infty$，即使在两个输入端之间加一个很微小的电压，输出电压就会达到饱和值，即运算放大器工作在饱和区。因此只有在电路中引入负反馈，使得 $u_+ - u_- \approx 0$，才能使运算放大器工作在线性区。因此，以下重点讨论负反馈的类型及其对放大电路性能的影响。

2. 负反馈的类型

根据反馈电路与基本放大电路在输入端和输出端连接方式的不同，将负反馈定义为不同的类型。不同类型的负反馈对放大电路的作用不同。

根据反馈电路在输出端采样的信号不同，可分为电压反馈和电流反馈。如果反馈信号取自输出电压，称为电压反馈；如果反馈信号取自输出电流，称为电流反馈。

根据反馈信号与输入信号在输入端连接方式的不同或比较形式的不同，可分为串联反馈和并联反馈。如果反馈信号与输入信号串联（反馈信号与输入信号以电压形式作比较，即反馈信号 $x_f = u_f$），称为串联反馈；如果反馈信号与输入信号并联（反馈信号与输入信号以电流形式作比较，即反馈信号 $x_f = i_f$），称为并联反馈。

综上所述，放大电路中的负反馈可以归纳为四种类型：电压串联负反馈，电压并联负反馈，电流串联负反馈，电流并联负反馈。

（1）电压串联负反馈。电压串联负反馈的典型放大电路如图 9.2.4（a）所示［即为图 9.2.3（a）］，电路中引入的是负反馈。

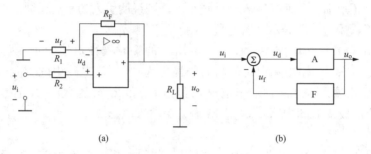

图 9.2.4　电压串联负反馈

（a）电路；（b）方框图

输入电压 u_i 通过电阻 R_2 加至同相输入端，R_F 和 R_1 构成反馈电路，根据"虚断"可知 $i_- \approx 0$，R_F 和 R_1 相当于串联，并对输出电压 u_o 分压，分压在 R_1 上的电压即反馈电压，有

$$u_f = \frac{R_1}{R_F + R_1} u_o \qquad (9.2.4)$$

反馈电压 u_f 取自输出电压 u_o，并与之成正比，故为电压反馈。反馈信号与输入信号在输入端以电压的形式作比较，两者串联，故为串联反馈。

因此，图 9.2.4（a）中引入的是电压串联负反馈，图 9.2.4（b）所示是其方框图。引入电压负反馈可以稳定输出电压。假定由于负载 R_L 的变化使得输出电压 u_o 减小，根据式（9.2.4）可知，反馈电压 u_f 随之减小，因而净输入 $u_d = u_i - u_f$ 增大，输出电压 u_o 随之增大，使得输出电压 u_o 得以稳定。

（2）电压并联负反馈。图 9.2.5（a）所示为典型的电压并联负反馈放大电路。

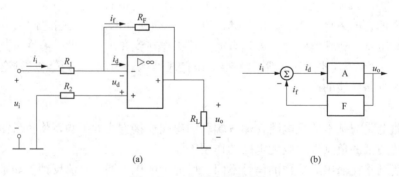

图 9.2.5　电压并联负反馈

（a）电路；（b）方框图

输入电压 u_i 通过电阻 R_1 加至反相输入端，R_F 和 R_1 构成反馈电路，反馈电阻 R_F 接至反相输入端，故为负反馈。根据集成运算放大器工作在线性区的分析依据可知 $i_+ \approx 0$，则 $u_- \approx u_+ = 0$，因此，R_F 上的电流即反馈电流为

$$i_f = \frac{u_- - u_o}{R_F} = -\frac{u_o}{R_F} \tag{9.2.5}$$

取自输出电压 u_o，并与之成正比，故为电压反馈。反馈信号与输入信号在输入端以电流形式作比较，即 i_f 和 i_d 并联，故为并联反馈。

因此，图 9.2.5（a）中引入的是电压并联负反馈，图 9.2.5（b）所示是其方框图。此电压负反馈同样可以稳定输出电压。

（3）电流串联负反馈。如图 9.2.6（a）所示为典型的电流串联负反馈放大电路。

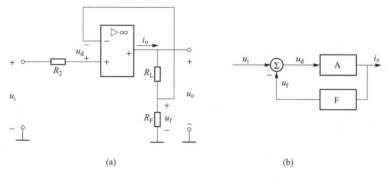

(a)   (b)

图 9.2.6 电流串联负反馈

(a) 电路；(b) 方框图

输入电压 u_i 通过电阻 R_2 加至同相输入端，反馈电阻 R_F 上的电压引回到反相输入端作为反馈电压，为负反馈。根据集成运算放大器工作在线性区的分析依据可知 $i_- \approx 0$，则反馈电压

$$u_f = R_F i_o \tag{9.2.6}$$

取自输出电流（即负载电流）i_o，并与之成正比，故为电流反馈；反馈信号与输入信号在输入端以电压的形式作比较，两者串联，故为串联反馈。

因此，图 9.2.6（a）中引入的是电流串联负反馈，图 9.2.6（b）所示是其方框图。引入电流负反馈可以稳定输出电流。假定由于负载 R_L 的变化使得输出电流 i_o 增大，根据式（9.2.6）可知，反馈电压 u_f 随之增大，因而净输入 $u_d = u_i - u_f$ 减小，输出电压 u_o 随之减小，i_o 减小，使得输出电流 i_o 得以稳定。

（4）电流并联负反馈。如图 9.2.7（a）所示为典型的电流并联负反馈放大电路。

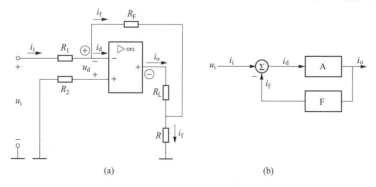

(a)   (b)

图 9.2.7 电流并联负反馈

(a) 电路；(b) 方框图

输入电压 u_i 通过电阻 R_1 加至反相输入端，R_F 和 R_1 构成反馈电路，反馈电阻 R_F 接至反相输入端，故为负反馈。根据集成运算放大器工作在线性区的分析依据可知 $i_+ \approx 0$，则 $u_- \approx u_+ = 0$，R_F 和 R 相当于并联，可得

$$i_f = -\left(\frac{R}{R_F + R}\right)i_o \tag{9.2.7}$$

反馈电流 i_f 取自输出电流 i_o，并与之成正比，故为电流反馈。反馈信号与输入信号在输入端以电流形式作比较，即 i_f 和 i_d 并联，故为并联反馈。

因此，图 9.2.7（a）中引入的是电流并联负反馈，图 9.2.7（b）所示是其方框图。此电流负反馈同样可以稳定输出电流。

总之，从上述四个运算放大器电路可以总结得出：

1）反馈电路直接从输出端引出的，是电压反馈；从负载电阻 R_L 的靠近"地"端引出的，是电流反馈。

2）输入信号和反馈信号分别加在两个输入端（同相和反相）上的，是串联反馈；加在同一个输入端（同相或反相）上的，是并联反馈。

【例 9.2.1】 图 9.2.8 中（a）、（b）所示的两级运算放大器电路中，从运算放大器 A2 输出端引至 A1 输入端的反馈称为级间反馈，试分别判别两个级间反馈的类型。

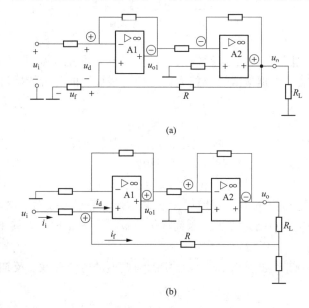

(a)

(b)

图 9.2.8 ［例 9.2.1］图

【解】 （1）在图 9.2.8（a）中，设输入电压 u_i 的瞬时极性为正，则 A1 输出电压 u_{o1} 的瞬时极性为负，A2 输出电压 u_o 的瞬时极性为正，反馈电压 u_f 瞬时电压的极性如图 9.2.8 所示，净输入电压 $u_d = u_i - u_f$ 减小，故为负反馈；反馈电路直接从 A2 的输出端引出，故为电压反馈；反馈电压 u_f 和输入电压 u_i 分别加在 A1 的同相和反相两个输入端，故为串联反馈。所以级间反馈为电压串联负反馈。

（2）在图 9.2.8（b）中，设输入电压 u_i 的瞬时极性为正，则 A1 输出电压 u_{o1} 的瞬时极性为正，A2 输出电压 u_o 的瞬时极性为负，反馈电流 i_f 瞬时流向如图 9.2.8 所示，净输入电

流 $i_d = i_i - i_f$ 减小，故为负反馈；反馈电路从 R_L 的靠近"地"端引出，故为电流反馈；反馈电流 i_f 和输入电流 i_i 加在 A1 的同一个输入端，故为并联反馈。所以级间反馈为电流并联负反馈。

9.2.3 负反馈对放大电路性能的影响

放大电路中引入负反馈后削弱了净输入信号，故输出信号比未引入负反馈时要小，也就是引入负反馈后放大倍数降低了，但它却能使放大电路的工作性能得到多方面的改善，除前面提到的电压反馈可以稳定输出电压，电流反馈可以稳定输出电流外，再比如可以稳定放大倍数，减小非线性失真，改变输入电阻和输出电阻，展宽频带等。下面具体加以说明。

1. 降低放大倍数

由图 9.2.1 所示的反馈放大电路框图，根据式（9.2.1）～式（9.2.3），可得包括反馈电路在内的整个放大电路的闭环放大倍数 A_f 为

$$A_f = \frac{\dot{X}_o}{\dot{X}_i} = \frac{A\dot{X}_d}{\dot{X}_d + \dot{X}_f} = \frac{A\dot{X}_d}{\dot{X}_d + F\dot{X}_o} = \frac{A\dot{X}_d}{(1+AF)\dot{X}_d} = \frac{A}{1+AF} \qquad (9.2.8)$$

$$AF = \frac{\dot{X}_o}{\dot{X}_d} \frac{\dot{X}_f}{\dot{X}_o} = \frac{\dot{X}_f}{\dot{X}_d} \qquad (9.2.9)$$

对于负反馈放大电路，x_f 和 x_d 同为电压或电流，且同相，故 AF 为正实数，$1+AF>1$，因此，由式（9.2.8）可知，$|A_f|<|A|$。可见，引入负反馈后，放大倍数降低了。

$|1+AF|$ 称为反馈深度，其值越大，负反馈作用越强，$|A_f|$ 也就越小。如果满足 $|1+AF|\gg1$，称为深度负反馈，此时

$$A_f = \frac{A}{1+AF} \approx \frac{A}{AF} = \frac{1}{F} \qquad (9.2.10)$$

式（9.2.10）表明，在深度负反馈下，闭环放大倍数 A_f 几乎与开环放大倍数 A 无关，而仅取决于反馈系数 F。反馈系数 F 由反馈电路决定，反馈电路为阻容电路，元件参数基本与温度等因素无关，故引入深度负反馈后，虽然放大倍数降低了，但闭环放大倍数是非常稳定的。

2. 提高放大倍数的稳定性

对于放大电路，环境温度变化，晶体管老化，元器件的参数发生变化，电源电压波动，负载变化等，都会引起放大倍数的变化。放大倍数的不稳定会影响放大电路的准确性和可靠性。放大倍数的稳定性通常用它的相对变化率来表示。无反馈（开环）时的相对变化率为 $\frac{dA}{A}$，有反馈（闭环）时的放大倍数的相对变化率为 $\frac{dA_f}{A_f}$。对式（9.2.8）求导可得

$$\frac{dA_f}{dA} = \frac{(1+AF)-AF}{(1+AF)^2} = \frac{1}{(1+AF)^2} = \frac{A_f}{A}\frac{1}{1+AF}$$

可得

$$\frac{dA_f}{A_f} = \frac{1}{1+AF}\frac{dA}{A} \qquad (9.2.11)$$

式（9.2.11）表明，闭环放大倍数相对变化率是开环放大倍数的相对变化率的 $\frac{1}{1+AF}$ 倍。由于 AF 为正实数，所以引入负反馈后，放大倍数降低了，而放大倍数的稳定性却提高

了。例如，若取 $1+AF=100$，当 A 相对变化了 10% 时，A_f 的相对变化只有 0.10%。

3. 改善波形失真

对于理想的放大电路，在对信号进行放大时，其输入、输出信号应该完全呈线性关系。但是，由于构成放大电路的半导体器件（如晶体管和场效应管）的非线性特性，将引起信号波形的失真，尤其是静态工作点的选择不合适以及输入信号过大，信号的非线性失真更为严重。当放大电路引入负反馈时，非线性失真将得到明显改善。

设输入信号 u_i 为正弦波，当不加负反馈时，由于非线性失真，使放大电路的输出 u_o 是正半周大而负半周小的信号，如图 9.2.9（a）所示。

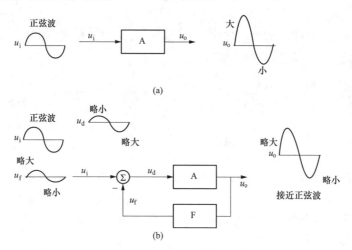

图 9.2.9　利用负反馈改善非线性失真
(a) 开环时的波形；(b) 闭环时的波形

当给放大电路引入负反馈之后，由于反馈电路为线性电路，反馈到输入端的信号 u_f 与输出信号 u_o 一样是正半周大而负半周小的失真信号，使净输入信号 $u_d=u_i-u_f$ 的波形成为正半周较小而负半周较大的失真信号，如图 9.2.9（b）所示。这样，经过放大之后，即可使输出信号的失真得到一定程度的补偿，使输出波形正负半周的幅值趋于一致。从本质上说，负反馈是利用失真了的波形来改善波形的失真，因此只能减小失真，不能完全消除失真。

4. 对放大电路输入电阻和输出电阻的影响

负反馈对放大电路输入电阻 r_i 和输出电阻 r_o 的影响与反馈类型有关。

输入电阻是从放大电路输入端看进去的等效电阻，因此负反馈对输入电阻的影响，取决于基本放大电路与反馈网络在电路输入端的连接方式，即取决于反馈类型中所提到的电路引入的是串联反馈还是并联反馈。

由图 9.2.10（a）所示的串联负反馈连接框图可以看出，基本放大电路的输入电阻 r_{Ai} 与反馈电路的输出电阻 r_{Fo} 在输入端串联，故引入串联负反馈后放大电路的输入电阻 r_i 较基本放大电路的输入电阻 r_{Ai} 增大了。

由图 9.2.10（b）所示的并联负反馈连接框图可以看出，基本放大电路的输入电阻 r_{Ai} 与反馈电路的输出电阻 r_{Fo} 在输入端并联，故引入并联负反馈后放大电路的输入电阻 r_i 较基本放大电路的输入电阻 r_{Ai} 减小了。

输出电阻是从放大电路的输出端看进去的等效电阻，因而负反馈对输出电阻的影响取决

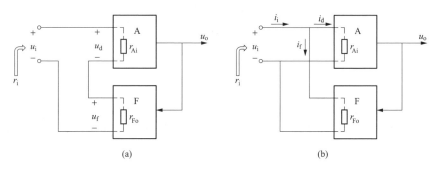

图 9.2.10　串联及并联负反馈连接框图
(a) 串联负反馈连接框图；(b) 并联负反馈连接框图

于基本放大电路与反馈电路在输出端的连接方式，即取决于电路引入的是电压反馈还是电流反馈。

由图 9.2.11 (a) 所示的电压负反馈连接框图可以看出，基本放大电路的输出电阻 r_{Ao} 与反馈电路的输入电阻 r_{Fi} 在输入端并联，故引入电压负反馈后放大电路的输出电阻 r_o 较基本放大电路的输出电阻 r_{Ao} 减小了。

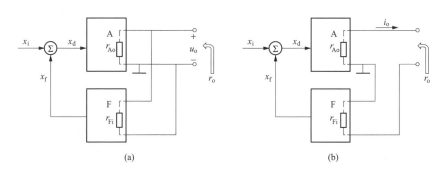

图 9.2.11　电压及电流负反馈连接框图
(a) 电压负反馈连接框图；(b) 电流负反馈连接框图

由图 9.2.11 (b) 所示的电流负反馈连接框图可以看出，基本放大电路的输出电阻 r_{Ao} 与反馈电路的输入电阻 r_{Fi} 在输出端并联，故引入电流负反馈后放大电路的输出电阻 r_o 较基本放大电路的输出电阻 r_{Ao} 增大了。

电压负反馈放大电路具有稳定输出电压 u_o 的作用。如图 9.2.11 (a) 所示，由于某种原因使 u_o 减小时，反馈信号 x_f 相应减小，净输入 $x_d = x_i - x_f$ 增大，输出电压 u_o 随之增大，使得输出电压 u_o 得以稳定。这表明电压负反馈电路具有恒压输出特性，这种放大电路的输出电阻 r_o 很低。

电流负反馈放大电路具有稳定输出电流 i_o 的作用。由图 9.2.11 (b) 可见，由于某种原因使 i_o 增大时，反馈信号 x_f 相应增大，净输入 $x_d = x_i - x_f$ 减小，输出电流 i_o 随之减小，使得输出电流 i_o 得以稳定。这表明电流负反馈电路具有恒流输出特性，这种放大电路的输出电阻 r_o 很高。

上述四种负反馈类型对输入电阻 r_i 和输出电阻 r_o 的影响见表 9.2.1。

表 9.2.1   四种负反馈类型对 r_i 和 r_o 的影响

	串联电压	串联电流	并联电压	并联电流
r_i	增大	增大	减小	减小
r_o	减小	增大	减小	增大

5. 展宽通频带

通常希望放大电路能有较宽的通频带，以放大更大频率范围的信号，而引入负反馈是展宽通频带的有效措施之一。

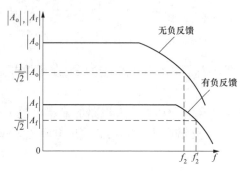

图 9.2.12　负反馈展宽通频带

图 9.2.12 所示为集成运算放大器的幅频特性，由于集成运算放大器电路都采用直接耦合，无耦合电容，故其低频特性良好，放大倍数基本为常数。无负反馈时，由于集成半导体器件极间电容的存在，随着频率的增高，开环放大倍数下降较快。引入负反馈后，在低频及中频段，开环放大倍数 $|A_o|$ 较高，反馈信号也较高，因而使闭环放大倍数 $|A_f|$ 降低得较多；而在高频段，开环放大倍数 $|A_o|$ 较低，反馈信号也较低，因而使 $|A_f|$ 降低得较少；这样，就将放大电路的通频带展宽了。

9.3　基本运算电路

集成运算放大器通过外加深度负反馈电路使其闭环工作在线性区时，最基本的应用是可构成对模拟信号的各种基本运算电路，如通过不同的负反馈电路实现比例、加法、减法、积分与微分、对数与反对数以及乘除等运算，以下只对前面几种基本运算电路进行介绍。

9.3.1　比例运算电路

1. 反相比例运算电路

输入信号从集成运算放大器反相输入端引入的运算是反相比例运算，如图 9.3.1 所示。输入信号 u_i 经输入端电阻 R_1 送到反相输入端，而同相输入端通过电阻 R_2 接"地"，跨接在输出端和反相输入端之间的反馈电阻 R_F，引回深度的（电压并联）负反馈。

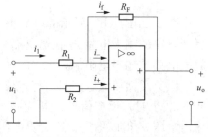

图 9.3.1　反相比例运算电路

根据理想运算放大器工作在线性区时的两条分析依据"虚短"和"虚断"可知

$$i_- = i_+ \approx 0, \quad u_- \approx u_+$$

得出

$$i_1 \approx i_f, \quad u_- \approx u_+ = 0$$

由图 9.3.1 可列出

$$i_1 = \frac{u_i - u_-}{R_1} = \frac{u_i}{R_1}$$

$$i_f = \frac{u_- - u_o}{R_F} = -\frac{u_o}{R_F}$$

由此得出

$$u_o = -\frac{R_F}{R_1} u_i \tag{9.3.1}$$

闭环电压放大倍数则为

$$A_{uf} = \frac{u_o}{u_i} = -\frac{R_F}{R_1} \tag{9.3.2}$$

以上两式表明：

（1）输出电压 u_o 与输入电压 u_i 是比例运算关系，或者说是比例放大的关系。如果 R_1 和 R_F 的阻值足够精确，并且运算放大器的开环电压放大倍数很高，就可以认为 u_o 与 u_i 间的关系只取决于 R_F 与 R_1 的比值而与运算放大器本身的参数无关。这就保证了比例运算的准确度和稳定性。

（2）A_{uf} 为负值，即 u_o 与 u_i 反相。这是因为 u_i 加在了反相输入端。

（3）$|A_{uf}|$ 可大于 1，也可等于 1 或小于 1。可通过调整 R_F 与 R_1 的阻值来获得不同的电压放大倍数。在图 9.3.1 中，当 $R_1 = R_F$ 时，则由式（9.3.1）和式（9.3.2）可得

$$u_o = -u_i$$

$$A_{uf} = \frac{u_o}{u_i} = -1 \tag{9.3.3}$$

这时电路构成了反相器，即其输出电压与输入电压大小相等，相位相反。

电路中的 R_2 是一平衡电阻，$R_2 = R_1 /\!/ R_F$，其作用是使放大电路静态时同相输入端和反相输入端对"地"电阻相等，以保证集成运算放大器输入级（差分放大电路）两个输入端电路的对称性。

反相比例运算电路由于引入了电压并联负反馈，输入电阻不是很高，而输出电阻低，因而输出电压稳定，有较强的带负载能力。

2. 同相比例运算电路

同相比例运算电路，如图 9.3.2 所示。输入信号从同相输入端引入的运算便是同相比例运算。输入信号 u_i 经输入端电阻 R_2 送到同相输入端，而反相输入端通过电阻 R_1 接"地"，反馈电阻 R_F 跨接在输出端和反相输入端之间，引回深度的（电压串联）负反馈。

电路中的 R_2 是一平衡电阻，$R_2 = R_1 /\!/ R_F$。

根据理想运算放大器工作在线性区时的分析依据，有

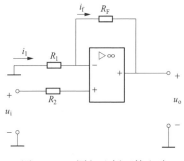

图 9.3.2 同相比例运算电路

$$u_- \approx u_+ = u_i, \quad i_1 \approx i_f$$

由图 9.3.2 可列出

$$i_1 = \frac{0 - u_-}{R_1} = -\frac{u_i}{R_1}$$

$$i_f = \frac{u_- - u_o}{R_F} = \frac{u_i - u_o}{R_F}$$

由此得出

$$u_o = (1 + \frac{R_F}{R_1})u_i \qquad (9.3.4)$$

闭环电压放大倍数则为

$$A_{uf} = \frac{u_o}{u_i} = 1 + \frac{R_F}{R_1} \qquad (9.3.5)$$

以上两式表明：

（1）输出电压 u_o 与输入电压 u_i 是比例运算关系。与反相比例运算电路一样，可认为电压放大倍数与运算放大器本身的参数无关，其准确度和稳定性都很高。

（2）A_{uf} 为正值，即 u_o 与 u_i 同相。这是因为 u_i 加了在同相输入端。

（3）$|A_{uf}|$ 大于等于 1，不会小于 1，这点和反相比例运算电路不同。若将输出电压全部反馈到反相输入端，即使 $R_1 = \infty$（断开）或 $R_F = 0$，如图 9.3.3 所示，此时由式（9.3.4）和式（9.3.5）可得

$$u_o = u_i$$

$$A_{uf} = \frac{u_o}{u_i} = 1 \qquad (9.3.6)$$

这时，电路就构成了一个电压跟随器，即其输出电压与输入电压大小相等，相位相同，输出电压跟随着输入电压的变化而变化。

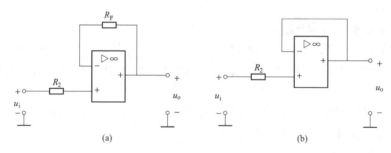

图 9.3.3　电压跟随器

（a）$R_1 = \infty$；（b）$R_F = 0$

同相比例运算电路由于引入了电压串联负反馈，输入电阻高，而输出电阻低，因而输出电压稳定，有较强的带负载能力。

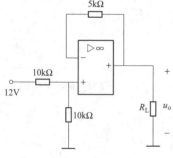

图 9.3.4　[例 9.3.1] 电路图

【例 9.3.1】　电路如图 9.3.4 所示，求 u_o。

【解】　图 9.3.4 是一电压跟随器，电源 12V 经两个 10kΩ 的电阻分压后在同相输入端得到 6V 的输出电压，故 $u_o = 6V$。

可见，当负载 R_L 变化时，其两端电压 u_o 不会随之变化，u_o 只与电源电压的分压电阻有关，其准确度和稳定性较高，此电路为恒压源电路，输出电压可作为基准电压。

【例 9.3.2】　试确定图 9.3.5（a）所示负载浮地的电压—电流转换电路中负载的电流 i_L 与输入电压 u_i 的关系。将负载换为电流表，如图 9.3.5

（b）所示，说明其作用。

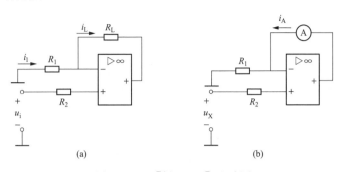

图 9.3.5 ［例 9.3.2］电路图

（a）负载浮地的电压-电流转换电路；（b）电流表测电压电路

【解】 根据理想运算放大器工作在线性区时的分析依据，有

$$u_- \approx u_+ = u_i$$

$$i_L \approx i_1 = \frac{0 - u_-}{R_1} = -\frac{u_i}{R_1}$$

可见，负载 R_L 中的电流大小与负载无关，此电路为恒流源电路。

将负载换为电流表，其电流（方向如图 9.3.5 所示）大小

$$I_A = \frac{U_X}{R_1}$$

这样，可以用电流表测量未知电压的大小。R_1 选得较小时，能通过电流表测量较小的电压，由于运算放大器的输入电阻高，对被测电路影响小，测量准确度高。

9.3.2 加法运算电路

在运算放大器的反相输入端并接若干个输入信号，则构成反相加法运算电路，如图 9.3.6 所示。由图可列出

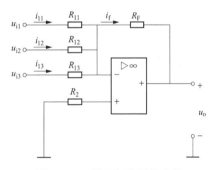

$$i_{11} = \frac{u_{i1}}{R_{11}}$$

$$i_{12} = \frac{u_{i2}}{R_{12}}$$

$$i_{13} = \frac{u_{i3}}{R_{13}}$$

图 9.3.6 反相加法运算电路

$$i_f = i_{11} + i_{12} + i_{13}$$

$$i_f = -\frac{u_o}{R_F}$$

由上列各式可得

$$u_o = -\left(\frac{R_F}{R_{11}}u_{i1} + \frac{R_F}{R_{12}}u_{i2} + \frac{R_F}{R_{13}}u_{i3}\right) \tag{9.3.7}$$

可见，电路可实现对各输入信号按比例相加的运算。

当 $R_{11} = R_{12} = R_{13} = R_1$ 时，则上式为

$$u_o = -\frac{R_F}{R_1}(u_{i1} + u_{i2} + u_{i3}) \qquad\qquad (9.3.8)$$

此时，电路实现的是对各输入信号相加再取比例的运算。

进一步，当 $R_1 = R_F$ 时，则

$$u_o = -(u_{i1} + u_{i2} + u_{i3}) \qquad\qquad (9.3.9)$$

此时，电路实现的是对各输入信号的直接相加并取负的运算。若在电路输出端加一反相器，可实现对各输入信号的直接相加运算。

可见，加法运算电路可实现多种形式的加法运算。

由式（9.3.7）～式（9.3.9）可见，加法运算电路也与运算放大器本身的参数无关，只要电阻阻值足够精确，就可保证加法运算的准确度和稳定性。

平衡电阻

$$R_2 = R_{11} /\!/ R_{12} /\!/ R_{13} /\!/ R_F$$

当然，还有同相加法运算电路，就是将多个输入信号同时作用于运算放大器的同相输入端时，就构成了同相加法运算电路，由于运算关系和平衡电阻的选取较为复杂，因此，一般较少使用同相输入的加法器。若需要进行同相加法运算，只需要在反相加法运算电路后加一级反相器即可。

9.3.3　减法运算电路

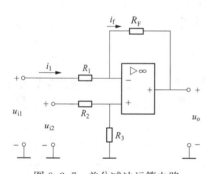

图 9.3.7　差分减法运算电路

如果两个输入端都有信号输入，则为差分输入，差分运算（减法运算）在测量和控制系统中应用很多，其运算电路如图 9.3.7 所示。由图可列出

$$u_- \approx u_+ = \frac{R_3}{R_2 + R_3} u_{i2}$$

$$i_1 = \frac{u_{i1} - u_-}{R_1}$$

$$i_f = \frac{u_- - u_o}{R_f}$$

由上列各式可得出

$$u_o = \left(1 + \frac{R_F}{R_1}\right)\frac{R_3}{R_2 + R_3} u_{i2} - \frac{R_F}{R_1} u_{i1} \qquad\qquad (9.3.10)$$

可见，电路可实现对两个输入信号按比例相减的运算。

当 $R_1 = R_2$ 和 $R_F = R_3$ 时，则上式为

$$u_o = \frac{R_F}{R_1}(u_{i2} - u_{i1}) \qquad\qquad (9.3.11)$$

此时，电路实现的是对两个输入信号相减再取比例的运算。

进一步，当 $R_F = R_1$ 时，则得

$$u_o = u_{i2} - u_{i1} \qquad\qquad (9.3.12)$$

此时，电路实现的是对两个输入信号的直接相减的运算。

可见，减法运算电路可实现多种形式的减法运算。

在图 9.3.7 中，如将 R_3 断开（$R_3 = \infty$），则式（9.3.10）变为

$$u_{\mathrm{o}} = \left(1 + \frac{R_{\mathrm{F}}}{R_1}\right) u_{\mathrm{i2}} - \frac{R_{\mathrm{F}}}{R_1} u_{\mathrm{i1}}$$

即为同相比例运算与反相比例运算输出电压之和。

由于电路存在共模电压，为了保证运算准确度，应当使用共模抑制比较高的运算放大器或选用阻值合适的电阻。

【例 9.3.3】 图 9.3.8 所示是一个两级运算电路，试求输出电压 u_{o}。

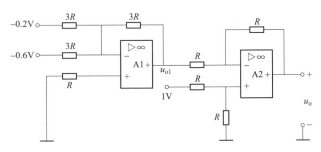

图 9.3.8 ［例 9.3.3］的图

【解】 A1 是加法运算电路，因此

$$u_{\mathrm{o1}} = - \ (-0.2 - 0.6) = 0.8 \ (\mathrm{V})$$

A2 是差分减法运算电路，因此

$$u_{\mathrm{o}} = 1 - 0.8 = 0.2 \ (\mathrm{V})$$

9.3.4 积分与微分运算电路

积分运算和微分运算互为逆运算。在自控系统中，常用积分和微分运算电路作为调节或控制环节。此外，积分运算和微分运算在波形的产生与变换及仪器、仪表中应用也非常广泛。以集成运算放大器为主要器件，利用电容和电阻来构成反馈网络，可实现这两种电路。

1. 积分运算电路

将反相比例运算电路中的反馈电阻 R_{F} 用电容 C_{F} 代替，就成为积分运算电路，如图 9.3.9 所示。

由于 $u_- \approx u_+ = 0$，故

$$i_{\mathrm{f}} \approx i_1 = \frac{u_{\mathrm{i}}}{R_1} \qquad (9.3.13)$$

$$u_{\mathrm{o}} = -u_C = -\frac{1}{C_{\mathrm{F}}} \int i_{\mathrm{f}} \mathrm{d}t = -\frac{1}{R_1 C_{\mathrm{F}}} \int u_{\mathrm{i}} \mathrm{d}t$$

$$(9.3.14)$$

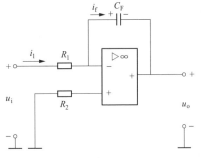

图 9.3.9 积分运算电路及其阶跃响应

该式表明 u_{o} 与 u_{i} 的积分成比例，式中的负号表示两者相反。$R_1 C_{\mathrm{F}}$ 称为积分时间常数。

当 u_{i} 是如图 9.3.10 （a）所示的跃变后幅值为 U_{i} 的阶跃电压时，则

$$u_{\mathrm{o}} = -\frac{U_{\mathrm{i}}}{R_1 C_{\mathrm{F}}} t$$

其波形如图 9.3.10 （b）所示（设电容未有初始储能），最后达到负饱和值 $-U_{\mathrm{o(sat)}}$。

由于集成运放构成的有源积分电路的充电电流基本上恒定 $\left(i_1 = i_{\mathrm{f}} = \dfrac{u_{\mathrm{i}}}{R_1}\right)$，故输出电压

u_o是时间 t 的一次函数，随时间按线性规律变化，从而提高了线性度。

当积分电路输入方波信号时，合理选择积分常数，可将输入的方波信号变换为三角波信号输出，实现了波形的转换，如图 9.3.11 所示。

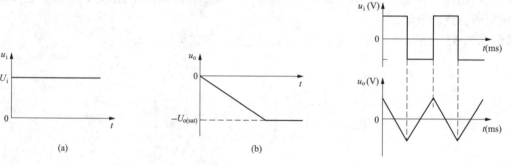

图 9.3.10　积分运算电路的阶跃响应　　　　图 9.3.11　积分运算电路实现波形转换

积分电路和反相比例运算电路结合可以构成 PI 调节器，如图 9.3.12（a）所示。电路的输出电压

$$u_o - u_- = -(i_f R_F + u_c) = -\left(i_f R_F + \frac{1}{C_F}\int i_f \mathrm{d}t\right)$$

$$i_1 = \frac{u_i - u_-}{R_1}$$

据理想运放的分析依据，$u_- = u_+ = 0$，$i_1 = i_f$，所以

$$u_o = -\left(\frac{R_F}{R_1}u_i + \frac{1}{R_1 C_F}\int u_i \mathrm{d}t\right) \tag{9.3.15}$$

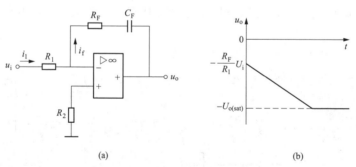

图 9.3.12　PI 调节器及其阶跃响应

（a）PI 调节器；（b）阶跃响应

在 $t = 0$ 时加入 $u_i = U_i$ 的阶跃电压后，输出电压的响应表达式为

$$u_o = -\left(\frac{R_F}{R_1}U_i + \frac{U_i}{R_1 C_F}t\right)$$

设电容未有储能，阶跃响应的波形如图 9.3.12（b）所示。

在自动控制系统中常用 PI 调节器来保证系统的稳定性和控制的准确度。

2. 微分运算电路

微分运算是积分运算的逆运算，只需将反相输入端的电阻和反馈电容调换位置，就成为微分运算电路，如图 9.3.13（a）所示。

由图（9.3.13）可列出

$$i_1 = C_1 \frac{du_C}{dt} = C_1 \frac{du_i}{dt}$$

$$u_o = -R_F i_f = -R_F i_1$$

故

$$u_o = -R_F C_1 \frac{du_i}{dt} \tag{9.3.16}$$

即输出电压与输入电压对时间的一次微分成正比。当 u_i 为阶跃电压时，u_o 为尖脉冲电压，如图 9.3.13（b）所示。由于此电路工作稳定性不高，应用较少。

微分运算电路和反相比例运算电路结合可以构成 PD 调节器，如图 9.3.14 所示。其输出电压与输入电压的关系为

$$u_o = -\left(\frac{R_F}{R_1} u_i + R_F C_1 \frac{du_i}{dt} \right) \tag{9.3.17}$$

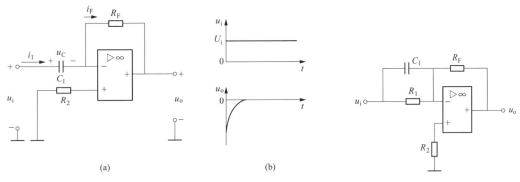

图 9.3.13 微分运算电路及其阶跃响应
（a）微分运算电路；（b）阶跃响应

图 9.3.14 PD 调节器

PD 调节器也可应用在自动控制系统中，在调速过程中起到加速的作用。

9.4 电 压 比 较 器

集成运算放大器工作在非线性区（饱和区）的最基本应用是构成电压比较器。电压比较器的功能是将输入的模拟信号的电压与一个参考电压进行比较，在输出端以高低电平来反映比较结果。电压比较器可用于自动控制、波形变换、模/数转换及越限报警等领域。

9.4.1 基本电压比较器

只要在集成运算放大器的两个输入端分别加上输入电压 u_i 和固定的参考电压 U_R，就构成了基本电压比较器。图 9.4.1（a）是其中一种。U_R 是参考电压，加在同相输入端，输入电压 u_i 加在反相输入端。运算放大器工作于开环状态，由于开环电压放大倍数很高，即使输入端有一个非常微小的差值信号，也会使输出电压饱和。因此，用作比较器时，运算放大器工作在非线性区（饱和区）。根据理想运算放大器的分析依据，当 $u_i < U_R$ 时，$u_o = +U_{O(sat)}$；当 $u_i > U_R$ 时，$u_o = -U_{O(sat)}$。

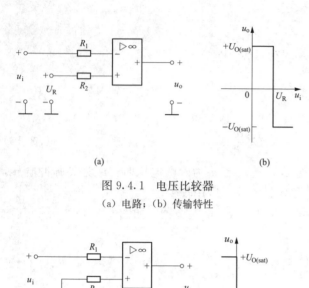

图 9.4.1　电压比较器

(a) 电路；(b) 传输特性

图 9.4.1（b）是电压比较器的电压传输特性。可见，在电压比较器的输入端进行模拟信号大小的比较，在输出端则以 $+U_{O(sat)}$ 或 $-U_{O(sat)}$，或称为高电平或低电平（即数字信号 **1** 或 **0**）来反映比较结果。

当 $U_R=0$ 时，即输出电压和零电平比较，称为过零电压比较器，其电路和传输特性如图 9.4.2 所示。当 u_i 为正弦波电压时，则 u_o 为矩形波电压，如图 9.4.3 所示。

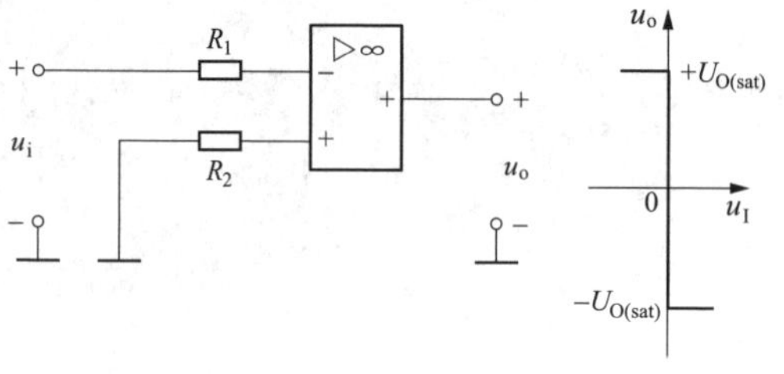

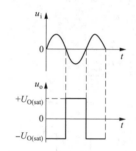

图 9.4.2　过零比较器

(a) 电路；(b) 传输特性

图 9.4.3　过零比较器的波形

【例 9.4.1】　图 9.4.4 所示为运算放大器组成的温度控制电路，R 是热敏电阻，温度升高阻值变小。KA 是继电器，温度升高，超过规定值，KA 动作，自动切断电源。试分析电路的工作原理。

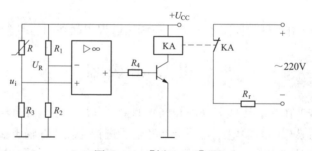

图 9.4.4　[例 9.4.1] 图

【解】　运算放大器构成的是电压比较器，U_R 对应于设定的温度值。加热温度未超过设定值时，$u_i<U_R$，$u_o=-U_{O(sat)}$，晶体管 VT 截止。KA 不动作，其触点处于闭合状态，加热器 R_r 进行加热。

随着温度的上升，R 的阻值减小，u_i 增大。加热温度超过设定值时，$u_i>U_R$，$u_o=+U_{O(sat)}$，晶体管 VT 导通。KA 的触点动作，切断电源，停止加热。

温度下降低于设定值后，KA 触点闭合，又重复上述过程。可见，温度控制电路能使温度尽量保持为设定值。

9.4.2 限幅电压比较器

基本电压比较器的输出电压 $u_o = \pm U_{O(sat)}$，幅值比较大。实际应用中，有时需要将输出电压幅值限制为某一特定值范围内，以与外接电路达到电平匹配。例如，接在基本电压比较器输出端的是 TTL 数字电路，由于 TTL 所需高电平电压要求不超过 5V 且不低于 2V，这就需要在比较器的输出端加上限幅电路，以实现电平兼容。限幅时，可在比较器的输出端与"地"之间跨接一个稳压值为 U_Z 的双向稳压二极管 VDZ，作双向限幅用，电路和传输特性如图 9.4.5 所示。u_i 与参考电压 U_R 作比较，输出电压 u_o 被限制为 $+U_Z$ 或 $-U_Z$。

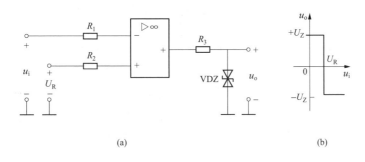

图 9.4.5 限幅电压比较器
(a) 电路；(b) 传输特性

以上介绍的是用通用型运算放大器构成的比较器，输入的是模拟量，输出则不是高电平，就是低电平，即为数字量，可与数字电路配合。

*9.4.3 滞回电压比较器

上述的电压比较器，当输入电压在参考电压附近发生微小的变化，都将引起输出电压的跃变，而无论这种微小变化是来源于输入信号还是外部干扰，可见其抗干扰能力较差。为克服这一缺点，可采用滞回电压比较器，其电路如图 9.4.6（a）所示，R_3 与稳压管 VDZ 配合，起到限幅作用。由于滞回电压比较器具有滞回特性，也就是具有惯性，因而也就具有一定的抗干扰能力。

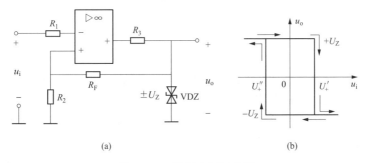

图 9.4.6 滞回电压比较器
(a) 电路；(b) 传输特性

从集成运算放大器的限幅电路可以看出，$u_o = \pm U_Z$。当输出电压 $u_o = +U_Z$ 时，有

$$u_+ = U_+' = \frac{R_2}{R_2 + R_F} U_Z$$

当输出电压 $u_o = -U_Z$ 时，有

$$u_+ = U_+'' = -\frac{R_2}{R_2 + R_F} U_Z$$

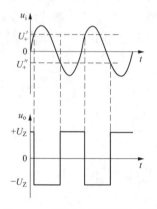

设某一瞬间 $u_o = +U_Z$，当输入电压 u_i 增大到 $u_i \geqslant U_+'$ 时，输出电压 u_o 转变为 $-U_Z$，发生负向跃变。当输入电压 u_i 减小到 $u_i \leqslant U_+''$ 时，输出电压 u_o 转变为 $+U_Z$，发生正向跃变。如此周而复始，滞回比较器的传输特性如图 9.4.6（b）所示。U_+' 称为上门限电压，U_+'' 称为下门限电压，两者之差 $U_+' - U_+''$ 称为回差。

回差提高了电路的抗干扰能力。输出电压一旦转变为 $+U_Z$ 或 $-U_Z$ 后，u_+ 随即自动变化，必须有较大的反向变化才能使输出电压转变。另外，滞回电压比较器能加速输出电压的转变过程，改善输出波形在跃变时的陡度。

图 9.4.7　滞回比较器的波形图

当滞回电压比较器输入为正弦信号时，随着 u_i 的大小变化，u_o 为一矩形波电压，如图 9.4.7 所示。

9.5　波形信号发生电路

利用集成运算放大器产生各种波形的信号，是集成运算放大器应用的一个重要方面。在电子技术、通信、自动控制和计算机技术等领域中广泛采用各种类型的波形信号，常用的波形信号有正弦波、矩形波、三角波等。以下介绍由运算放大器构成的正弦波、矩形波、三角波发生电路。这些波形信号发生电路不需要外加输入信号，自己就能产生周期变化的信号。

9.5.1　正弦波振荡电路

正弦波振荡电路是用来产生一定频率和幅值的正弦交流信号，在没有外加输入信号的情况下，依靠电路自激振荡而产生正弦波输出电压的电路。它的频率范围很广，可以从一赫兹以下到几百兆赫兹以上；输出的功率可以从几毫瓦到几十千瓦；输出的交流电能是从电源的直流电能转换而来的。它被广泛地应用于测量、通信、自动控制等方面，也可作为模拟电子电路的测试信号。

1. 自激振荡的建立

在电子电路中，电路无外加输入信号，而在输出端有一定频率和幅度的信号输出，这种现象称为自激振荡。自激振荡实质是由反馈信号引起的。

在正弦波振荡电路中，反馈信号充当了输入信号。而要让反馈信号能够取代输入信号，引入的必须是正反馈，其框图如图 9.5.1（a）所示。图中，A 是放大电路，F 是正反馈电路。放大电路净输入 $\dot{U}_d = \dot{U}_i + \dot{U}_f$，当去掉输入信号时，$\dot{U}_d = \dot{U}_f$，净输入量等于反馈量，如图 9.5.1（b）所示。由于反馈信号的存在，且反馈电压 $\dot{U}_f$ 与净输入电压 $\dot{U}_d$ 幅值相等且相位相同，电路将保持稳定的输出。可见此时电路未加任何输入信号，却在输出端获得了一定频率和幅值的正弦波信号，电路产生了自激振荡。

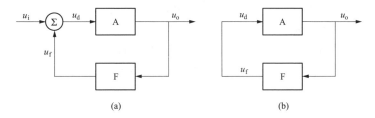

图 9.5.1　自激振荡电路的原理框图

(a) 引入正反馈框图；(b) 自激振荡框图

由于

$$\dot{U}_d = \frac{\dot{U}_o}{A_u} \text{ 且 } \dot{U}_f = F\dot{U}_o$$

而 $\dot{U}_d = \dot{U}_f$ 时，才能产生并维持自激振荡，所以

$$\frac{\dot{U}_o}{A_u} = F\dot{U}_o$$

由此得出正弦波振荡电路自激振荡的条件是

$$A_u F = 1 \qquad\qquad (9.5.1)$$

由于开环放大倍数和反馈系数都是复数，所以式（9.5.1）给出的自激振荡条件包含了相位条件和幅值条件。

（1）相位条件：反馈电压 $\dot{U}_f$ 与净输入电压 $\dot{U}_d$ 要同相，即必须引入正反馈。

（2）幅值条件：$|A_u F| = 1$ $(U_f = U_d)$，即要有足够的反馈量，使反馈电压等于放大电路所需的输入电压。

正弦波振荡电路没有初始的输入信号，而要建立起自激振荡，需要通过一个起振信号完成起振过程。当振荡电路接通电源时，在电路中会产生微小的噪声即瞬态扰动信号，可分解为一系列不同频率的正弦信号分量。因而，反馈回路中必须有选频电路，使反馈电路只对选定的频率信号产生足够强的正反馈。经过选频电路的选频，从扰动信号中得到的某一频率的起振信号，通过正反馈电路反馈到放大电路的输入端，经过放大电路对信号的放大，再反馈，再放大。每次反馈信号都较上一次反馈信号大，这样多次循环后，振荡信号就逐步增大。可见，自激振荡电路在起振过程中的幅值条件是

$$|A_u F| > 1 \qquad\qquad (9.5.2)$$

由于晶体管的非线性特性，当振荡信号的幅值增大到一定程度时，放大倍数的数值将减小。因此，振荡信号不会无限制地增大，当增大到一定幅值，随着 $|A_u|$ 的减小使 $|A_u F| = 1$ 时，电路就建立起稳幅振荡。另外，振荡信号达到需要的幅值后，还可通过稳幅电路来使 $|A_u F| = 1$，以实现稳幅。

可以看出，自激振荡的建立过程是电路从 $|A_u F| > 1$ 逐渐减小到 $|A_u F| = 1$ 的过程。

2. RC 正弦波振荡电路

RC 正弦波振荡电路如图 9.5.2 所示，其由放大电路、正反馈网络、选频网络和稳幅环节四部分组成。放大电路是同相比例运算电路，R_{F1}、R_{F2} 构成其负反馈电路；RC 串、并联网络既是正反馈电路，又是选频电路；a、b 之间正反两只二极管 VD1 和 VD2 与电阻 R_{F1} 并

联构成稳幅环节。输出电压 u_o 经 RC 串、并联电路分压后在 RC 并联电路上得出反馈电压 u_f，加在运算放大器的同相输入端，作为其输入电压 u_i。

图 9.5.2 中，RC 串、并联网络又称为文氏电桥电路，将其取出重画如图 9.5.3 所示。其输入电压为振荡电路的输出电压 u_o；输出电压为运算放大器同相输入端的反馈电压 u_f。由分压公式可得

$$F = \frac{\dot{U}_f}{\dot{U}_o} = \frac{R \mathbin{/\mkern-5mu/} \dfrac{1}{\mathrm{j}\omega C}}{R + \dfrac{1}{\mathrm{j}\omega C} + R \mathbin{/\mkern-5mu/} \dfrac{1}{\mathrm{j}\omega C}}$$

整理后可得

$$F = \frac{1}{3 + \mathrm{j}\left(\omega RC - \dfrac{1}{\omega RC}\right)} \tag{9.5.3}$$

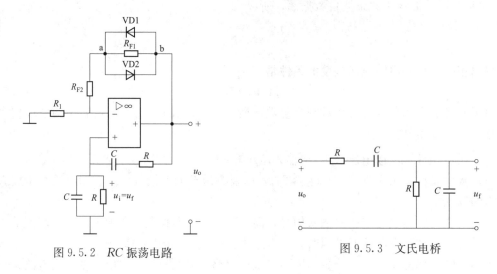

图 9.5.2 RC 振荡电路　　　　　　　　图 9.5.3 文氏电桥

欲满足自激振荡的相位条件，需使 $\dot{U}_f$ 与 $\dot{U}_o$ 同相，则式（9.5.3）分母的虚部必须为零，即

$$\omega RC - \frac{1}{\omega RC} = 0$$

有

$$\omega = \omega_0 = \frac{1}{RC}$$

即选频电路选择的振荡频率是

$$f = f_0 = \frac{1}{2\pi RC} \tag{9.5.4}$$

这时的反馈系数为

$$F = \frac{\dot{U}_f}{\dot{U}_o} = \frac{1}{3} \tag{9.5.5}$$

可见，文氏电桥具有选频特性，选中的频率 f_0 由文氏电桥中的 R 和 C 的参数决定。因

此，调节 R 或调节 C 的参数可改变振荡电路的振荡频率。

由于 $F=\dfrac{1}{3}$，根据自激振荡条件，再使放大电路的 $A_u=3$ 时，电路便能够维持自激振荡。

起振时，应使 A_u 略大于 3，而同相输入比例运算电路的闭环放大倍数为 $A_u=1+\dfrac{R_F}{R_1}$，故应使 $R_F(R_F=R_{ab}+R_{F2})$ 略大于 $2R_1$。起振后再通过稳幅环节实现自动稳幅，即使 $|A_uF|>1$ 逐渐变化为 $|A_uF|=1$。

在图 9.5.2 中是利用二极管的非线性特性实现自动稳幅。在起振之初，由于 u_o 的幅度很小，尚不足以使二极管导通，二极管 VD1 和 VD2 近于开路，此时 $R_{ab}\approx R_{F1}$，$R_F>2R_1$。而后，随着振荡幅度的增大，VD1 和 VD2 分别在信号的正、负半周期导通，其正向电阻逐渐减小，与电阻 R_{F1} 的并联阻值 R_{ab} 逐渐减小，直到 $R_F=2R_1$ 时，振荡稳定，从而达到稳幅目的。

由集成运算放大器构成的 RC 振荡电路由于受集成运算放大器带宽的限制，其产生的信号频率一般不超过 1MHz。欲要产生更高频率的信号，可采用 LC 振荡电路。

*9.5.2　矩形波发生器

矩形波信号常用作数字电路的信号源或模拟电子开关的控制信号。矩形波具有高、低两种电平，且作周期性变化。如果波形处于高电平和低电平的时间相等，则称为方波。能产生矩形波信号的电路称为矩形波发生器。因为矩形波中含有丰富的谐波，所以矩形波发生器也称为多谐振荡器。它是其他非正弦波发生电路的基础。

图 9.5.4（a）所示为由集成运算放大器组成的矩形波发生器。其中，运算放大器与 R_1、R_2、R_3、VDZ 组成双向限幅的滞回电压比较器；R_F 和 C 构成负反馈电路；双向稳压二极管 VDZ 使输出电压的幅值被限制在 $+U_Z$ 或 $-U_Z$；R_3 是限流电阻。

由图 9.5.4（a）所示电路可得，加在滞回电压比较器同相输入端的参考电压，即 R_2 的端电压 U_R 为

$$U_R=\pm\frac{R_2}{R_1+R_2}U_Z \qquad (9.5.6)$$

u_C 加在反相输入端，u_C 和 U_R 相比较，从而决定 u_o 的极性。电路进入稳定的工作状态后，当 $u_o=+U_Z$ 时，滞回电压比较器的参考电压

$$U_R=+\frac{R_2}{R_1+R_2}U_Z$$

这时 $u_C<U_R$，输出高电平（$+U_Z$）通过 R_F 对电容 C 充电，u_C 按指数规律增长。当 u_C 增长到开始大于 U_R 时，u_o 立即由高电平 $+U_Z$ 跳变为低电平 $-U_Z$，此时滞回电压比较器的参考电压随之变为

$$U_R=-\frac{R_2}{R_1+R_2}U_Z$$

电容 C 开始通过 R_F 放电，而后反向充电，u_C 按指数规律减小。当 u_C 下降到开始小于 $-U_R$ 时，u_o 又立即由低电平 $-U_Z$ 跳变为高电平 $+U_Z$。输出端高电平（$+U_Z$）又通过 R_F 对电容 C 充电，如此周期性地变化，产生振荡，在输出端得到的是矩形波电压信号。u_C 和 u_o 的波形如图 9.5.4（b）中所示。

可以推出，输出矩形波的周期为

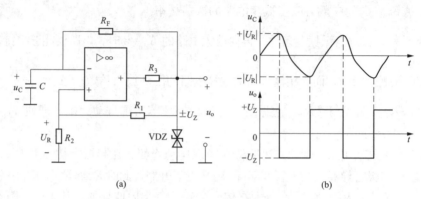

图 9.5.4　矩形波发生器

(a) 电路；(b) 波形

$$T = 2R_{\mathrm{F}}C\ln\left(1 + \frac{2R_1}{R_2}\right) \tag{9.5.7}$$

则输出信号的频率为

$$f_{\mathrm{o}} = \frac{1}{T} = \frac{1}{2R_{\mathrm{F}}C\ln\left(1 + \frac{2R_1}{R_2}\right)} \tag{9.5.8}$$

显然，改变 R 或 C 的参数可改变输出信号的频率。

*9.5.3　三角波发生器

如果将滞回电压比较器和一积分运算电路首尾相接形成正反馈闭环系统，如图 9.5.5 (a) 所示，便构成了三角波发生器。其中积分运算电路一方面进行波形变换，另一方面与滞回电压比较器构成了矩形波发生器。

由图 9.5.5 (a) 所示电路可见，滞回电压比较器反相输入端电压 $u_{1-} = 0$，作为参考电压。利用叠加定理可求得同相输入端电位为

$$u_{1+} = \pm\frac{R_2}{R_1 + R_2}U_Z + \frac{R_1}{R_1 + R_2}u_{\mathrm{o}} \tag{9.5.9}$$

式中，第一项是 A1 的输出电压 u_{o1} 单独作用时（A2 的输出端接"地"短路，即 $u_{\mathrm{o}} = 0$）在比较器同相输入端产生的电压；第二项是 A2 的输出电压 u_{o} 单独作用时（A1 的输出端接"地"短路，即 $u_{\mathrm{o1}} = 0$）在比较器同相输入端产生的电压。

电路进入稳定的工作状态后，当 $u_{\mathrm{o1}} = +U_Z$ 时，该电压通过 R 对电容 C 充电，u_{o} 线性下降。此时

$$u_{1+} = \frac{R_2}{R_1 + R_2}U_Z + \frac{R_1}{R_1 + R_2}u_{\mathrm{o}}$$

u_{1+} 随着 u_{o} 的下降而下降。当 u_{o} 下降到使 $u_{1+} = 0$ 时，有

$$u_{\mathrm{o}} = -\frac{R_2}{R_1}U_Z \tag{9.5.10}$$

比较器输出电压 u_{o1} 由 $+U_Z$ 跳变为 $-U_Z$，又使积分运算电路的电容 C 开始放电，u_{o} 线性上升。此时

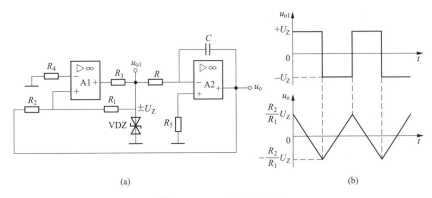

图 9.5.5 三角波发生器

(a) 电路；(b) 波形

$$u_{1+} = -\frac{R_2}{R_1 + R_2}U_Z + \frac{R_1}{R_1 + R_2}u_o$$

u_{1+} 随着 u_o 的上升而上升。同理，当 u_o 上升到使 $u_{1+} = 0$ 时，有

$$u_o = \frac{R_2}{R_1}U_Z \tag{9.5.11}$$

比较器输出电压 u_{o1} 由 $-U_Z$ 跳变为 $+U_Z$，又使积分运算电路的电容 C 开始充电，u_o 线性上升。如此周而复始，产生振荡，在输出端得到的是三角波电压信号。U_{o1} 和 u_o 的波形如图 9.5.5 (b)所示。

可以推出，输出三角波的周期为

$$T = \frac{4R_2RC}{R_1} \tag{9.5.12}$$

则输出信号的频率为

$$f_o = \frac{1}{T} = \frac{R_1}{4R_2RC} \tag{9.5.13}$$

三角波的振荡周期或频率由电路中 R_1、R_2、R 和 C 的参数决定，通过改变这些元件的参数可改变输出信号的频率。由于比较器的输出端可输出矩形波，因此，如图 9.5.5 (a) 所示电路也称为矩形波-三角波发生器。

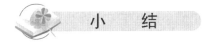 小 结

1. 集成运算放大器的组成

集成运算放大器是具有很高开环电压放大倍数的直接耦合放大器。电路一般由输入级、中间级、输出级和偏置电路四部分组成。

（1）输入级采用双端输入的差分放大电路，有同相和反相两个输入端（u_+ 和 u_-）。其差模放大倍数高、输入电阻大，共模抑制比高。

（2）中间级一般由若干级共发射极放大电路构成，有很高的电压放大倍数。

（3）输出级一般由互补功率放大电路或射极输出器构成，其输出电阻低，带负载能力强，能输出足够大的电压和电流。

（4）偏置电路一般由各种恒流源电路构成，作用是为各级放大电路提供稳定和合适的静态工作点。

2. 理想运算放大器及其分析依据

根据集成运算放大器具有高差模放大倍数、高输入电阻、低输出电阻、能较好地抑制温漂等特点，在分析时，一般可将它看成是一个理想运算放大器。理想化的主要指标为：开环电压放大倍数 $A_{uo} \to \infty$；差模输入电阻 $r_{id} \to \infty$；开环输出电阻 $r_o \to \infty$；共模抑制比 $K_{CMRR} \to \infty$。

理想运算放大器的电压传输特性：当 $u_+ > u_-$ 时，输出为 $+U_{O(sat)}$，当 $u_+ < u_-$ 时，输出为 $-U_{O(sat)}$，没有线性放大区。

（1）理想运算放大器引入深度负反馈工作在线性放大区时，其分析依据为：$u_- \approx u_+$（虚短）和 $i_+ = i_- \approx 0$（虚断）。

（2）理想运算放大器工作在饱和区的分析依据为：当 $u_+ > u_-$ 时，$u_o = +U_{O(sat)}$；当 $u_+ < u_-$ 时，$u_o = -U_{O(sat)}$。

3. 理运算放大器电路中的反馈

凡是将电子电路（或某个系统）输出端信号（电压或电流）的一部分或全部通过某种电路（称为反馈电路）引回到输入端的过程，就称为反馈。

如果引回的反馈信号与输入信号比较使净输入信号减小，从而使输出信号相应减小，则称为负反馈；如果引回的反馈信号与输入信号比较使净输入信号增大，从而使输出信号相应增大，则称为正反馈。

（1）反馈的类型及判断。

1）正、负反馈的判断通常采用瞬时极性法。假定电路输入信号在某一瞬间对"地"（参考点）的极性，并以此为依据，逐级判断电路中各相关点电位的极性，从而得到输出信号的极性。再根据输出信号的极性判断出反馈信号的极性，进而判断在该瞬间反馈信号使基本放大电路的净输入信号增大了还是减小了。若使净输入信号增大了，则说明引入的是正反馈；若使净输入信号减小了，则说明引入的是负反馈。

对于单级运算放大器电路，如果反馈元件接至集成运算放大器的反相输入端，就是负反馈；如果反馈元件接至集成运算放大器的同相输入端，就是正反馈。

2）负反馈包括四种类型：电压串联负反馈；电压并联负反馈；电流串联负反馈；电流并联负反馈。

反馈电路直接从输出端引出的，是电压反馈；从负载电阻 R_L 的靠近"地"端引出的，是电流反馈。

输入信号和反馈信号分别加在两个输入端（同相和反相）上的，是串联反馈；加在同一个输入端（同相或反相）上的，是并联反馈。

（2）负反馈对放大电路性能的影响：负反馈可降低放大电路的放大倍数；提高放大倍数的稳定性；改善波形失真；改变放大电路的输入电阻和输出电阻；展宽通频带。

4. 基本运算电路

集成运算放大器通过外加深度负反馈电路使其闭环工作在线性区时，可构成对模拟信号的各种基本运算电路，如通过不同的负反馈电路实现比例、加法、减法、积分与微分等运算。运算电路的分析依据是"虚短"和"虚断"，即 $u_- \approx u_+$ 和 $i_- = i_+ \approx 0$。

5. 电压比较器

电压比较器属于集成运算放大器的非线性应用，其功能是将输入的模拟信号电压与一个参考电压进行比较，在输出端以高低电平来反映比较结果。电压比较器的分析依据是：当 $u_+ > u_-$ 时，$u_o = +U_{O(sat)}$；当 $u_+ < u_-$ 时，$u_o = -U_{O(sat)}$。

基本电压比较器：集成运算放大器的两个输入端分别加上输入电压 u_i 和固定的参考电压 U_R，就构成了基本电压比较器。在输出端则以 $+U_{O(sat)}$ 或 $-U_{O(sat)}$ 来反映比较结果。

限幅电压比较器：将双向稳压二极管接至比较器的输出端，限定比较器的输出电压。

滞回电压比较器：比较器电路中引入了正反馈，从而使比较器具有上门限电压和下门限电压两个参考电压，两者之差称为回差。回差提高了电路的抗干扰能力。

6. 波形信号发生电路

（1）正弦波振荡电路。正弦波振荡电路自激振荡的条件是 $A_u F = 1$，可分解为相位条件（反馈电压 $\dot{U}_f$ 与净输入电压 $\dot{U}_d$ 要同相，即必须引入正反馈）和幅值条件 $[\,|A_u F| = 1(U_f = U_d)\,]$。自激振荡的建立过程是电路从 $|A_u F| > 1$ 逐渐减小到 $|A_u F| = 1$ 的过程。

RC 正弦波振荡电路由放大电路、正反馈网络、选频网络和稳幅环节四部分组成。振荡频率为 $f_0 = \dfrac{1}{2\pi RC}$。

（2）矩形波发生器。由滞回电压比较器和 $R_F C$ 构成的负反馈电路组成，随着电容 C 不断地被充放电，使得输出电压不断在高、低电平间周期性地跳变，产生振荡，在输出端得到矩形波电压信号。

（3）三角波发生器。将滞回电压比较器和一积分运算电路首尾相接形成正反馈闭环系统，便构成了三角波发生器。其中积分运算电路一方面进行波形变换，另一方面与滞回电压比较器构成了矩形波发生器。比较器输出的矩形波经积分电路积分可得到三角波输出，三角波又触发比较器自动跳变形成矩形波，如此周而复始。

 习 题

9.1 理想的集成运算放大器工作在线性区和饱和区的分析依据分别是什么？

9.2 判断题图所示电路中的各级运算放大器电路以及级间是否引入了反馈，并判断其引入了何种类型的反馈。

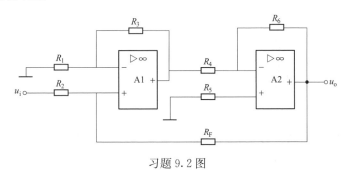

习题 9.2 图

9.3 试说明不同类型的负反馈对放大电路输入电阻和输出电阻的影响。

9.4　有一负反馈放大电路,已知 $A=350$,$F=0.01$。试问:(1)闭环电压放大倍数 A_f 为多少?(2)如果 A 发生 $\pm 15\%$ 的变化,则 A_f 的相对变化为多少?

9.5　图 9.2.4(a)所示负反馈放大电路,已知 $A_{uo}=1000$,$F=0.05$,$u_o=2V$。试计算输入电压 u_i,反馈电压 u_f 及净输入电压 u_d。

9.6　在图 9.3.1 所示的反相比例运算电路中,设 $R_1=10k\Omega$,$R_F=100k\Omega$,试求闭环电压放大倍数 A_{uf} 和平衡电阻 R_2。如果 $u_i=15mV$,则 u_o 为多少?

9.7　在图 9.3.2 所示的同相比例运算电路中,设 $R_1=2k\Omega$,$R_F=10k\Omega$,试求闭环电压放大倍数 A_{uf}。如果 $u_i=2V$,则 u_o 为多少?若 $R_F=0$,则 u_o 为多少?

9.8　运算电路如题图所示,已知 $R_1=5k\Omega$,$R_2=3.3k\Omega$,$R_3=1k\Omega$,$R_4=1k\Omega$,$R_F=10k\Omega$。(1)试确定输出电压 u_o 与输入电压 u_i 的运算关系;(2)若使 $R_3=0$,u_o 与 u_i 是什么样的运算关系?

9.9　运算电路如题图所示,已知 $R_1=R_2=20k\Omega$,$R_3=R_F=100k\Omega$。(1)试确定输出电压 u_o 与输入电压 u_i 的运算关系;(2)当 $u_i=1V$ 时,试求 u_o 为多少伏?

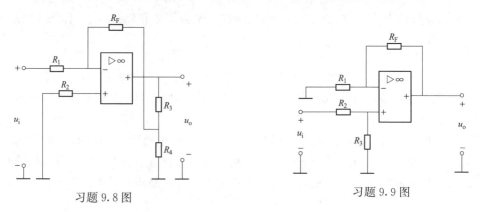

习题 9.8 图　　　　　　　　　　　　习题 9.9 图

9.10　运算电路如题图所示,试确定输出电压 u_o 与输入电压 u_i 的运算关系。

9.11　运算电路如题图所示,已知 $u_{i1}=1V$,$u_{i2}=2V$,$u_{i3}=3V$,$u_{i4}=4V$,$R_1=R_2=3k\Omega$,$R_3=R_4=R_F=1k\Omega$,试计算输出电压 u_o。

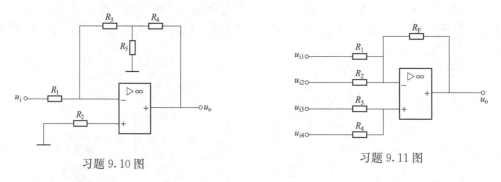

习题 9.10 图　　　　　　　　　　　　习题 9.11 图

9.12　试求题图所示电路的 u_o 与 u_i 的运算关系式。

9.13　试求题图所示电路的输出电压 u_o 与输入电压 u_{i1}、u_{i2}、u_{i3} 的运算关系式。

9.14　试求题图所示电路的输出电压 u_o 与输入电压 u_{i1}、u_{i2} 的运算关系式。

9.15　电路如题图所示,试求输出电压 u_o 与输入电压 u_{i1},u_{i2} 的运算关系式。

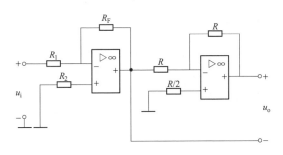

习题 9.12 图

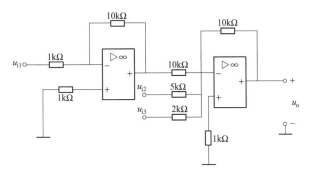

习题 9.13 图

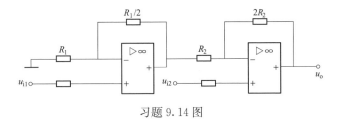

习题 9.14 图

9.16　电路如题图所示，试求输出电压 u_o 与输入电压 u_i 的运算关系式。

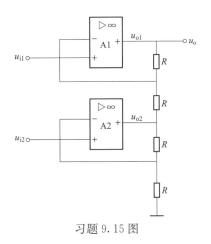

习题 9.15 图

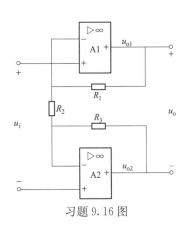

习题 9.16 图

9.17　理想运算放大器构成的基本积分电路如题图（a）所示，若输入信号波形如题图（b）所示，试画出输出电压 u_o 的波形。

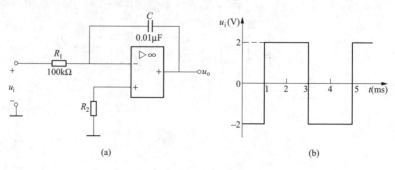

习题 9.17 图

9.18　理想运算放大器构成的电路如题图所示，试求 u_o 与各输入电压 u_{i1}，u_{i2} 的运算关系式。

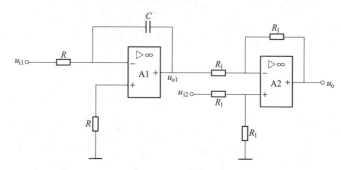

习题 9.18 图

9.19　理想运算放大器构成的基本微分电路如题图（a）所示，若输入信号波形如题图（b）所示，当 $t=0$ 时，$u_o=0$，试画出输出电压 u_o 的波形。

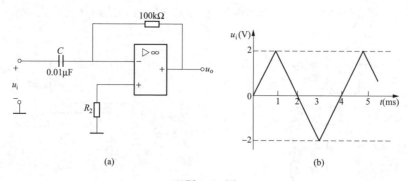

习题 9.19 图

9.20　电路如题图（a）所示，运算放大器的最大输出电压 $U_{CM}=\pm12V$，输入电压波形为如题图（b）所示的三角波。试分别画出参考电压分别为 $U_{R1}=4V$ 和 $U_{R1}=0$ 时，输出电压 u_{o1} 和 u_{o2} 的波形。

9.21　题图所示为一液位报警装置的部分电路，u_i 是液位传感器传来的信号，U_R 是参

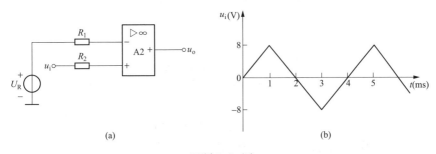

习题 9.20 图

考信号。如果液位超过上限，即 u_i 超过正常值时，报警灯亮。试说明电路的工作原理，以及电阻 R 和二极管 VD 的作用。

9.22 简述滞回电压比较器的优点。

9.23 在图 9.4.6（a）所示电路中，已知 $R_2 = 50\text{k}\Omega$，$R_F = 100\text{k}\Omega$，稳压二极管的稳定电压 $U_Z = \pm 9\text{V}$，若输入电压波形为正弦波，试画出输出电压 u_o 的波形。

9.24 试简述自激振荡产生的条件及其建立过程。

9.25 题图所示的 RC 正弦波振荡电路，在维持等幅振荡时，若 $R_F = 200\text{k}\Omega$，$R = 2\text{k}\Omega$，$C = 1\mu\text{F}$，试计算 R_1 的值及振荡频率。

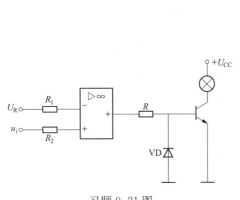

习题 9.21 图

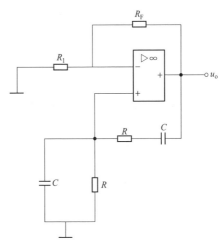

习题 9.25 图

10　直流稳压电源

直流稳压电源是能够为负载提供稳定的直流电压的电子装置，其输出电压基本上不受电网电压、负载及环境温度变化的影响，它在实际中的应用非常广泛，如电子设备和自动控制装置，常需要持续稳定的直流电源供电。目前常用的是将工频交流电源转换为直流电源的半导体直流稳压电源。

半导体直流稳压电源由变压、整流、滤波和稳压四个环节组成，其原理方框图如图 10.0.1 所示。各组成部分的作用如下：

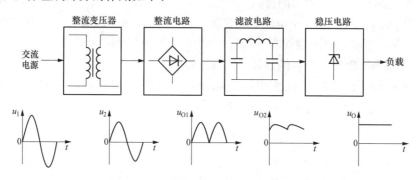

图 10.0.1　直流稳压电源的原理方框图

（1）整流变压器：将电网提供的交流电压变换为满足整流需要的交流电压。

（2）整流电路：将整流变压器输出的交流电压变换为单向脉动的电压。整流电路是利用整流元件（二极管或晶闸管）的单向导电性实现整流的。

（3）滤波电路：滤除整流输出电压中的交流成分，减小脉动程度，尽可能供给负载平滑的直流电压。滤波电路是利用电容、电感等储能元件的物理特性实现滤波的。

（4）稳压电路：在交流电源电压波动或负载变动时，使直流输出电压稳定。在对直流电源电压的稳定程度要求较低的电路中，稳压环节可省略。

以下分别对二极管整流电路、滤波电路及稳压电路的工作原理及特性进行介绍。有关可控整流电路的内容参见本书配套数字资源。

10.1　二极管整流电路

常见的二极管整流电路有单相半波整流电路、全波整流电路、桥式整流电路和倍压整流电路。本节在介绍最基本的半波整流电路的基础上，重点研究单相桥式整流电路的工作原理、参数计算及元件选型。

在分析整流电路时，为了突出重点，简化分析过程，一般均假定负载为纯电阻性，整流二极管为理想二极管，变压器自身无损耗、内部压降为零。

10.1.1　单相半波整流电路

图 10.1.1 所示是单相半波整流电路。它是最简单的一种整流电路，由整流变压器、整流二极管及负载电阻组成。设变压器二次侧电压的瞬时值表达式为 $u_2 = \sqrt{2}U_2\sin\omega t$ 。

根据二极管的单向导电性，在 u_2 的正半周，a 点为"＋"，b 点为"－"，二极管外加正向电压而导通。电流从 a 点流出，经过二极管 VD 和负载电阻 R_L 流入 b 点，在负载上产生的压降 $u_O = u_2 = \sqrt{2}U_2\sin\omega t$ ，上"＋"下"－"。在 u_2 的负半周，b 点为"＋"，a 点为"－"，二极管外加反向电压而截止，$u_O = 0$。因而，在负载电阻 R_L 上得到的是半波整流电压 u_O，如图 10.1.2 所示。

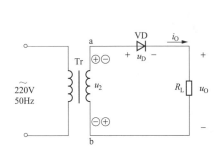

图 10.1.1　单相半波整流电路

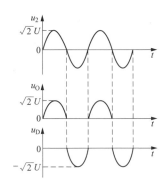

图 10.1.2　半波整流电路的波形

通过以上分析可知，负载电阻 R_L 的电压和电流都具有单一方向脉动的特性。负载上得到的整流电压虽然是单方向的（极性一定），但其大小是变化的。这种单相脉动电压，常用一个周期的平均值来衡量它的大小。单相半波整流电压的平均值为

$$U_O = \frac{1}{2\pi}\int_0^\pi \sqrt{2}U_2\sin\omega t\,\mathrm{d}(\omega t) \tag{10.1.1}$$

解得

$$U_O = \frac{\sqrt{2}U_2}{\pi} \approx 0.45U_2 \tag{10.1.2}$$

式（10.1.2）表示单相半波整流电压平均值与变压器二次侧交流电压有效值之间的关系。由此得出整流电流的平均值，也就是流过二极管电流的平均值为

$$I_O = \frac{U_O}{R_L} \approx 0.45\frac{U_2}{R_L} \tag{10.1.3}$$

应用中，整流二极管除要根据其输出的整流电压 u_O 和电流 I_O 进行选用外，还要考虑二极管截止时所能承受的最高反向电压 U_{DRM}。显然，在单相半波整流电路中，二极管截止时承受的最大反向电压等于变压器二次侧电压的幅值（见图 10.1.2），即

$$U_{DRM} = \sqrt{2}U_2 \tag{10.1.4}$$

单相半波整流电路虽然最为简单，易于实现，但是由于它只利用了交流电压的半个周期，输出电压低，交流分量大（即脉动大），效率低，所以单相半波整流电路的应用场合较少，更适合用于对相对复杂的整流电路的辅助理解。

10.1.2 桥式整流电路

1. 单相桥式整流电路

为了克服单相半波整流电路的缺点，在实用电路中多采用单相全波整流电路，最常用的就是单相桥式整流电路。

单相桥式整流电路由四个二极管组成，其构成原则是保证在变压器二次侧电压 u_2 的整个周期内，负载上的电压和电流方向始终不变。为了达到这一目的，就要求电路构成能够满足在 u_2 的正负半周可以正确引导流向负载的电流。它的构成如图 10.1.3（a）所示，图 10.1.3（b）是它的简化画法。下面来分析它的工作情况。

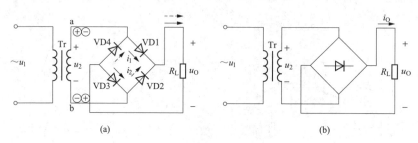

图 10.1.3　单相桥式整流电路图

(a) 桥式整流电路构成；(b) 桥式整流电路的简化画法

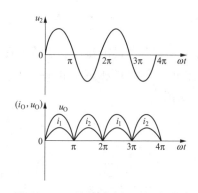

图 10.1.4　单相桥式整流的波形图

当整流电路的输入电压 u_2 在正半周时，a 点为"＋"，b 点为"－"，即 a 点电位高于 b 点，二极管 VD1 和 VD3 承受正向电压而导通，VD2 和 VD4 承受反向电压截止。电流的通路如图 10.1.3（a）中 i_1 所示，可见负载电阻 R_L 上的电流方向是从上往下的，得到一个如图 10.1.4 中 $0 \sim \pi$ 段所示的半波电压。当 u_2 为负半周时，a 点为"－"，b 点为"＋"，即 a 点电位低于 b 点，二极管 VD2 和 VD4 导通，VD1 和 VD3 截止，电流的通路如图 10.1.3（a）中 i_2 所示，可见负载电阻 R_L 上的电流方向依然是从上往下的，得到一个如图 10.1.4 中 $\pi \sim 2\pi$ 段所示的半波电压。

综上可得如图 10.1.4 所示的全波整流电压，其整流电压的平均值 U_O 比半波整流时增加了一倍，即

$$U_O = 2 \times 0.45 U_2 = 0.9 U_2 \tag{10.1.5}$$

负载电阻中的整流电流当然也增加了一倍，即

$$I_O = \frac{U_O}{R_L} \approx 0.9 \frac{U_2}{R_L} \tag{10.1.6}$$

每只二极管只在半个周期内导通，因此，流过每只二极管的平均电流只有负载电流的一半，即

$$I_{VD} = \frac{1}{2} I_O \approx 0.45 \frac{U_2}{R_L} \tag{10.1.7}$$

同样，二极管承受的最大反向电压等于变压器二次侧电压的幅值，即

$$U_{DRM} = \sqrt{2} U_2 \qquad (10.1.8)$$

这一点与半波整流电路是相同的。

【例 10.1.1】 已知交流电源电压为 $380V$，负载电阻 $R_L = 75\Omega$，负载电压 $U_O = 110V$。现在用单相桥式整流电路完成整流，试选用合适的二极管。

【解】 负载电流

$$I_O = \frac{U_O}{R_L} = \frac{110}{75} = 1.5(A)$$

每只二极管流过的平均电流

$$I_{VD} = \frac{1}{2} I_O = 0.75(A)$$

变压器二次电压的有效值为

$$U = \frac{U_O}{0.9} = \frac{110}{0.9} = 122(V)$$

考虑到变压器二次绕组及二极管上的电压降，变压器的二次电压大约要高出 10%，即 $122 \times 1.1 = 134V$。于是

$$U_{DRM} = \sqrt{2} U_2 = \sqrt{2} \times 134 = 189(V)$$

二极管的选择要考虑留有一定的余量，可选择最大整流电流大于 $0.75A$，反向工作峰值电压大于 $200V$ 的整流二极管。如可选用 2CZ55E 型二极管，其最大整流电流为 $1A$，反向工作峰值电压为 $300V$。

由于单相桥式整流电路应用普遍，现在多采用集成整流桥块，其外形如图 10.1.5 所示。单相整流桥的四个引脚，两个为交流输入端，两个为单向脉动信号输出端（有正、负极之分）。整流桥减少了接线，提高了可靠性，使用起来非常方便。

*2. 三相桥式整流电路

单相整流电路的功率一般为几瓦到几百瓦，常用在电子仪器中。在一些要求整流功率高达几千瓦以上的供电场合，采用单相整流电路就不再适合了，因为它会造成三相电网的负载不平衡，影响供电质量。此时，可采用三相桥式整流电路，如图 10.1.6 所示。三相桥式整流电路经三相变压器接交流电源，变压器的二次侧采用星形连接。

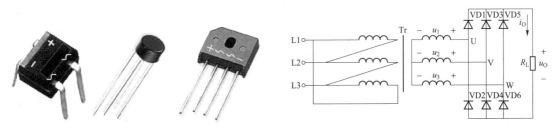

图 10.1.5 整流桥外形   图 10.1.6 三相桥式整流电路

分析可得，三相桥式整流电路输出电压的平均值为

$$U_O = 2.34 U_{ph} \qquad (10.1.9)$$

式中：U_{ph} 为变压器二次相电压的有效值。

电阻性负载中的整流电流的平均值为

$$I_O = \frac{U_O}{R_L} = 2.34 \frac{U_{ph}}{R_L} \qquad (10.1.10)$$

流过每只二极管的平均电流为

$$I_{VD} = \frac{1}{3} I_O = 0.78 \frac{U_{ph}}{R_L} \qquad (10.1.11)$$

每只二极管承受的最高反向电压为变压器二次线电压的幅值，即

$$U_{DRM} = \sqrt{3} U_{Om} = \sqrt{3} \times \sqrt{2} U_O = 2.45 U_O \qquad (10.1.12)$$

集成三相整流桥为有三个输入端和两个输出端的整流器件。

10.2 滤波电路

整流电路所得到的输出电压是单相脉动电压，对某些工作（如电解、电镀、蓄电池充电等）已经能满足要求，但在更多的场合，则需要能够提供脉动程度很低的平稳直流电。这就需要在整流电路输出端加接滤波装置，以滤除脉动电压中的交流分量。实际的滤波电路不可能做到滤除所有的交流成分，但可使脉动电压中的交流成分大幅度下降，使输出电压的平滑程度接近于直流，而满足直流用电设备对直流电的要求。

电容和电感都是基本的滤波元件，与负载并联的电容器在电源电压升高时，把部分能量存储起来，当电源电压降低时，把存储的能量释放出来，从而使负载电压变得比较平滑；与负载串联的电感，当电源电压增加引起电流增加时，电感就把能量存储起来，当电流减小时再把能量释放出来，使负载电流比较平滑。常用的滤波电路主要有电容滤波、电感滤波和电容电感构成的复式滤波电路。

10.2.1 电容滤波电路（C 滤波器）

电容滤波电路是最常见也是最简单的滤波电路，如图 10.2.1（a）所示，是在桥式整流电路输出端并接一个电容器构成的。由于要求滤波电容的容量足够大，一般采用电解电容（使用时要考虑其正负极性）。电容滤波电路是利用电容的充放电过程来减小输出电压的脉动程度的。下面，简单分析其工作原理。

如未在整流电路后并接电容，输出电压 u_O 的波形如图 10.2.1（b）中虚线所示。接入电容后，在 u_2 的正半周，电源电压一方面给负载供电，同时对电容器 C 充电。电容电压基本随着 u_2 的上升而上升，当充电电压达到最大值，即 $u_C = \sqrt{2} U_2$ 时，u_C 和 u_2 都开始下降，u_2 按正弦规律下降到 $u_2 < u_C$ 后，导通的整流二极管（VD1、VD3）截止，电容器对负载放电，u_C 按指数规律下降。由于电容容量足够大，放电时间常数 $R_L C$ 较大，电容缓慢放电。当 u_2 进入负半周，随着 u_2 值的增大，到 $|u_2| > u_C$ 后，整流二极管（VD2、VD4）导通，又对电容充电，如此周而复始，得到如图 10.2.1（b）中所示 u_O 的波形。

经滤波后，输出电压的脉动程度明显减小。且放电时间常数 $\tau = R_L C$ 越大，脉动越小，输出电压平均值越高。为了得到比较平直的输出电压，一般要求

$$R_L C \geqslant (3 \sim 5) \frac{T}{2} \qquad (10.2.1)$$

式中：T 为电源的周期。

通常电容滤波电路输出电压平均值近似估算时，取

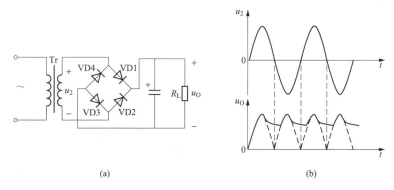

图 10.2.1　单相桥式整流带电容滤波电路

(a) 电路；(b) 电压波形

$$U_O = 1.2U_2 \quad （桥式、全波）\tag{10.2.2}$$

$$U_O = 1.0U_2 \quad （半波）\tag{10.2.3}$$

由于电容放电时间常数 $R_L C$ 与负载有关，负载的变化对输出电压的平均值及平滑程度有一定影响。所以，电容滤波电路适用于要求输出电压较高，负载电流较小并且变化也较小的场合。

【例 10.2.1】 有一单相桥式整流带电容滤波电路，已知交流电源频率 $f = 50\text{Hz}$，负载电阻 $R_L = 200\Omega$，要求整流滤波后的输出电压 $U_O = 24\text{V}$，试确定整流二极管和滤波电容器的选择参数。

【解】 (1) 选择二极管的参数。流过每只二极管的平均电流

$$I_{VD} = \frac{1}{2}I_O = \frac{1}{2} \times \frac{U_O}{R_L} = \frac{1}{2} \times \frac{24}{200} = 0.06(\text{A}) = 60(\text{mA})$$

取 $U_O = 1.2U_2$，二极管承受的最高反向电压

$$U_{DRM} = \sqrt{2}U_2 = \sqrt{2} \times \frac{24}{1.2} = 28(\text{V})$$

因此，考虑留有一定的余量，可选择最大整流电流大于 60mA，反向工作峰值电压大于 30V 的整流二极管。如选用 2CZ52B 型二极管，其最大整流电流为 100mA，反向工作峰值电压为 50V。

(2) 选择滤波电容器的参数。根据式 (10.2.1)，取 $R_L C = 5 \times \dfrac{T}{2}$，所以

$$R_L C = 5 \times \frac{1/50}{2} = 0.05(\text{s})$$

$$C = \frac{0.05}{R_L} = \frac{0.05}{200} = 250 \times 10^{-6}(\text{F}) = 250(\mu\text{F})$$

电容器承受的最大电压为 $\sqrt{2}U_2 = 28\text{V}$，考虑留有余量，选用容量为 250μF，耐压 50V 的极性电容器。

10.2.2　电感滤波电路（L 滤波器）

对于大电流负载，其负载电阻 R_L 很小，若采用电容滤波电路，则所选电容容量必然很大，而且整流二极管的冲击电流也很大，这就使得整流管和电容器的选择比较困难，不太容

易实现。在这种情况下就应当采用电感滤波电路。

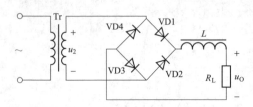

图 10.2.2　桥式整流带电感滤波电路

电感滤波电路如图 10.2.2 所示，是在桥式整流电路输出端串接一个电感线圈构成的。由于要求电感线圈的电感量足够大，一般采用具有铁芯的电感线圈。电感滤波电路是利用电感对交、直流的不同作用来改善输出电压的波形。下面简单分析其工作原理。

对于整流输出的脉动电压中的直流分量，电感线圈相当于短路，直流电压大部分降在 R_L 两端。由于当流过电感线圈的电流发生变化时，线圈中会产生自感电动势阻碍电流的变化，即对交流电流，电感线圈会对其表现出一定的感抗 X_L。因而，对于脉动电压中的交流分量，电感线圈的 X_L 会分得一部分交流压降，使 R_L 两端的交流压降减小，且谐波分量的频率越高，X_L 越大，X_L 分得的交流压降越多。这样就起到了滤波作用。

当 $X_L \gg R_L$ 时，电感滤波电路输出电压的平均值近似估算时，取

$$U_O = 0.9U_2 \quad （桥式、全波） \tag{10.2.4}$$

$$U_O = 0.45U_2 \quad （半波） \tag{10.2.5}$$

由于电感线圈存在体积大、笨重、制作复杂且存在电磁干扰的缺点，所以电感滤波电路适用于负载电流较大且对电路面积要求不高的场合。

对滤波效果要求较高的场合，可采用由电容及电感线圈构成的复式滤波电路。

10.2.3　电感电容滤波电路（LC 滤波器）

电容和电感是基本的滤波元件，利用它们不同的滤波方式及特性，合理地组合搭配，构成复式 LC 滤波器，对谐波分量多次滤波，可实现更好的滤波效果。

常用的电感电容滤波电路有 Γ 型 LC 滤波电路、Π 型 LC 滤波电路、T 型 LC 滤波电路等，如图 10.2.3 所示。

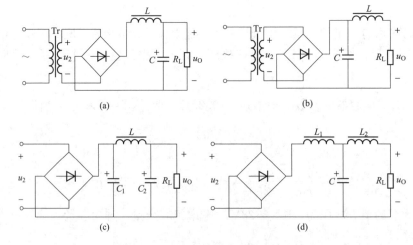

图 10.2.3　常用的电感电容滤波电路
(a) 电感前置 Γ 型 LC 滤波电路；(b) 电感后置 Γ 型 LC 滤波电路；
(c) Π 型 LC 滤波电路；(d) T 型 LC 滤波电路

电感电容滤波电路中整流二极管的冲击电流增大。由于电感存在线圈体积大、笨重等缺点，在负载电流较小，又要求电压脉动很小的场合，常用电阻取代电感，组成 RC 滤波电路，例如 II 型 RC 滤波电路如图 10.2.4 所示。图中，整流输出的脉动电压经 C_1 滤波后，仍含有一定的纹波分量，虽然电阻 R 对于直流和交流电压分量都有分压作用，但由于与 R 并联的 C_2 对交流分量呈现较

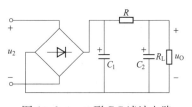

图 10.2.4 II 形 RC 滤波电路

小的容抗，从而使交流电压分量更多地降在 R 两端，而较少地降在 R_L 两端，达到较好的滤波效果。R 和 C_2 越大，滤波效果越好。但 R 太大，会使其分得的直流压降增大。

10.3 直流稳压电路

通过整流滤波电路后，可以使正向交流电压变为较为平滑的直流电压，但是由于电网波动和负载变化等情况的存在，因此输出电压会发生波动，为了获得稳定性好的直流电压，必须在整流滤波之后接入稳压电路。

本节首先对常用的稳压二极管稳压电路、串联型电路的组成及工作原理进行介绍，然后对集成稳压器的使用加以说明。

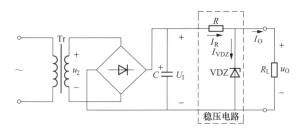

图 10.3.1 稳压二极管组成的稳压电路

10.3.1 稳压二极管稳压电路

采用稳压二极管来稳定电压是最简单的直流稳压电源，如图 10.3.1 所示。它是由稳压二极管 VDZ 和调整电阻 R 所组成的，如图中虚线框内所示。其输入电压 U_I 是整流滤波后的电压，输出给负载 R_L 的电压 U_O 就是稳压管的稳定电压 U_Z。

由稳压二极管稳压电路可以得到两个基本关系式

$$U_O = U_I - I_R R \qquad (10.3.1)$$

$$I_R = I_{VDZ} + I_O \qquad (10.3.2)$$

只要能使稳压管始终工作在反向击穿区，且保证稳压管的电流 $I_Z \leqslant I_{DZ} \leqslant I_{Zmax}$，输出电压 U_O 就基本稳定。

引起输出电压不稳定的原因主要是交流电源电压的波动和负载电流的变化，下面分析在这两种情况下的稳压过程。

设负载 R_L 一定，当电网电压升高时，稳压电路的输入电压 U_I 随之增大，输出电压 U_O 也有增大的趋势。但是由于 $U_O = U_Z$，根据图 10.3.2 所示稳压管的反向击穿特性可知，反向电压 U_Z 的增大将使 I_{VDZ} 显著增大。根据式（10.3.2），I_R 随着 I_{VDZ} 显著增大，显然，$I_R R$ 会同时随着 I_R 显著增大。再由式（10.3.1）可知，$I_R R$ 的增大会去抵消 U_I 的增大。因此，只要参数选择合适，R 上的电压增量就可以与 U_I 的增量近似相等，从而保证 U_O 基本

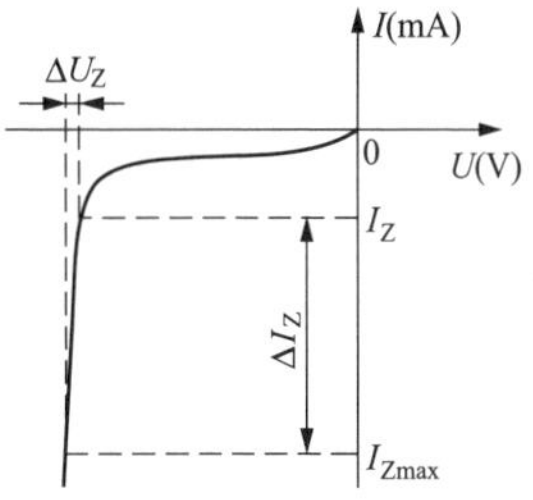

图 10.3.2 稳压二极管的
反向击穿特性

不变。当电网电压下降时，各电量的变化正好与上述过程相反。

设电网电压一定，当负载电阻 R_L 减小即负载电流 I_O 增大时，根据式（10.3.1），I_R 增大，$I_R R$ 会同时随着 I_R 增大，$I_R R$ 的增大必然使 U_O 减小，即 U_Z 下降。根据图 10.3.2 所示稳压管的反向击穿特性可知，U_Z 的下降使 I_{VDZ} 显著减小，再由式（10.3.2）可知，I_{VDZ} 的减小会去抵消 I_O 的增大。因此，只要参数选择合适，I_{VDZ} 的减少量就可以与 I_O 的增量近似相等，使 I_R 基本不变，从而保证 U_O 基本不变。相反，负载电阻 R_L 增大即负载电流 I_O 减小时，则 I_{VDZ} 增大，同样可以使 I_R 基本不变，从而保证 U_O 基本不变。

综上所述，在稳压二极管组成的稳压电路中，是利用稳压二极管的电流调节作用，通过调整电阻上电压或电流的变化进行补偿，来达到稳压的目的。

选择稳压二极管时，一般取

$$\left.\begin{array}{l} U_Z = U_O \\ U_I = (2 \sim 3)U_O \\ I_{Zmax} = (1.5 \sim 3)I_{OM} \end{array}\right\} \tag{10.3.3}$$

【例 10.3.1】 有一稳压二极管稳压电路，如图 10.3.1 所示。负载电阻 R_L 的变化范围为 $3 \sim 30 k\Omega$，交流电压经整流滤波后输出 $U_I = 45V$。现要求输出直流电压 $U_O = 15V$，试选择稳压二极管。

【解】 根据式（10.3.3）可知

$$U_Z = U_O = 15V$$

负载最大电流
$$I_{OM} = \frac{U_O}{R_L} = \frac{15}{3 \times 10^3} = 5 \times 10^3 = 5(mA)$$

而
$$I_{Zmax} = (1.5 \sim 3)I_{OM} = (7.5 \sim 15)(mA)$$

可选择型号为 2CW62 的稳压管，其稳定电压 $U_Z = 13.5 \sim 17V$，稳定电流 $I_Z = 3mA$，最大稳定电流 $I_{Zmax} = 14mA$，满足题目要求。

10.3.2 串联型稳压电路

稳压二极管稳压电路具有电路简单、电压稳定性较高的优点，但只适用于小电流负载，且输出的直流电压不可调节，准确度不高，所以一般用作基准电压。串联型稳压电路能克服稳压二极管稳压电路的不足，它也是集成稳压器的基础。

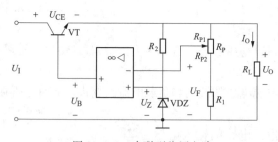

图 10.3.3 串联型稳压电路

串联型稳压电路如图 10.3.3 所示，它包括以下四个组成部分。

（1）采样环节。由电位器 R_P 和电阻 R_1 组成的分压电路，将输出电压 U_O 的一部分

$$U_F = \frac{R_1 + R_{P2}}{R_1 + R_P} U_O$$

作为采样电压送到运算放大器的反相输入端。电位器 R_P 是用于调节输出电压的。

（2）基准电压。由稳压二极管 VDZ 和 R_2 组成的稳压电路中，稳压二极管 VDZ 提供稳定的基准电压 U_Z，送到运算放大器的同相输入端，作为调整和比较的标准。

（3）比较放大器。由运算放大器构成的比较放大器，将 U_Z 和 U_F 之差放大后去控制调整管 VT。

（4）调整环节。工作在线性放大区的功率管 VT 构成调整环节，故 VT 也称为调整管。串联型稳压电路的输出电压 $U_O=U_I-U_{CE}$。出现引起输出电压不稳定的因素时，通过由运算放大器的输出端为调整管提供的基极电压 U_B，来改变调整集电极电流 I_C 和管压降 U_{CE}，从而达到自动调整稳定输出电压的目的。

下面简要分析串联型稳压电路的稳压原理。

设由于电源电压或负载电阻的变化使输出电压 U_O 增大，这时，取样电压 U_F 随之增大，运算放大器的输出电压 U_B 减小，调整管集电极电流 I_C 减小，管压降 U_{CE} 增大，$U_O=U_I-U_{CE}$ 随之减小，使 U_O 保持稳定。同理可分析使输出电压 U_O 减小时的稳压过程。这个自动调整的稳压过程实际上是一个负反馈过程。由图 10.3.3 可以看出，取样电压 U_F 即为反馈电压，正比于输出电压 U_O，由反相输入端引入了串联电压负反馈，故称为串联型稳压电路。基准电压 U_Z 可看作输入电压，由同相比例运算电路，有

$$U_B=\left(1+\frac{R_{P1}}{R_1+R_{P2}}\right)U_Z$$

忽略掉晶体管的发射结电压 U_{BE}，则有

$$U_O\approx\left(1+\frac{R_{P1}}{R_1+R_{P2}}\right)U_Z \tag{10.3.4}$$

可见，调节电位器就可调节输出电压。

10.3.3 集成稳压器

为便于使用，目前将串联型稳压电路及其各种保护环节进行了集成化制作，构成单片的集成稳压器。由于其具有体积小、准确度高、可靠性好、使用灵活、价格低廉等优点，所以在各种电子设备中得到了广泛应用。特别是三端集成稳压器，只有输入端、输出端和公共端三个端子，连接简单，且具有限流保护、过热保护和过压保护电路，使用方便、安全。

三端集成稳压器分为固定输出和可调输出两大类。

1. 固定输出三端集成稳压器

型号为 W78××系列（输出为固定正电压）、W79××系列（输出为固定负电压）的三端稳压器为常用的固定式输出集成稳压器。W78××系列输出电压有 5、6、9、12、15、18V 和 24V 七个等级，型号后面的两个数值表示的就是输出电压的值。输出电流分为 1.5A（W78××）、0.5A（W78M××）、0.1A（W78L××）三挡。W79××系列的参数与 W78××系列基本相同。例如，W7805，表示输出电压为 5V、最大输出电流为 1.5A；W7915，表示输出电压为 −15V、最大输出电流为 1.5A；其他类推。

三端集成稳压器有输入端（I）、输出端（O）和公共端（GND）三个端子，故称之为三端稳压器。图 10.3.4 所示为 W78××系列集成稳压器的封装外形及电路符号，引脚 1 为输入端（I）、引脚 2 为公共端（GND）和引脚 3 为输出端（O）。W79××系列的封装外形与 W78××系列的相同，区别在于其引脚 1 为公共端（GND）、引脚 2 为输入端（I）、引脚 3 为输出端（O）。

三端集成稳压器在使用时，除了要考虑输出电压的大小和最大输出电流外，还必须注意输入电压的大小。因为要保证三端稳压器的正常工作，输入电压必须高于输出电压 3V 以上，但也不能超过最大输入电压（一般为 35V 左右）。

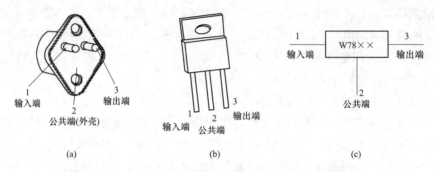

图 10.3.4　W78××系列稳压器的封装外形及电路符号

(a) 金属封装；(b) 塑料封装；(c) 电路符号

下面介绍几种应用中常用的由稳压器构成的稳压电路。

(1) 输出固定电压的稳压电路。电路如图 10.3.5 所示。图 10.3.5 (a) 为输出固定正电压的稳压电路；图 10.3.5 (b) 为输出固定负电压的稳压电路。注意两种稳压器引脚的使用区别。图中，U_I 为整流滤波后的直流电压；C_i 用于改善纹波特性，通常取 $0.33\,\mu F$；C_o 用于改善负载的瞬态响应，一般取 $1\,\mu F$。

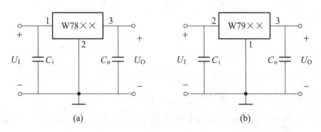

图 10.3.5　输出固定电压的稳压电路

(a) 输出固定正电压；(b) 输出固定负电压

(2) 同时输出正、负电压的稳压电路。图 10.3.6 所示为同时输出 $\pm 15V$ 的稳压电路。同时利用 W7815 与 W7915 两个集成稳压器来实现。

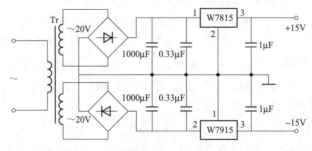

图 10.3.6　同时输出正、负电压的稳压电路

(3) 扩大输出电流的稳压电路。若所需输出电流大于稳压器标称值时，可采用外接功率管电路来扩大输出电流，图 10.3.7 所示为扩大输出电流的一种电路。图中 VT 为功率管，R 的阻值要使 VT 只在输出电流较大时才导通。电路的输出电压

$$U_L = U_O + U_D - U_{BE}$$

二极管的端电压 U_D 与功率管的 U_{BE} 基本相等，所以电路的输出电压 U_L 基本等于三端稳压器的输出电压 U_O 。

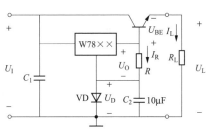

设三端稳压器的最大输出电流为 I_{Omax} ，则功率管的最大基极电流 $I_{Bmax}=I_{Omax}-I_R$ ，而负载电流的最大值为

$$I_{Lmax}=(1+\beta)(I_{Omax}-I_R) \qquad (10.3.5)$$

图 10.3.7　扩大输出电流的稳压电路

2. 可调输出三端集成稳压器

可调式三端集成稳压器常用的有 W117/217/317 系列（正电压输出）和 W137/237/337 系列（负电压输出），其引脚排列及符号如图 10.3.8 所示。ADJ 端为调整端，输出端与调整端之间的电压 U_{REF} 是非常稳定的，其值为 1.25V，可作为基准电压。

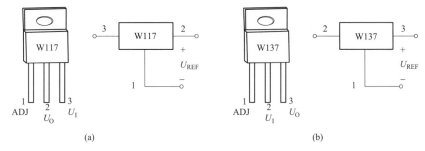

图 10.3.8　可调式三端稳压器的引脚排列及符号
（a）W117 系列；（b）W137 系列

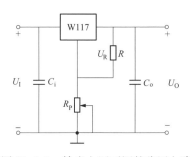

图 10.3.9　输出电压可调的稳压电路

以 W117 为例，其主要参数为最大输入电压 40V，输入与输出电压差在 3～40V，输出电流为 1.5A（塑料封装）或 2.2A（金属封装）。它可直接组成输出电压可调的稳压电路，如图 10.3.9 所示。U_R 为 1.25V 的基准电压，R_P 为调节输出电压的电位器，R 一般取 240Ω 。由于调整端的电流可忽略不计，输出电压为

$$U_O=\left(1+\frac{R_P}{R}\right)\times 1.25 \qquad (10.3.6)$$

若 $R_P=6.8k\Omega$ ，则 U_O 的可调范围为 1～37V 。

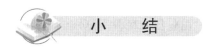

小　　结

半导体直流稳压电源由变压、整流、滤波和稳压四个环节组成。整流变压器将电网提供的交流电压变换为满足整流需要的交流电压；整流电路将整流变压器输出的交流电压变换为单向脉动的电压；滤波电路滤除整流输出电压中的交流成分，减小脉动程度，尽可能供给负载平滑的直流电压；稳压电路的作用是在交流电源电压波动或负载变动时，使直流输出电压稳定。

1. 二极管整流电路

(1) 单相半波整流电路。利用单只二极管的单向导电性，整流得到单向半波脉动电压。整流电压的平均值为 $U_O = 0.45U_2$；整流电流即流过二极管电流的平均值 $I_O = 0.45\dfrac{U_2}{R_L}$（电阻性负载）；二极管截止时承受的最大反向电压为 $U_{DRM} = \sqrt{2}U_2$。

(2) 单相桥式整流电路。利用四只二极管构成的整流桥，整流得到单向全波脉冲电压。整流电压的平均值为 $U_O = 0.9U_2$；整流电流的平均值 $I_O = 0.9\dfrac{U_2}{R_L}$（电阻性负载）；流过二极管电流的平均值 $I_{VD} = \dfrac{1}{2}I_O$；二极管截止时承受的最大反向电压为 $U_{DRM} = \sqrt{2}U_2$。

(3) 三相桥式整流电路。使用三相电源的桥式整流电路，整流输出功率可高达几千瓦。整流电路输出电压的平均值为 $U_O = 2.34U_{ph}$；电阻性负载中的整流电流的平均值为 $I_O = \dfrac{U_O}{R_L}$ $= 2.34\dfrac{U_{ph}}{R_L}$；流过每只二极管的平均电流为 $I_{VD} = \dfrac{1}{3}I_O = 0.78\dfrac{U_{ph}}{R_L}$；每只二极管承受的最高反向电压为 $U_{DRM} = \sqrt{3}U_{Om} = 2.45U_O$。

2. 滤波电路

(1) 电容滤波电路。由并接在整流电路输出端的一个电容器构成，是利用电容的充放电过程来减小输出电压的脉动程度的。为了得到比较平直的输出电压，一般要求 $R_L C \geqslant (3 \sim 5)\dfrac{T}{2}$。电容滤波电路输出电压的平均值近似估算时，取

$$U_O = 1.2U_2 \text{（桥式、全波）}$$
$$U_O = 1.0U_2 \text{（半波）}$$

(2) 电感滤波电路。由串接在整流电路输出端的一个电感线圈构成，是利用电感对交、直流的不同作用来改善输出电压的波形的。为了得到比较平直的输出电压，一般要求当 $X_L \gg R_L$，电感滤波电路输出电压的平均值近似估算时，取

$$U_O = 0.9U_2 \text{（桥式、全波）}$$
$$U_O = 0.45U_2 \text{（半波）}$$

(3) 电感电容滤波电路。电容和电感是基本的滤波元件，利用它们不同的滤波方式及特性，合理地组合搭配，构成复式 LC 滤波器，对谐波分量多次滤波，可实现更好的滤波效果。

3. 直流稳压电路

(1) 稳压二极管稳压电路。由稳压二极管 VDZ 和调整电阻 R 组成。只要能使稳压管始终工作在反向击穿区，且保证稳压管的电流 $I_Z \leqslant I_{VDZ} \leqslant I_{Zmax}$，输出电压 U_O 就基本稳定。选择稳压二极管时，一般取

$$\left. \begin{array}{l} U_Z = U_O \\ U_I = (2 \sim 3)U_O \\ I_{Zmax} = (1.5 \sim 3)I_{OM} \end{array} \right\}$$

(2) 串联型稳压电路。包括采样环节、基准电压、比较放大器及调整环节四个组成部

分。主要是利用对比较放大器引入串联电压负反馈实现稳压的。可用于大电流负载，且输出的直流电压可以调节，准确度较高。

（3）固定输出三端集成稳压器。型号为 W78×× 系列（输出为固定正电压）、W79×× 系列（输出为固定负电压）的三端稳压器为常用的固定式输出集成稳压器。具有输入端、输出端和公共端三个引出端，可构成多种稳压电路。使用时要保证三端稳压器的输入电压高于输出电压 3V 以上，但也不能超过最大输入电压（一般为 35V 左右）。

（4）可调输出三端集成稳压器。常用的有 W117/217/317 系列（正电压输出）和 W137/237/337 系列（负电压输出）。具有调整端、输入端和输出端，输出端与调整端之间的电压 U_{REF} 是非常稳定的，其值为 1.25V，可作为基准电压。其构成的稳压电路输出电压可调。

 习　　题

10.1 简述直流稳压电源的组成部分及各部分的作用。

10.2 试推导单相半波整流电路中变压器二次电流的有效值与输出平均电流 I_O 的关系。设负载为电阻性。

10.3 简述单相桥式整流电路的工作原理。

10.4 已知交流电源电压为 380V，负载电阻 $R_L = 55\Omega$，负载电压平均值 $U_O = 110V$。现在用单相桥式整流电路完成整流为负载供电，试选用合适的二极管参数，并确定变压器的变比。

10.5 题图所示为变压器二次绕组有中心抽头的单相全波整流电路，若变压器二次侧输出电压 $u_2 = 24\sqrt{2}\sin\omega t$ V，试计算整流电压平均值 U_O 及流过二极管电流的平均值 I_{VD}。

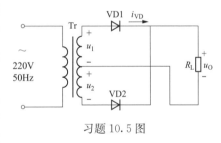

习题 10.5 图

10.6 已知需要采用单相桥式整流电容滤波的电阻性负载电压为 $U_O = 30V$，负载电流为 $I_O = 150mA$，试画出电路图，并给出电路元器件的参数选择。当负载断开时，输出电压为多少？

10.7 试说明稳压二极管稳压电路的工作原理。

10.8 直流稳压电源电路如题图所示，变压器二次电压 $U_2 = 36V$，稳压二极管 VDZ 的稳定电压 $U_Z = 15V$，电阻 $R = 2k\Omega$。

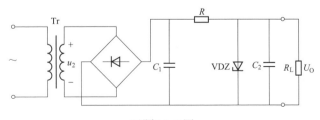

习题 10.8 图

（1）标出输出电压以及滤波电容 C_1、C_2 的极性；

（2）若稳压二极管的 $I_Z = 5\text{mA}$，$I_{Z\max} = 20\text{mA}$，给出能够正常稳压的负载电阻的大小范围。

（3）若将稳压二极管反接，结果如何？若将 R 短接，又将如何？

10.9　图 10.3.3 所示串联型稳压电路，已知 $R_P = 5\text{k}\Omega$，$R_1 = 2\text{k}\Omega$，$R_2 = 4\text{k}\Omega$，$U_I = 42\text{V}$，$U_Z = 10\text{V}$，调整管 VT 的电流放大系数 $\beta = 50$。试求：

（1）输出电压范围；

（2）当 $U_O = 24\text{V}$，$R_L = 200\Omega$ 时，运算放大器的输出电流。

10.10　试设计一直流稳压电源，输入为 220V/50Hz 的交流电源，输出电压 $U_O = 15\text{V}$，最大输出电流为 500mA，采用单相桥式整流、电容滤波和三端集成稳压器稳压，画出其电路图。若整流滤波输出电压 $U_I = 24\text{V}$，试确定变压器的变比。

10.11　在题图所示的稳压电路中，已知 $U_Z = 6\text{V}$，试确定输出电压 U_O 的大小。

10.12　在题图所示的可调稳压电路中，$R = 240\Omega$，现测得输出电压为 12V，此时 R_P 为多少？

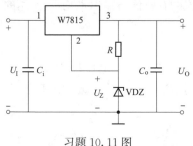

习题 10.11 图

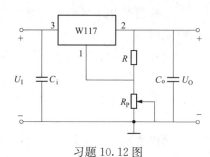

习题 10.12 图

10.13　题图所示为由集成三端稳压器构成的输出电压可调的直流稳压电路，已知 $R_P = 5\text{k}\Omega$，$R_1 = 2\text{k}\Omega$，$R_2 = 2\text{k}\Omega$，$U_I = 30\text{V}$。试求：

（1）变压器二次电压的有效值 U_2；

（2）输出电压 U_O 的可调范围。

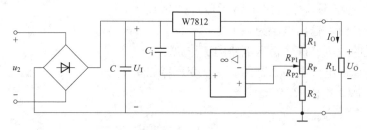

习题 10.13 图

第五部分 数字电子技术

数字电子技术研究和处理的是在时间上和数值上离散的数字信号。数字信号如常用的矩形波信号，有两种状态，可分别用"0"和"1"表示。在数字电路中，常以数字信号的两种状态表示两种对立的逻辑状态，以实现相应的逻辑功能，因此，数字电路也称为逻辑电路。

根据功能的不同，数字电路分为组合逻辑电路和时序逻辑电路两大类。组合逻辑电路的基本单元为逻辑门电路，其特点为输出仅决定于当时的输入，而与电路的历史状态无关；时序逻辑电路的基本单元为触发器，其特点为输出不仅决定于当时的输入，还与其历史状态有关，即具有"记忆"功能。

数字电路具有集成化、可靠性强、功能易实现、便于信息的运算和处理等特点。随着计算机科学与技术的迅猛发展，数字电路的应用也更加广泛，电子计算机、数字化通信、数字式仪表、数字控制装置和工业逻辑系统等方面都是以数字电路为基础的，因此，数字电路的发展标志着现代电子技术的发展水平。

11 门电路和组合逻辑电路

11.1 数字逻辑基础

11.1.1 数字信号

在数字电路中，数字信号是一种离散的具有跃变特性的脉冲信号，工作时只需区分出其两种幅值状态，电位相对较低的幅值状态称为低电平状态；电位相对较高的幅值状态称为高电平状态，并分别用 0 和 1 表示。常用的矩形波信号，如图 11.1.1 所示。数字信号由 0 状态跃变为 1 状态时对应的边沿称为上升沿；由 1 状态跃变为 0 状态时对应的边沿称为下降沿。

数字脉冲信号可分为正脉冲和负脉冲两种。脉冲跃变后的电平值比初始值高的脉冲称为正脉冲；跃变后的电平值比初始值低的脉冲称为负脉冲，如图 11.1.2 所示。

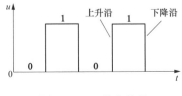

图 11.1.1 数字信号

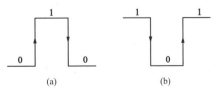

图 11.1.2 正、负脉冲
（a）正脉冲；（b）负脉冲

由于数字信号只需区分出电平的相对高低，故数字电路的抗干扰能力强，准确度高。数字信号的高、低电平两种状态取用了二进制中的两个数码，因此采用二进制来编码或表示数值是最为方便的。

11.1.2 数制

数制即为计数体制。不同的计数领域采用不同的计数体制，如时间领域，秒到分、分到时为六十进制，时到天为二十四进制。基数以及以基数为进位规则是数制的基本特征，基数是指一种数制中使用的数码个数。

人们在数值表示及数据运算中通常采用十进制，而在数字系统中，为了把电路的两个状态 **0** 和 **1** 与数码对应表示出来，采用的是二进制，或者采用以二进制为基础的八进制和十六进制。

1. 十进制

十进制数有 0、1、2、3、…、9 十个数码，即基数是 10；进位规则为"逢十进一"，如 $1+9=10$。由基数中的十个数码组合排列组成的一个数中，不同位置上数码数量级的大小称为十进制数相应位的位权，简称为权。十进制数可按权展开，例如

$$(3754)_{10} = 3 \times 10^3 + 7 \times 10^2 + 5 \times 10^1 + 4 \times 10^0$$

从高位到低位的（位）权分别为 10^3（千位）、10^2（百位）、10^1（十位）、10^0（个位）。

2. 二进制

二进制数有 0 和 1 两个数码，即基数是 2；进位规则为"逢二进一"，如 $1+1=10$，注意此时 10 读作一零（或幺零）。用二进制数的两个数码组成的二进制数也可按权展开，例如

$$(1011)_2 = 1 \times 2^3 + 0 \times 2^2 + 1 \times 2^1 + 1 \times 2^0$$

从高位到低位的（位）权分别为 $2^3(8)$、$2^2(4)$、$2^1(2)$、$2^0(1)$。

八进制有 0、1、2、3、…、7 八个数码，即基数是 8；进位规则为"逢八进一"。十六进制有 0、1、2、3、…、9、A(10)、B(11)、C(12)、D(13)、E(14)、F(15) 十六个数码，即基数是 16；进位规则为"逢十六进一"。

3. N 进制

由上可见，N 进制（任意进制）数的基数即为 N；进位规则为"逢 N 进一"。

N 进制正整数的按权展开式的普遍形式为

$$(a_{n-1}a_{n-2}\cdots a_1 a_0)_N = a_{n-1} \times N^{n-1} + a_{n-2} \times N^{n-2} + \cdots a_1 \times N^1 + a_0 \times N^0$$

将 N 进制数的按权展开式按十进制相加，即为对应的十进制数的大小。

【例 11.1.1】 将二进制数 $(1101)_2$ 转换为对应的十进制数。

【解】 由二进制的按权展开式形式可得

$$(1101)_2 = 1 \times 2^3 + 1 \times 2^2 + 0 \times 2^1 + 1 \times 2^0$$
$$= 8 + 4 + 0 + 1$$
$$= (13)_{10}$$

11.1.3 逻辑代数

逻辑代数又称布尔代数，是按一定逻辑规律进行运算的代数，它是研究二值逻辑问题的一种数学工具，常用于分析和设计逻辑电路。逻辑代数用字母（A，B，C……）来表示参与逻辑运算的逻辑变量，但变量的取值只有 **1** 和 **0**。注意，这里的 **1** 和 **0** 不是具体的数值，没有大小关系，而是代表逻辑上相对立的两种状态。比如，可用 **1** 和 **0** 表示高与低、有与

无、真与假、开与关、是与非等实践中存在着的大量的相互对立的逻辑状态。在表示两种相反的逻辑状态时，可通过加反号的形式来表示，例如：A 和 $\bar{A}$。

逻辑代数所表示的是逻辑关系，而不是数量关系，这是逻辑代数与普通代数的本质区别。

1. 基本逻辑运算

逻辑代数中反映的逻辑关系为因果关系，即条件与结果的关系。基本逻辑关系有三种，分别是与逻辑、或逻辑和非逻辑。与之对应的逻辑运算为与运算（逻辑乘）、或运算（逻辑加）和非运算（逻辑求反）。

（1）与逻辑运算。与逻辑中条件与结果的关系通过图 11.1.3 所示串联开关电路加以说明，两个开关 A 和 B 是否闭合作为灯是否发光这一结果（Y）的条件。由图可见，只有当两个开关 A 和 B 同时闭合时（条件同时具备），灯才会亮（结果发生）；只要有一个开关断开，灯就不会亮。这种逻辑关系即为与逻辑，可表述为：只有决定事物结果的所有条件同时具备时，结果才会发生。与逻辑的运算关系可表示为

$$Y = A \cdot B \tag{11.1.1}$$

式中："·"表示逻辑乘，一般可省略不写。

（2）或逻辑运算。或逻辑中条件与结果的关系通过图 11.1.4 所示并联开关电路加以说明，同样，两个开关 A 和 B 是否闭合作为灯是否发光这一结果（Y）的条件。由图可见，当开关 A 闭合或开关 B 闭合，或 A 和 B 同时闭合时，灯都会亮。只有当两个开关同时断开时，灯泡才不亮。这种逻辑关系即为或逻辑，可表述为：在决定事物结果的所有条件中，只要有一个或一个以上条件具备，结果就会发生。或逻辑运算关系可表示为

$$Y = A + B \tag{11.1.2}$$

式中："+"表示逻辑加。

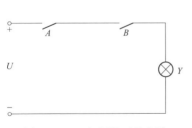

图 11.1.3 与逻辑开关电路

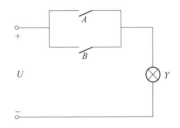

图 11.1.4 或逻辑开关电路

（3）非逻辑运算。非逻辑中条件与结果的关系通过图 11.1.5 所示开关 A 与灯并联的电路加以说明。由图可见，当开关 A 闭合时，灯反而不亮；当开关 A 断开时，灯亮。这种逻辑关系即为非逻辑，可表述为：决定事件结果的条件只有一个，条件不具备时结果发生，条件具备时结果不发生。非逻辑运算关系可表示为

$$Y = \bar{A} \tag{11.1.3}$$

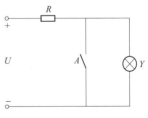

图 11.1.5 非逻辑开关电路

2. 逻辑运算的基本法则

在表示逻辑关系时，条件具备用 **1** 表示，条件不具备用 **0** 表示；结果发生用 **1** 表示，结果没发生用 **0** 表示。

根据与（逻辑乘）、或（逻辑加）、非（逻辑求反）三种基本的逻辑运算，可以得出下列一些逻辑运算关系

$$0 \cdot 0 = 0, \ 0 \cdot 1 = 0, \ 1 \cdot 1 = 1$$
$$0 + 0 = 0, \ 0 + 1 = 1, \ 1 + 1 = 1$$
$$\bar{1} = 0, \ \bar{0} = 1$$

对于与（逻辑乘）、或（逻辑加）、非（逻辑求反）三种基本的逻辑运算，存在表 11.1.1 所列的逻辑运算的基本法则。

表 11.1.1 逻辑运算的基本法则

逻辑乘	逻辑加	逻辑求反
$0 \cdot A = 0$	$0 + A = A$	
$1 \cdot A = A$	$1 + A = 1$	
$A \cdot A = A$	$A + A = A$	$\bar{\bar{A}} = A$
$A \cdot \bar{A} = 0$	$A + \bar{A} = 1$	

3. 逻辑运算的基本定律

由逻辑运算的基本运算法则，可以推导出如下基本定律：

（1）交换律。
$$AB = BA \tag{11.1.4}$$
$$A + B = B + A \tag{11.1.5}$$

（2）结合律。
$$ABC = (AB)C = A(BC) \tag{11.1.6}$$
$$A + B + C = A + (B + C) = (A + B) + C \tag{11.1.7}$$

（3）分配律。
$$A(B + C) = AB + AC \tag{11.1.8}$$
$$A + BC = (A + B)(A + C) \tag{11.1.9}$$

证明：$(A + B)(A + C) = AA + AB + AC + BC$
$$= A + A(B + C) + BC$$
$$= A[1 + (B + C)] + BC$$
$$= A + BC$$

（4）吸收律。
$$A(A + B) = A \tag{11.1.10}$$
$$A(\bar{A} + B) = AB \tag{11.1.11}$$

证明：$A(\bar{A} + B) = A\bar{A} + AB = 0 + AB = AB$
$$A + AB = A \tag{11.1.12}$$
$$A + \bar{A}B = A + B \tag{11.1.13}$$

证明：$A + \bar{A}B = (A + \bar{A})(A + B) = A + B$

$$AB + A\bar{B} = A \tag{11.1.14}$$

$$(A + B)(A + \bar{B}) = A \tag{11.1.15}$$

（5）反演律。

$$\overline{AB} = \bar{A} + \bar{B} \tag{11.1.16}$$

$$\overline{A + B} = \bar{A} \cdot \bar{B} \tag{11.1.17}$$

反演律可以用列举逻辑变量的所有取值来证明，如表 11.2.1 所示。

表 11.1.2　　　　　　　　　　对含有两个变量的反演律的证明

A	B	$\bar{A}$	$\bar{B}$	$\overline{AB}$	$\bar{A} + \bar{B}$	$\overline{A + B}$	$\bar{A} \cdot \bar{B}$
0	**0**	**1**	**1**	**1**	**1**	**1**	**1**
0	**1**	**1**	**0**	**1**	**1**	**0**	**0**
1	**0**	**0**	**1**	**1**	**1**	**0**	**0**
1	**1**	**0**	**0**	**0**	**0**	**0**	**0**

基本运算定律可推广应用，定律中的一个变量用一项或一个逻辑式取代同样成立。

11.1.4　逻辑函数的化简

1. 逻辑函数

用函数形式表示的逻辑关系称为逻辑函数。有了逻辑函数就可以分析和研究各种逻辑问题。

逻辑函数中的逻辑变量和普通代数一样使用不同的字母来表示，例如 A、B、C 表示条件变量，Y 表示结果变量，但其取值只有 **0** 和 **1**。字母上不加反号的变量称为原变量，加反号的变量称为反变量。在逻辑电路中，条件变量是电路的输入变量，结果变量是电路的输出变量。

（1）逻辑函数式。逻辑函数式是用基本运算符号列写出的结果变量和条件变量间的逻辑代数式。用逻辑函数式表示逻辑函数便于用逻辑代数的运算规则及运算定律进行运算。基本的逻辑函数式为与或表达式。在与或表达式中每项是与的关系，各项间是或的关系，如下列两个逻辑函数式

$$Y = \bar{A}BC + A\bar{B}C + AB\bar{C} \tag{11.1.18}$$

$$Y = AB + \bar{A}C \tag{11.1.19}$$

对于一个与项，若要求每个条件变量均在其中以原变量或反变量形式出现且仅出现一次，这样的与项称为一个最小项。对 n 个条件变量，其相应的与项有 2^n 个，即其共有 2^n 个最小项。如三个变量（A、B、C），有 8 个最小项：$\bar{A}\bar{B}\bar{C}$、$\bar{A}\bar{B}C$、$\bar{A}B\bar{C}$、$\bar{A}BC$、$A\bar{B}\bar{C}$、$A\bar{B}C$、$AB\bar{C}$、ABC。若使最小项取值为 **1**，n 个最小项的变量取值对应着 2^n 种取值组合，如使上面三变量的 8 个最小项取值为 **1**，对应的取值组合分别是 **000**、**001**、**010**、**011**、**100**、**101**、**110**、**111**。

式（11.1.18）中含有使 $Y = 1$ 的三个最小项。式（11.1.19）中的与项不是最小项，但可变换为最小项

$$Y = AB + \bar{A}C$$

$$= AB(C + \bar{C}) + \bar{A}C(B + \bar{B})$$

$$= ABC + AB\bar{C} + \bar{A}BC + \bar{A}\bar{B}C$$

逻辑函数式还有与非表达式（如 $Y = \overline{\overline{AB}\ \overline{BC}}$）、或与非表达式［如 $Y = \overline{(\bar{A} + B)(B + \bar{C})}$］等。

（2）真值表。真值表是将所有条件变量的逻辑值（**0** 或 **1**）组合与对应的结果变量的逻辑值都列写在一个表格当中。这种表格能清楚直观的反映逻辑函数的条件和结果之间的逻辑关系。

由真值表可方便地列写出逻辑函数式，具体方法如下：

1）在真值表中选出使函数值为 **1**（$Y = 1$）的所有状态组合。

2）对于 $Y = 1$ 的某一种组合而言，条件变量之间是与逻辑关系。条件变量值为 **1** 的写成原变量，为 **0** 的写成反变量，得到其值为 **1** 的与项（乘积项）。

3）得到的各与项组合之间为或逻辑关系，由此得到与或逻辑函数式。

【例 11.1.2】　设有一个判别电路，其 3 个输入变量分别用 A、B、C 表示，输出变量用 Y 表示。当输出变量 $Y = 1$ 时，表示输入变量中有两个 **1**；否则，输出变量 $Y = 0$。试列写出其真值表，并根据真值表写出逻辑函数式。

【解】　3 个输入变量的取值共有 $2^3 = 8$ 种组合，根据题意，由这 8 种组合及对应的输出取值可构成表 11.1.3 所示的真值表。

表 11.1.3　　　　　　　　　　　　　偶数判别电路真值表

A	B	C	Y
0	**0**	**0**	**0**
0	**0**	**1**	**0**
0	**1**	**0**	**0**
0	**1**	**1**	**1**
1	**0**	**0**	**0**
1	**0**	**1**	**1**
1	**1**	**0**	**1**
1	**1**	**1**	**0**

对表 11.1.3，可按照以上说明的方法列写出它的逻辑表达式为

$$Y = \bar{A}BC + A\bar{B}C + AB\bar{C}$$

2. 逻辑函数的化简

逻辑函数是逻辑功能的表示，其函数式越简单，越方便明确其逻辑功能。在逻辑电路的设计中，逻辑函数式越简单，使用的逻辑器件越少，这样可节省器件，降低成本，提高电路工作的可靠性。通过对逻辑功能的总结得到的逻辑函数式有时较为复杂，需进行化简，具体的化简方法有逻辑代数法和卡诺图法。

（1）逻辑代数法。逻辑代数法是运用逻辑运算的基本法则、基本定律化简逻辑函数式的一种方法。下面举例说明几种常用的逻辑代数化简法。

1）并项法。

【例 11.1.3】　化简逻辑函数式 $Y = ABC + A\bar{B}C + AB\bar{C} + A\bar{B}\bar{C}$。

【解】　利用基本法则 $A + \bar{A} = 1$ 进行并项

$$Y = ABC + A\bar{B}C + AB\bar{C} + A\bar{B}\bar{C}$$
$$= AC(B + \bar{B}) + A\bar{C}(\bar{B} + B)$$
$$= AC + A\bar{C}$$
$$= A$$

2）配项法。

【例 11.1.4】　化简逻辑函数式 $Y = AB + \bar{A}\bar{C} + B\bar{C}$。

【解】　利用基本法则 $1 = A + \bar{A}$ 进行配项

$$Y = AB + \bar{A}\bar{C} + B\bar{C}$$
$$= AB + \bar{A}\bar{C} + B\bar{C}(A + \bar{A})$$
$$= AB + AB\bar{C} + \bar{A}\bar{C} + \bar{A}B\bar{C}$$
$$= AB + \bar{A}\bar{C}$$

3）加项法。

【例 11.1.5】　化简逻辑函数式 $Y = ABC + \bar{A}BC + A\bar{B}C$。

【解】　利用基本法则 $A = A + A$ 进行加项

$$Y = ABC + \bar{A}BC + A\bar{B}C$$
$$= ABC + \bar{A}BC + A\bar{B}C + ABC$$
$$= BC + AC$$

4）吸收法。

【例 11.1.6】　化简逻辑函数式 $Y = A\bar{B} + AC + B\bar{C}$。

【解】　利用吸收律 $A + \bar{A}B = A + B$ 进行化简

$$Y = A\bar{B} + AC + B\bar{C}$$
$$= A(\bar{B} + C) + B\bar{C}$$
$$= A\overline{B\bar{C}} + B\bar{C}$$
$$= A + B\bar{C}$$

实际应用中，常将上面的几种化简方法综合起来使用。

【例 11.1.7】　化简逻辑函数式 $Y = ABC + ABD + \bar{A}B\bar{C} + CD + B\bar{D}$

【解】　$Y = ABC + ABD + \bar{A}B\bar{C} + CD + B\bar{D}$
$$= ABC + \bar{A}B\bar{C} + CD + B(\bar{D} + AD)$$
$$= ABC + \bar{A}B\bar{C} + CD + B\bar{D} + AB \qquad (\bar{D} + AD = \bar{D} + A)$$
$$= AB(1 + C) + \bar{A}B\bar{C} + CD + B\bar{D}$$
$$= AB + \bar{A}B\bar{C} + CD + B\bar{D} \qquad (1 + C = 1)$$

$$= B(A + \bar{A}\bar{C}) + CD + B\bar{D}$$

$$= AB + B\bar{C} + CD + B\bar{D} \qquad\qquad (A + \bar{A}C = A + C)$$

$$= AB + B(\bar{C} + \bar{D}) + CD$$

$$= AB + B\overline{CD} + CD \qquad\qquad (\bar{C} + \bar{D} = \overline{CD})$$

$$= AB + B + CD \qquad\qquad (B\overline{CD} + CD = B + CD)$$

$$= B(A + 1) + CD$$

$$= B + CD$$

应用代数法化简逻辑函数式时，需要熟练掌握逻辑运算的基本规则和基本定律，并需通过大量的练习才能运用自如。

（2）卡诺图法。任何一个逻辑函数式都可以唯一地表示成由若干最小项构成的与或表达式。最小项可用 m_i 来编号，下标 i 是使最小项取值为 1 时，变量的取值组合看作二进制数所对应的十进制数数值，如最小项 $A\bar{B}\bar{C}$ 取值为 1 时的变量取值组合为 100，所对应的十进制数为 4，所以 $A\bar{B}\bar{C}$ 的编号为 m_4。

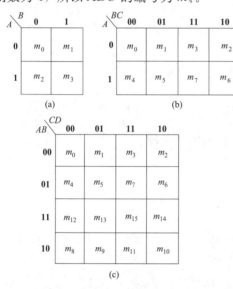

图 11.1.6　卡诺图

（a）二变量卡诺图；（b）三变量卡诺图；
（c）四变量卡诺图

卡诺图是与变量的最小项对应的按一定规则排列的方格图。在卡诺图的行和列分别标出变量及其状态，然后每一小方格填入一个最小项。二变量、三变量和四变量的卡诺图如图 11.1.6 所示。

规定卡诺图任一方格所代表的最小项与和它在行或列方向上相邻方格所代表的最小项必须为相邻最小项。所谓两个相邻最小项是指他们之间只有一个变量状态改变。因而，图 11.1.6（a）中两变量的行或列标出的变量状态的次序是 00、01、11、10。同时可以看到，00、10 之间也只有一个变量状态不同，所以卡诺图中行向最左与最右、列向最上与最下两个最小项也为相邻最小项。在四变量卡诺图中，$m_0(\bar{A}\bar{B}\bar{C}\bar{D})$ 与 $m_1(\bar{A}\bar{B}\bar{C}D)$、$m_0$ 与 $m_4(\bar{A}B\bar{C}\bar{D})$ 是相邻最小项，同时，m_0 与 $m_2(\bar{A}\bar{B}C\bar{D})$、$m_0$ 与 $m_8(A\bar{B}\bar{C}\bar{D})$ 也是相邻最小项。

利用卡诺图化简逻辑函数，直观便捷，只要把表示成最小项形式的与或表达式中的各最小项按取值为 1 填入卡诺图中对应的方格，就可十分方便地得到逻辑函数的最简与或表达式。逻辑式中未包含的最小项填 0，或可不填。

卡诺图化简的出发点是，由于两个相邻的最小项有一个变量状态相反，可以合并为一项，消去一个状态相反的变量。可推广为，上下及左右相邻的四个最小项可合并为一项，并且消去两个状态相反的变量；相邻的八个最小项可合并为一项，并且消去三个状态相反的变量。以此类推，相邻的 2^n 个最小项可合并为一项，并且消去 n 个状态相反的变量。

利用卡诺图化简时，将取值为 **1** 的相邻方格圈成圈；所圈取值为 **1** 的相邻方格的个数应为 $2^n (n=0,1,2\cdots)$ 个。应遵循的原则是：圈的个数应最少；每个圈要最大；每个圈至少要包含一个未被圈过的最小项。

【例 11.1.8】 应用卡诺图化简下列两个逻辑函数：

(1) $Y = \overline{A}\overline{B}C + \overline{A}B\overline{C} + \overline{A}BC + A\overline{B}C$；

(2) $Y = \overline{A}\overline{B}\overline{C}\overline{D} + \overline{A}\overline{B}C\overline{D} + A\overline{B}C\overline{D} + A\overline{B}\overline{C}D + A\overline{B}C\overline{D} + A\overline{B}\overline{C}\overline{D}$。

【解】 (1) 卡诺图如图 11.1.7 (a) 所示。将相邻的两个 **1** 圈在一起，可圈出三个圈，图中虚线圈圈中的两个 **1** 均被其他两个圈圈过，故是多余的。所以化简结果为

$$Y = \overline{B}C + \overline{A}B$$

(2) 卡诺图如图 11.1.7 (b) 所示，将最下行相邻的四个 **1** 圈在一起，四个角上的最小项构成相邻的四个最小项，将此四个 **1** 圈在一起。所以化简结果为

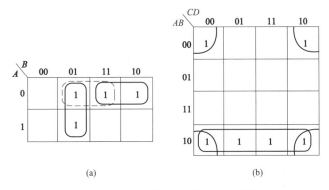

图 11.1.7　[例 11.1.8] 的卡诺图

(a) (1) 式的卡诺图；(b) (2) 式的卡诺图

$$Y = A\overline{B} + \overline{B}\overline{D}$$

如果逻辑函数式中某项不是最小项，一般应先将其化为最小项，或将含有该项因子的所有小方格填入 **1**。

【例 11.1.9】 应用卡诺图化简逻辑函数 $Y = \overline{A} + \overline{A}B + BC\overline{D} + B\overline{D}$。

【解】 逻辑函数式不是最小项表达式，将含有各项因子的方格填入 **1**，得到的卡诺图如图 11.1.8 所示。

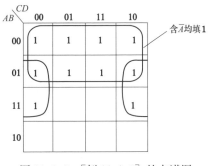

图 11.1.8　[例 11.1.9] 的卡诺图

由圈成的两个圈，合并最小项后可得

$$Y = \overline{A} + B\overline{D}$$

11.2 逻 辑 门 电 路

门电路是一种开关电路，在其输入和输出信号之间存在着一定的因果逻辑关系。因此，门电路又称为逻辑门电路。门电路是数字电路中最基本的逻辑器件，应用极其广泛。

11.2.1 基本逻辑门电路

与、或和非逻辑是三种基本逻辑关系。实现这三种逻辑关系的基本逻辑门电路分别为与门、或门和非门。目前使用的各类门电路都属于集成器件，为便于说明，以下以分立元件门电路为例加以说明。

1. 与门电路

图 11.2.1 是由两个二极管组成的与门电路。图中，电路的 A、B 两个输入端状态作为条件；输出端 Y 的状态作为结果。

设输入信号为低电平 0 时，电位为 0V；输入信号为高电平 1 时，电位为 3V。忽略二极管的导通压降。电路的工作原理及逻辑功能分析如下：

（1）当两个信号输入端 A、B 输入的信号都为低电平 **0**，即两个输入端的电位都为 0V 时，二极管 VDA、VDB 同时导通，忽略二极管管压降，则输出端 Y 的电位为 0V，即输出为低电平 **0**。

（2）当两个信号输入端 A、B 输入的信号有一个为低电平 **0** 时，对应的二极管必然优先导通。例如，A 端电位为 0V，B 端电位为 3V，则 VDA 优先导通，使输出端 Y 电位为 0V，即输出为低电平 **0**。而此时 VDB 因承受反向电压而截止。

（3）当两个信号输入端 A、B 输入的信号都为高电平 **1**，即两个输入端的电位都为 3V 时，二极管 VDA、VDB 同时导通，输出端 Y 的电位为 3V，即输出为高电平 **1**。

从以上分析可知，只有当两个输入端输入信号全都为高电平 **1** 时，输出端 Y 才为高电平 **1**，否则均为低电平 **0**。其真值表见表 11.2.1。

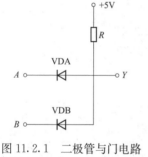

图 11.2.1　二极管与门电路

表 11.2.1		与门真值表
A	B	Y
0	**0**	**0**
0	**1**	**0**
1	**0**	**0**
1	**1**	**1**

可见，输出与输入之间符合与逻辑关系，即 $Y=A \cdot B$ 或 $Y=AB$。与门电路的逻辑符号和工作波形如图 11.2.2 所示。

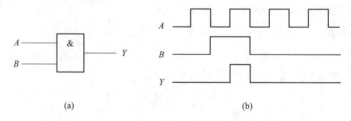

图 11.2.2　与门电路的逻辑符号及工作波形

（a）逻辑符号；（b）波形图

2. 或门电路

图 11.2.3 是由两个二极管组成的**或**门电路。同样，图中 A、B 两个输入端状态作为条

件；输出端 Y 的状态作为结果。

当两个信号输入端 A、B 输入的信号都为低电平 **0** 时，即两个输入端的电位都为 0V。二极管 VDA、VDB 同时导通，则输出端 Y 的电位为 0V，即输出为低电平 **0**。

当两个信号输入端 A、B 一个为低电平 **0**，另外一个为高电平 **1** 时，输出 Y 为高电平 **1**。例如 A 端输入 0V，B 端输入 3V，则 VDB 优先导通，使输出端 Y 为 3V，即输出为高电平 **1**。而此时 VDA 因承受反向电压而截止。

当两个信号输入端 A、B 输入的信号都为高电平 **1** 时，即两个输入端的电位都为 3V。二极管 VDA、VDB 同时导通，输出端 Y 的电位为 3V，即输出为高电平 **1**。

从以上分析可知，只有当两个输入端输入信号全都为低电平 **0** 时，输出端 Y 才为低电平 **0**，否则均为高电平 **1**。其真值表见表 11.2.2。

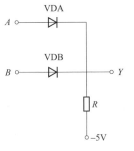

图 11.2.3　二极管或门电路

表 11.2.2　　　或门真值表

A	B	Y
0	**0**	**0**
0	**1**	**1**
1	**0**	**1**
1	**1**	**1**

可见，输出与输入之间符合或逻辑关系，即 $Y=A+B$。或门电路的逻辑符号和工作波形如图 11.2.4 所示。

3. 非门电路

利用晶体管的开关特性可构成**非门电路**，如图 11.2.5 所示。图中，晶体管或工作于饱和状态（相当于一个开关的接通），或工作于截止状态（相当于一个开关的接通断开）是由晶体管组成的非门电路。分析逻辑功能时，输入端 A 的状态作为条件；输出端 Y 的状态作为结果。

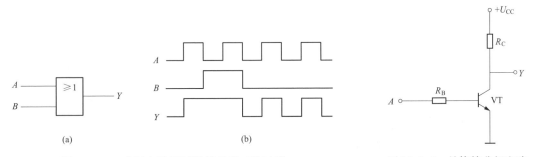

图 11.2.4　或门电路的逻辑符号及工作波形
（a）逻辑符号；（b）波形图

图 11.2.5　晶体管非门电路

当非门电路的信号输入端 A 输入高电 **1** 时，晶体管饱和导通，它的集电极电位约为 0V，即输出端 Y 为低电平 **0**；当信号输入端 A 输入低电平 **0** 时，晶体管截止，它的集电极电位近似为 U_{CC}，即输出端 Y 为高电平 **1**。

由以上分析可知，输入与输出的电平之间是反相的关系。这符合非逻辑关系，即 $Y = \bar{A}$。非门的真值表见表 11.2.3。

非门电路的逻辑符号和工作波形图如图 11.2.6 所示。

表 11.2.3　　　非门逻辑状态表

A	Y
0	1
1	0

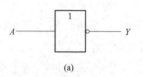

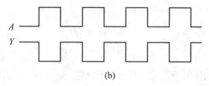

图 11.2.6　非门电路的逻辑符号及工作波形
(a) 逻辑符号；(b) 波形图

11.2.2　复合逻辑门电路

在数字逻辑电路中，由三种基本逻辑门电路可以组合出其他多种复合逻辑门电路，如与非门、或非门、与或非门、异或门、同或门等。

1. 与非门

与非门是由与门和非门串联复合而成的，图 11.2.7 (a)、(b) 分别为其逻辑图和逻辑符号。与非门的逻辑功能是：当输入信号有一个或一个以上为低电平 0 时，输出为高电平 1；当输入信号全都为高电平 1 时，输出为低电平 0。即有 0 出 1，全 1 出 0。

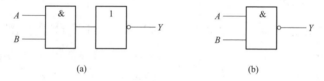

图 11.2.7　与非门
（a) 逻辑图；(b) 逻辑符号

与非门是常用的逻辑门，其逻辑功能和与门的逻辑功能正好相反，真值表见表 11.2.4。

与非门的逻辑关系表达式为

$$Y = \overline{A \cdot B} \qquad (11.2.1)$$

2. 或非门

表 11.2.4　　　与非门真值表

A	B	Y
0	0	1
0	1	1
1	0	1
1	1	0

或非门是由或门和非门串联复合而成的，图 11.2.8 (a)、(b) 分别为其逻辑图和逻辑符号。或非门的逻辑功能是：当输入信号有一个或一个以上为高电平 1 时，输出为低电平 0；当输入信号全都为低电平 0 时，输出为高电平 1。即有 1 出 0，全 0 出 1。

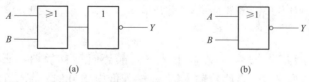

图 11.2.8　或非门
(a) 逻辑图；(b) 逻辑符号

或非门的逻辑功能和或门的逻辑功能正好相反，其真值表见表 11.2.5。

或非门的逻辑关系表达式为

$$Y = \overline{A + B} \qquad (11.2.2)$$

3. 与或非门

与或非门是由与门、或门和非门逐级复合而成的，图 11.2.9 (a)、(b) 分别为与或非门电路的逻辑图和逻辑符号。

表 11.2.5　　或非门真值表

A	B	Y
0	0	1
0	1	0
1	0	0
1	1	0

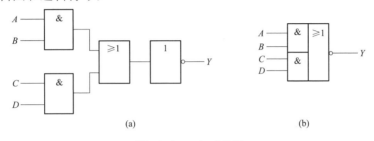

图 11.2.9　与或非门

(a) 逻辑图；(b) 逻辑符号

与或非门的逻辑关系表达式为

$$Y = \overline{AB + CD} \qquad (11.2.3)$$

4. 异或门

图 11.2.10 (a) 是由基本逻辑门复合而成的异或门逻辑图，图 11.2.10 (b) 为其逻辑符号。

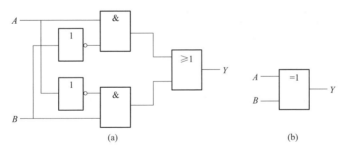

图 11.2.10　异或门

(a) 逻辑图；(b) 逻辑符号

异或逻辑运算只有 A、B 两个逻辑变量。当两个逻辑变量的状态不同时（即一个为 **1**，另一个为 **0**），输出为 **1**；当两个逻辑变量的状态相同时（即同时为 **1** 或 **0**），输出为 **0**。

异或逻辑函数表达式为

$$Y = A\bar{B} + \bar{A}B = A \oplus B \qquad (11.2.4)$$

异或门的真值表见表 11.2.6。

表 11.2.6　　异或门真值表

A	B	Y
0	0	0
0	1	1
1	0	1
1	1	0

5. 同或门

图 11.2.11（a）是由基本逻辑门复合而成的同或门逻辑图，图 11.2.11（b）为其逻辑符号。

同或逻辑运算只有 A、B 两个逻辑变量。当两个逻辑变量的状态相同时（即同时为 **1** 或 **0**），输出为 **1**；当两个逻辑变量的状态不同时（即一个为 **1**，另一个为 **0**），输出为 **0**。

异或逻辑函数表达式为

$$Y = AB + \bar{A}\bar{B} = A \odot B \tag{11.2.5}$$

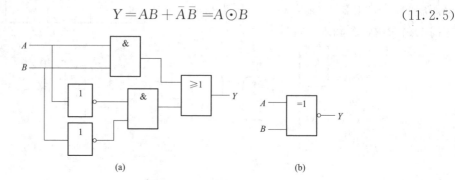

（a）　　　　　　　　（b）

图 11.2.11　同或门
（a）逻辑图；（b）逻辑符号

同或门逻辑功能和异或门逻辑功能正好相反，故其逻辑符号是异或门取反。同或门的真值表见表 11.2.7。

11.2.3　集成逻辑门电路

目前广泛采用的集成逻辑门电路具有体积小、可靠性高以及便于多级连接等许多优点。数字电路中使用比较多的主要是 TTL 和 CMOS 集成门电路。

表 11.2.7　　同或门真值表

A	B	Y
0	0	1
0	1	0
1	0	0
1	1	1

1. TTL 门电路

TTL（transistor-transistor logic）门电路是晶体管-晶体管逻辑门电路的简称，其中以 TTL 与非门和 TTL 三态输出与非门为代表。

应用 TTL 集成门电路，就要了解其主要参数。

（1）输入高电平电压 U_{iH} 和输入低电平电压 U_{iL}。U_{iH} 是逻辑 **1** 对应的输入电平电压，U_{iL} 是逻辑 **0** 对应的输入电平电压。TTL 集成门电路使用的电源电压为 +5V，在此范围内，为保证电路工作可靠，如 TTL 与非门要求输入高电平电压 $U_{iH} > 2V$，输入低电平电压 $U_{iL} < 0.8V$。

（2）输出高电平电压 U_{oH} 和输出低电平电压 U_{oL}。U_{oH} 是逻辑电路输出的高电平电压，U_{oL} 是逻辑电路输出的低电平电压。如对于通用的 TTL 与非门，$U_{oH} \geqslant 2.4V$，$U_{oL} \leqslant 0.4V$。

（3）扇出系数 N_0。扇出系数是指一个逻辑门能驱动同类型门的最大数目，表示了逻辑门的带负载能力。对 TTL 与非门，$N_0 \geqslant 8$。

（4）平均传输延迟时间 t_{pd}。门电路输入一个脉冲信号时，输出会产生一定的时间延迟。平均传输延迟时间是指输入脉冲到达和结束时输出的平均延迟时间，t_{pd} 表明了逻辑门对信号的传输速度。

TTL 三态输出与非门和 TTL 与非门相比较，它的输出端除了可以输出高、低电平之外，还有第三种状态——高阻状态（输出端截止）。TTL 三态与非门的逻辑符号如图

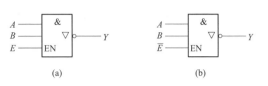

图 11.2.12　TTL 三态与非门

(a) 控制端为 E；(b) 控制端为 $\bar{E}$

11.2.12 所示，E（或 $\bar{E}$）为其控制端。图 11.2.12 (a) 的三态门，当 E 为高电平 **1** 时，输出状态由输入 A、B 的状态决定，即能够实现普通与非门的逻辑功能；当 E 为低电平 **0** 时，输出端截止，处于高阻状态。图 11.2.12 (b) 的三态门，当 $\bar{E}$ 为低电平 **0** 时，实现的是与非门的逻辑功能，当 $\bar{E}$ 为高电平 **1** 时，输出端处于高阻状态。

利用三态门可有效地控制其工作状态，例如计算机的一根数据总线上接有多个三态门，任何时间只让一个三态门处于工作状态，这样就可以让数据总线轮流接受各三态门的输出。

2. MOS 门电路

集成的 MOS 门电路由绝缘栅场效应管组成，具有制造工艺简单、功耗低、集成度高以及抗干扰能力强等优点，更便于向大规模集成电路发展，但传输速度相对低一点。根据所用 MOS 管的不同它可分为几种类型：NMOS 门电路、PMOS 门电路和 CMOS 门电路。其中 CMOS 门电路为互补对称场效应晶体管集成电路，目前应用最多。

TTL 门和 CMOS 门可实现相同的逻辑功能。当 CMOS 门电路的电源电压 $U_{DD} = +5V$ 时，它可以与低耗能的 TTL 门电路兼容。两种门电路比较，CMOS 门电路的功耗很小，所需输入电流几乎可以忽略；TTL 门电路的输入电流较大。随着制造工艺不断改进，CMOS 门的工作速度已非常接近 TTL 门。

11.3　组合逻辑电路的分析和设计

组合逻辑电路是由实用的门电路组合而成的，可以实现各种不同的逻辑功能。其特点是：任意时刻的输出状态，只与该时刻的输入状态有关，而与电路的原状态无关。前面介绍的复合逻辑门电路，实际上就是由基本门电路构成的组合逻辑电路。

11.3.1　组合逻辑电路的分析

组合逻辑电路的分析是指在已知逻辑电路结构的情况下，通过分析来确定其逻辑功能。组合逻辑电路的分析步骤大体分为以下几步：

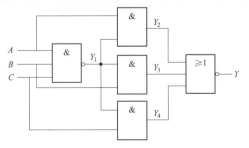

图 11.3.1　〔例 11.3.1〕逻辑电路

（1）由已知逻辑电路图写出它的逻辑函数式；

（2）对逻辑函数式进行化简，得到最简逻辑式；

（3）由最简逻辑函数式列写真值表；

（4）由真值表确定逻辑电路的逻辑功能。

【例 11.3.1】　分析图 11.3.1 所示组合逻辑电路的逻辑功能。

【解】　（1）写出图 11.3.1 的逻辑函数式。从输入端到输出端，依次写出各个门的输出变量的逻辑式，最后写出输出变量 Y 的逻辑式。

$$Y_1 = \overline{ABC}$$
$$Y_2 = A\,\overline{ABC}$$
$$Y_3 = B\,\overline{ABC}$$
$$Y_4 = C\,\overline{ABC}$$

则有

$$Y = \overline{A\,\overline{ABC} + B\,\overline{ABC} + C\,\overline{ABC}}$$

（2）化简逻辑函数式。

$$Y = \overline{A\,\overline{ABC} + B\,\overline{ABC} + C\,\overline{ABC}}$$
$$= \overline{(A+B+C)\,\overline{ABC}}$$
$$= \overline{A+B+C} + ABC$$
$$= \bar{A}\bar{B}\bar{C} + ABC$$

（3）由化简后的逻辑函数式列写出真值表，见表 11.3.1。

表 11.3.1　　　　　　　　　　　　[例 11.3.1] 的真值表

A	B	C	Y
0	0	0	1
0	0	1	0
0	1	0	0
0	1	1	0
1	0	0	0
1	0	1	0
1	1	0	0
1	1	1	1

（4）由真值表确定电路的逻辑功能。可知，当 A、B、C 状态相同（即同为 0 或同为 1）时，输出 Y 为 1；当 A、B、C 状态不同时，输出 Y 为 0。这种电路称为“判一致”电路。

【例 11.3.2】　分析图 11.3.2 组合逻辑电路的逻辑功能。

【解】　（1）列出图 11.3.2 的逻辑函数式。

$$Y = A \oplus B + B \oplus C$$
$$= A\bar{B} + \bar{A}B + B\bar{C} + \bar{B}C$$

（2）化简逻辑函数式。

$$Y = A\bar{B} + \bar{A}B + B\bar{C} + \bar{B}C$$
$$= A\bar{B}\bar{C} + A\bar{B}C + \bar{A}B\bar{C} + \bar{A}BC + AB\bar{C} + \bar{A}\bar{B}C$$
$$= A\bar{B} + B\bar{C} + \bar{A}C$$

或用卡诺图化简，如图 11.3.3 所示。

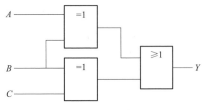

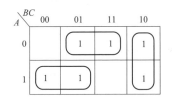

图 11.3.2　［例 11.3.2］逻辑电路　　　　　图 11.3.3　［例 11.3.2］的卡诺图

（3）由化简后的逻辑函数式列写出真值表，见表 11.3.2。

表 11.3.2　　　　　　　　　　　　　　　　［例 11.3.2］的真值表

A	B	C	Y
0	0	0	0
0	0	1	1
0	1	0	1
0	1	1	1
1	0	0	1
1	0	1	1
1	1	0	1
1	1	1	0

（4）由真值表确定电路的逻辑功能。可知，当 A、B、C 状态相同（即同为 0 或同为 1）时，输出 Y 为 0；当 A、B、C 状态不同时，输出 Y 为 1。此电路与"判一致"电路逻辑功能相反。

11.3.2　组合逻辑电路的设计

组合逻辑电路的设计是指根据给定的逻辑功能，设计出逻辑电路。组合逻辑电路的设计过程与分析过程相反，它的步骤大体分为以下几步：

（1）由已知逻辑功能要求，列写出真值表；

（2）由真值表写出逻辑函数表式；

（3）对逻辑函数式进行化简，得到最简逻辑式或变换为要求的形式；

（4）根据最简逻辑函数式画出逻辑电路图。

【例 11.3.3】　设计一个三输入（A、B、C）的多数表决逻辑电路，供三人使用。每个人赞同时输入 1，不赞同时输入 0；多数赞同时输出 $Y=1$；反之，$Y=0$。若要求用与非门来实现，给出逻辑电路。

【解】　（1）由已知逻辑要求，列写出真值表，见表 11.3.3。表中 A、B、C 三个输入变量的逻辑值组合共有 8（即 2^3）种。

表 11.3.3　　　　　　　　　　　　　　　　［例 11.3.3］的真值表

A	B	C	Y
0	0	0	0
0	0	1	0
0	1	0	0
0	1	1	1
1	0	0	0
1	0	1	1
1	1	0	1
1	1	1	1

（2）由真值表写出逻辑函数式。取 $Y=1$ 的 4 种输入状态组合可列写出逻辑函数式

$$Y=\bar{A}BC+A\bar{B}C+AB\bar{C}+ABC$$

（3）化简逻辑函数式

$$Y=\bar{A}BC+A\bar{B}C+AB\bar{C}+ABC$$
$$=\bar{A}BC+A\bar{B}C+AB\bar{C}+ABC+ABC+ABC$$
$$=AB(\bar{C}+C)+BC(\bar{A}+A)+AC(\bar{B}+B)$$
$$=AB+BC+AC$$

（4）由逻辑函数表达式画出逻辑电路图。据最简逻辑函数式可画出逻辑电路，如图 11.3.4（a）所示。

若要求用与非门来实现，则需要将化简后的逻辑函数式变换为与非表达式

$$Y=AB+BC+AC$$
$$=\overline{\overline{AB+BC+AC}}$$
$$=\overline{\overline{AB}\ \overline{BC}\ \overline{AC}}$$

由与非表达式可画出逻辑电路图，如图 11.3.4（b）所示。

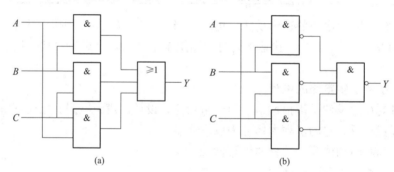

图 11.3.4　［例 11.3.3］逻辑电路

（a）由与门和或门实现；（b）由与非门实现

【例 11.3.4】　设 3 位二进制码（$A_2A_1A_0$）表示带有符号位的 2 位二进制数，最高位为符号位，为 0 时表示正，为 1 时表示负。试设计一个原码-反码转换电路，要求：二进制数为正时输出其原码，为负时输出其相反状态；符号位保留。

【解】　（1）3 位二进制码以高低电平 1 和 0 表示；除符号位，输出二进制数以 Y_2Y_1 表示。由已知逻辑要求，可列写出真值表见表 11.3.4。

表 11.3.4　　　　　　　　　　　　［例 11.3.4］的真值表

A_2	A_1	A_0	Y_2	Y_1
0	0	0	0	0
0	0	1	0	1
0	1	0	1	0
0	1	1	1	1
1	0	0	1	1
1	0	1	1	0
1	1	0	0	1
1	1	1	0	0

（2）由真值表写出逻辑函数式并化简。

$$Y_2 = \bar{A}_2 A_1 \bar{A}_0 + \bar{A}_2 A_1 A_0 + A_2 \bar{A}_1 \bar{A}_0 + A_2 \bar{A}_1 A_0$$
$$= \bar{A}_2 A_1 (\bar{A}_0 + A_0) + A_2 \bar{A}_1 (\bar{A}_0 + A_0)$$
$$= \bar{A}_2 A_1 + A_2 \bar{A}_1$$
$$= A_2 \oplus A_1$$

$$Y_1 = \bar{A}_2 \bar{A}_1 A_0 + \bar{A}_2 A_1 A_0 + A_2 \bar{A}_1 \bar{A}_0 + A_2 A_1 \bar{A}_0$$
$$= \bar{A}_2 A_0 (\bar{A}_1 + A_1) + A_2 \bar{A}_0 (\bar{A}_1 + A_1)$$
$$= \bar{A}_2 A_0 + A_2 \bar{A}_0$$
$$= A_2 \oplus A_0$$

（3）画出的逻辑电路如图 11.3.5 所示。

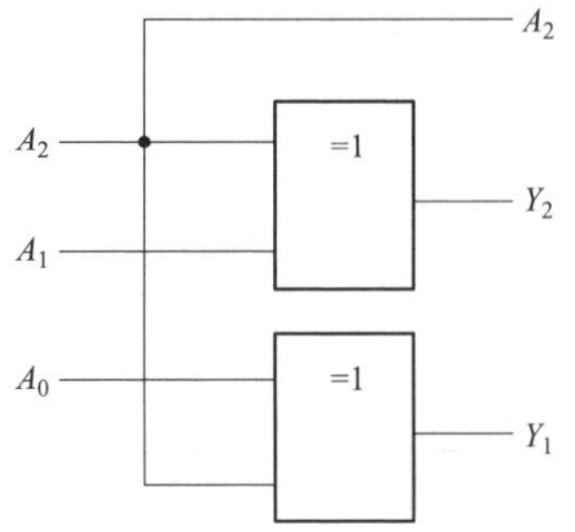

图 11.3.5 ［例 11.3.4］逻辑电路

11.4 集成组合逻辑电路

在数字电路当中经常使用的一些典型的组合逻辑电路，被进行了集成化制作。目前，一些中小规模的集成电路产品例如加法器、编码器、译码器等因其自身所具有的通用性强、稳定性好、可靠性高等一系列优势而被广泛应用。

11.4.1 加法器

在数字电路中完成二进制数加法运算的组合逻辑电路称为加法器。二进制加法器是数字系统的基本部件之一。

二进制加法运算同逻辑加法运算的含义不同：二进制加法运算是数的运算，如 $1+1=10$；逻辑加法运算（或运算）表示的是逻辑关系，如 **1+1=1**。

1. 半加器

所谓"半加"是两个二进制数对应的本位数相加，可以向高位进位，但不考虑低位来的进位。半加器的真值表见表 11.4.1，表中 A 和 B 分别为加数和被加数，S 为本位和，C 为向高位的进位。

表 11.4.1　　　　　　　　　　半加器真值表

A	B	S	C
0	0	0	0
0	1	1	0
1	0	1	0
1	1	0	1

由真值表 11.4.1 可写出半加和 S，以及向高位进位 C 的逻辑函数式

$$S = A\bar{B} + \bar{A}B = A \oplus B$$
$$C = AB$$

由逻辑函数式可画出半加器的逻辑图如图 11.4.1（a）所示，图 11.4.1（b）是半加器

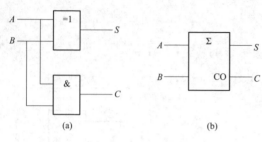

图 11.4.1 半加器

(a) 逻辑图; (b) 逻辑符号

的逻辑符号。

2. 全加器

"全加"是在"半加"的基础上,再加上低位来的进位,可以向高位进位。全加器的真值表见表 11.4.2,其中 A_i 和 B_i 是两个本位数,C_{i-1} 是来自低位的进位数,以上三个数相加得出本位和 S_i 和向高位的进位数 C_i。

表 11.4.2 全加器真值表

A_i	B_i	C_{i-1}	S_i	C_i
0	0	0	0	0
0	0	1	1	0
0	1	0	1	0
0	1	1	0	1
1	0	0	1	0
1	0	1	0	1
1	1	0	0	1
1	1	1	1	1

由真值表 11.4.2 可写出本位和 S_i 的逻辑函数式

$$S_i = \bar{A}_i\bar{B}_iC_{i-1} + \bar{A}_iB_i\bar{C}_{i-1} + A_i\bar{B}_i\bar{C}_{i-1} + A_iB_iC_{i-1}$$
$$= (\bar{A}_i\bar{B}_i + A_iB_i)C_{i-1} + (\bar{A}_iB_i + A_i\bar{B}_i)\bar{C}_{i-1}$$
$$= \overline{(A_i \oplus B_i)}C_{i-1} + (A_i \oplus B_i)\bar{C}_{i-1}$$
$$= A_i \oplus B_i \oplus C_{i-1}$$

为了利用输出 S_i 中的异或关系,使电路简化,写出向高位的进位 C_i 的逻辑函数式,并做如下变换

$$C_i = \bar{A}_iB_iC_{i-1} + A_i\bar{B}_iC_{i-1} + A_iB_i\bar{C}_{i-1} + A_iB_iC_{i-1}$$
$$= (\bar{A}_iB_i + A_i\bar{B}_i)C_{i-1} + A_iB_i(\bar{C}_{i-1} + C_{i-1})$$
$$= (A_i \oplus B_i)C_{i-1} + A_iB_i$$

实现上述逻辑表达式的全加器逻辑电路及全加器逻辑符号如图 11.4.2 所示。

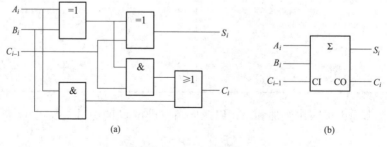

图 11.4.2 全加器

(a) 逻辑图; (b) 逻辑符号

全加器实现的是两个本位数的和再加低位来的进位，故也可用两个半加器和一个或门组成，如图 11.4.3 所示。A_i 和 B_i 在第一个半加器中相加，结果再和 C_{i-1} 在第二个半加器中相加，即得出全加器和 S_i。两个半加器向高位进位数通过或门输出作为全加器的进位数 C_i。图 11.4.2（b）是全加器的逻辑符号。

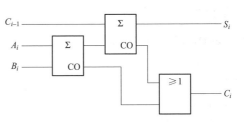

图 11.4.3　由半加器构成的全加器

3. 集成加法器

以上讨论的是两个 1 位二进制数的加法电路。而在数字系统中，经常是多位二进制数相加，完成多位二进制数相加的电路称为加法器。集成加法器是由多个全加器构成的。

由 4 个全加器串行进位构成的 4 位二进制加法器的逻辑电路，如图 11.4.4 所示。低位全加器的进位输出连接至高一位的进位输入端，加法是逐位进行的，故称为串行进位加法器。

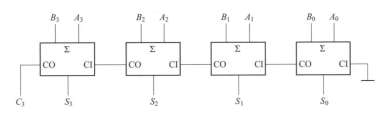

图 11.4.4　4 位串行进位加法器

这种串行进位加法器工作时，是在低位完成全加运算后，高一位才能根据低位送来的进位值完成全加运算，故运算速度慢，优点是电路结构简单。如 T692 型集成加法器就属于这一类型，可用于对运算速度要求不高的数字系统中。

若要提高运算速度，可采用超前进位加法器。超前进位加法器各位的进位是同时完成的，如 74LS283 集成加法器。工作原理这里不做介绍。

11.4.2　编码器

数字系统中"编码"的含义是指对于给定的不同信息，采用按照一定规律编排的二进制代码来表示。1 位二进制数只有 **0** 和 **1** 两个代码，只能表示两个不同的信息。而对于多个信息，如十进制的 10 个数码、英文字符、各种符号等，就需要用多位二进制代码按一定的编码方案来表示。n 位二进制代码有 2^n 种组合，按一定的编码方案，最多可以表示 2^n 个客观信息。

实现编码过程的电路称为编码器。在数字电路中最常用的有二进制编码器和二-十进制编码器。

1. 二进制编码器

二进制编码器的功能是使用 n 位二进制数对最多 2^n 个输入信号进行编码。下面以 8 线-3 线编码器为例，从设计的角度加以说明，并设输入信号高电平有效。

（1）确定二进制代码的位数。输入有 8 个信号，分别以 I_0、I_1、I_2、I_3、I_4、I_5、I_6、I_7 表示。信号个数 $N=8$，根据 $2^n \geqslant N$ 的关系，有 $n=3$，即输出为 3 位二进制代码。

（2）列写编码真值表。可用 3 位二进制数任一代码表示 8 个信号中的任一信号，故编码方案有多种。表 11.4.3 所列编码真值表是其中一种编码方案。

表 11.4.3　　　　　　　　　　　　3 位二进制编码器的编码真值表

输入	输　　　出		
8 个信号	Y_2	Y_1	Y_0
I_0	0	0	0
I_1	0	0	1
I_2	0	1	0
I_3	0	1	1
I_4	1	0	0
I_5	1	0	1
I_6	1	1	0
I_7	1	1	1

（3）由编码真值表列写逻辑函数式。

$$Y_2 = I_4 + I_5 + I_6 + I_7$$
$$Y_1 = I_2 + I_3 + I_6 + I_7$$
$$Y_0 = I_1 + I_3 + I_5 + I_7$$

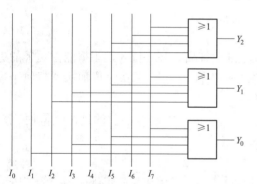

图 11.4.5　3 位二进制编码器的逻辑图

（4）由逻辑函数式画出逻辑图。逻辑电路图，如图 11.4.5 所示。此编码器每次只能对一个信号进行编码，不允许两个或两个以上的信号同时输入，否则，会造成编码混乱。每次在一个信号输入端加输入信号时，就会输出其相应的二进制代码。当 $I_1 \sim I_7$ 均为 0 时，输出为 000，即表示 I_0。

2. 二—十进制编码器

将十进制的 0～9 这 10 个数码用二进制代码来表示称为二—十进制编码，此二进制代码简称 BCD 码。

因为二—十进制编码器输入的是 10 个数码，所以输出采用 4 位二进制代码（3 位二进制代码有 $2^3 = 8$ 种组合，不足以表示 10 个数码）。最常用的一种二—十进制编码是 8421 BCD 码，简称 8421 码。在 8421 码编码方案中规定，表示十进制数的 4 位二进制数码的位权从高位到低位分别为：$8(2^3)$、$4(2^2)$、$2(2^1)$、$1(2^0)$。例如，0110 这个 8421 代码对应的十进制数为 $0 \times 8 + 1 \times 4 + 1 \times 2 + 0 \times 1 = 6$。

可见，8421 码的大小与表示的十进制数大小相同。即 4 位二进制代码的 $2^4 = 16$ 种组合中，8421 编码是在这 16 种组合中按二进制数码的大小取了前 10 种组合，分别来表示 0～9 这 10 个数码，后 6 种组合去掉。

8421 BCD 码的编码真值表见表 11.4.4。

表 11.4.4   8421 BCD 码的编码真值表

输入	输 出			
十进制数	Y_3	Y_2	Y_1	Y_0
$0(I_0)$	0	0	0	0
$1(I_1)$	0	0	0	1
$2(I_2)$	0	0	1	0
$3(I_3)$	0	0	1	1
$4(I_4)$	0	1	0	0
$5(I_5)$	0	1	0	1
$6(I_6)$	0	1	1	0
$7(I_7)$	0	1	1	1
$8(I_8)$	1	0	0	0
$9(I_9)$	1	0	0	1

现由与非门来实现，由编码真值表可列写逻辑函数式

$$Y_3 = I_8 + I_9 = \overline{\overline{I_8}\ \overline{I_9}}$$

$$Y_2 = I_4 + I_5 + I_6 + I_7 = \overline{\overline{I_4}\ \overline{I_5}\ \overline{I_6}\ \overline{I_7}}$$

$$Y_1 = I_2 + I_3 + I_6 + I_7 = \overline{\overline{I_2}\ \overline{I_3}\ \overline{I_6}\ \overline{I_7}}$$

$$Y_0 = I_1 + I_3 + I_5 + I_7 + I_9 = \overline{\overline{I_1}\ \overline{I_3}\ \overline{I_5}\ \overline{I_7}\ \overline{I_9}}$$

根据逻辑函数式画出的二—十进制编码逻辑电路，如图 11.4.6 所示。闭合对应十进制数码的开关，编码器即将该十进制数码编成二进制代码输出。可见，图示编码器具有低电平输入有效的特点，即输入为低电平 **0** 代表有信号输入，输入为高电平 **1** 则代表无信号输入。

由于二—十进制编码有 10 个信号输入端，4 个信号输出端，所以又称为 10 线—4 线编码器。

*3. 二—十进制优先编码器

上述编码器在每一时刻只允许一个有效信号输入，而实际上常会有两个或两个以上信号同时要求编码，这就需要编码器允许几个输入端同时有信号输入，并按照输入信号的优先顺序，对几个输入信号中优先级别最高的一个信号进行编码，其优先级别的高低要根据情况人为设定，这种编码器就是优先编码器。

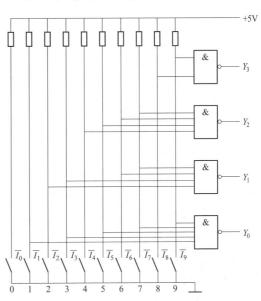

图 11.4.6   8421 编码器逻辑图

74LS147 是数字集成十进制优先编码器，其外引脚功能排列图如图 11.4.7 所示，其功能

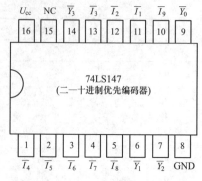

图 11.4.7 74LS147 外引脚排列图

表见表 11.4.5。可见，74LS147 有 9 个输入变量 $\overline{I}_1 \sim$ $\overline{I}_9$，它们均为反变量，都是低电平有效。4 个输出变量 $\overline{Y}_0 \sim \overline{Y}_3$ 也是反变量，以反码形式对应十进制数的 0～9 这 10 个数码。表中第一行，所有输入变量均为高电平 1，表示无信号输入，此时编码器输出的不是与十进制对应的二进制数 0000，而是它的反码形式 1111。编码器的优先顺序，是按照 $\overline{I}_9 \sim \overline{I}_1$ 进行的。当 $\overline{I}_9 = 0$ 时，无论其他输入变量是什么状态（表中用 × 表示任意状态），编码器只对 $\overline{I}_9$ 编码，即输出为 0110（原码为 1001）。

而当 $\overline{I}_9 = 1$ 时，放弃优先编码权。若此时 $\overline{I}_8 = 0$，则无论其他输入变量为什么状态，编码器只对 $\overline{I}_8$ 编码，输出为 0111。后面以此类推。

表 11.4.5 74LS147 优先编码器功能表

十进制数	输入									输出			
	$\overline{I}_9$	$\overline{I}_8$	$\overline{I}_7$	$\overline{I}_6$	$\overline{I}_5$	$\overline{I}_4$	$\overline{I}_3$	$\overline{I}_2$	$\overline{I}_1$	$\overline{Y}_3$	$\overline{Y}_2$	$\overline{Y}_1$	$\overline{Y}_0$
0	1	1	1	1	1	1	1	1	1	1	1	1	1
1	0	×	×	×	×	×	×	×	×	0	1	1	0
2	1	0	×	×	×	×	×	×	×	0	1	1	1
3	1	1	0	×	×	×	×	×	×	1	0	0	0
4	1	1	1	0	×	×	×	×	×	1	0	0	1
5	1	1	1	1	0	×	×	×	×	1	0	1	0
6	1	1	1	1	1	0	×	×	×	1	0	1	1
7	1	1	1	1	1	1	0	×	×	1	1	0	0
8	1	1	1	1	1	1	1	0	×	1	1	0	1
9	1	1	1	1	1	1	1	1	0	1	1	1	0

11.4.3 译码器

译码是编码的逆过程。数字电路中，十进制数、字母等各种信号都是通过编码器用相应位数的二进制代码来表示的，译码就是将输入的一组具有一定含义的 n 位二进制代码"翻译"出来，并给出相应的输出信号。实现译码功能的电路称为译码器。

1. 二进制译码器

二进制译码器输入的是 n 位二进制代码，有 2^n 种组合，每一种输入组合状态表示一种信号输出。所以，二进制译码器有 n 个输入端，2^n 个输出端。根据输入代码位数和输出信号个数，常用的二进制译码器有 74LS138 为 3 线—8 线译码器，74LS139 为 2 线—4 线译码器等。下面以 3 线—8 线译码器的设计为例介绍译码器的结构及工作原理。

(1) 列译码器的真值表。3 线—8 线译码器，输入的 3 位二进制代码，以 ABC 表示，其共有 8 种组合代表 8 个输出信号，令输出为低电平有效，分别以 $\overline{Y}_0 \sim \overline{Y}_7$ 表示，可给出译码表见表 11.4.6。

表 11.4.6　　　　　　　　　　　**3 线—8 线译码器的真值表**

输　　入			输　　出							
A	B	C	$\bar{Y}_0$	$\bar{Y}_1$	$\bar{Y}_2$	$\bar{Y}_3$	$\bar{Y}_4$	$\bar{Y}_5$	$\bar{Y}_6$	$\bar{Y}_7$
0	0	0	0	1	1	1	1	1	1	1
0	0	1	1	0	1	1	1	1	1	1
0	1	0	1	1	0	1	1	1	1	1
0	1	1	1	1	1	0	1	1	1	1
1	0	0	1	1	1	1	0	1	1	1
1	0	1	1	1	1	1	1	0	1	1
1	1	0	1	1	1	1	1	1	0	1
1	1	1	1	1	1	1	1	1	1	0

（2）由状态表写出逻辑式

$$\bar{Y}_0 = \overline{\bar{A}\bar{B}\bar{C}}, \quad \bar{Y}_1 = \overline{\bar{A}\bar{B}C}$$

$$\bar{Y}_2 = \overline{\bar{A}B\bar{C}}, \quad \bar{Y}_3 = \overline{\bar{A}BC}$$

$$\bar{Y}_4 = \overline{A\bar{B}\bar{C}}, \quad \bar{Y}_5 = \overline{A\bar{B}C}$$

$$\bar{Y}_6 = \overline{AB\bar{C}}, \quad \bar{Y}_7 = \overline{ABC}$$

（3）由逻辑式画出逻辑图如图 11.4.8 所示。

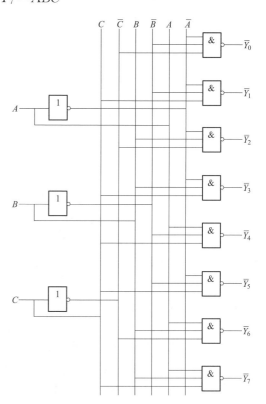

集成 3 线—8 线译码器 74LS138 的外引脚功能排列图如图 11.4.9 所示。$A_2A_1A_0$ 为 3 位二进制代码输入端；$\bar{Y}_0 \sim \bar{Y}_7$ 为 8 个低电平有效信号输出端。此外，$\bar{S}_3\bar{S}_2S_1$ 为 3 个使能控制端，只有当 $S_1 = 1$、$\bar{S}_2 = \bar{S}_3 = 0$ 时，译码器才正常译码。否则不论 ABC 为何值，$\bar{Y}_0 \sim \bar{Y}_7$ 都输出高电平。

二进制译码器除了能够完成译码工作外，在实际应用中还有许多其他用途，其中最常应用的是使用二进制译码器再加上一些实用的逻辑门，实现任意逻辑功能的组合逻辑电路。

2. 二—十进制译码器

二—十进制译码器输入的是 4 位二进制代码（BCD 码），输出的是与 0～9 这 10 个十进制数相对应的 10 个高或低电平信号。输入的 4 位二进制代码共有 $2^4 = 16$ 种组合状态，二—十进制译码器只使用其中 10 种组合，其余 6

图 11.4.8　3 位二进制译码器

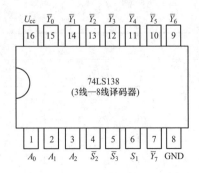

图 11.4.9　74LS138 外引脚排列图

所示。

种组合没有与其对应的输出，它们称为伪码。伪码输入时，10 个输出端均处于无效状态。由于二—十进制译码器有 4 个输入端，10 个输出端，所以它又称为 4 线—10 线译码器。

74LS42 是一种经常使用的 4 线—10 线译码器。16 个引脚中 4 位 BCD 码输入端为 $A_3A_2A_1A_0$ 表示，低电平有效输出端为 $\overline{Y}_0 \sim \overline{Y}_9$，剩余两个端子分别为电源端和接地端。

74LS42 集成二—十进制译码器功能表，如表 11.4.7 所示。

表 11.4.7　　　　　　　　　　**74LS42 型译码器的功能表**

输入				输出										对应的十进制数
A_3	A_2	A_1	A_0	$\overline{Y}_0$	$\overline{Y}_1$	$\overline{Y}_2$	$\overline{Y}_3$	$\overline{Y}_4$	$\overline{Y}_5$	$\overline{Y}_6$	$\overline{Y}_7$	$\overline{Y}_8$	$\overline{Y}_9$	
0	0	0	0	0	1	1	1	1	1	1	1	1	1	0
0	0	0	1	1	0	1	1	1	1	1	1	1	1	1
0	0	1	0	1	1	0	1	1	1	1	1	1	1	2
0	0	1	1	1	1	1	0	1	1	1	1	1	1	3
0	1	0	0	1	1	1	1	0	1	1	1	1	1	4
0	1	0	1	1	1	1	1	1	0	1	1	1	1	5
0	1	1	0	1	1	1	1	1	1	0	1	1	1	6
0	1	1	1	1	1	1	1	1	1	1	0	1	1	7
1	0	0	0	1	1	1	1	1	1	1	1	0	1	8
1	0	0	1	1	1	1	1	1	1	1	1	1	0	9

74LS42 集成译码器输入 8421BCD 码外的 6 个输入代码时，所有的输出端均为 **1**。

3. 二—十进制显示译码器

在数字系统中，常常需要将逻辑电路处理过的数据和运算结果以数码的形式显示出来。这就要用到显示译码器，以驱动数码显示器显示出十进制数码。现常用的数码显示器主要有发光二极管数码显示器（LED 数码显示器）和液晶数码显示器（LCD 数码显示器）两种。下面主要介绍 LED 数码显示器。

（1）LED 数码显示器。LED 数码显示器是由 $a \sim g$ 7 个条状发光二极管（LED）构成，当其导通时发出清晰的光线，并有多种颜色可供选择，结构如图 11.4.10 所示。当选择不同字段的二极管发光时会显示 0～9 不同的数字。例如，当 a、c、d、f、g 亮时，显示的是 5；当 a、b、c、d、e、f、g 7 个字段的发光二极管都亮时，显示的是 8。

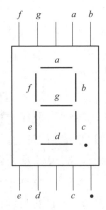

图 11.4.10　LED 数码显示器

7 个发光二极管有两种接法。一种是共阴极接法如图 11.4.11（a），各发光二极管阴极接在一起，使用时接地，这样某一字段输入端接高电平时相应发光二极管亮；另一种是共阳极接法如图 11.4.11（b），各发光二极管阳极接在一起，使用时接电源正极，这样某一字段输入端接低电平时相应发光二极管亮。实际使用时每个二极管要串联限流电阻。

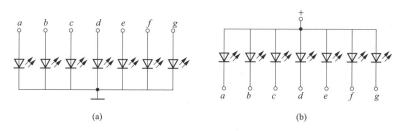

图 11.4.11　发光二极管的连接方法

（a）共阴极接法；（b）共阳极接法

对应于 LED 的两种接法，驱动他们的七段译码器有输出高电平有效和输出低电平有效两种。

（2）七段显示译码器。七段显示译码器是将 8421BCD 码译成 7 个数码显示器的驱动信号，驱动数码显示器显示对应数字。图 11.4.12 为七段显示译码器 74LS247 外引脚排列图，它的 4 个输入端 A_3、A_2、A_1、A_0 输入的是 4 位 BCD 代码，7 个输出端 $\bar{a} \sim \bar{g}$（低电平有效）接七段共阳极 LED 数码显示器。

根据图 11.4.10 所示的字形排列，可以列出七段译码器 74LS247 译码工作时的功能表见表 11.4.8。

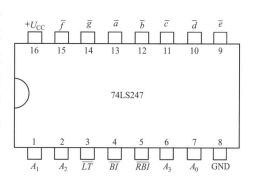

图 11.4.12　74LS247 外引脚排列图

表 11.4.8　　　　　　　　　　74LS247 型七段译码器译码功能表

输　　入				输　　　出							显示的十进制数
A_3	A_2	A_1	A_0	$\bar{a}$	$\bar{b}$	$\bar{c}$	$\bar{d}$	$\bar{e}$	$\bar{f}$	$\bar{g}$	
0	0	0	0	0	0	0	0	0	0	1	0
0	0	0	1	1	0	0	1	1	1	1	1
0	0	1	0	0	0	1	0	0	1	0	2
0	0	1	1	0	0	0	0	1	1	0	3
0	1	0	0	1	0	0	1	1	0	0	4
0	1	0	1	0	1	0	0	1	0	0	5
0	1	1	0	0	1	0	0	0	0	0	6
0	1	1	1	0	0	0	1	1	1	1	7
1	0	0	0	0	0	0	0	0	0	0	8
1	0	0	1	0	0	0	0	1	0	0	9

除了译码功能外，74LS247 还设置了 3 个控制端，$\overline{LT}$ 为试灯输入端，当 $\overline{LT} = 0$ 时，无

论 A_0、A_1、A_2、A_3 为何状态，输出 $\bar{a} \sim \bar{g}$ 均为 **0**，显示器 7 个字段全亮，显示 8 字，以此检查各段 LED 是否正常。$\overline{BI}$ 为灭灯输入端，当 $\overline{BI}=0$ 时输出 $\bar{a} \sim \bar{g}$ 均为 **1**，显示器 7 个字段全灭，无显示。$\overline{RBI}$ 为灭 0 输入端，当 $\overline{LT}=1$，$\overline{BI}=1$，$\overline{RBI}=0$，且 4 个输入端 A_0、A_1、A_2、A_3 输入都为低电平 **0** 时，输出 $\bar{a} \sim \bar{g}$ 输出都为 **1**，但数码显示器不显示字形 **0**。而此时如令 $\overline{RBI}=1$，则数码显示器显示字形 **0**。输入 A_0、A_1、A_2、A_3 为不全为 **0** 的其他状态组合时，$\overline{RBI}$ 的状态将不影响译码器的正常输出。以此控制端来消除无效的 **0**。上述 3 个控制端均为低电平有效，正常工作时都应处于高电平状态。

图 11.4.13 为 74LS247 七段显示译码器与共阳极数码显示器 BS204 连接示意图。

数字系统中还常用到数据选择器与数据分配器，有关介绍参见网络教学平台。再有，在计算机系统和其他一些数字逻辑电路工作过程中，都需要对大量的数据进行存储，属于大规模集成电路的半导体存储器成了计算机系统和其他逻辑电路不可缺少的组成部分；随着技术的发展及使用者强烈的需求，又出现了许多可编程逻辑器件（PLD），有关内容参见本书配套数字资源。

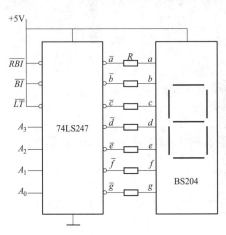

图 11.4.13　七段显示译码器与数码显示器的连接图

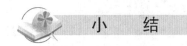

小　结

1. 二进制数

二进制数有 **0**、**1** 两个数码，可与数字信号的高、低电平两个信号状态对应，故数字系统广泛应用二进制数，其进位规则为"逢二进一"。

2. 逻辑代数

逻辑代数中反映的逻辑关系为因果逻辑关系，其变量取值只有 **0**、**1** 两种相反状态。

（1）基本逻辑运算。基本逻辑运算包括：与运算（逻辑乘）$Y = A \cdot B$、或运算（逻辑加）$Y = A + B$ 和非运算（逻辑求反）$Y = \bar{A}$。

（2）逻辑运算的基本法则。基本逻辑运算关系为：$0 \cdot 0 = 0$；$0 \cdot 1 = 0$；$1 \cdot 1 = 1$；$0 + 0 = 0$；$0 + 1 = 1$；$1 + 1 = 1$；$\bar{1} = 0$；$\bar{0} = 1$。

逻辑运算的基本法则见下表：

逻辑乘	逻辑加	逻辑求反
$0 \cdot A = 0$	$0 + A = A$	
$1 \cdot A = A$	$1 + A = 1$	$\bar{A} = A$
$A \cdot A = A$	$A + A = A$	
$A \cdot \bar{A} = 0$	$A + \bar{A} = 1$	

（3）逻辑运算的基本定律。

交换律：$AB = BA$，$A + B = B + A$

结合律：$ABC = (AB)C = A(BC)$，$A + B + C = A + (B + C) = (A + B) + C$

分配律：$A(B + C) = AB + AC$，$A + BC = (A + B)(A + C)$

吸收律：$A(A + B) = A$，$A(\bar{A} + B) = AB$，$A + AB = A$，$A + \bar{A}B = A + B$，

   $AB + A\bar{B} = A$，$(A + B)(A + \bar{B}) = A$

反演律：$\overline{AB} = \bar{A} + \bar{B}$，$\overline{A + B} = \bar{A}\bar{B}$

3. 逻辑函数的化简

逻辑函数的化简可用逻辑运算的基本法则及基本定律化简，也可采用卡诺图化简。

4. 逻辑门电路

（1）基本逻辑门电路。实现与、或和非这三种基本逻辑关系的基本逻辑门电路分别为与门、或门和非门。

（2）复合逻辑门电路。由三种基本逻辑门电路可以组合出其他多种复合逻辑门电路，如与非门、或非门、与或非门、异或门、同或门等。

5. 组合逻辑电路的分析步骤

写出已知逻辑电路的逻辑函数式→对逻辑函数式进行化简→由最简逻辑函数式列写真值表→由真值表确定逻辑电路的逻辑功能。

6. 组合逻辑电路的设计步骤

列写出已知逻辑功能要求的真值表→由真值表写出逻辑函数表式→对逻辑函数式进行化简或变换→根据最简逻辑函数式画出逻辑电路图。

7. 集成组合逻辑电路

（1）加法器。在数字电路中完成二进制数加法运算的组合逻辑电路称为加法器。加法器是完成二进制数算术运算最基本的单元电路，分为半加器和全加器。

（2）编码器。数字电路中编码是指对于给定的不同信息采用按照一定规律编排的二进制代码来表示。n 位二进制代码有 2^n 种组合，按一定的编码方案，最多可以表示 2^n 个客观信息。实现编码过程的电路称为编码器。在数字电路中最常用的有二进制编码器和二—十进制编码器。

（3）译码器。译码是编码的逆过程。数字电路中，译码就是将输入的一组具有一定含义的 n 位二进制代码"翻译"出来，并给出相应的输出信号。实现译码功能的电路称为译码器。译码器可分为二进制编码器、二—十进制编码器及二—十进制显示编码器。

习 题

11.1 将二进制数 $(10011101)_2$ 转换为十进制数，并考虑若将其转换为八进制或十六进制该如何转化。

11.2 列出下列两种逻辑关系的真值表，并写出逻辑表达式。

（1）3 个输入信号 A、B、C，如果有 2 个为 0，则输出信号 $Y = 1$，其他情况输出 $Y = 0$；

（2）3 个输入信号 A、B、C 相同时，输出信号 $Y = 1$，其他情况输出 $Y = 0$。

11.3 已知一逻辑电路的三个输入变量 A、B、C 对应的二进制数为奇数时，输出 $Y_1 = 1$；

为偶数时，$Y_2=1$。试列写出逻辑电路的真值表，并根据真值表写出逻辑函数式。

11.4　应用逻辑代数法将下列逻辑函数式化简为最简**与或**表达式。

(1) $Y=AB+BC+ABC$

(2) $Y=AB+\bar{B}C+\bar{A}BC$

(3) $Y=\overline{(A+\bar{B})(\bar{A}+B)}$

(4) $Y=A\bar{C}+\bar{B}C+B(A\bar{C}+\bar{A}C)$

11.5　运用逻辑运算的基本法则和基本定律证明下列各式成立。

(1) $AB+\bar{A}C+BCD+\bar{B}C=AB+C$

(2) $\overline{(\bar{A}+B+\bar{C})}(A+C)=0$

(3) $\overline{\overline{(A+\bar{B})}+\overline{(\bar{A}+B)}}+\overline{\bar{A}B}\ \overline{A\bar{B}}=1$

(4) $BC+D+\bar{D}(\bar{B}+\bar{C})(AD+B)=B+D$

11.6　应用卡诺图法化简逻辑函数式。

(1) $Y=\bar{A}BC+AB+\bar{B}C$

(2) $Y=A+\bar{A}BC$

(3) $Y=\bar{A}BCD+A\bar{B}D+ABC+C\bar{D}+\bar{B}CD$

11.7　分别写出习题 11.7 图所示各门电路输出 Y 的逻辑表达式。

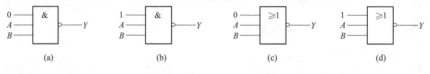

习题 11.7 图

11.8　试分别写出习题 11.8 图（a）、（b）所示电路输出 Y 的逻辑函数式，并根据图（c）中给定的输入波形画出它们的输出波形。

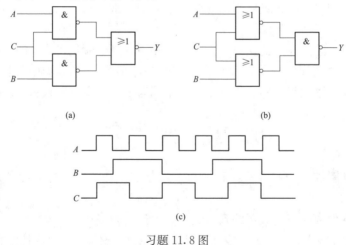

(a)　　　　　　　　　　　　(b)

(c)

习题 11.8 图

11.9　根据下列各逻辑函数式，画出相应的逻辑图。

(1) $Y = AB + C$

(2) $Y = A(B + C)$

(3) $Y = (A + B)(A + C)$

(4) $Y = AB + \bar{A}C + A\bar{B}\bar{C}$

(5) $Y = \bar{A}B + \bar{B}C + \bar{C}A$

(6) $Y = \overline{AB + BC}$

11.10　根据习题 11.10 图给定的逻辑电路，写出图中输出 Y 的最简逻辑函数式。

11.11　根据习题 11.11 图给定的逻辑电路，写出图中输出 Y 的最简逻辑函数式。

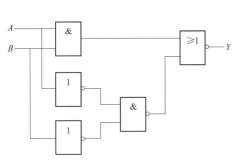

习题 11.10 图

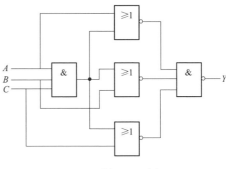

习题 11.11 图

11.12　用与非门实现下列逻辑关系，并画出它们的逻辑电路图。

(1) $Y = A + B + C$

(2) $Y = A\bar{B} + BC + C\bar{A}$

11.13　组合逻辑电路如习题 11.13 图所示，试分析其逻辑功能。

11.14　组合逻辑电路如习题 11.14 图所示，试分析其逻辑功能。

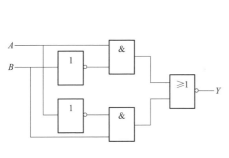

习题 11.13 图

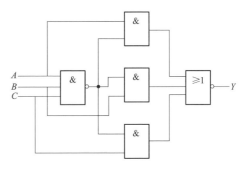

习题 11.14 图

11.15　组合逻辑电路如习题 11.15 图所示，试分析其逻辑功能。

11.16　试设计一个 3 变量的判奇数的逻辑电路。要求：3 个变量中有奇数个 **1** 时，其输出就为 **1**。

11.17　已知一逻辑电路三个输入 A、B、C 和对应的输出 Y 的信号波形如习题 11.17 图所示，试写出最简其逻辑函数式，并用与非门画出逻辑图。

11.18 某厂有 A、B、C、D 四台电动机，A 必须工作，其他三台至少有两台工作时才能完成既定任务，试画出厂里监视电动机工作情况的逻辑电路图。

11.19 试设计一个密码锁控制的逻辑电路。开锁的条件是：先拨对密码（令密码为 4 位二进制代码 1010），再按开锁键 K，接通一高电平。当两个条件都满足时，开锁信号为 **1**，将所打开。否则，报警信号为 **1**，接通警铃报警。

11.20 试设计一个 4 线—2 线编码器，要求输出高电平有效。

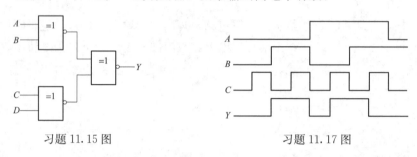

习题 11.15 图   习题 11.17 图

11.21 利用 3—8 线译码器和简单的逻辑门实现全加器的逻辑功能。

11.22 一 LED 数码显示器属于共阴极接法，试列写出驱动它的七段显示译码器的译码真值表。

12 触发器与时序逻辑电路

通过上一章的介绍可以看到，组合逻辑电路的特点是某一时刻的输出只取决于该时刻的输入，而与电路以前的状态无关，这说明组合逻辑电路不具有记忆功能。而在数字电路中，常需要具有记忆功能的电路，以保存一些数据和运算结果，这就要用到由触发器构成的时序逻辑电路。时序逻辑电路的特点是，某一时刻的输出，不仅与该时刻的输入信号有关，而且还与电路原来的状态有关。历史状态能被保持，就是时序逻辑电路的记忆（存储）功能。这是时序逻辑电路与组合逻辑电路的本质区别。

本章首先介绍双稳态触发器的工作原理和逻辑功能，再介绍由双稳态触发器组成的寄存器和计数器等典型时序逻辑器件。有关 555 定时器以及由其构成的单稳态触发器、无稳态触发器（多谐振荡器）和施密特触发器的介绍见本书配置数字资源。

12.1 双稳态触发器

作为时序逻辑电路基本单元的触发器，根据其稳定工作状态可分为双稳态触发器、单稳态触发器、无稳态触发器。

具有记忆功能的触发器，能够存储 1 位二进制信息，所以具备以下基本特点：

（1）具有两个能自行保持的稳定状态（**0 态**或 **1 态**），用来表示逻辑状态 **0** 和 **1**，或二进制数的 0 和 1。

（2）在触发信号的作用下，根据不同的输入信号可以将输出状态置成 **0 态**或 **1 态**。

（3）触发器新置的状态能够保持下来或保持一定的时间。

（4）触发器的两个稳定状态时刻互补。

由于电路结构不同，触发器的触发方式也不同。触发方式分为电平触发、脉冲触发和边沿触发三种。触发方式的不同导致触发器的工作特点也不同。掌握这些特点对正确使用触发器而言是非常重要的。

双稳态触发器具有两个稳定的输出状态，当有效输入信号消失后，被置成 **0 态**或 **1 态**均能被一直保持。双稳态触发器按其逻辑功能可分为 RS 触发器、JK 触发器、D 触发器、T 触发器等。

12.1.1 RS 触发器

1. 基本 RS 触发器

基本 RS 触发器是构成各种触发器的基本电路单元，图 12.1.1（a）所示为由两个与非门输出端和输入端交叉连接构成的基本 RS 触发器。两个信号输入端 $\bar{R}_D$ 和 $\bar{S}_D$ 以反变量形

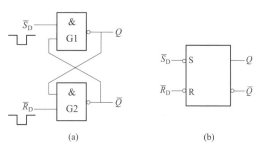

图 12.1.1 由与非门构成的 RS 触发器

(a) 逻辑图；(b) 逻辑符号

式表示，代表输入信号低电平有效，即输入负脉冲（低电平）信号时才可改变电路的输出状态；Q 和 $\bar{Q}$ 是两个互补的输出端。图 12.1.1（b）是由与非门构成的基本 RS 触发器的逻辑符号，图中方框左侧输入端处的小圆圈表示低电平有效；方框右侧 $\bar{Q}$ 端标有小圆圈表示与 Q 端输出状态相反，即 $Q=0$ 时，$\bar{Q}=1$；$Q=1$ 时，$\bar{Q}=0$。习惯上规定，Q 端为触发器的状态端，当 $Q=0$ 时称触发器为 0 态，当 $Q=1$ 时称触发器为 1 态。

　　为便于说明触发器的逻辑功能，常以 Q^n 表示触发器的原态；Q^{n+1} 表示触发器在触发输入信号作用下的新态，也称为次态。

　　针对由与非门构成的基本 RS 触发器两个输入端 $\bar{R}_D$、$\bar{S}_D$ 的四种输入组合，分析其逻辑功能如下：

　　（1）$\bar{R}_D=0$、$\bar{S}_D=1$。由于 $\bar{R}_D=0$，不论原态 Q^n 为 0 还是 1，都有与非门 G2 输出 $\bar{Q}^{n+1}=1$；再由与非门 G1 的输入 $\bar{S}_D=1$、$\bar{Q}^{n+1}=1$，可得新态 $Q^{n+1}=0$。即不论基本 RS 触发器原来处于什么状态，当 $\bar{R}_D=0$、$\bar{S}_D=1$ 时，新态都将变成 0 态。这种情况称为把基本 RS 触发器置 0 或复位，所以把 $\bar{R}_D$ 端称为置 0 端或复位端。

　　（2）$\bar{R}_D=1$、$\bar{S}_D=0$。由于 $\bar{S}_D=0$，不论原态 Q^n 为 0 还是 1，都有与非门 G1 输出的新态 $Q^{n+1}=1$；再由与非门 G2 的输入 $\bar{R}_D=1$、$Q^{n+1}=1$，可得 $\bar{Q}^{n+1}=0$。即不论基本 RS 触发器原来处于什么状态，下一个状态都将变成 1 态。这种情况称把 RS 触发器置 1 或置位，所以把 $\bar{S}_D$ 端称置 1 端或置位端。

　　（3）$\bar{R}_D=1$、$\bar{S}_D=1$。触发器的两个输入端全为 1 时，触发器输出端的状态由两个与非门各自的另一个输入端状态决定。当原态 $Q^n=0$（$\bar{Q}^n=1$）时，与非门 G2 输出 $\bar{Q}^{n+1}=1$，从而使 G1 的输入全为 1，因此触发器的新态 $Q^{n+1}=0$ 不变；当原态 $Q^n=1$（$\bar{Q}^n=0$）时，与非门 G2 输出 $\bar{Q}^{n+1}=0$，从而使 G1 的输入有一端为 0，因此触发器的新态 $Q^{n+1}=1$ 不变。因而，$\bar{R}_D=1$、$\bar{S}_D=1$ 时，$Q^{n+1}=Q^n$，即触发器保持原态不变，这体现了触发器具有记忆能力。

　　（4）$\bar{R}_D=0$、$\bar{S}_D=0$。显然这种情况下两个与非门的输出端 Q 和 $\bar{Q}$ 全为 1，虽然符合组合逻辑电路的逻辑关系，但不符合触发器规定 Q 和 $\bar{Q}$ 的互补规定关系。另外，由于与非门延迟时间不可能完全相等，在两输入端信号同时撤除（同时由 0 变为 1）时，Q 和 $\bar{Q}$ 的输出将是 0 还是 1 取决于与非门的延迟时间，即哪个门延迟时间短，哪个门的输出先变成 0，另外一个就变成了 1，这使得触发器将处于 1 状态还是 0 状态是随机的，不能确定，所以触发器不允许出现这种情况。

　　虽然基本 RS 触发器有两个能自行保持的稳定状态，并且可以根据不同的输入信号置成 0 或 1 状态，但是它不需要触发信号，而是由输入信号直接来完成状态转换，所以把它归类于锁存器。

　　分析可见，$\bar{R}_D$、$\bar{S}_D$ 是两个低电平有效信号输入端，即当 $\bar{R}_D$ 端输入低电平时，输出置 0，而输入高电平时置 0 的功能无效；当 $\bar{S}_D$ 端输入低电平时，输出置 1，而输入高电平时置

1 的功能无效。

图 12.1.2 所示为由与非门构成的基本 RS 触发器的工作波形，图中触发器的初始状态 $Q=0$。

触发器的新态（次态）Q^{n+1} 不仅与输入信号的状态有关，还与触发器原态 Q^n 有关。把 Q^n 也作为一个状态变量，得到的触发器的真值表称为触发器的逻辑状态表或功能表。由与非门构成的基本 RS 触发器的逻辑状态表见表 12.1.1。

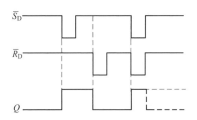

图 12.1.2　由与非门构成的基本
RS 触发器的工作波形

表 12.1.1　　　　　由与非门构成的基本 RS 触发器的逻辑功能表

$\bar{R}_D$	$\bar{S}_D$	Q^n	Q^{n+1}	功能说明
0	1	0 1	0	置 0
1	0	0 1	1	置 1
1	1	0 1	Q^n	保持
0	0	0 1	1（$=\bar{Q}^{n+1}$）	禁用

由表 12.1.1 可见，基本 RS 触发器具有置 1，置 0 和保持（即记忆）三种功能，而使用时禁止复位端和置位端同时接有效电平（低电平）信号。

基本 RS 触发器也可以由两个或非门构成，逻辑图及逻辑符号如图 12.1.3（a）、（b）所示。它是用正脉冲来置 0 和置 1 的，也就是高电平有效。图 12.1.3（c）所示为其工作波形。

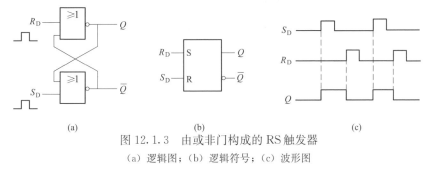

(a)　　　　　　　　　(b)　　　　　　　　　(c)

图 12.1.3　由或非门构成的 RS 触发器
（a）逻辑图；（b）逻辑符号；（c）波形图

2. 可控 RS 触发器

为了使得不同的触发器能够同步进行工作，就需要一个协调各触发器的同步信号，这个信号称为时钟脉冲信号，用 CP 表示。在基本 RS 触发器的基础上增加两个引导门和一个时钟脉冲信号控制端 CP，就构成了可控 RS 触发器，其原理图如图 12.1.4（a）所示。图中 $\bar{R}_D$ 是直接置 0 端、$\bar{S}_D$ 是直接置 1 端，即不受时钟信号 CP 控制，而可直接对触发器进行置 0 或置 1，用于预置触发器的初始状态为 0 或 1。$\bar{R}_D$ 端输入负脉冲使可控 RS 触发器置 0、$\bar{S}_D$ 端输入负脉冲使可控 RS 触发器置 1。预置初始状态后保持 $\bar{R}_D=1$、$\bar{S}_D=1$，对工作过程不起作用。信号的输入端为 R、S 端。

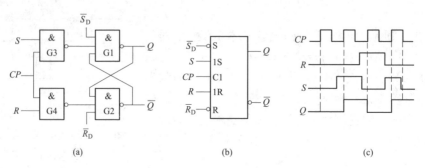

图 12.1.4　可控 RS 触发器

(a) 原理图；(b) 逻辑符号；(c) 波形图

CP 端是触发器的同步控制端，用于控制 R、S 端的输入信号是否被基本 RS 触发器所接受。当 $CP=0$ 时，S、R 被封锁，基本 RS 触发器输入全为 1，保持原来状态不变。只有当 $CP=1$ 时，引导门被打开，基本 RS 触发器才会接收 S、R 端的输入信号，即此时触发器输出端的状态才由 R 端和 S 端的状态决定。

$CP=1$ 期间，当 $R=0$、$S=1$ 时，G3 门输出为 0，G4 门输出为 1，触发器置 1；$R=1$、$S=0$ 时，G3 门输出为 1，G4 门输出为 0，触发器置 0；$R=0$、$S=0$ 时，G3、G4 门输出均为 1，触发器保持原来状态不变；$R=1$、$S=1$ 时，G3、G4 门输出均为 0，触发器的两个输出端全为 1，是 RS 触发器不允许出现的状态，再者，当时钟脉冲消失后，输出端为何种状态不能确定，因此这种输入状态为禁用的输入状态。可见当 $CP=1$ 时，可控 RS 触发器的工作特性与基本 RS 触发器没有什么区别，不同的只是增加了两个引导门。

图 12.1.4 (b) 所示为可控 RS 触发器的逻辑符号。图 12.1.4 (c) 所示的工作波形可与表 12.1.2 给出的可控 RS 触发器的逻辑功能对照分析。

表 12.1.2　　　　　　　　　　　　可控 RS 触发器的逻辑功能表

$\bar{R}_D$	$\bar{S}_D$	R	S	Q^{n+1}	功能
0	1	$\times$	$\times$	0	置 0
1	0	$\times$	$\times$	1	置 1
1	1	0	1	1	置 1
		1	0	0	置 0
		0	0	Q^n	保持
		1	1	$1(=\bar{Q}^{n+1})$	禁用

$CP=1$ 期间，可控 RS 触发器的逻辑功能还可用特性方程来表示

$$\begin{cases} Q^{n+1}=S\bar{Q}^n+\bar{R}Q^n \\ SR=0(约束条件) \end{cases} \tag{12.1.1}$$

输入端需要满足约束条件 $SR=0$，这是由于其继承基本 RS 触发器电路结构的原因，是可控 RS 触发器的一个缺陷。触发器输出端状态的改变称为翻转，工作中，在一个 CP 脉冲作用下，触发器只允许发生一次翻转，否则输出状态会失控。而可控 RS 触发器在 $CP=1$ 期间，输入信号一直起作用，输出会随着有效输入状态的改变而改变，因而会出现多次翻转的"空翻"现象，这是其存在的另一个缺陷。可控 RS 触发器的这种时钟脉冲触发方式称为

电平触发。

可控 RS 触发器存在两个方面的缺陷，需采取措施加以克服，以形成性能完善的触发器。在实际应用中，触发器电路通常采用主从型结构或边沿触发方式（如维持阻塞型结构）来达到这一目的。

12.1.2 主从型 JK 触发器

可控 RS 触发器的翻转虽然可依靠时钟脉冲控制，但却存在着空翻现象，并且它不允许输入端 R 和 S 同时为 1 的情况出现，给使用带来了不便。为此，人们又研制出了其他类型的触发器，JK 触发器就是其中的一种。由于 JK 触发器与其他触发器比较，功能最为完善，使用灵活方便，在实际中获得广泛应用。

JK 触发器有主从型、维持阻塞型等不同的结构种类，以下通过对主从型 JK 触发器的介绍，来认识主从型结构的特性，以及 JK 触发器逻辑功能。

1. 电路结构

主从型 JK 触发器其逻辑图如图 12.1.5（a）所示。是通过两个可控 RS 触发器级联，并把输出信号反馈回输入端而构成，前、后两个触发器分别称为主触发器和从触发器。

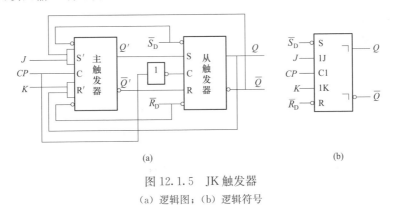

(a)   (b)

图 12.1.5 JK 触发器

（a）逻辑图；（b）逻辑符号

主、从触发器的时钟信号通过非门实现互补，即主触发器在 $CP = 1$ 期间工作，接受输入信号，从触发器在 $CP = 0$ 期间工作，输出次态。J 和 K 是信号输入端，分别同 $\bar{Q}$ 和 Q 构成与逻辑关系，成为主触发器的 S' 端和 R' 端，即

$$S' = J\bar{Q}, \quad R' = KQ \tag{12.1.2}$$

从触发器的 S 端和 R 端接主触发器的输出端 Q' 和 $\bar{Q}'$，即

$$S = Q', \quad R = \bar{Q}' \tag{12.1.3}$$

$\bar{S}_D$、$\bar{R}_D$ 是直接置 1 和直接置 0 端。工作过程中应处于高电平，对电路工作状态无影响。

2. 工作原理

主从型 JK 触发器工作时，接收信号和输出信号是分成两步进行的。

（1）接收信号。当 CP 脉冲上升沿到达后，主触发器接收 J、K 的输入信号，输出状态由 J、K 决定。由于从触发器的 $CP = 0$，无论主触发器的输出状态如何变化，对从触发器均无影响，即 JK 触发器的输出状态保持不变。

（2）输出信号。当 CP 脉冲下降沿到达后，由于主触发器的 $CP = 0$，主触发器保持，无论输入信号如何变化，对主触发器均无影响。而从触发器接收由主触发器送来的信号 Q' 和 $\bar{Q}'$，其输出状态取决于下降沿时刻的 Q' 和 $\bar{Q}'$。在 $CP=0$ 期间，由于主触发器保持状态不变，因此受其控制的从触发器的状态也不可能改变。

可见，由于主触发器和从触发器的动作有先有后，而 JK 触发器的输出为从触发器的输出，故消除了空翻现象。

JK 触发器是在下降沿动作的。CP 脉冲下降沿到达后，当 $Q'=0$、$\bar{Q}'=1$ 时，从触发器 $S=0$、$R=1$，所以 $Q=0$、$\bar{Q}=1$；当 $Q'=1$、$\bar{Q}'=0$ 时，从触发器 $S=1$、$R=0$，所以 $Q=1$、$\bar{Q}=0$。可见，CP 脉冲由 **1** 变 **0** 后，从触发器的输出和主触发器的输出状态相同，即 $Q=Q'$、$\bar{Q}=\bar{Q}'$。根据这一特性，并利用式（12.1.2）分析可得 JK 触发器的逻辑状态表如表 12.1.3 所示。

当 $J=0$、$K=0$，CP 脉冲下降沿到达后，$Q^{n+1}=Q^n$，即触发器状态保持不变；当 $J=0$、$K=1$，CP 脉冲下降沿到达后，$Q^{n+1}=0$，即触发器置 **0**；当 $J=1$、$K=0$，CP 脉冲下降沿到达后，$Q^{n+1}=1$，即触发器置 **1**；当 $J=1$、$K=1$，CP 脉冲下降沿到达后，$Q^{n+1}=\bar{Q}^n$，即新态与原态相反，由于每来一个时钟脉冲触发器状态翻转一次，所以这种情况下的 JK 触发器具有计数功能。

由 JK 触发器的逻辑功能可得出 JK 触发器的特性方程为

$$Q^{n+1}=J\bar{Q}^n+\bar{K}Q^n \qquad (12.1.4)$$

由于主从型触发器在时钟脉冲上升沿到达后开始接收信号，下降沿到达后输出信号，所以触发器的这种时钟脉冲触发方式称为脉冲触发。图 12.1.5（b）所示为 JK 触发器的逻辑符号，符号图中输出端的"⌐"表示"延迟输出"，即 CP 脉冲由 **1** 跳变为 **0** 后输出状态才改变。图 12.1.6 所示为主从型 JK 触发器的工作波形图。

表 12.1.3　JK 触发器的逻辑状态表

J	K	Q^{n+1}	功能
0	0	Q^n	保持
0	1	0	置 0
1	0	1	置 1
1	1	$\bar{Q}^n$	计数

图 12.1.6　主从型 JK 触发器的工作波形

虽然主从型 JK 触发器解决了可控 RS 触发器的缺陷，但是由于本身电路结构的原因，为了保证在 CP 下降沿到来时主触发器的状态与 J、K 的状态相符，通常要使得 J、K 的状态在 $CP=1$ 期间保持不变。否则，必须考虑 $CP=1$ 期间输入信号的变化情况，才能确定触发器的次态。

【例 12.1.1】 已知主从型 JK 触发器 CP 及 J、K 输入的波形如图 12.1.7 所示，试画出输出 Q 的波形。设触发器初始状态为 $Q=0$。

【解】　由图可见，第一个 CP 高电平期间，始终有 $J=K=1$，CP 下降沿到达后触发器置 **1**。

第二个 CP 高电平期间，K 端状态发生过变化，因而不能简单地以 CP 下降沿到达时 J、K 的状态来决定触发器的次态。由于在 CP 高电平期间出现过 $J=0$、$K=1$ 状态，会使主触发器被置 0，所以虽然 CP 下降沿到达时输入状态回到了 $J=K=0$，但从触发器会按主触发器的输出状态被置 0，即 $Q^{n+1}=0$。

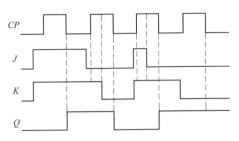

图 12.1.7 ［例 12.1.1］的波形图

第三个 CP 下降沿到达时 $J=0$、$K=1$。如果以这时的输入状态决定触发器的次态，应该保持 0 态，即 $Q^{n+1}=0$。但由于在 CP 高电平期间出现过 $J=K=1$ 状态，使主触发器被置 1，所以 CP 下降沿到达后从触发器的输出状态被置 1，即 $Q^{n+1}=1$。

第四个 CP 高电平期间，$J=K=0$，下降沿到达触发器输出状态保持不变。

12.1.3 维持阻塞型 D 触发器

以上分析的触发器，不论是可控的 RS 触发器，还是主从型结构的触发器，都因为电路结构的问题存在一定的不足。为提高触发器的可靠性和抗干扰能力，需要一种输出次态只决定于时钟信号有效瞬间（上升沿或下降沿时刻）的输入状态，而与其他时刻的输入状态无关的触发器，这就是边沿触发的触发器。边沿触发的触发器构成方法有很多，本节介绍一种目前使用较广泛的维持阻塞型 D 触发器。

维持阻塞型 D 触发器由六个与非门组成，其逻辑图、逻辑符号和工作波形如图 12.1.9 所示。其中 G1 和 G2 门组成基本 RS 触发器，G3 和 G4 门组成时钟脉冲导引电路，G5 和 G6 门组成数据输入电路。D 触发器有两种输入状态，即 $D=0$ 和 $D=1$，下面就这两种情况来分析维持阻塞 D 触发器的逻辑功能。

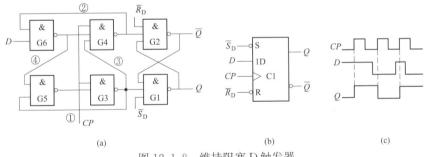

图 12.1.8 维持阻塞 D 触发器

(a) 结构图；(b) 逻辑符号；(c) 工作波形

(1) $D=0$。当时钟脉冲 $CP=0$ 时，即时钟脉冲到来之前，G3、G4 的输出均为 1，由基本 RS 触发器功能可知，触发器的输出状态不变。G5 和 G6 输出由 D 的输入状态决定，此时触发器处于等待状态。当时钟脉冲 CP 从 0 跳为 1 时，触发脉冲的有效信号上升沿到达，G6 的输出为 1，G5 的输出为 0，因此 G4 的输出为 0，G3 的输出为 1，此时触发器次态输出为 $Q^{n+1}=0$。同时，通过置 0 维持线②保证 G6 的输出等于 1、G4 的输出等于 0，并通过置 1 阻塞线④使 G5 的输出等于 0，阻塞了置 1 通道。所以无论输入信号 D 发生什么变化，触发器的 0 状态都不会变化。

(2) $D=1$。当 $CP=0$ 时，G3、G4 的输出均为 1，G6 的输出为 0，G5 的输出为 1，这

时触发器的状态不变。当 $CP=1$ 时，因为 G5 的输出是 **1**，因此 G3 的输出为 **0**，G4 的输出是 **1**，此时触发器次态输出为 $Q^{n+1}=1$。同时，通过置 **0** 阻塞线③保证 G6 的输出等于 **0**，G4 的输出等于 **1**，阻塞了置 **0** 通道，并通过置 **1** 维持线①使 G5 的输出等于 **1**。所以无论输入信号 D 发生什么变化，触发器的 **1** 状态都不会变化。

由上分析可知，维持阻塞 D 触发器在 $CP=0$ 期间，触发器输出保持不变；当时钟脉冲 CP 从 **0** 跳为 **1**，即触发脉冲的有效信号上升沿到达时，触发器的次态输出和 D 的状态一致，触发脉冲上升沿过后，即 $CP=1$，触发器次态保持不变。其逻辑功能表见表 12.1.4。

表 12.1.4　D 触发器逻辑功能表

D	Q^{n+1}	功能
0	**0**	置 0
1	**1**	置 1

根据 D 触发器的逻辑状态表可得出特性方程为

$$Q^{n+1}=D \tag{12.1.5}$$

维持阻塞型 D 触发器的触发方式属于边沿触发。在图 12.1.8（b）所示逻辑符号图中，CP 端的"＞"表示边沿触发。且 CP 端"＞"左侧无小圆圈，表示上升沿为有效触发边沿，即上升沿触发；若标有小圆圈，表示下降沿为有效触发边沿，即下降沿触发。

通过以上介绍可见，触发器根据电路结构的不同，使得其时钟触发方式也不同，有电平触发、脉冲触发和边沿触发等方式，一般可由其逻辑符号图 CP 端的接线标志加以区别。后面时序逻辑电路的介绍主要以边沿触发器为主。

触发器从逻辑功能上分为 RS 触发器、JK 触发器、D 触发器、T 触发器和 T′ 触发器等，同一种逻辑功能的触发器可以因其电路结构不同而导致触发方式不同。触发方式和逻辑功能是触发器的两个重要属性，使用时一定要注意。

12.1.4　触发器逻辑功能的转换

在实际使用时，可以根据需要把具有某种逻辑功能的触发器经过改变接线等方式，转换为另一种逻辑功能的触发器。下面通过几个例子说明。

（1）JK 触发器转换为 T 触发器。T 触发器有两种功能：$T=0$ 时保持，$T=1$ 时计数。特性方程为 $Q^{n+1}=T\bar{Q}^n+\bar{T}Q^n$。图 12.1.9 所示逻辑图中，JK 触发器 CP 端标有小圆圈，表明其下降沿触发。将 J、K 端并接在一起，构成输入端 T。可见，当 $T=0$ 时，时钟脉冲作用后触发器将保持原来状态，即 $Q^{n+1}=Q^n$；当 $T=1$ 时，每来一个时钟脉冲触发器翻转一次，处于计数状态，即 $Q^{n+1}=\bar{Q}^n$。

（2）D 触发器转换为 T′ 触发器。T′ 触发器只有一种计数功能，特征方程为 $Q^{n+1}=\bar{Q}^n$。图 12.1.10 所示逻辑图中，将 D 触发器的 D 端与 $\bar{D}$ 端相接后，就转换为只具有计数功能的 T′ 触发器，即每个触发脉冲到来之后就翻转一次。

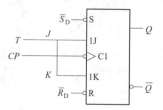

图 12.1.9　将 JK 触发器转换为 T 触发器

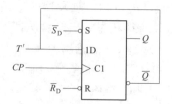

图 12.1.10　将 D 触发器转换为 T′ 触发器

（3）JK 触发器转换为 D 触发器。图 12.1.11 所示逻辑图中，J 端与 K 端之间通过一个非门连接在了一起，作为 D 输入端。当 $D=1$ 时，$J=1$、$K=0$，在 CP 的下降沿，触发器的次态变为 **1** 状态；当 $D=0$ 时，$J=0$、$K=1$，在 CP 的下降沿，触发器的次态变为 **0** 状态。如此就实现了 JK 触发器与 D 触发器之间的功能转换。

（4）D 触发器转换为 JK 触发器。图 12.1.12 所示的逻辑图，由 D 触发器和门电路构成的转换电路组成，分析可知其实现了 JK 触发器的逻辑功能，即将 D 触发器转换为 JK 触发器。由于 D 触发器采用的是上升沿触发的边沿触发器，构成的 JK 触发器也是上升沿触发的边沿触发器。

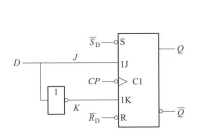

图 12.1.11　JK 触发器转换为 D 触发器

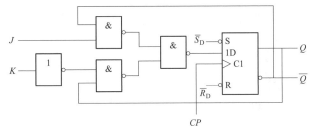

图 12.1.12　D 触发器转换为 JK 触发器

12.2　时序逻辑电路的分析

时序逻辑电路主要由触发器构成，有时根据需要会加入一些门电路。时序逻辑电路任一时刻的输出不仅与当时的输入有关，还与电路原来的状态有关，由于其输出是按时间节拍动作的，因此，分析时序逻辑电路的逻辑功能就是要找出电路在时钟脉冲作用下，输出状态的变化规律。

如果同步时序逻辑电路中各触发器使用同一个时钟信号触发，各触发器状态的变换与时钟脉冲同步，称为同步时序逻辑电路；否则，会造成各触发器状态的变换有先有后，称为异步时序逻辑电路。

时序逻辑电路分析的一般步骤如下：

（1）写出时序逻辑电路中各个触发器输入端的逻辑函数式，即驱动方程。并确定使其触发的时钟脉冲。

（2）将驱动方程代入相应触发器的特性方程，得到各触发器的状态方程。

（3）写出时序逻辑电路对外输出的逻辑函数式，即输出方程。若没有则不写。

（4）根据状态方程和输出方程，列出时钟脉冲作用下的状态转换表，也可进一步画出输出波形图，以得出时序逻辑电路的状态变化规律和逻辑功能。

【例 12.2.1】　图 12.2.1 所示时序逻辑电路工作前先置 **0**，试分析电路的功能。

【解】　图中三个 JK 触发器均为下降沿触发。触发器的 J 或 K 端悬空，相当于 **1**；FF2 的 J 端为多输入端，输入间是与的关系。

（1）根据给定的时序逻辑电路图可写出各个触发器的驱动方程为

$$J_0 = \overline{Q}_2^n, \ K_0 = 1$$
$$J_1 = 1, \ K_1 = 1$$

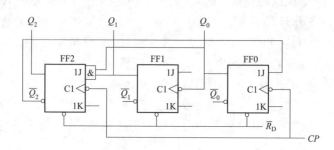

图 12.2.1　［例 12.2.1］的图

$$J_2 = Q_1^n Q_0^n, \ K_2 = 1$$

触发器 FF0、FF2 使用同一个时钟脉冲 CP；FF1 由 FF0 的输出 Q_0 的下降沿触发。故图示电路是异步时序逻辑电路。

（2）将上述得到的驱动方程分别代入 JK 触发器特征方程 $Q^{n+1} = J\bar{Q}^n + \bar{K}Q^n$，得到状态方程

$$Q_0^{n+1} = \bar{Q}_2^n \bar{Q}_0^n$$

$$Q_1^{n+1} = \bar{Q}_1^n$$

$$Q_2^{n+1} = Q_1^n Q_0^n \bar{Q}_2^n$$

（3）无对外输出电路，所以没有输出方程。

（4）根据得到的各触发器的状态方程，可列出状态转换表见表 12.2.1。需注意，虽然 $Q_1^{n+1} = \bar{Q}_1^n$ 具有计数功能，但其实是当 Q_0 由 1 翻转为 0 时翻转的。

由状态转换表可知，000～100 共 5 个状态组成一个有效循环，且每来一个时钟脉冲 $Q_2 Q_1 Q_0$ 对应的二进制数加 1，直到第 5 个脉冲到来后回到 000 状态，所以该电路实现了五进制加法计数的功能。

表 12.2.1　［例 12.2.1］的状态转换表

CP	Q_2	Q_1	Q_0
0	0	0	0
1	0	0	1
2	0	1	0
3	0	1	1
4	1	0	0
5	0	0	0

【**例 12.2.2**】　试分析图 12.2.2 所示时序逻辑电路的功能，使用前要预置初始状态。

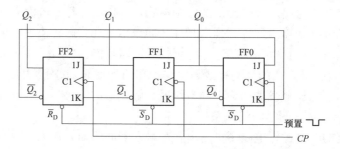

图 12.2.2　［例 12.2.2］的图

【解】 图 12.2.2 中三个下降沿触发的 JK 触发器受同一个时钟脉冲 CP 控制，属于同步时序逻辑电路。

由图 12.2.2 可写出各个触发器的驱动方程为

$$J_0 = Q_2^n,\ K_0 = \bar{Q}_2^n$$
$$J_1 = Q_0^n,\ K_1 = \bar{Q}_0^n$$
$$J_2 = Q_1^n,\ K_2 = \bar{Q}_1^n$$

将上述得到的驱动方程分别代入 JK 触发器特征方程 $Q^{n+1} = J\bar{Q}^n + \bar{K}Q^n$，得到状态方程

$$Q_0^{n+1} = Q_2^n$$
$$Q_1^{n+1} = Q_0^n$$
$$Q_2^{n+1} = Q_1^n$$

无对外输出电路，所以没有输出方程。

预置的初始状态为 $Q_2Q_1Q_0 = 011$，根据各触发器的状态方程，可列出状态转换表如表 12.2.2 所示。

由状态转换表可见，Q_2、Q_1、Q_0 中总有两个处于高电平、一个处于低电平，并在 CP 作用下按表 12.2.2 所列规律进行状态转换。输出的波形图如图 12.2.3 所示，因此这是一个顺序脉冲发生电路。

表 12.2.2 ［例 12.2.2］的状态转换表

CP	Q_2	Q_1	Q_0
0	0	1	1
1	1	1	0
2	1	0	1
3	0	1	1

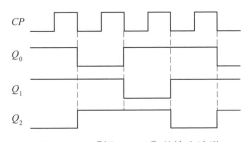

图 12.2.3 ［例 12.2.2］的输出波形

12.3 寄 存 器

在数字电路中，经常需要存储参与运算的数据和运算结果，以便随时调用。用来存放二进制数据或代码的电路称为寄存器。寄存器是由具有存储（记忆）功能的触发器组合构成的，一个触发器可以存储 1 位二进制代码，存放 n 位二进制代码的寄存器，需用 n 个触发器来构成。常用的有 4、8、16 位等。

按照寄存器存放数码的方式的不同，分为串行和并行两种方式，串行方式是数码从一个输入端依次逐位输入到寄存器中，并行方式是数码各位同时输入寄存器中。

寄存器读出数码的方式也有串行和并行之分，串行方式是在一个输出端逐位读出数据，并行方式是所取出的数码在各位输出端同时输出。

按照功能可将寄存器分为数码寄存器和移位寄存器两大类。数码寄存器只能并行送入数据和并行输出。而移位寄存器中的数据可以在移位脉冲作用下依次逐位右移或左移，数据既可以并行输入、并行输出，也可以串行输入、串行输出，还可以并行输入、串行输出，串行

输入、并行输出，十分灵活，用途也很广。

12.3.1　数码寄存器

图 12.3.1 所示为 4 位数码寄存器。是由四个上升沿触发的 D 触发器构成的，四个触发器的时钟脉冲 CP 端并接在一起作为寄存指令脉冲端。并接在一起的 $\bar{R}_D$ 端是清零端，在电路正常工作时置高电平。$D_3 \sim D_0$ 是数据输入端，$Q_3 \sim Q_0$ 是数据输出端。

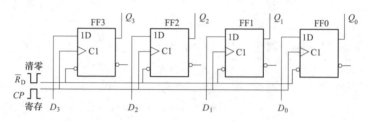

图 12.3.1　4 位数码寄存器

在 $\bar{R}_D = 1$ 时，无论寄存器中原来存储的是什么数码，只要寄存指令脉冲 CP 上升沿到来，加在数据输入端 $D_3 \sim D_0$ 的四个数码就立即被送入寄存器中。寄存指令脉冲过去后，只要保持 $CP = 0$，寄存器存储的数码将保持不变。寄存的数码可在 $Q_3 \sim Q_0$ 四个输出端并行输出。

12.3.2　移位寄存器

1. 单向移位寄存器

移位寄存器除了具有存储数据的功能外，还可将所存储的数据逐位（由低位向高位或由高位向低位）移动。按照在移位脉冲 CP 作用下移位情况的不同，移位寄存器分为单向移位寄存器和双向移位寄存器两大类，单向移位寄存器又有左向移位的和右向移位两种。

图 12.3.2 所示为 4 位右向移位寄存器，由 4 个上升沿触发的 D 触发器构成。4 位待存储的数码由触发器 FF3 的数据输入端 D_1（即 $D_3 = D_1$）输入，CP 为移位脉冲输入端。要存储的数码在移位脉冲的控制下，从触发器的高位到低位依次串行送到 $Q_3 Q_2 Q_1 Q_0$ 端。

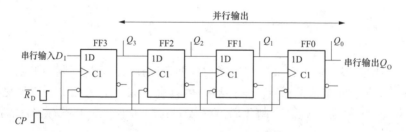

图 12.3.2　D 触发器构成的 4 位右移移位寄存器电路图

在存储二进制数操作之前，先使用 $\bar{R}_D$（加负脉冲）将各个触发器清零，即使 $Q_3 Q_2 Q_1 Q_0 = 0000$。设 4 位待存的数码为 1011，第一个移位脉冲 CP 到来时，使最低位数码 1 加在 D_1 端（即 FF3 的输入端），会被移入 Q_3，触发器输出为 $Q_3 Q_2 Q_1 Q_0 = 1000$。第二个移位脉冲 CP 到来时，使倒数第二位数码 1 加在 D_1 端，又会被移入 Q_3，同时 Q_3 先前的 1 移入 Q_2，触发器输出为 $Q_3 Q_2 Q_1 Q_0 = 1100$。依此类推，在第三个移位脉冲作用下，触发器

输出为 $Q_3Q_2Q_1Q_0 = \mathbf{0110}$；在第四个移位脉冲作用下，触发器输出为 $Q_3Q_2Q_1Q_0 = \mathbf{1011}$。至此为止，串行输入的 4 位数码 **1011** 在移位脉冲的作用下，被移入寄存器中。工作波形如图 12.3.3 所示。可见，右向移位寄存器是先从数码的最低位输入并向右移位，经过 4 个移位脉冲后完成数码的寄存。

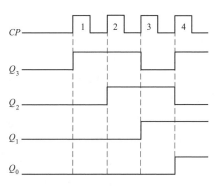

图 12.3.3　D 触发器构成的 4 位右移移位
寄存器工作波形

取用寄存的数码时，一种方法是从四个触发器的输出端 $Q_3Q_2Q_1Q_0$ 并行输出；另一种方法是再输入四个移位脉冲，在最低位触发器的输出端 Q_0 得到串行的数码输出。表 12.3.1 给出移位寄存器的状态转换过程。

表 12.3.1　　　　　　　　　　　　移位寄存器状态转换表

CP	D_3	Q_3	Q_2	Q_1	Q_0
0	0	0	0	0	0
1	1	1	0	0	0
2	1	1	1	0	0
3	0	0	1	1	0
4	1	1	0	1	1
5	0	0	1	0	1
6	0	0	0	1	0
7	0	0	0	0	1
8	0	0	0	0	0

左向移位寄存器是从触发器的低位向高位移位的。方法与右向移位寄存器类似，只不过是由数码的最高位开始从 D_0 端输入。

* 2. 集成双向移位寄存器

在数字电路中，集成移位寄存器产品较多。使用较广泛是双向移位寄存器。如图 12.3.4 所示是集成双向移位寄存器 74LS194 芯片的引脚排列图和逻辑功能示意图。

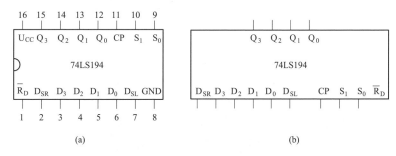

图 12.3.4　双向移位寄存器 74LS194
（a）引脚排列图；（b）逻辑符号

4 位双向移位寄存器 74LS194 的引脚功能为：$\overline{R}_D$（1 管脚）为清零端，低电平有效；S_1、S_0（10、9 管脚）为工作方式控制端；D_{SR}（2 管脚）为右移串行数据输入端；D_{SL}（7 管脚）左移串行数据输入端；$D_3D_2D_1D_0$（3～6 管脚）为并行数据输入端；$Q_3Q_2Q_1Q_0$（12～15 管脚）为并行数据输出端；CP（11 管脚）为移位时钟脉冲，上升沿有效。

对于工作方式控制端，当 $S_1 = S_0 = 1$ 时数据并行输入；当 $S_1 = S_0 = 0$ 时，寄存器处于保持状态；当 $S_1 = 1$，$S_0 = 0$ 时，左移数据输入；当 $S_1 = 0$，$S_0 = 1$ 时，右移数据输入。

可见，74LS194 双向移位寄存器具有清零、并行和串行输入、数据右移和左移功能。其功能表见表 12.3.2。

表 12.3.2　74LS194 型移位寄存器的功能表

$\overline{R_D}$	S_1 S_0	CP	D_{SR}	D_{SL}	D_3 D_2 D_1 D_0	Q_3^{n+1} Q_2^{n+1} Q_1^{n+1} Q_0^{n+1}	功能
0	× ×	×	×	×	× × × ×	0　　0　　0　　0	置 0
1	1 1	↑	×	×	d_3 d_2 d_1 d_0	d_3　d_2　d_1　d_0	存数
1	0 1	↑	1	×	× × × ×	1　Q_3^n　Q_2^n　Q_1^n	右移
1	0 1	↑	0	×	× × × ×	0　Q_3^n　Q_2^n　Q_1^n	
1	1 0	↑	×	1	× × × ×	Q_2^n　Q_1^n　Q_0^n　1	左移
1	1 0	↑	×	0	× × × ×	Q_2^n　Q_1^n　Q_0^n　0	
1	0 0	↑	×	×	× × × ×	Q_3^n　Q_2^n　Q_1^n　Q_0^n	保持

图 12.3.5 是用两片 74LS194 型芯片构成的 8 位双向移位寄存器的电路接线图，只需要将其中一片的 Q_3 接到另一片的 D_{SL} 左移端，将另一片的 Q_0 接到这一片的 D_{SR} 右移端。并且把两片的 S_1、S_0、CP 和 $\overline{R_D}$ 分别接在一起就可以了。

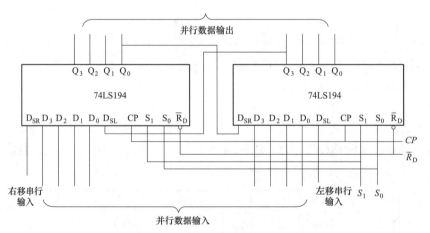

图 12.3.5　用两片 74LS194 型芯片构成的 8 位双向移位寄存器

12.4 计 数 器

在数字电路中，应用最多的时序逻辑电路是能够累计输入时钟脉冲个数的计数器。计数器不仅用于时钟脉冲的计数，还广泛用于定时、运算、分频、产生节拍脉冲等。从小型数字仪表，到大型数字电子计算机，计数器几乎无所不在，是现代数字系统不可缺少的组成部分。

计数器的种类很多，按照工作方式，可分为同步计数器和异步计数器两种；按计数的基数不同，可分为二进制计数器、十进制计数器和 N 进制计数器；按计数过程中数值的增减方式，可分为加法计数器、减法计数器和可逆计数器。

12.4.1 二进制计数器

二进制计数器是以二进制的形式对脉冲进行计数的。一个双稳态触发器有 **0** 和 **1** 两个状态，可以构成 1 位二进制计数器。如果要构成 n 位二进制计数器就要用到 n 个双稳态触发器，其能够记录的最大数码为 2^n-1。

1. 异步二进制计数器

图 12.4.1 所示为由 4 个下降沿触发的 JK 触发器构成的 4 位异步二进制加法计数器。各触发器的 J、K 端悬空，相当于 **1**，即 $J=K=1$，具有计数功能。前一级的输出 Q 端接至了后一级的 CP 端，这样，后一级触发器只有当前级触发器由 **1** 变 **0** 时才翻转，故为异步工作方式。

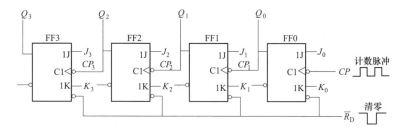

图 12.4.1 JK 触发器构成的 4 位异步二进制加法计数器

开始计数前，在 $\overline{R}_D$ 端加负脉冲将各触发器清零。计数开始后，最低位触发器每来一个计数脉冲翻转一次；后级触发器在前级触发器的输出由 **1** 变 **0** 时翻转。可得 4 位二进制加法计数器的状态转换表见表 12.4.1。

表 12.4.1   4 位异步二进制加法计数器的状态转换表

计数脉冲	Q_3	Q_2	Q_1	Q_0	十进制数
0	**0**	**0**	**0**	**0**	0
1	**0**	**0**	**0**	**1**	1
2	**0**	**0**	**1**	**0**	2
3	**0**	**0**	**1**	**1**	3
4	**0**	**1**	**0**	**0**	4
5	**0**	**1**	**0**	**1**	5
6	**0**	**1**	**1**	**0**	6
7	**0**	**1**	**1**	**1**	7
8	**1**	**0**	**0**	**0**	8
9	**1**	**0**	**0**	**1**	9
10	**1**	**0**	**1**	**0**	10
11	**1**	**0**	**1**	**1**	11
12	**1**	**1**	**0**	**0**	12
13	**1**	**1**	**0**	**1**	13
14	**1**	**1**	**1**	**0**	14
15	**1**	**1**	**1**	**1**	15
16	**0**	**0**	**0**	**0**	0

由表 12.4.1 可见，计数器的输出 $Q_3Q_2Q_1Q_0$ 的状态是按二进制数加 1 递增变化的，即

每来一个时钟脉冲计数器加1，当第16个（2^4）计数脉冲过后，各触发器状态又回到 **0000** 状态，故为加法计数器。计数器的输出 $Q_3Q_2Q_1Q_0$ 共有16种状态，能够记录的最大数码为 $15 \times (2^4 - 1)$。

4位二进制异步加法计数器的工作波形如图12.4.2所示。可以看出，Q_0 输出波形的频率是 CP 频率的 $1/2$，称为对时钟脉冲的二分频；Q_1 输出波形的频率是 CP 频率的 $1/4$，称为对时钟脉冲的四分频；Q_2 输出波形的频率是 CP 频率的 $1/8$，称为对时钟脉冲的八分频；Q_3 输出波形的频率是 CP 频率的 $1/16$，称为对时钟脉冲的十六分频。因而，计数器可用作分频器。

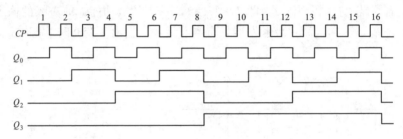

图 12.4.2　4位二进制异步加法计数器工作波形图

【例 12.4.1】　试分析图12.4.3所示逻辑电路的逻辑功能。

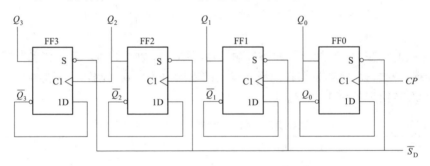

图 12.4.3　［例12.4.1］的逻辑电路

【解】　该逻辑电路由4个D触发器构成，4个D触发器都连接成计数状态，即 $Q^{n+1} = \overline{Q^n}$。D触发器上升沿触发，所以触发器FF1、FF2和FF3是在 Q_0、Q_1 和 Q_2 的上升沿触发翻转。由置 **1** 端设定的初始状态为 **1111**，可列出状态转换表见表12.4.2。

表 12.4.2　　　　　　　　　　［例 12.4.1］逻辑电路的状态转换表

计数脉冲	Q_3^{n+1}	Q_2^{n+1}	Q_1^{n+1}	Q_0^{n+1}	十进制数
0	1	1	1	1	15
1	1	1	1	0	14
2	1	1	0	1	13
3	1	1	0	0	12
4	1	0	1	1	11
5	1	0	1	0	10
6	1	0	0	1	9
7	1	0	0	0	8

续表

计数脉冲	Q_3^{n+1}	Q_2^{n+1}	Q_1^{n+1}	Q_0^{n+1}	十进制数
8	**0**	**1**	**1**	**1**	7
9	**0**	**1**	**1**	**0**	6
10	**0**	**1**	**0**	**1**	5
11	**0**	**1**	**0**	**0**	4
12	**0**	**0**	**1**	**1**	3
13	**0**	**0**	**1**	**0**	2
14	**0**	**0**	**0**	**1**	1
15	**0**	**0**	**0**	**0**	0
16	**1**	**1**	**1**	**1**	15

可见，4 个输出端 $Q_3Q_2Q_1Q_0$ 的状态是按二进制数减 1 递减变化的，当第 16 个（2^4）计数脉冲过后，各触发器状态又回到 **1111** 状态，故此电路是一个 4 位异步二进制减法计数器，其工作波形如图 12.4.4 所示。

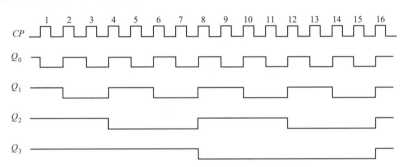

图 12.4.4　4 位二进制减法计数器工作波形图

2. 同步二进制计数器

由于异步计数器中的各触发器使用的不是同一个时钟信号，各触发器状态的变化有先有后，因而运行速度较慢。为了提高计数速度，可采用将计数脉冲同时加到各个触发器的时钟脉冲端，使各触发器同步翻转的同步计数器。

由 JK 触发器构成的 4 位同步二进制加法计数器，如图 12.4.5 所示。各触发器的时钟脉冲来自同一个 CP，当 CP 脉冲下降沿到来时触发器是否翻转取决于 J、K 端的状态。对于第一位触发器 FF0，其 $J_0=\mathbf{1}$、$K_0=\mathbf{1}$，每来一个计数脉冲 Q_0 就翻转一次。第二位触发器 FF1，其 $J_1=K_1=Q_0$，则当 Q_0 为 **1** 时，再来一个时钟脉冲（下降沿）Q_1 翻转。第三位触

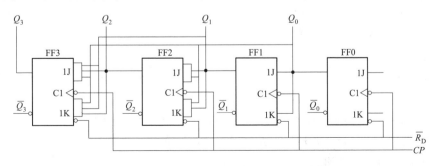

图 12.4.5　4 位同步二进制加法计数器

发器FF2，其 $J_2 = K_2 = Q_0 Q_1$，则当 Q_0、Q_1 都为 **1** 时，再来一个时钟脉冲（下降沿）Q_2 翻转。第四位触发器FF3，其 $J_3 = K_3 = Q_0 Q_1 Q_2$，则当 Q_0、Q_1、Q_2 都为 **1** 时，再来一个时钟脉冲（下降沿）Q_3 翻转。在时钟脉冲作用下，4 位同步二进制加法计数器的状态转换表及工作波形与 4 位异步二进制加法计数器的相同。

集成电路芯片 74LS161 是同步 4 位二进制计数器，其引脚排列图和逻辑功能图如图 12.4.6 所示，功能表见表 12.4.3。

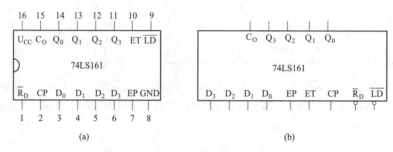

图 12.4.6　74LS161 型 4 位同步二进制计数器

(a) 引脚排列图；(b) 逻辑符号

表 12.4.3　　　　　　　　　　　74LS161 型同步二进制计数器功能表

$\overline{R}_D$	$\overline{LD}$	CP	EP	ET	D_3	D_2	D_1	D_0	Q_3^{n+1}	Q_2^{n+1}	Q_1^{n+1}	Q_0^{n+1}	功能
0	×	×	×	×	×	×	×	×	**0**	**0**	**0**	**0**	置0
1	**0**	↑	×	×	d_3	d_2	d_1	d_0	d_3	d_2	d_1	d_0	置数
1	**1**	↑	**1**	**1**	×	×	×	×		计　　　　数			计数
1	**1**	↑	**0**	×	×	×	×	×	Q_3^n	Q_2^n	Q_1^n	Q_0^n	保持
1	**1**	↑	×	**0**	×	×	×	×	Q_3^n	Q_2^n	Q_1^n	Q_0^n	保持

$\overline{R}_D$ 为异步清 **0** 端，$\overline{R}_D = \mathbf{0}$ 时，不管有无时钟信号，立即输出 $Q_3 Q_2 Q_1 Q_0 = \mathbf{0000}$。

$\overline{R}_D = \mathbf{1}$，同步预置数端 $\overline{LD}$ 有效，当 $\overline{LD} = \mathbf{0}$ 时，有效时钟信号到达，输出 $Q_3 Q_2 Q_1 Q_0 = d_3 d_2 d_1 d_0$，$d_3 d_2 d_1 d_0$ 是数据端 $D_3 D_2 D_1 D_0$ 预置的数值。

$\overline{R}_D = \overline{LD} = \mathbf{1}$，且 $EP = ET = \mathbf{1}$ 时，在有效时钟信号作用下，$Q_3 Q_2 Q_1 Q_0$ 输出按二进制加法计数。若 EP、ET 任意一个输入端为 **0**，计数器所有输出信号保持原状态。

C_O 为进位输出端。在计数期间 $C_O = \mathbf{0}$ 一直保持到 $Q_3 Q_2 Q_1 Q_0 = \mathbf{1110}$，当 $Q_3 Q_2 Q_1 Q_0 = \mathbf{1111}$ 时 C_O 变为高电平，即 $C_O = \mathbf{1}$，再来一个脉冲 $Q_3 Q_2 Q_1 Q_0 = \mathbf{0000}$，同时 C_O 变为 **0**。

CP 为计数脉冲输入端，上升沿有效。

12.4.2　十进制计数器

在实际工作中，人们习惯于使用十进制数，因而许多场合使用十进制计数器较为方便。十进制计数器可在二进制计数器的基础上得出。

十进制计数器要求用十个状态表示十进制数的 0~9，最常用的是 8421 编码方案，即取 4 位二进制数前面的 **0000~1001** 十个状态按大小对应表示十进制数的十个数码，表 12.4.4 给出了 8421BCD 码十进制加法计数器的状态转换表。由表可见，当计数到 **1001** 时再来一个脉冲，计数器要从 **1001** 变为 **0000**，且经过十个脉冲循环一次。

表 12.4.4 8421BCD 码十进制加法计数器的状态转换表

计数脉冲	二进制数				十进制数
	Q_3	Q_2	Q_1	Q_0	
0	**0**	**0**	**0**	**0**	0
1	**0**	**0**	**0**	**1**	1
2	**0**	**0**	**1**	**0**	2
3	**0**	**0**	**1**	**1**	3
4	**0**	**1**	**0**	**0**	4
5	**0**	**1**	**0**	**1**	5
6	**0**	**1**	**1**	**0**	6
7	**0**	**1**	**1**	**1**	7
8	**1**	**0**	**0**	**0**	8
9	**1**	**0**	**0**	**1**	9
10	**0**	**0**	**0**	**0**	10

图 12.4.7 是十进制加法计数器的工作波形图。

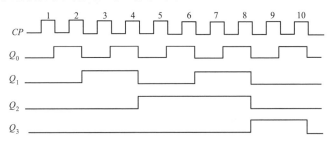

图 12.4.7 十进制加法计数器的工作波形图

将由触发器构成的 4 位二进制计数器加以改造，便可得到十进制计数器，这里就不做介绍了。下面介绍两个常用的集成十进制计数器。

1. 同步十进制计数器 74LS160

集成电路芯片 74LS160 是使用最多的同步十进制计数器，是按照 8421BCD 码进行计数的。74LS160 的芯片引脚排列图和逻辑图如图 12.4.8 所示，使用方法与 74LS161 相同，使用时可以参考 74LS161 的功能表（见表 12.4.3）。

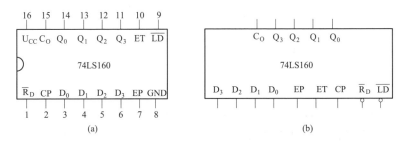

图 12.4.8 74LS160 型十进制加法计数器
(a) 74LS160 引脚排列图；(b) 逻辑符号

2. 异步二—五—十进制计数器 74LS290

图 12.4.9 所示是 74LS290 型异步二—五—十进制计数器的引脚排列图。$R_{0(1)}$ 和 $R_{0(2)}$ 是

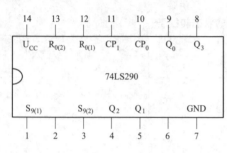

图 12.4.9　74LS290 型异步二—五—十
进制计数器的引脚排列图

清零输入端，由表 12.4.5 的功能可见，当两端全为 **1**，且 $S_{9(1)}$ 和 $S_{9(2)}$ 不全为 1 时，将四个触发器清零，即使 $Q_3 Q_2 Q_1 Q_0 = \mathbf{0000}$；$S_{9(1)}$ 和 $S_{9(2)}$ 为置 9 输入端，由功能表 12.4.5 可见，当两端全为 **1**，且 $R_{0(1)}$ 和 $R_{0(2)}$ 不全为 1 时，$Q_3 Q_2 Q_1 Q_0 = \mathbf{1001}$，即表示十进制数 9。而当 $R_{0(1)}$ 和 $R_{0(2)}$ 及 $S_{9(1)}$ 和 $S_{9(2)}$ 不全为 1 时，进行计数工作。

计数工作状态下，若从 CP_0 端输入计数脉冲，Q_0 端输出数据，则得到二进制计数器；若从 CP_1 端输入脉冲，从 Q_3，Q_2，Q_1 端输出数据，为五进制计数器；若将 CP_1 与 Q_0 相连接，从 CP_0 端输入计数脉冲信号，Q_3，Q_2，Q_1，Q_0 端作为输出端，则为 8421 码异步十进制计数器。需明确，74LS290 型计数器输出状态是在时钟脉冲下降沿翻转。

表 12.4.5　　　　　　　　　　　　　　74LS290 型计数器功能表

$R_{0(1)}$	$R_{0(2)}$	$S_{9(1)}$	$S_{9(2)}$	Q_3	Q_2	Q_1	Q_0
1	1	0	×	0	0	0	0
		×	0				
0	×	1	1	1	0	0	1
×	0						
×	0	×	0				
0	×	0	×		计数		
0	×	×	0				
×	0	0	×				

12.4.3　N 进制计数器

目前常见的计数器芯片在计数进制上只做成应用较为广泛的几种类型，如十进制和二进制。如果需要其他任意进制（N 进制）的计数器时，可由已有的集成十进制或二进制计数器进行改接得到。

利用集成计数器（设有 M 种输出状态）构成 N 进制计数器时，构成方法可分 $M>N$ 和 $M<N$ 两种情况。当 $M>N$ 时，变进制的原理是去掉固有进制计数器的某几个状态，用剩余的状态构成一个有效循环，使有效循环的状态数为 N 即构成 N 进制计数器。在此情况下，变进制常用的方法有两种：一是利用清零端变进制，称为清零法；二是利用预置数端变进制，称为置数法。当 $M<N$ 时，变进制可采用级联法，即利用两片或两片以上计数器芯片的级联来实现。

1. 清零法

清零法就是当计数器计数到 N 个计数脉冲时，利用计数器所有为 **1** 的输出状态产生清零信号，加到计数器的清零端进行反馈清零。此后，计数器再从 **0** 开始重新计数，便构成了 N 进制计数器。

使用清零法时，要明确计数器芯片采用的是同步式清零还是异步式清零。同步式清零的计数器（例如 74LS162、74LS163），当 $\bar{R}_D$ 出现低电平后要等 CP 信号到达时才能将计数器置零；而异步式清零的计数器（例如 74LS160、74LS161、74LS290），只要 $\bar{R}_D$ 出现低电平，计数器立即被置零，不受 CP 的控制。

【例 12.4.2】　试用 4 位二进制计数器 74LS161 构成七进制（$N=7$）计数器。74LS161 的逻辑符号如图 12.4.6 所示，功能表如表 12.4.3 所示。

【解】　74LS161 计数工作时共有 16 种输出状态，使计数器的输出 $Q_3Q_2Q_1Q_0$ 状态从 **0000** 开始，到 **0110** 共 7 个状态构成有效循环，便为七进制计数器，状态循环如图 12.4.10 所示。考虑到 74LS161 采用的是异步清零方式，出现 $\overline{R}_D=0$ 时，不等计数脉冲到达，计数器便立即清 **0**，因此，采用 **0110** 之后状态 **0111** 进行反馈清零。

74LS161 采用清零法构成的七进制计数器，如图 12.4.11 所示。图中 $\overline{LD}$、EP 和 ET 都为 **1**，在 $\overline{R}_D=1$ 时计数器正常计数。当计数到 **0111** 时，$Q_2Q_1Q_0=111$，与非门立即输出清零信号（$\overline{R}_D=0$）将计数器置零，即 **0111** 这一状态转瞬即逝，显示不出，而是立即回到 **0000**，开始重新计数。

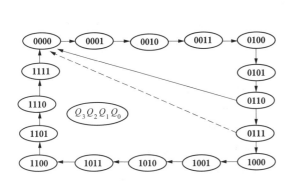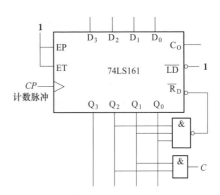

图 12.4.10　74LS161 构成七进制计数器的状态循环图　　图 12.4.11　74LS161 构成的七进制计数器

由于 C_O 只有在 **1111** 状态下才产生进位输出，因此，需要在电路中增加七进制的进位输出 C，其进位产生于 **0110** 状态，如图 12.4.11 所示。

若采用同步清零方式的计数器构成七进制计数器，由于出现 $\overline{R}_D=0$ 时要等下一个 CP 到达时才清零，则应采用 **0110** 中的 $Q_2Q_1=11$ 通过与非门进行反馈清零。

2. 置数法

置数法变进制是通过给计数器重复置入某个数值的方法，跳过某几个状态，从而得到 N 进制计数器。这种方法适用于有预置数功能的计数器芯片。

使用置数法时，同样要明确计数器芯片采用的是同步式预置数还是异步式预置数。同步式预置数的计数器（如 74LS160、74LS161），当 $\overline{LD}$ 出现低电平后要等 CP 信号到达时才能将计数器置数；而异步式预置零的计数器（如 74LS190、74LS191），只要 $\overline{LD}$ 出现低电平，计数器立即被置数，不受 CP 的控制。

【例 12.4.3】　试用 4 位二进制计数器 74LS161 构成八进制（$N=8$）计数器。

【解】　令预置数为 **0000**，计数器的输出 $Q_3Q_2Q_1Q_0$ 状态从 **0000** 开始，到 **0111** 共 8 个状态构成有效循环，形成八进制计数。由于 74LS161 采用的是同步式预置数，当第七个 CP 上升沿来到时，$Q_3Q_2Q_1Q_0$ 状态为 **0111**，利用这一状态使 $\overline{LD}=0$。

74LS161 采用置数法构成的八进制计数器，如图 12.4.12 所示。图中 $\overline{R}_D$、EP 和 ET 都

为 **1**，在 $\overline{LD}$ **=1** 时计数器正常计数。当计数到 **0111** 时，$Q_2Q_1Q_0=$**111**，与非门输出置数信号，$\overline{LD}=$**0**。此时预置数尚未置入输出端，待第八个 CP 上升沿来到时才置入，输出状态变为 **0000**。此后，$\overline{LD}$ 又由 **0** 变为 **1**，进行下一个计数循环。

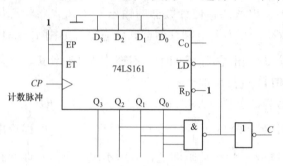

图 12.4.12　74LS161 型计数器连接成八进制计数器

另外由于芯片到达不了状态 1111，所以 C_O 不能产生进位信息，需要在电路中增加八进制的进位输出 C，如图 12.4.12 所示。

置数法的预置数也可以是其他非零状态，从此状态开始形成 N 个状态的有效循环，构成 N 进制计数器。

3. 级联法

当 $N>M$ 时，需用两片以上集成计数器通过级联的方法来实现。级联就是当低位计数器芯片计数到最大值后，使高位计数器进行一次计数。两个 M_1 和 M_2 进制的芯片的级联，构成的是 $M_1 \times M_2$ 进制计数器。如两个 74LS161 级联构成的是二百五十六进制计数器；两个 74LS160 级联构成的是一百进制计数器。级联构成 N 进制计数器时，可采用两种方式，一是首先由数个集成计数器级联构成高于 N 的计数器电路，然后再利用清零法或置数法连接成 N 进制；二是先分别将每个集成计数器构成一个任意进制（N_1、N_2、…）计数器，再级联成 $N(N=N_1 \times N_2 \times \cdots)$ 进制计数器。

【例 12.4.4】　试用两片 74LS160 型同步十进制计数器连接成一百进制计数器。

【解】　方法一：串行进位方式。图 12.4.13 是按照串行进位方式连接的百进制计数器。将两片 74LS160 都连接成计数状态，计数器计数没有到 **1001** 前，进位 C_O 为 **0**。每来一个脉冲，低位 74LS160 输出 Q 加 1，当第九个脉冲到达后，低位芯片计数为 **1001**，进位 $C_O=$**1**，经非门后使高位芯片 CP 处于低电平。当第十个脉冲到达后，低位计数为 **0000**，进位回到低电平（$C_O=$**0**），经非门后使高位芯片 CP 翻转为高电平，这相当于高位芯片的 CP 端输入了一个脉冲上升沿，于是高位芯片计数加 1。可见低位芯片每计十个数高位芯片计一个数，高位芯片计十个数后与低位芯片同时回到起始状态 **0000**，从而电路完成一百进制计数器功能。

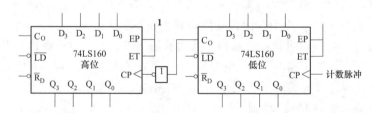

图 12.4.13　两个 74LS160 级联构成一百进制计数器电路串行进位方式

方法二：并行进位方式。图 12.4.14 是并行进位方式的百进制计数器，低位芯片 74LS160 的 EP 和 ET 都是 **1**，高位芯片的 EP 和 ET 与低位的进位端 C_O 相接，低位计数器计数没有到 **1001** 前，低位 C_O 为 **0**，所以高位的 $EP=ET=$**0**，高位芯片虽然得到计数脉冲，但是高位芯片不能计数；低位 74LS160 每得到一个计数脉冲，计数器输出加 1，当计数器计

数到 **1001** 时，低位 $C_O=1$，高位芯片的 $EP=ET=1$，允许高位芯片计数，CP 端再得到一个脉冲上升沿，高位芯片加 1；也就是低位芯片每计十个数高位芯片计一个数，高位芯片计十个数后与低位芯片同时回到起始状态 **0000**，所以电路完成一百进制计数器功能。

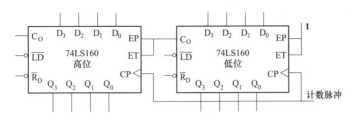

图 12.4.14 两个 74LS160 级联构成一百进制计数器电路并行进位方式

两种进位方式都能够完成一百进制计数功能，但是串行进位方式的连接方式导致两个芯片不能同步工作，存在时间延迟，而并行进位方式工作速度较快。

【**例 12.4.5**】 试用两片 74LS160 型同步十进制计数器连接成五十六进制计数器。

【**解**】 先用两片 74LS160 通过级联构成一百进制计数器，在此基础上再用清零法或置数法实现变进制。

使用预置数法，电路如图 12.4.15 所示，高位和低位的 Q_0 和 Q_2 接到同一个与非门的输入端，高、低位芯片预置的起始状态均为 **0000**。当输入第五十个计数脉冲时，高位芯片 $Q_3Q_2Q_1Q_0$ 状态为 **0101**，低位芯片 $Q_3Q_2Q_1Q_0$ 状态为 **0000**。当输入第五十五个计数脉冲时，高位芯片状态不变，低位芯片状态为 **0101**，此时与非门输出为低电平，待下一个计数脉冲到达，高、低位芯片同时被置数回到初始状态 **0000**。从 0～55 是 56 个状态，故构成了五十六进制计数器。

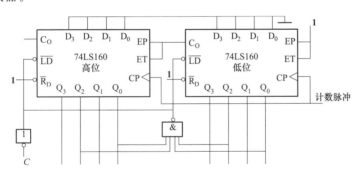

图 12.4.15 用两片 74LS160 实现五十六进制计数器

此例中计数器的实现，也可利用 $N=N_1N_2$ 的方法。因为 $56=7\times8$，所以先用两片 74LS160 分别构成七进制和八进制计数器电路，然后把它们级联实现变进制。

【**例 12.4.6**】 数字钟表中的分、秒计数都是六十进制，试用两片 74LS290 型芯片连接成六十进制计数器电路。74LS290 型计数器的功能表如表 12.4.5 所示。

【**解**】 六十进制计数器由两位组成，个位为十进制，十位为六进制。电路接线如图 12.4.16 所示。个位的 Q_3 接到十位的触发脉冲输入端 CP_0 端。

个位的 Q_0 接 CP_1，CP_0 接时钟脉冲，构成十进制计数器；十位在构成十进制计数器基础上，利用反馈（异步式）清零，构成六进制计数器。

个位计数到第九个脉冲后，输出状态为 **1001**，再来一个脉冲时，Q_3 由 **1** 变到 **0**，是一个下降沿，这时十位计数器计数。个位计数器十个脉冲循环一次，而十位计数器经过十个脉冲计数一次。经过六十个脉冲后，十位计数为 **0110**，此时，立即清零，个位和十位计数器都回到初始状态 **0000**。这样就实现了六十进制计数功能。

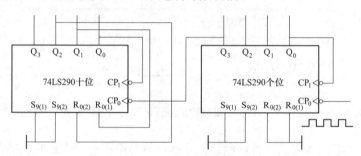

图 12.4.16　用两片 74LS290 构成六十进制计数器

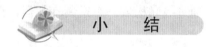

1. 双稳态触发器

具有记忆功能的双稳态触发器具有两个稳定的输出状态，当有效输入信号消失后，被置成的 **0** 态或 **1** 态均能被一直保持。双稳态触发器是时序逻辑电路的基本单元。

（1）基本 RS 触发器。基本 RS 触发器是构成各种触发器的基本电路单元，其逻辑功能见表 12.1。

表 12.1　　　　　　　　　　　　基本 RS 触发器逻辑功能表

$\bar{R}_D$	$\bar{S}_D$	Q^{n+1}	功能说明
0	**1**	**0**	置 0
1	**0**	**1**	置 1
1	**1**	Q^n	保持
0	**0**	$1(=\bar{Q}^{n+1})$	禁用

（2）可控 RS 触发器。可控 RS 触发器具有时序特性，即依靠时钟脉冲 CP 控制。触发方式为电平触发，故具有空翻现象的缺陷。其逻辑功能见表 12.2。

表 12.2　　　　　　　　　　　　可控 RS 触发器的逻辑功能表

R	S	Q^{n+1}	功能
0	**1**	**1**	置 1
1	**0**	**0**	置 0
0	**0**	Q^n	保持
1	**1**	$1(=\bar{Q}^{n+1})$	禁用

$CP=1$ 期间，可控 RS 触发器的逻辑功能可用特性方程来表示

$$\begin{cases} Q^{n+1} = S\bar{Q}^n + \bar{R}Q^n \\ SR = 0 (约束条件) \end{cases}$$

（3）JK 触发器。JK 触发器及 D 触发器的触发方式都有脉冲触发和边沿触发两种类型，克服了可控 RS 触发器的缺陷。脉冲触发通常要使得触发器的输入状态在 $CP=1$ 期间保持不变，否则，必须考虑 $CP=1$ 期间输入信号的变化情况，才能确定触发器的次态。而边沿触发输出次态只决定于时钟信号的上升沿或下降沿时刻的输入状态，而与其他时刻的输入状态无关，性能优越。

JK 触发器逻辑功能见表 12.3。

表 12.3   **JK 触发器的逻辑功能表**

J	K	Q^{n+1}	功能
0	**0**	Q^n	保持
0	**1**	**0**	置 0
1	**0**	**1**	置 1
1	**1**	$\bar{Q}^n$	计数

JK 触发器的特性方程为

$$Q^{n+1} = J\bar{Q}^n + \bar{K}Q^n$$

（4）D 触发器。D 触发器逻辑功能见表 12.4。

D 触发器的出特性方程为

$$Q^{n+1} = D$$

表 12.4   **D 触发器的逻辑功能表**

D	Q^{n+1}	功能
0	**0**	置 0
1	**1**	置 1

2. 时序逻辑电路的分析

时序逻辑电路分析的一般步骤如下：

（1）写出时序逻辑电路中各个触发器输入端的逻辑函数式，即驱动方程。并确定使其触发的时钟脉冲。

（2）将驱动方程代入相应触发器的特性方程，得到各触发器的状态方程。

（3）写出时序逻辑电路对外输出的逻辑函数式，即输出方程。若没有则不写。

（4）根据状态方程和输出方程，列出时钟脉冲作用下的状态转换表，也可进一步画出输出波形图，以得出时序逻辑电路的状态变化规律和逻辑功能。

3. 寄存器

用来存放二进制数据或代码的电路称为寄存器。

（1）数码寄存器。由触发器构成的并行输入、并行输出的寄存器。

（2）移位寄存器。由触发器构成的串行输入、串行输出的寄存器。可将所存储的数据逐位（由低位向高位或由高位向低位）移动。

4. 计数器

由触发器构成的用来统计输入时钟脉冲个数的器件称为计数器。计数器的种类很多，按照工作方式，可分为同步计数器和异步计数器两种；按计数的基数不同，可分为二进制计数器、十进制计数器和 N 进制计数器；按计数过程中数值的增减方式，可分为加法计数器、减法计数器和可逆计数器。

异步计数器中的各触发器使用的不是同一个时钟信号，各触发器状态的变化有先有后，因而运行速度较慢；同步计数器中各触发器使用同一个时钟脉冲源，各触发器同步翻转，计数速度较快。

二进制计数器是以二进制的形式对脉冲进行计数的。n 位二进制计数器要用到 n 个双稳态触发器，其能够记录的最大数码为 2^n-1。

十进制计数器是以十进制的形式对脉冲进行计数的。可在二进制计数器的基础上得出。

任意进制（N 进制）的计数器，可由已有的集成十进制或二进制计数器进行改接得到。利用集成计数器（设有 M 种输出状态）构成 N 进制计数器时，当 $M>N$ 时，变进制常用的方法有两种：一是利用清零端变进制，称为清零法；二是利用预置数端变进制，称为置数法。当 $M<N$ 时，变进制可采用级联法，即利用两片或两片以上计数器芯片的级联来实现。

习　题

12.1　由与非门构成的基本 RS 触发器的 $\overline{S}_D$、$\overline{R}_D$ 端的两种输入波形如题图所示，试画出初态为 **0** 和 **1** 两种情况下触发器 Q 端对应的输出波形。

习题 12.1 图

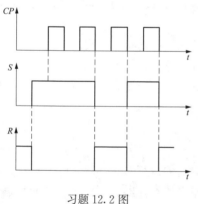

习题 12.2 图

12.2　可控 RS 触发器如图 12.1.4 所示，CP、R 和 S 端加上如题图所示的波形时，试画出 Q 端的输出波形。假设触发器初态为 **0**。

12.3　主从型 JK 触发器（下降沿触发），当加上题图所示 CP、$\overline{S}_D$、$\overline{R}_D$、J、K 的波形，试画出触发器 Q 端的波形，设触发器的初态为 **0**。

12.4　已知题图中各触发器的初始状态为 **0**，试分别画出在 CP 作用下各触发器输出 Q 的波形。

12.5　题图中，各触发器的初始状态均为 **0**，试画出在 CP 作用下各触发器输出端 Q 的波形。

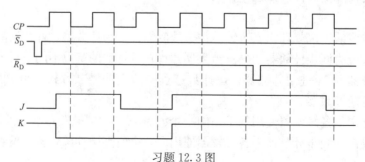

习题 12.3 图

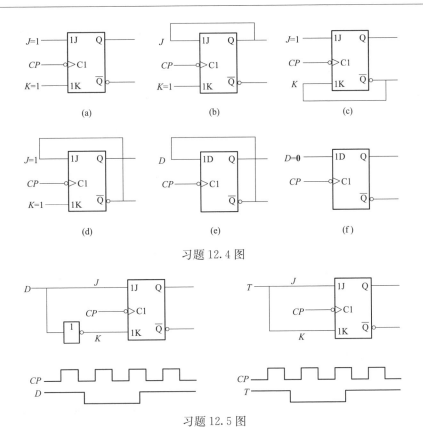

习题 12.4 图

习题 12.5 图

12.6　设题图所示时序逻辑电路的初始状态 $Q_1=Q_2=0$，试画出在时钟脉冲 CP 作用下 Q_1 和 Q_2 的波形，如果时钟脉冲 CP 的频率是 $8000\,\mathrm{Hz}$，Q_1 和 Q_2 波形的频率是多少？

12.7　设题图所示的时序逻辑电路中各触发器的初始状态为 0，试画出各触发器在 CP 作用下 Q 端的输出波形。

12.8　设如题图所示的时序逻辑电路中各触发器的初始状态为 0，试画出各触发器在 CP 作用下 Q 端的输出波形。

习题 12.6 图

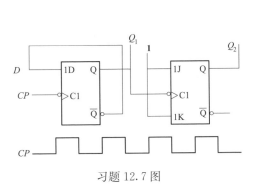

习题 12.7 图

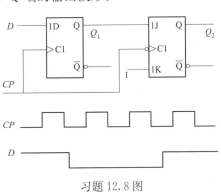

习题 12.8 图

12.9 题图所示为将 D 触发器转换成 T 触发器的逻辑图，试写出 Q^{n+1} 的逻辑表达式，列出逻辑状态表。

12.10 题图所示电路是一个可以产生多种脉冲波形的信号发生器。试根据给出的时钟脉冲 CP 画出 Y_1、Y_2、Y_3 端的输出波形，设触发器的初始状态为 **0**。

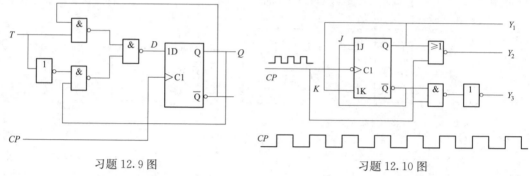

习题 12.9 图　　　　　　　　习题 12.10 图

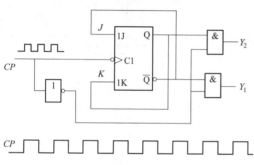

习题 12.11 图

12.11 试分析题图所示的逻辑电路，写出 Y_1 和 Y_2 的逻辑表达式，画出 Y_1 和 Y_2 的波形，说明电路的功能。设初始状态为 **0**。

12.12 题图（a）所示是由 D 触发器和 JK 触发器构成的逻辑电路。题图（b）是 CP、D_1 和 $\bar{R}_D$ 的波形图，画出两个触发器输出端 Q 的波形。设两触发器的初态为 **0**。

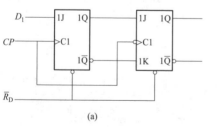

(a)　　　　　　　　　　　(b)

习题 12.12 图

12.13 题图是两个下降沿触发的 JK 触发器组成的时序逻辑电路。（1）试写出该电路输出 Z 的方程、各触发器的驱动方程和状态方程；（2）列出 $A=1$ 的状态转换表，画出各输出的波形图。

12.14 分析题图所示时序逻辑电路的逻辑功能，假设初始状态为 $Q_2 Q_1 Q_0 = \mathbf{011}$。

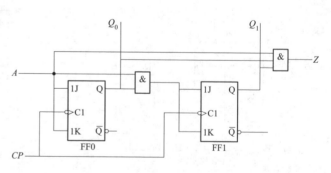

习题 12.13 图

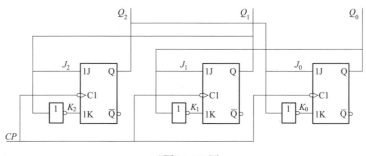

习题 12.14 图

12.15　题图（a）是由下降沿触发的 JK 触发器构成的移位寄存器，输入波形如题图（b）所示。试画出在此 6 个脉冲内各触发器输出端 Q 的波形图。设各触发器初态均为 **0**。

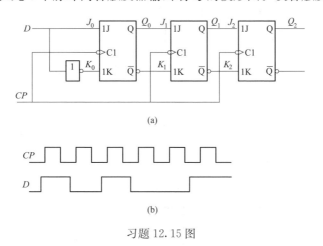

习题 12.15 图

12.16　题图所示是一个循环移位的 3 位移位寄存器，工作时先在预置端加一个负脉冲，之后输入移位脉冲 CP。试画出在 CP 作用下各触发器 Q 的波形。

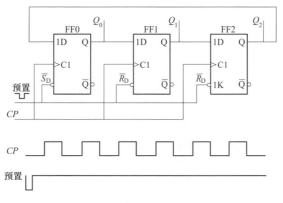

习题 12.16 图

12.17　设题图所示时序逻辑电路中各触发器初始状态均为 **0**。（1）试画出 Q_0、Q_1、Q_2 的工作波形，并分析该电路的逻辑功能；（2）若计数脉冲 CP 的频率是 $4000\mathrm{Hz}$，则 Q_1 的输出波形的频率是多少?

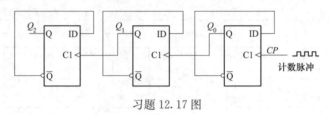

习题 12.17 图

12.18 试画出题图所示电路 Q_0、Q_1、Q_2 的工作波形,并分析电路的逻辑功能。设各触发器初始状态均为 0。

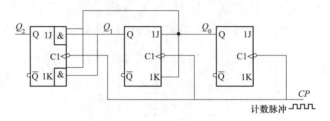

习题 12.18 图

12.19 试画出题图所示电路 Q_0、Q_1、Q_2 的工作波形,并分析电路的逻辑功能。设各触发器初始状态均为 0。

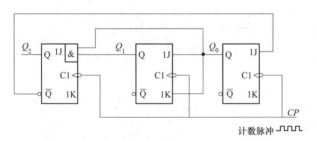

习题 12.19 图

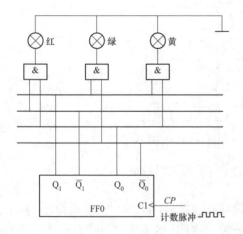

习题 12.20 图

12.20 如题图所示 FF0 是 2 位二进制加法计数器,计数前计数器已经清零,试分析输入 4 个计数脉冲过程中,红、绿、黄、彩灯点亮的顺序,亮为 1,灭为 0。

12.21 试确定题图中由集成十进制加法计数器 74LS160 改接得到的两个计数器分别是几进制计数器。

12.22 试确定题图所示电路是几进制计数器。

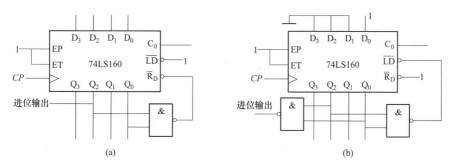

(a)   (b)

习题 12.21 图

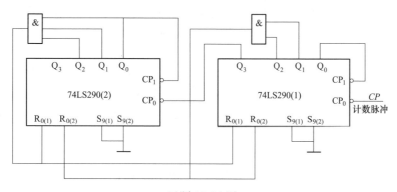

习题 12.22 图

13 模拟量与数字量的转换

随着计算机在自动控制、自动检测等领域的应用，大量采用计算机对信号进行运算和处理。数字电路处理模拟信号非常普遍。实际的控制量大多是连续变化的模拟量，如电压、温度、压力、位移等，对其中非电的模拟量首先要通过传感器变换为电信号的模拟量，然后再将这些模拟信号转换为数字信号，才能送入数字系统（计算机）进行处理，同时要求将处理后的数字信号再转换为模拟信号，作为最终的输出，送给控制执行电路。将模拟量到数字量的转换称为模/数转换（analog digital converter，A/D），反之，将数字量到模拟量的转换称为数/模转换（digital analog converter，D/A）。图 13.0.1 所示是信号转换过程框图。模

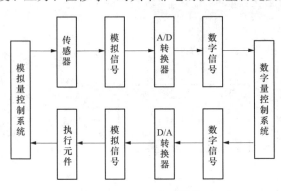

图 13.0.1　A/D、D/A 信号转换过程框图

数转换器和数模转换器就是完成上述两种转换的电路。它们是非常重要的数字系统的接口电路。由图 13.0.1 可见 A/D 转换器和 D/A 转换器是连接模拟系统和数字系统的重要桥梁。

13.1　数/模（D/A）转换器

13.1.1　D/A 转换器的组成及工作原理

D/A 转换器是将数字信号转换成模拟信号的电路。数字电路中处理的数字量是用二进制代码按数位组合起来表示的，每一位代码都有一定的权。为了将数字量转换成模拟量，必须将每一位的代码按其权的大小转换成相应的模拟量，然后将这些模拟量相加，即可得与数字量成正比的模拟量，从而实现数字量到模拟量的转换。

D/A 转换器种类很多。$R-2R$ 倒梯形电阻网络 D/A 转换器速度快、转换准确度也较高，是常用的 D/A 转换器。图 13.1.1 所示为 4 位 $R-2R$ 倒梯形电阻网络 D/A 转换器电路示意图，它由 5 部分组成，即 $R-2R$ 倒梯形电阻网络、电子模拟开关、运算放大器、基准电压源、数码寄存器。倒梯形电阻网络由若干电阻组成，要求 R 和 $2R$ 具有高准确度，模拟开关 S3～S0 的导通压降尽量的小，运算放大器接成反相比例运算电路，其输出为模拟量电压 U_o。当模拟开关 S3～S0 合向 **1** 侧时，所在支路的电流流向运算放大器的反相输入端；当开关合向 **0** 时，所在支路的电流流向运算放大器的同相输入端。基准电压 U_R 是 D/A 转换器的基准电压。数码寄存器用于寄存待转换的数码。

由图 13.1.1 分析可知，运算放大器的反相端和同相端等电位，根据"虚地"的概念，运算放大器反相输入端的电位接近于零，所以不论开关 S3～S0 合到哪一端，都相当于接到

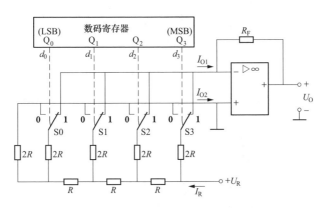

图 13.1.1 倒梯形电阻网络 D/A 转换器电路示意图

了"地"电位上，与开关相接的 $2R$ 电阻都接地，流过每一个支路的电流也始终不变，在计算倒梯形电阻网络中各支路电流时，可以把电阻网络等效画成图 13.1.2 所示的电路形式。

由图 13.1.2 所示电路很容易看出，从 AA'、BB'、CC'、DD' 每个端口看进去的等效电阻都是 R，所以流入倒梯形网络的总电流是 $I=U_R/R$，根据分流公式，各支路电流计算如下

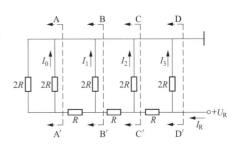

$$I_3 = \frac{1}{2}I_R = \frac{U_R}{2^1 R}$$

$$I_2 = \frac{1}{4}I_R = \frac{U_R}{2^2 R}$$

$$I_1 = \frac{1}{8}I_R = \frac{U_R}{2^3 R}$$

图 13.1.2 倒梯形电阻网络的等效电路

$$I_0 = \frac{1}{16}I_R = \frac{U_R}{2^4 R}$$

由此可得出电阻网络的输出电流 I_{O1}

$$I_{O1} = \frac{U_R}{2^4 R}(d_3 \times 2^3 + d_2 \times 2^2 + d_1 \times 2^1 + d_0 \times 2^0) \tag{13.1.1}$$

运算放大器的输出电压则为

$$U_O = -R_F I_{O1} = -\frac{R_F U_R}{2^4 R}(d_3 \times 2^3 + d_2 \times 2^2 + d_1 \times 2^1 + d_0 \times 2^0) \tag{13.1.2}$$

当 $R_F = R$，二进制数是 n 位时，则式（13.1.2）可表示为

$$U_O = -\frac{U_R}{2^n}(d_{n-1} \times 2^{n-1} + d_{n-2} \times 2^{n-2} + \cdots + d_0 \times 2^0) \tag{13.1.3}$$

括号内各项的取值取决于 d_i 是 **1** 还是 **0**。式（13.1.3）说明 $R-2R$ 倒梯形电阻网络的 D/A 转换器，输出的模拟电压与输入的数字量成正比。例如 8 位 D/A 转换器，将 8 位二进制数 10110010 转换为模拟量，假设基准电压 $U_R = 8V$，$R_F = R$，则转换结果为

$$U_O = -\frac{8}{2^8} \times (2^7 + 2^5 + 2^4 + 2^1) = -5.5625(V)$$

由式（13.1.3）可知，U_O 的最小值是 $\dfrac{U_R}{2^n}$，最大值是 $\dfrac{(2^n-1)U_R}{2^n}$。

由于 D/A 转换器的广泛应用，其发展也非常迅速，市场上有几百种产品，有 8、10、12、18 位等产品，也有转换速度上百兆赫兹的高速产品。本书以常用的集成数/模转换器 DAC0832 为例介绍其参数特性和管脚功能。DAC0832 是采用 COMS 工艺制成的单片直流输出型 8 位 D/A 转换器，电路具有双缓冲输入寄存器，因而可以与计算机总线相连，并可与 TTL 电路兼容，是一款使用较广泛的 D/A 转换器。图 13.1.3 是集成数/模转换器 DAC0832 的电路框图和引脚排列图。

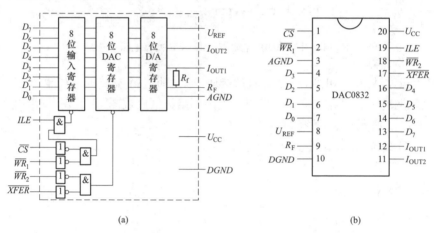

图 13.1.3 数/模转换器 DAC0832 的电路框图和引脚排列图

(a) 电路框图；(b) 引脚排列图

$D_0 \sim D_7$ 为转换数据输入端（8 位）；

I_{OUT1} 和 I_{OUT2} 为 D/A 转换后的模拟电流输出端，I_{OUT1} 接运算放大器反相端，I_{OUT2} 接运算放大器同相端；

$\overline{CS}$ 为片选信号输入端，与 ILE 组合可选通 $\overline{WR_1}$，低电平有效；

ILE 为输入锁存选通信号，高电平有效；

$\overline{WR_1}$ 为第一写控制信号，当 $\overline{CS}$ 为 0，$\overline{WR_1}$ 为 0，且 ILE 为 1，将输入数码 $D_0 \sim D_7$ 锁存到输入寄存器，低电平有效；

$\overline{XFER}$ 为数据传输控制信号输入端，低电平有效；

$\overline{WR_2}$ 为第二写控制信号，当 $\overline{XFER}$ 为 0，且 $\overline{WR_2}$ 为 0 时，将输入寄存器的数送入 DAC 寄存器，低电平有效；

R_F 为反馈电阻端，芯片内部此端与 I_{OUT1} 之间已经接有一个 15kΩ 的电阻；

U_{REF} 为基准电压输入端，输入电压范围在 $-10 \sim +10$V 间。此端电压决定 D/A 输出电压的准确度和稳定度；

U_{CC} 为数字电源电压端（范围在 5～15V 间）；

AGND 为模拟地端；

DGND 为数字地端。

DAC0832 是电流型输出，应用时需要外接运算放大器，才能成为电压型输出。

除了 DAC0832 外，常用的 D/A 转换器还有很多，其详细性能可查有关手册。

13.1.2 D/A 转换器的主要技术参数

1. 分辨率

D/A 转换器的分辨率指的是输出的最小模拟电压与最大电压之比。电路输出的最小电压是输入的二进制数最低位为 **1**，其余均为 **0** 时的输出电压，电路输出的最大电压是输入的二进制数全为 **1** 时的输出电压。所以分辨率可表示为

$$分辨率 = \frac{1}{2^n - 1} \tag{13.1.4}$$

例如，10 位二进制数进行 D/A 转换，其分辨率为

$$\frac{1}{2^n - 1} = \frac{1}{1023} \approx 0.001$$

D/A 转换器分辨率是用于表示对输入量变化的敏感度，D/A 转换器的输入数码位数 n 越多，则分辨率越小，分辨能力就越高，转换的准确度也就越高。

2. 转换速度

通常用建立时间来描述 D/A 转换器的转换速度。建立时间定义为：从输入的数字量发生突变开始（即数字代码由 **0** 变为全 **1**）时起，到 D/A 转换器输出的模拟电压或电流达到稳定值的规定值所需要的时间。当 D/A 转换器输入的数字量发生变化时，输出的模拟量不能立刻达到对应的值。目前不包含运算放大器的单片集成 D/A 转换器的建立时间一般不超过 $1\mu s$，包含基准电源和运算放大器的集成 D/A 转换器的转换时间最短可达 $1.5\mu s$。因此为了获得较快的转换速度，应该选用转换速度较快的运算放大器。

3. 转换准确度和非线性度

D/A 转换器中的元件参数都存在误差，基准电压偏离标准值、运算放大器的零点漂移、模拟开关的电压降等因素都影响其转换准确度。表示 D/A 转换准确度的参数有绝对误差和非线性误差。绝对误差（也称绝对准确度）是指在输入端加对应满刻度的数字量时，D/A 转换器输出的实际值与理想值之差，绝对误差一般应小于输入 $\frac{1}{2}U_{LSB}$（数字量最低位代表的模拟输入电压）。相对误差是指任意二进制数时的实际输出值与理论值之差。

由于各位模拟开关的压降不一定相等，各个电阻阻值的偏差不相同，而且不同位置上的电阻值偏差对模拟输出量的影响不一样。这些原因使得输入不同二进制时的相对误差不相等，这就造成了输出与输入之间的非线性关系，把满刻度范围内的最大相对误差定义为非线性误差，它与满刻度值之比称为非线性度，常用百分比来表示。

4. 电源抑制比

电源抑制比指的是输出电压的变化与相对应的电源电压的变化之比。在 D/A 转换器中模拟开关电路和运算放大器的电源电压变化时，其对输出电压的变化影响越小越好。

除上面介绍的参数外，还有工作电源电压、功率消耗、温度系数、输出值范围以及输入逻辑电平等参数，不再一一介绍，可查阅有关手册。

13.2 模/数（A/D）转换器

13.2.1 A/D 转换器的基本原理

A/D 转换器是将模拟信号转换成数字信号的电路。D/A 转换器类似一个"译码"装置，

而 A/D 转换器则类似"编码"装置。它对输入的模拟信号进行编码，输出与模拟量大小成比例关系的数字量，A/D 转换的过程可归纳为采样—保持和量化—编码这两大过程。下面分别做介绍。

1. 采样—保持

A/D 转换中，输入的模拟信号在时间上是连续的，输出的数字信号在时间上是离散的。因此，必须在时间坐标轴上选定的时刻对输入的模拟信号取样，形成离散序列信号。这种时间上连续的信号变换为对应时间离散的信号过程称为采样，如图 13.2.1 所示。

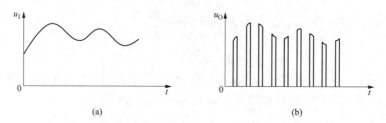

图 13.2.1　连续信号变换为对应时间离散的信号

（a）连续信号；（b）离散的信号

为了能正确无误的采样，取样信号必须有足够高的频率。也就是采样频率 f_S 与输入信号的最高频率分量 f_{max} 之间应该满足采样定理的要求

$$f_S \geqslant 2f_{max} \tag{13.2.1}$$

对一次采样的信号进行 A/D 转换需要一定的时间，所以在两次采样之间，要将前一次的采样信号暂时存储并保持到下一次采样之前，这一过程称为保持。

如图 13.2.2 所示为采样—保持的原理电路及其波形。电路中的 S 是电子开关。

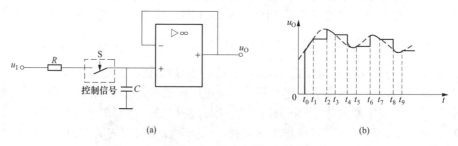

图 13.2.2　采样—保持的原理电路及其输出波形

（a）采样—保持原理图；（b）采样输出波形

当 $t=t_0$ 时刻，控制信号使电子开关 S 闭合，电路处于采样周期，输入的模拟信号 u_I 通过 R 对电容 C 充电并迅速达到输入电压值，$u_O=u_C=u_I$，$t_0 \sim t_1$ 的间隔为采样阶段。$t=t_1$ 时刻 S 断开，若 S 和运算放大器均为理想器件，则在 $t_1 \sim t_2$ 时间间隔内电容 C 两端电压可以认为保持不变。此间隔为保持阶段，因为电容无放电电路，所以 $u_O=u_C$。A/D 转换器则根据此时电容 C 两端的电压进行量化—编码。此后，$t_2 \sim t_3$ 及 $t_3 \sim t_4$ 间隔分别为下一个采样阶段及保持阶段，依此类推。

2. 量化—编码

采样—保持电路的输出信号是一个阶梯形模拟信号，但其阶梯状的幅值仍是任意的，而编码后输出的数字量是有限的，阶梯形模拟量有无限个数值，很难用数字量表示出来，如3位二进制数，它只有8种可能的组合。所以需要将离散的采样—保持量值取整归并为规定的最小数量单位的整数倍，将这一过程称为量化过程。然后，将量化后的数值用二进制代码表示，这也称为编码过程。这些代码就是 A/D 转换的输出结果。

量化的方法是将采样—保持后的电压值用一个规定的量化单位（最小基准单元）去度量，该电压值用这个量化单位的 n 倍（n 为整数）来确定。若度量时出现余量小于量化单位的情况，这时，规定用某种公式或取整归并为 $n+1$ 倍或舍弃成 n 倍。

对于出现小于量化单位的余量进行量化归并时，常采取舍尾取整法和四舍五入法。下面以舍尾取整法加以说明。

若输入的模拟电压 u_I 的最大值为 U_{Imax}，则取量化单位 $\Delta = \frac{1}{2^n}U_{Imax}$，$n$ 为可输出的数字代码位数。例如要将 0~1V 的模拟电压信号转换为3位二进制数，可知 $\Delta = \frac{1}{2^3}V = \frac{1}{8}V$，若 $0 \le u_I < \frac{1}{8}V$，将其归并为 0V，用二进制数 **000** 表示；若 $\frac{1}{8}V \le u_I < \frac{2}{8}V$，将其归并为 $\frac{1}{8}$V，用二进制数 **001** 表示，依此类推。这种方法的最大量化误差可达 Δ，就是 $\frac{1}{8}$V。

为了减小量化误差，通常采用四舍五入法划分量化电平。取量化单位 $\Delta = \frac{2U_{Imax}}{2^{n+1}-1}$，仍以将 0~1V 的模拟电压信号转换为3位二进制数为例，可知 $\Delta = \frac{2}{2^4-1} = \frac{2}{15}V$，则规定 $0V \le u_I < \frac{1}{15}V$，将其归并为 0V，用二进制数 **000** 表示；若 $\frac{1}{15}V \le u_I < \frac{3}{15}V$，将其归并为 $\frac{2}{15}V$，用二进制数 **001** 表示，依此类推。显然这种方法的最大量化误差减小到 $\frac{1}{15}$V。

13.2.2 逐次逼近型 A/D 转换器

A/D 转换器的种类很多，但从转换过程来看，ADC（模/数转换器）可分为直接 ADC 和间接 ADC 两大类。直接 ADC 是输入模拟信号直接被转换为相应的数字信号，如计数型 ADC 和逐次逼近型 ADC 等，其特点是工作速度高，转换准确度容易保证。间接 ADC 是把输入模拟信号先转换成某种中间变量，然后再将中间变量转换为最后的数字量，特点是转换速度较低，但是转换准确度可以做得较高。而最常使用的 A/D 转换器有：直接型的逐次逼近反馈比较型 A/D 转换器，间接型的电压时间变换双积分型 A/D 转换器。下面，以逐次逼近反馈比较型（简称逐次逼近型）A/D 转换器为例，介绍该 A/D 转换器的基本工作原理。逐次逼近型 A/D 转换器原理框图如图 13.2.3 所示。

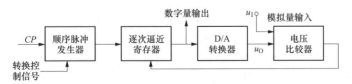

图 13.2.3　逐次逼近型 A/D 转换器原理框图

逐次逼近型 A/D 转换器主要包括电压比较器、D/A 转换器、数码寄存器、顺序脉冲发生器、控制电路等部分。

逐次逼近 A/D 转换原理与天平称物体重量的原理类似。每次试探性地加一个砝码，从重砝码开始试放，与物重比较，若物重于该砝码，则该砝码保留，否则去掉，各砝码的重量一个比一个小一半。这样，由物重是否大于砝码重量来决定砝码的去留，一直到天平基本平衡为止，留下的砝码重量即为物体的重量。

逐次逼近 A/D 转换的过程就是仿照这个思路设计出来的，A/D 转换器把输入的模拟信号电压与不同数字量转换出来的模拟电压进行比较，使得转换出来的数字量逐次逼近输入模拟电压的值。

转换开始前先将寄存器清零，所以加在 D/A 转换器的数字量也全是 **0**，转换控制信号变为高电平时开始转换。在时钟脉冲的作用下，顺序脉冲发生器输出顺序脉冲，这个脉冲作用于逐次逼近寄存器，将寄存器的最高位置 **1**，即 $Q^{n-1}=1$，使得寄存器的输出为 **100…00**，这个数字量经 D/A 转换器转换为相应的模拟电压 u_O，u_O 被送至电压比较器与输入的模拟电压 u_I 相比较。若 $u_I>u_O$，保留该位的 **1**；若 $u_I<u_O$，说明数值过大，该位的 **1** 清除。然后用同样的方法使寄存器次高位置 **1**，即 $Q^{n-2}=1$，与第一次结果一起，经 D/A 转换后再与 u_I 相比较，这样逐次比较下去，直至寄存器的最末一位为止。n 次比较后，数码寄存器中的数码即为所求的输出数字量。

如图 13.2.4 所示为一个输出 4 位二进制数的逐次逼近型 A/D 转换器逻辑电路。下面结合该逻辑电路具体说明逐次比较的过程。

图中 4 个 JK 触发器构成 4 位逐次逼近数码寄存器，5 个 D 触发器构成环形计数器作为顺序脉冲发生器，门电路组成控制电路。

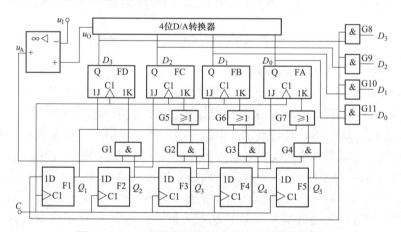

图 13.2.4　4 位逐次逼近型 A/D 转换器逻辑电路

假设 4 位 D/A 转换器的参考电压 $U_{REF}=8V$，输入模拟电压 $u_I=4.52V$。在开始转换前，应先将 4 位逐次逼近数码寄存器清零，使 $Q_D Q_C Q_B Q_A=\mathbf{0000}$，即 $D_3 D_2 D_1 D_0=\mathbf{0000}$，同时将顺序脉冲发生器设置为 $Q_1 Q_2 Q_3 Q_4 Q_5=\mathbf{10000}$ 状态。转换工作过程如下：

（1）第 1 个 CP 脉冲上升沿到来时，使得触发器 FD 被置 1，FC、FB、FA 被置 0，数码 $D_3 D_2 D_1 D_0=\mathbf{1000}$ 被送入 4 位 D/A 转换器，$D_3 D_2 D_1 D_0$ 对应 D/A 转换器的 $d_3 d_2 d_1 d_0$，使得输出的模拟电压为

$$u_O = \frac{U_R}{2^4}(d_3 \times 2^3 + d_2 \times 2^2 + d_1 \times 2^1 + d_0 \times 2^0) = \frac{8}{16} \times 8 = 4.0(\text{V})$$

由于 $u_O < u_I$，比较器输出为低电平 $u_A = 0$，根据转换原理，$Q_D = 1$ 应保留。环形计数器顺序脉冲右移一位 $Q_1Q_2Q_3Q_4Q_5 = 01000$。

（2）第 2 个 CP 脉冲上升沿到来时，由于上次比较结果使得 $u_A = 0$ 封锁了与门，所以 FD 保持 1 不变，而 $Q_2 = 1$，使 FC 置 1，FB、FA 均保持 0 不变，所以，$D_3D_2D_1D_0 = 1100$，该数 1100 送入 D/A 转换器，输出模拟电压为

$$u_O = \frac{U_R}{2^4}(d_3 \times 2^3 + d_2 \times 2^2 + d_1 \times 2^1 + d_0 \times 2^0) = \frac{8}{16} \times (8+4) = 6.0(\text{V})$$

由于 $u_O > u_I$，比较器输出为高电平 $u_A = 1$，根据转换原理 $Q_C = 1$ 应取消，即 $Q_C = 0$。环形计数器顺序脉冲右移一位，顺序脉冲发生器的状态变为 $Q_1Q_2Q_3Q_4Q_5 = 00100$。

（3）第 3 个 CP 脉冲上升沿到来时，由于上次比较结果使得 $u_A = 1$，$Q_3 = 1$，$Q_1 = Q_2 = Q_4 = Q_5 = 0$，则触发器 FD 输出 $Q_D = 1$，FC 输出 $Q_C = 0$ 保留，$Q_3 = 1$ 使得触发器 FB 置 1，FA 被置 0，数码 $D_3D_2D_1D_0 = 1010$ 送入 4 位 D/A 转换器；输出模拟电压为

$$u_O = \frac{U_R}{2^4}(d_3 \times 2^3 + d_2 \times 2^2 + d_1 \times 2^1 + d_0 \times 2^0) = \frac{8}{16} \times (8+2) = 5.0(\text{V})$$

由于 $u_O > u_I$，比较器输出为高电平 $u_A = 1$，根据转换原理 $Q_B = 1$ 应取消，即 FB 置 0。环形计数器顺序脉冲右移一位，顺序脉冲发生器的状态变为 $Q_1Q_2Q_3Q_4Q_5 = 00010$。

（4）第 4 个 CP 脉冲上升沿到来时，由于上次比较结果使得 $u_A = 1$，$Q_4 = 1$，$Q_1 = Q_2 = Q_3 = Q_5 = 0$，则触发器 FD 输出 $Q_D = 1$，FC 输出 $Q_C = 0$，FB 输出 $Q_B = 0$ 保留，$Q_4 = 1$ 使得触发器 FA 置 1，数码 $D_3D_2D_1D_0 = 1001$ 送入 D/A 转换器，D/A 转换器输出模拟电压为

$$u_O = \frac{U_R}{2^4}(d_3 \times 2^3 + d_2 \times 2^2 + d_1 \times 2^1 + d_0 \times 2^0) = \frac{8}{16} \times (8+1) = 4.5(\text{V})$$

由于 $u_O < u_I$，比较器输出低电平 $u_A = 1$，根据转换原理，$Q_A = 1$ 应保留。环形计数器顺序脉冲右移一位，顺序脉冲发生器的状态变为 $Q_1Q_2Q_3Q_4Q_5 = 00001$。

（5）在第 5 个 CP 脉冲上升沿到来时，由于上次比较结果使得 $u_A = 0$，$Q_5 = 1$，$Q_1 = Q_2 = Q_3 = Q_4 = 0$，则触发器 FD 输出 $Q_D = 1$，FC 输出 $Q_C = 0$，FB 输出 $Q_B = 0$，FA 输出 $Q_A = 1$ 保持不变，数码 $D_3D_2D_1D_0 = 1001$ 送入 D/A 转换器。同时由于 $Q_5 = 1$，打开输出与门 G8～G11，此时数码 $D_3D_2D_1D_0 = 1001$ 作为转换结果被读出。上例中转换误差为 0.02V。环形计数器顺序脉冲右移 1 位，顺序脉冲发生器的状态变为 $Q_1Q_2Q_3Q_4Q_5 = 100000$。返回到原来状态。这样就完成了一次转换，转换过程见表 13.2.1。

表 13.2.1　　　　　　　　　4 位逐次逼近型 ADC 的转换过程

顺序脉冲 CP	D_3	D_2	D_1	D_0	U_O (V)	比较判断	本次数码 1 是否保留
1	1	0	0	0	4	$U_O < U_I$	保留
2	1	1	0	0	6	$U_O < U_I$	去除
3	1	0	1	0	5	$U_O < U_I$	去除
4	1	0	0	1	4.5	$U_O < U_I$	保留

从上述 A/D 转换过程可知，数码寄存器和 D/A 转换器的位数 n 越大，则转换准确度越

高。转换时间则为 $n+1$ 个 CP 脉冲周期。显然，数字位数越多，转换时间会越长。逐次逼近型 A/D 转换器的转换速度和转换准确度都比双积分型 A/D 转换器高，误差较低，所以被广泛使用在微机接口电路中。逐次逼近型 A/D 转换器有 8、10、12、14 位等多种类型。

13.2.3 集成 A/D 转换器

集成 A/D 转换器种类较多，应用得较广泛的有 AD571，ADC0801，ADC0804、ADC0809 等。下面以 ADC0809 为例，简要介绍其结构和主要参数及管脚功能。

ADC0809 是采用 CMOS 工艺制成的 8 位逐次逼近型 A/D 转换器，采用差分模拟输入，输入电压为 0~5V，使用时不需进行零点调整。图 13.2.5 为 ADC0809 的结构框图，图 13.2.6 为 ADC0809 的外引脚排列图。

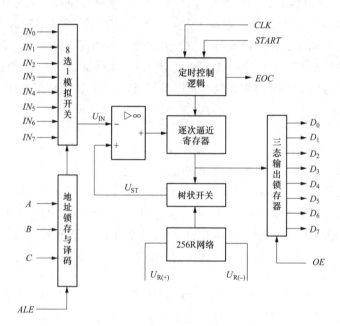

图 13.2.5 ADC0809 结构框图

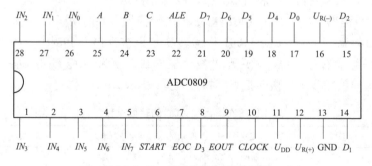

图 13.2.6 ADC0809 引脚排列图

ADC0809 共有 28 个引脚，下面介绍管脚功能：

$IN_0 \sim IN_7$：8 通道模拟量输入端。由 8 选 1 的选择器选择某一通道的输入量送到 A/D 转换器的电压比较器进行转换，表 13.2.2 为 8 选 1 模拟量选通表。

表 13. 2. 2　　　　　　　　　　　　　8 选 1 模拟量选通表

C	B	A	输出
0	0	0	IN_0
0	0	1	IN_1
0	1	0	IN_2
0	1	1	IN_3
1	0	0	IN_4
1	0	1	IN_5
1	1	0	IN_6
1	1	1	IN_7

$D_0 \sim D_7$：8 位数字量输出端，使用三态锁存器控制，可以直接与微机数据总线相连。

$U_{R(+)}$、$U_{R(-)}$：正、负参考电压输入端。作为逐次逼近的基准电压，通常 $U_{R(+)}$ 端接 U_{DD}，$U_{R(-)}$ 端接 GND。该电压确定输入模拟量的电压范围，当电源电压 U_{DD} 为 5V 时，模拟量的电压范围为 0~5V。

$EOUT$：输出允许端，高电平有效，$EOUT = 0$ 时输出数据线呈现高阻状态，$EOUT = 1$ 时输出转换得到的数据。

U_{DD}：电压端，电压 +5V。

GND：接地端。

ALE：地址锁存允许信号输入端，信号的上升沿时将 A、B、C 三选择线的状态锁存，上升沿有效。

$CLOCK$：时钟信号输入端，ADC0809 内部没有时钟电路，所需的时钟信号需要外部提供，通常使用频率是 500kHz。

EOC：转换信号结束端，$EOC = 0$ 正在进行转换，$EOC = 1$ 转换结束。高电平有效。使用时该信号即可作为中断请求信号使用，也可作为查询状态标志使用。

$START$：转换启动信号输入端，$START$ 上升沿时，复位 ADC0809；$START$ 下降沿时启动芯片，开始进行 A/D 转换，在 A/D 转换期间，$START$ 应该保持低电平。该信号简写为 ST。

13. 2. 4　A/D 转换器的主要技术参数

1. 转换准确度

单片的集成 A/D 转换器采用分辨率和转换误差来描述转换准确度。

（1）分辨率。A/D 转换器的分辨率定义为转换器所能够分辨的输入信号的最小变化量，它表明了 A/D 转换器对输入信号的分辨能力。分辨率常用输出二进制数的位数表示。输出为 n 位二进制的 A/D 转换器共有 2^n 个输出状态，可分辨出的最小电压等于 $\frac{1}{2^n}$ 输入信号电压。显然在最大输入电压一定时 A/D 转换器输出数字量位数越多，量化单位越小，转换准确度越高，分辨率越高。

（2）转换误差。转换准确度是指 ADC 转换后所得数字量代表的模拟输入电压值与实际模拟输入电压值之差。通常以数字量最低位所代表的模拟输入电压值 U_{LSB} 的倍数给出。如 ADC0800~ADC0803 的转换准确度为 $\pm\frac{1}{2}U_{LSB}$，ADC0804 和 ADC0805 的转换准确度为

$\pm U_{LSB}$等。另外手册上给出的转换准确度是在一定的电压和环境温度下给出的数据，如果这些参数变化了，则会引起附加的转换误差。

2. 转换时间

转换时间是指 ADC 完成一次从模拟量到数字量的转换所需的时间，它是指从接到转换启动信号开始，到输出端得到稳定的数字量之间所经过的时间。采用不同的转换电路，其转换速度是不同的，并联比较型速度最高，逐次逼近型次之，双积分型则最慢。低速的 A/D 转换器转换时间为 $1\sim30\mathrm{ms}$，中速的为 $10\sim50\mu\mathrm{s}$，高速的约为 $50\mathrm{ns}$ 以内。ADC0801～ADC0803 的转换时间约为 $110\mu\mathrm{s}$，ADC0809 转换时间为 $100\mu\mathrm{s}$。转换时间的大小反映了 A/D 转换的速度。

3. 电源抑制比

在输入电压不变的条件下，当转换电路的供电电源发生变化时对输出电压也会产生影响。如果电源电压在 $4.5\sim5.5\mathrm{V}$ 之间变化，最大的转换误差可以达到 $\pm2U_{LSB}$。所以为了保证转换准确度，必须使得供电电源有很好的稳定性。A/D 转换器中的基准电压的变化会直接影响转换结果，所以必须保证该电压的稳定。电源抑制比反映的是 A/D 转换器对电源电压的抑制能力，用改变电源电压使数据发生 $\pm1U_{LSB}$ 变化时所对应的电源电压变化范围来表示。

此外 ADC 还有功率损耗、稳定系数、输入模拟电压范围等参数，在选用时应挑选参数合适的芯片。

最常用的逐次逼近型 A/D 转换器和双积分型 A/D 转换器中，逐次逼近型 A/D 转换器的优点是转换速度较快，但对干扰信号的抑制能力较差，广泛应用于微机控制等要求速度较高的地方；双积分型 A/D 转换器的抗干扰能力强，但转换速度较慢，常用于准确度要求高，但速度要求不高的仪器仪表中。

目前 A/D 和 D/A 转换器的发展方向是高速度、高准确度、易于与计算机接口。

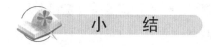

小　　结

1. D/A 转换器

D/A 转换器是将数字信号转换成模拟信号的电路。将二进制代码表示的数字量转换成模拟量，是将每一位的代码按其权的大小转换成相应的模拟量，然后将这些模拟量相加，得出与数字量成正比的模拟量，从而实现数字量到模拟量的转换。

$R-2R$ 倒梯形电阻网络 D/A 转换器速度快、转换准确度也较高，是常用的 D/A 转换器。它由 $R-2R$ 倒梯形电阻网络、电子模拟开关、运算放大器、基准电压源、数码寄存器 5 部分组成。

D/A 转换器的主要技术参数有：分辨率、转换速度、转换准确度和非线性度、电源抑制比。

2. A/D 转换器

D/A 转换器是将模拟信号转换成数字信号的电路。D/A 转换器类似一个"译码"装置，而 A/D 转换器则类似"编码"装置。它对输入的模拟信号进行编码，输出与模拟量大小成比例关系的数字量，A/D 转换的过程可归纳为采样—保持和量化—编码这两大过程。

常用的逐次逼近型 A/D 转换器主要包括电压比较器、D/A 转换器、数码寄存器、顺序脉冲发生器、控制电路等部分。其特点是工作速度高，转换准确度容易保证，但对干扰信号的抑制能力较差。

A/D 转换器的主要技术参数有：转换准确度、转换时间、电源抑制比。

习 题

13.1　4 位 $R-2R$ 倒梯形电阻网络 D/A 转换器，基准电压 $U_R=-18V$，$R_F=R$。若输入数字量为 $d_3d_2d_1d_0=\boldsymbol{0100}$，求输出的模拟电压 U_O。

13.2　8 位 $R-2R$ 倒梯形电阻网络 D/A 转换器，$R_R=R$，当 $d_7d_6d_5d_4d_3d_2d_1d_0=\boldsymbol{00000001}$ 时，$U_O=-0.0391V$，当 $d_7d_6d_5d_4d_3d_2d_1d_0=\boldsymbol{11111111}$ 时，输出电压 U_O 是多少？

13.3　10 位 $R-2R$ 倒梯形电阻网络 D/A 转换器，输出的模拟电压为 $0\sim5V$，试计算：

(1) 该 D/A 转换的分辨率；

(2) 输入数字量最低位代表的电压值。

13.4　逐次逼近型 A/D 转换器由哪些部分构成？各部分的作用是什么？

13.5　4 位逐次逼近型 A/D 转换器中，设 $U_R=8V$，$R_F=R$，$U_I=5.52V$，试说明比较过程和转换结果。

13.6　8 位逐次逼近型 A/D 转换器中，设 $U_R=8V$，$R_F=R$，$U_I=5.52V$，试说明比较过程和转换结果。与习题 13.5 比较，转换误差是增大了还是减小了。

参 考 文 献

[1] 秦曾煌. 电工学. 7 版 [M]. 北京：高等教育出版社，2009.

[2] 徐淑华. 电工电子技术. 3 版 [M]. 北京：电子工业出版社，2013.

[3] 史仪凯. 电工电子技术. 2 版 [M]. 北京：科学出版社，2014.

[4] 吴建强，张继红. 电路与电子技术. 2 版 [M]. 北京：高等教育出版社，2018.

[5] 廖常初. S7-1200 PLC 编程及应用. 3 版 [M]. 北京：机械工业出版社，2017.

[6] Edward Hughes. Electrical and Electronic Technology（电工学）. Eleventh Edition [M]. 北京：机械工业出版社，2017.